新一代风云极轨气象卫星业务产品及应用

杨 军 董超华 等著

科学出版社

北京

内 容 简 介

　　风云三号卫星是继风云一号卫星之后的我国新一代极轨气象卫星。本书是风云三号卫星应用技术的全面总结，其内容包括我国极轨气象卫星发展简史，风云三号卫星地面应用系统概况、星载遥感仪器、探测原理和性能指标、地理定位和辐射定标方法、产品生成原理、产品和应用示例、数据文件命名规则、结构和详细内容等。

　　本书可供从事大气科学、海洋学、环境科学、地理学以及农业、林业和水利科学等方面的科研、业务和应用开发人员使用，又可供大学相关专业师生参考。

图书在版编目（CIP）数据

新一代风云极轨气象卫星业务产品及应用/杨军等著 . —北京：
科学出版社，2010

ISBN 978-7-03-028848-6

Ⅰ. ①风… Ⅱ. ①杨… Ⅲ. ①气象卫星－气象资料－应用
Ⅳ. ①P414.4-62

中国版本图书馆 CIP 数据核字（2010）第 170649 号

责任编辑：田慎鹏／责任校对：宋玲玲
责任印制：钱玉芬／封面设计：耕者设计工作室

科学出版社 出版
北京东黄城根北街 16 号
邮政编码：100717
http://www.sciencep.com

天时彩色印刷有限公司 印刷
科学出版社发行　各地新华书店经销

*

2011 年 1 月第 一 版　　开本：787×1092 1/16
2011 年 1 月第一次印刷　　印张：24 1/4
印数：1—6 500　　　　　　字数：575 000

定价：95.00 元（含光盘）

（如有印装质量问题，我社负责调换）

《新一代风云极轨气象卫星业务产品及应用》
作者及技术支持人员

顾问

方宗义（国家卫星气象中心）

范天锡（国家卫星气象中心）

邱康睦（国家卫星气象中心）

李　俊（美国威斯康星大学空间科学与工程中心）

主要作者

杨　军　董超华　卢乃锰　杨忠东　施进明　张　鹏　刘玉洁

蔡　斌

作者（按姓氏笔画排序）

马　刚	方　翔	王素娟	王维和	卢乃锰	关　敏	刘玉洁
刘京晶	刘　诚	刘　辉	刘瑞霞	孙安来	孙　凌	师春香
朱爱军	齐　瑾	余　涛	吴　晓	吴晓京	吴雪宝	张里阳
张晔萍	张　艳	张　鹏	李三妹	李小青	李贵才	李晓静
李嘉巍	杨　军	杨忠东	杨昌军	杨　虎	谷松岩	邱　红
陆其峰	武胜利	罗敬宁	郑　婧	郑照军	施进明	胡丽琴
胡秀清	赵长海	徐　喆	钱建梅	高文华	曹广真	黄富祥
黄　聪	游　然	程朝晖	董立新	董超华	漆成莉	蔡　斌

技术支持人员（按姓氏笔画排序）

卫　兰	王　军	王荣敏	王　涛	王　强	王　新	付　宁
冉茂农	关　彤	刘立葳	刘年庆	刘　健	朱小祥	邢开云
余建锐	张兴赢	张志强	张明伟	刘爱民	张战云	张　萌
李　云	李亚君	沈　勇	沙　利	肖　岚	吴　斌	陆文杰
陈丹雅	陈东风	罗东风	屈兴之	岳江水	林曼筠	范自平
郎宏山	郑　伟	郑旭东	咸　迪	胡列群	赵金雁	赵海坤
钟儒祥	唐世浩	唐晓红	殷克勤	翁俊铿	贾树泽	郭　杨
郭建道	高　云	高建民	崔小平	崔　鹏	曹志强	黄　立
蒋建莹	覃丹宇	韩秀珍	樊昌尧	瞿建华		

序

2008 年 5 月 27 日，我国新一代极轨气象卫星——风云三号 A 星发射成功，5 月 29 日，成功获取该星第一幅云图。为此，中共中央总书记、国家主席、中央军委主席胡锦涛同志作出重要批示："要依靠先进科学技术手段，提高气象预报预测能力，搞好各项气象服务，为经济社会发展和人民群众安全福祉做出更大的贡献"；国务院总理温家宝同志也作出重要批示："抓紧风云三号 A 星业务运行和应用，做好气象保障和防灾减灾服务"。

风云三号 A 星的成功发射，不仅标志着我国气象卫星成功实现了升级换代，而且也标志着我国气象卫星进入了定量应用的新阶段，可喜可贺。两年多来，国家卫星气象中心广大科技人员认真贯彻落实胡锦涛总书记和温家宝总理的重要批示精神，群策群力，努力工作，攻克了风云三号 A 星资料接收处理、产品开发、存档分发等一系列关键技术，实现了星地系统业务化运行和卫星数据与产品的共享，全面推进了风云三号 A 星的应用工作，取得了显著的成效。

风云三号卫星是一个综合性的地球环境探测卫星，共有六颗卫星，前两颗为试验应用卫星，后四颗为业务应用卫星，装载有多个有效载荷，可实现全球、全天候、三维定量遥感，可在气象、海洋、水利、农业、交通以及环境等领域得到广泛应用，以满足我国防灾减灾、应对气候变化和国家安全等国家重大战略需求。风云三号卫星作为全球地球观测系统的重要成员，面向全球用户，通过卫星广播系统实时向全球广播数据和产品，其数据和产品已应用到全球数值天气预报业务模式中去，在国际上得到了广泛关注和强烈反响。

为了帮助广大用户了解和使用风云三号卫星资料，国家卫星气象中心组织撰写了《新一代风云极轨气象卫星业务产品及应用》一书，书的作者都是参与风云三号卫星地面应用系统研制工作的科研和管理人员，既科学总结了风云三号卫星资料和产品，又综合概述了用户应用指南。因此，它具有很强的指导性和实用性，是广大读者了解和应用风云三号卫星资料和产品的重要参考书。

借此机会，我特别感谢国家发展和改革委员会、财政部、国防科技工业局等部门一直以来对气象卫星发展的关心和支持，衷心感谢中国人民解放军总装备部、中国航天科技集团公司、中国科学院等单位在风云系列卫星研制、生产、发射和测控等方面所给予的大力支持，以及卫星、运载、测控、发射和地面应用等方面的广大科技人员所付出的辛勤劳动。我也衷心期望广大气象卫星工作者以风云三号 A 星的成功发射并业务应用为契机，进一步提高我国气象卫星技术水平和应用水平，为保障国家经济社会发展和国家安全再立新功！

中国气象局局长　郑国光

2010 年 10 月于北京

前　言

20 世纪 70 年代起，我国开始独立发展自己的极轨和静止两个系列的气象卫星。经过 40 年的艰苦努力，成功实现了风云气象卫星由试验应用型向业务服务型的根本转变。目前，极轨气象卫星实现了更新换代；静止气象卫星实现了"双星观测、在轨备份"；风云卫星资料已广泛应用于天气预报、气候预测、自然灾害监测和科学研究等多个重要领域，在气象防灾减灾、应对气候变化中发挥了重要作用。风云卫星已被世界气象组织（WMO）纳入全球业务应用气象卫星序列，成为全球综合对地观测系统的重要成员。

风云三号卫星是继风云一号卫星之后的我国新一代极地轨道气象卫星，卫星和运载火箭由航天科技集团公司上海航天技术研究院负责抓总研制；星载遥感仪器主要由中国科学院上海技术物理研究所、空间科学与应用研究中心、长春光学精密机械与物理研究所以及上海航天电子技术研究所、中国空间技术研究院西安分院等单位研制；卫星的发射和测控由总装备部太原卫星发射中心和西安卫星测控中心负责；地面应用系统由中国气象局国家卫星气象中心负责建设。2008 年 5 月 27 日，风云三号卫星的首发星——风云三号 A 星在我国山西太原成功发射，之后，由中国气象局组织对该星在轨运行状态和性能指标进行了全面测试。在轨测试结果表明，风云三号 A 星各项功能和性能指标总体达到任务书要求，部分优于设计指标。新一代极轨气象卫星系统的突出特点是：卫星共携带 11 台遥感仪器，探测谱段包括紫外、可见光、红外和微波，实现了全球、全天候、全天时地球大气、海洋和陆地环境的综合遥感探测；增加了红外大气垂直探测和微波辐射探测能力，实现了大气温度、湿度等物理参数的三维探测；光学成像探测的空间分辨率从风云一号的 1.1 公里提高到 250 米，每天可获取两次全球均匀覆盖的原分辨率观测资料；地面应用系统增加极地接收能力，大大提高了全球资料的获取时效。

风云三号 A 卫星自发射至今已经两年多了，卫星和仪器运行状态良好。地面应用系统获取了大量观测资料，并通过各种手段提供卫星数据共享服务。同时，风云三号卫星资料的应用也在不断深入，全国各用户单位开展了大量卓有成效的应用研究和应用示范工作。风云三号 B 星即将于 2010 年 11 月择机发射，与风云三号 A 星组成上、下午星观测星座。这两颗卫星（A 和 B）均为试验应用卫星，按计划，今后还将陆续发射四颗风云三号业务应用卫星。为了使风云三号卫星资料和产品得到进一步的广泛深入应用，我们特撰写了《新一代风云极轨气象卫星业务产品及应用》一书。本书共 7 章，其中，第 1 章为概述，概括描述本书的主要内容，并帮助读者了解我国风云极轨气象卫星的发展历程和发展思路。第 2 章的重点是卫星和地面应用系统介绍，从中可以了解到卫星的整体功能和性能指标，以及地面应用系统的总体框架和基本结构。此外，本章还为卫星资料直接广播的用户提供了重要信息。第 3 章是星载遥感仪器介绍，读者通过对遥感仪器探测原理和实际性能指标的了解，有助于对仪器探测资料的处理和应用。第 4、5 章分别介绍了卫星资料的地理定位和辐射定标方法，这是应用的基础。经定位和定标后生成的数据，是最基本的初级产品，称作 1 级产品（L1）。它既是数值天气预报和气候模式的重要初始场，也是用户开发其他产品的基本原材料，有必要重点加以了解。第 6 章是业务产品与应用，本章描述的产品，是在 L1 产品的基础上，根据不同的科学算法所反演生成的地球物理量产品，称为 2 级产品（L2）。L2 产品是按照仪器来进行分类的，因此，不同的仪器可能反演出同一类型产品。通过对 2 级产品按一定时段统计平均所得结果称作 3 级产品（L3）。这些产品的生成原理、方法以及产品的精度检验结果，可为读者分析应用这些产品提供参考。本章还提供了大气探测仪器组（VASS）各仪器数据质量的检测结果，揭示了 VASS 数据在数值天气预报模式中的应用潜力，这无疑将对风云三号卫星资料的定量应用起到引领作用。第 7 章是卫星遥感产品结构，主要包括产品文件命名规则、结构等，以方便读者和用户在实际应用时查阅。

本书虽以 A 星为基本素材进行撰写，但仍适用于后续发射的风云三号 B 和 C 两颗卫星，同时对 C 星之后的资料应用也具指导意义。

本书是风云三号卫星应用技术的全面总结，参与撰写人员均是产品的开发者和地面应用系统的建设者。本书内容丰富，实用性很强，能够在短时间内完稿出版，是大家同心协力的结果。我们期望本书的出版能够为读者了解和应用我国新一代风云极轨气象卫星资料和产品带来很大帮助。

书末的附录将为读者开发应用风云三号卫星资料和产品带来很大方便。附录 1 给出了卫星轨道报（参数）；附录 2 给出了 HDF 数据格式；附录 3 给出了 L1 产品格式；附录 4 给出了 L2 和 L3 产品格式。这些附录以光盘形式提供，有书签指向，读者极易找到所需目标。

由于时间和知识水平所限，纰漏和错误难免，敬请读者指正。

作者

2010 年 10 月

致 谢

　　风云三号 A 星成功发射并投入运行后，我们即着手准备启动本书的撰写工作，目的是让读者及早了解和使用风云三号卫星资料，发挥卫星的应用效益。在本书中，我们试图系统、完整、科学地总结风云三号 A 卫星、仪器、资料接收和处理的主要技术特点、产品算法原理及精度分析、数据和产品共享服务等，以便为读者提供一个比较全面的卫星资料和产品应用指南。在撰写本书的过程中，我们深深感到，气象卫星作为一个大系统工程，其最终成果虽然体现在本书所描述的卫星产品及应用上，但却凝聚了工程五大系统成千上万人的心血和劳动。成绩和荣誉应该归功于为发展我国新一代风云三号极轨气象卫星而做出贡献的各级领导和全体科技工作者。

　　气象卫星的发展历来得到了党和国家的重视和支持，周恩来、邓小平、李先念、江泽民、李鹏、胡锦涛、温家宝等党和国家领导人都对气象卫星的发展给予了高度关心和支持，对气象卫星的重要作用给予了充分肯定。在国家发展与改革委员会、财政部、原国防科工委等上级主管部门的共同努力下，1999 年国务院批准了《95 后两年至 2010 年我国气象卫星及应用发展规划》，建立了气象卫星专项资金，由此奠定了气象卫星持续健康发展的坚实基础。风云三号气象卫星工程正是在这一背景下，于 2000 年获得国家立项批复，地面应用系统工程则于 2005 年获得立项批复。

　　历届中国气象局党组高度重视风云气象卫星的发展。邹竞蒙、温克刚、秦大河、郑国光等主要领导，亲自领导了风云气象卫星规划的制订、卫星工程的立项和建设、以及资料的应用工作；李黄、许小峰、宇如聪、张文建、沈晓农、矫梅燕等积极推进系统建设和卫星应用工作，并亲力亲为，在实际工作中给予了许多具体的指导。

　　气象卫星发展早期，任新民、孙家栋院士等为卫星立项和研制生产做出了重要的开创性贡献；风云三号气象卫星系统工程大总师孙敬良院士和副总师孟执中院士，以及卫星两总高火山、董瑶海、孙允珠等，为风云三号卫星的设计和研制作出了突出贡献，他们对事业执着无悔，呕心沥血，对工作精益求精、一丝不苟，为广大科技人员做出了表率。

　　匡定波、龚惠兴和姜景山院士等对风云三号星载仪器的研制生产给予了重要的指导；陶诗言、许健民、李泽椿、周秀骥、丑纪范、陈联寿、丁一汇院士等对气象卫星资料的应用给予了极大的支持和指导。

特别需要提及的是，曾庆存院士、黎光清研究员在卫星大气探测原理、参数反演和仪器通道选择等方面进行了长期的研究，他们卓越的工作，对风云三号仪器性能指标确定、产品反演等具有重要的指导价值。钮寅生、范天锡、万伯庆、张文建、赵立成等在风云三号卫星的发展以及地面应用系统建设过程中，实际参与或指导了立项论证、方案设计以及工程的组织和实施，投入了大量精力，作出了显著贡献。

在风云三号 A 星产品的研制过程中，美国国家大气海洋管理局环境卫星数据与信息局 Lawrence E. FLYNN 博士与国家卫星气象中心共同开展了臭氧产品算法验证工作；美国威斯康星大学 William L. SMITH、Paul MENZEL、Allen HUANG 和李俊博士在仪器通道选择、产品反演方法上提供了许多有益的帮助，Richard FREY 在中分辨率光成像仪云检测方法上给予了很大帮助，Harold WOOLF 先生还亲自到卫星气象中心安装快速辐射传输模式，并指导其应用；中国科学院遥感所施建成博士在微波土壤湿度和雪水当量算法、大气物理研究所石广玉研究员在红外分光计二氧化碳浓度算法等方面进行了有益的尝试；成都信息工程学院许丽生教授提供了红外窗区通道大气削弱订正算法等。

在风云三号 A 星资料的应用过程中，美国国家大气海洋管理局环境卫星数据与信息局翁富中博士开展并指导了微波成像仪资料的同化试验和应用；美国科罗拉多州立大学 Jim Purdom 博士对卫星资料的天气学应用给与了重要的指导；欧洲数值天气预报中心主任 Dominique MARBOUTY 先生支持中国科学家开展风云三号大气探测资料在 ECMWF 数值预报模式中的应用和检验，取得了良好的效果；英国气象局 John EYRE、Roger SAUNDERS 博士以及法国气象局 Pascal BRUNNEL 博士等在大气辐射传输模式快速算法方面给予大力支持。

中国气象局预报司、观测司和科技司大力推进风云三号卫星资料的应用示范工作，国家气象中心、国家气候中心、中国气象科学研究院以及北京、上海、辽宁、河南、广东、广西、甘肃、四川、湖北、新疆、黑龙江、内蒙古等省区市气象局，积极投入力量，开展了大量卓有成效的应用工作。

在本书的撰写过程中，方宗义、范天锡、邱康睦研究员和美国威斯康星大学空间科学与工程中心的资深科学家李俊博士多次参加讨论，并提出了很好的修改建议。科学出版社的田慎鹏同志为本书问世作了大量认真细致的编辑工作。

谨在此表示作者最真诚的谢意！

目录 Contents

附录（见光盘）

附录1　FY-3卫星轨道参数
附录2　HDF格式说明
附录3　FY-3 L1产品格式
附录4　FY-3 L2和L3产品格式

概　　述

2008 年 5 月 27 日 "风云三号" 卫星系列的首发星在我国太原卫星发射中心升空，卫星大气探测的期待历经近 40 年终于实现。风云三号卫星是我国第二代极轨气象卫星，它的成功发射标志许多重大关键技术的突破，卫星定量应用和服务也由此步入了新时代。我国气象卫星的发展受国家经济社会发展的需求驱动，同时又与国内外科技进步密切相关，本章以最早发展气象卫星、且具世界领先水平的美国极轨气象卫星的发展进步和我国极轨气象卫星的发展历程作为背景，概要介绍风云三号卫星的探测能力、应用系统的主要特点、卫星资料的主要应用领域和未来的发展趋势及应用前景。

1.1 风云三号卫星发展背景

1.1.1　美国极轨气象卫星的发展历程

　　1960 年 4 月 1 日美国把世界上第一颗气象卫星（TIROS-1）送入太空，装载的光电照像机展示出在卫星高度上获取地球上云层的可行性，开辟了以太空为观测平台获取地球大气信息的新纪元，这使人们兴奋不已（Rao et al.，1990）。五十年来美国的气象卫星经历了 5 个发展阶段，更新换代 4 次（Davis，2007）。科技进步促进了美国气象卫星和应用的不断发展。

第一阶段（1960～1965）为试验试用阶段，共发射 10 颗卫星（TIROS-1～10），进行了一系列关键技术试验，包括宽、窄角电视相机、高级电视相机系统、红外扫描仪、辐射收支仪和辐射计等，为第二阶段发展奠定了一定的基础。

第二阶段（1966～1969）为成像仪器业务定性应用时期（第一代），共发射 9 颗卫星（ESSA-1～9）。成像仪器资料广泛应用于天气分析预报业务，逐步形成了以云解析为基础的定性卫星气象学。与此同时，成像类扫描辐射计和大气探测仪器处于研究和发展阶段。大气探测仪器仅在 $15\mu m$ CO_2 吸收带选择少数几个光谱通道，用于获取大气温度廓线，垂直和地面分辨率较低。

第三阶段（1970～1978）为业务初级阶段（第二代，ITOS/NOAA），共发射成功 6 颗卫星（ITOS-1，NOAA-1～5）。装载的成像仪器是甚高分辨率扫描辐射仪（VHRR）和两通道扫描辐射仪（SR），实现了可见光和红外两通道昼夜云图；大气温度廓线仪器（VTPR）由试验转入了业务应用，7 个光谱通道，星下点探测，大气温度反演精度约 3k；增加测量卫星附近太阳质子和电子流的太阳质子检测器。与此同时，在雨云（NIMBUS）系列卫星上进行红外和微波关键技术试验，例如扩充波段选择范围（增加 $4.3\mu m$），增加湿度探测和毫米级（5mm）微波探测仪器，提高仪器性能和解决红外辐射受云干扰问题。在此期间，微波仪器的试验工作为之后多波段全天候遥感积累了重要经验。

第四阶段（1978～1998）为业务稳定时期（第三代，TIROS-N/NOAA-6～14），共发射 10 颗卫星。美国第三代业务气象卫星系统是第二代的直接发展，卫星携带的是成像（AVHRR）和探测（TOVS）功能完备、性能良好的对地遥感仪器包，提供了日常业务和世界天气监视网试验计划所需的全球气象和环境资料。同时具有从地面观测平台收集资料和进行太阳质子、电子等监测功能。成像仪器是改进型的 VHRR（即 AVHRR），共 5 个可见光和红外通道，地面分辨率达 1km，具有定量探测海面温度和城市热环境的业务能力；TOVS（Smith et al.，1979）探测类仪器由三个（HIRS/SSU/MSU）不同功能的仪器组成，共 27 个光谱通道，跨轨道扫描，其中，HIRS 是高光谱分辨率红外辐射探测仪，有 19 个红外通道和一个可见光通道，光谱分辨率 $3～80cm^{-1}$ 和地面分辨率 17km（星下点，下同），垂直探测分辨率为 4km，较第二代有显著提高，用于获取地面及各气压层大气温度和湿度分布；平流层探测仪（SSU），3 个光谱通道，中心波长位于 $15\mu m$，地面分辨率为 147km，主要是获取平流层温度信息；微波温度仪（MSU），4 个光谱通道位于 5mm 氧气吸收带，地面分辨率为 103km，主要探测大气温度垂直分布。微波仪器虽然实现了业务应用，提高了有云大气的探测能力，但波段少，对大气探测垂直分层信息贡献有限。此阶段，大气温度廓线均方根误差为 2.5k，水汽廓线精度约为 30%。增加了臭氧仪器（SBUV）和地气系统辐射收支（ERBE）测量仪器。

第五阶段（1998～2010）为稳定发展时期（第四代，NOAA-15～19），AVHRR 白天观测增加 $1.6\mu m$ 通道，与 $3.55～3.93\mu m$ 通道（夜间观测）交替工作，提高了云雪区分能力；对原 TOVS 有重大改进，称为 ATOVS。HIRS 为继承性仪器，但性能有所提高；微波探测仪器有重大改进，由两台仪器组成（AMSU-A/AMSU-B），A 机有

15 个频段，地面分辨率为 50km，用于探测大气温度垂直分布，B 机有 5 个频段，地面分辨率为 15km，用于探测大气湿度垂直分布，提供了全天候大气廓线反演能力。这一代仪器（ATOVS）的垂直探测分辨率约为 3km，大气温度廓线均方根误差约达 2k，湿度廓线均方根误差约达 20%。至此，美国的气象卫星处于稳定发展时期，但与数值预报应用需求仍有差距，提高大气探测垂直分辨率和地面分辨率以及探测精度乃是其主要发展方向。

1.1.2　中国极轨气象卫星的发展历程

1969 年 1 月 29 日，周恩来总理在听取气象、邮电和铁道等部门汇报关于由于受强冷空气侵袭，致使华东、中南广大地区有线通信全部阻断，人民生命财产遭受严重损失时指示："一定要采取措施，改变落后面貌，要搞我们自己的气象卫星"。

需求牵引发展，40 多年来中国的气象卫星取得了举世瞩目的成就，就极轨气象卫星而言经历了以下几个发展过程。

1.1.2.1　确定初步发展目标（1970～1974）

美国第一颗气象卫星发射应用 10 年后，出于气象业务和服务的迫切需要，我国决定发展自己的气象卫星，但如何发展？具体需求是什么？发展目标是什么？实现的可行性又如何？这一系列问题都需要认真研究。

在对业务需求、国外卫星发展情况、国内相关技术状态调研分析后，决定先发展极地轨道气象卫星，并于 1970 年首次提出发展我国第一颗气象卫星的目标任务，即①全球观测，同时具有成像和大气探测功能，为天气预报和气象保障服务；②采用类似美国初期用的光电照相（仅白天）技术和高分辨率红外（10.5～12.5μm）扫描辐射技术，获取昼夜云图；③用红外分光光度计获取大气分层温度。通过对大气探测光谱通道辐射传输特性的计算试验分析后，选择 8 个通道，其中 6 个窄通道位于 15μmCO$_2$ 吸收带，其他两个选在 11.1μm 大气窗和 6.7μm 水汽吸收带，用于确定水汽含量并对测温通道辐射值进行订正。

1974 年，针对当时的国家经济实力和技术水平，中央气象局提出"先解决有无，由易到难，由单一到多种功能"的发展指导思想，调整了第一颗星的目标任务，确定先上成像仪器，探测仪器推迟上星，但要求加快探测仪器的研发进度，增加探测通道，提高探测灵敏度。

1.1.2.2　第一代极轨气象卫星（1975～2008）

1977 年，中科院上海技术物理研究所研发的两通道（可见光和红外）扫描辐射计（120 转/分）样机进行了飞行试验，为后来提高扫描转速（360 转/分）打下了良好基础。1978 年，美国第三代极地轨道业务气象卫星问世，1978 至 1981 年间我国的红外探测技术有突破性进展，为扫描辐射计增加光谱通道，提高灵敏度和地面分辨率，研制工程样机创造了条件。

1985 年该所完成红外分光计 I 型机研制，9 个光谱通道，其中 7 个在 $15\mu mCO_2$ 吸收带，另两个分别在 $11\mu m$ 大气窗和 $8.1\mu m$ 水汽带，其性能指标与美国第二代 NOAA-2 星载 VTPR 相当。窄带/超窄带红外干涉滤光片研制技术的突破，为改进红外分光计探测能力打下了良好基础。根据中国气象局的要求，研制单位在红外分光计 I 型基础上，分析了美国 HIRS-1/ HIRS-2 同类仪器设计方案，于 1991 年完成了红外分光计 II 型机研制工作。它的主要技术指标与 TIROS-N 的 HIRS/2 相当。

1986 年航天部西安 504 所开始研发微波辐射计（50GHz，4 通道）原理样机，1994 年国家卫星气象中心提出在 50GHz 基础上增加低频通道要求。

1988 年 9 月 7 日，我国第一代试验应用极轨气象卫星的首发星——"风云一号 A"（FY-1A）发射成功，迎接 FY-1A 发射和承担其资料接收、处理、存档、监测服务的是新建成的三个地面站（北京、广州、乌鲁木齐）和一个资料处理中心，这是当时我国用于卫星数据接收处理和服务规模最大、能力最强的地面系统。

至 2002 年，我国共发射 4 颗极轨气象卫星，其中前两颗（FY-1A/1B）为试验应用卫星，携带 5 通道可见光和红外扫描辐射计，与美国第三代 TIROS-N/AVHRR 类似，只是多一个水色通道，少一个 $3.5\mu m$ 通道，同时具有空间环境监测功能。后两颗（FY-1C/1D）为业务应用卫星，除空间环境监测仪为继承性仪器外，扫描辐射计有重大改进，增加了长波红外分裂窗、中波和短波红外窗以及水色通道，使通道数目由原来的 5 个增加到了 10 个，提高了海面温度和水色遥感能力。试验星在轨运行寿命未及设计要求，业务星寿命达 5 年以上，远超过设计指标，在气象、生态环境和自然灾害监测和服务等方面发挥了重要作用，为国家防灾减灾，经济社会发展做出了重大贡献（范天锡，1991；许健民等，2006）。

风云一号卫星的发射和应用不仅标志我国已成为能够自行研制和发射气象卫星的国家，而且也标志我国的气象卫星已进入了业务运行和应用阶段。

1.1.2.3 确定第二代极轨气象卫星发展目标（1989～2000）

基于风云一号卫星的技术基础和 NOAA 卫星的技术进步，在此期间研究确定了我国第二代极轨气象卫星的发展目标，即①全球、全天候、三维、定量、高精度观测；②为天气预报，特别是数值天气预报提供全球均匀分辨率的气象水文参数；③监测全球天气、气候、自然灾害和地表生态环境的变化；④监测全球冰、雪覆盖和臭氧分布等，为气候变化分析和预测提供重要的地球物理参数；⑤为政府决策、防灾减灾和经济社会发展提供气象服务。

为了实现上述发展目标，自 1989 年 11 月起，国家卫星气象中心在全国众多专家、学者、工程技术人员的支持下，连续五年研讨了发展我国新一代极轨气象卫星的具体使用要求、遥感通道选择、信息收集与传输、卫星总体方案设想等。1989 年 12 月主持召开了具有深远影响的专家和用户研讨会。

仪器通道选择是发展风云三号卫星的最关键环节，根据专家建议，国家卫星气象中心牵头组成了通道选择工作组，开展通道模拟计算试验。1990 年和 1992 年 11 月在北京分别召开了以风云三号卫星通道最佳选择和发展战略为主题的研讨会。基于我国对气象卫星资料的应用需求，通过对国内外卫星及仪器特点的深入研究分析和我国在 FY-1 及 NOAA 卫星资料的实际应用，在星载仪器通道设置、性能指标、应用目标和卫星发展阶段等方面取得了共识（黎光清和钮寅生，1991）。

会议认为当前发展我国定量遥感需解决四个关键问题：①所有仪器包括可见光通道地面实验室定标和飞行校准以及改善定标和校准的稳定性；②红外分光计低层温、湿廓线遥感通道的最佳选择；③毫米波测全球降水；④全天候水汽廓线遥感的模拟试验和样机研制。以上四个问题的任何突破都将对发展我国的定量遥感产生重大影响。

20 世纪 90 年代初，红外分光计和微波辐射计已具有多年预研的成果，紫外臭氧探测、地球辐射收支探测、中分辨率成像类仪器、微波成像类仪器已在国家 863 和其他科研项目中得到一定发展，一些关键技术的攻关，也取得了阶段成果；可见光和红外扫描辐射计、空间环境监测器已在风云一号等卫星上应用过。这些为风云三号卫星安排多种遥感仪器创造了有利条件。另一方面，风云三号系列卫星至少使用 15 年，在其发射的同一时期，考虑到美国第五代（NPP/JPSS）和欧洲的第一代极轨气象卫星（METOP）都将陆续在轨运行，且有更先进的遥感仪器，为了使风云三号卫星更具应用价值，并缩短与欧美的差距，认为分批次发展风云三号卫星有利于科技进步和发挥更积极的应用价值。

基于上述考虑，提出风云三号 01 批卫星上安排可见光和红外扫描辐射计（10 通道）、红外分光计（26 通道）、微波辐射计（8 通道）、中分辨率光谱成像仪（20 通道，以可见光和近红外波段为主）、微波成像仪（6 频段 12 通道）、紫外臭氧探测器（垂直和总量）、地球辐射收支探测仪（地球和太阳辐射）、空间环境探测器、数据收集系统等九项仪器，并且在 02 批卫星上再增加高光谱分辨率大气红外探测器和微波湿度探测器两种仪器（黎光清和钮寅生，1993）。

1994 年 7 月 27 日至 29 日，航天工业总公司和中国气象局在北京联合组织专家论证会，通过了风云三号气象卫星探测仪器的使用要求和上星可行性报告。之后，全面展开了卫星和仪器方面各项关键技术的攻关工作。

2000 年风云三号 01 批卫星正式立项。期间，国内相关技术水平有了一定发展，国外情况也有所变化，例如 1999 年 12 月美国发射了先进的对地观测卫星（EOS），其中的光学仪器——MODIS（中分辨率成像光谱仪）不仅有 36 个通道，而且部分通道地面分辨率也达到了 250m。在这种情况下，对风云三号 01 批个别仪器指标进行了调整：①中分辨率光谱成像仪原定 2 个 250m 分辨率通道增加到 5 个，使可见光通道具有自然景观（真彩色）监测能力；②微波辐射计除保留 O_2 吸收带 4 个测温通道外，增加高频（150 和 183GHz）通道用于监测水汽和遥感地表特征，同时减少低频通道，使之分为功能各异的两台仪器，即微波温度计和微波湿度计进行研制；③微波成像仪减少一个高频波段，且其中一个频段调整为 89GHz。

1.1.2.4　第二代极轨气象卫星（2000～2020）

风云三号 01 批卫星正式立项后，各承研单位开始了卫星和仪器的研发工作。2005 年 9 月，地面应用系统一期工程批复立项，建设工作也同时启动。2008 年 5 月 27 日，我国新一代极轨气象卫星系列的首发星——风云三号 A 星发射成功。它携带了 11 台仪器，除可见光红外扫描辐射计和空间环境监测器是继承性仪器外，其余均为新研制开发。风云三号 A 星的发射与应用，标志着中国气象卫星及应用步入了一个崭新的历史阶段（Dong et al., 2009）。

第二代极轨气象卫星共计划发射 6 颗，其中 01 批两颗（FY-3A/3B），为试验应用卫星；02 批 4 颗（FY-3C/D/E/F），为业务应用卫星，预计使用到 2022 年。考虑到 02 批是业务应用卫星以及 01 批两颗卫星的实际应用情况，通过广泛调研分析和必要的计算试验，以及与研制方的多次沟通，于 2009 年 10 月形成 02 批卫星的使用要求，即①安排上、下午双星运行，增加观测频次（双星运行，一天观测 4 次）；②对主要应用于气象业务的仪器，上、下午卫星上均安装，对其他应用目的的仪器则分别安装在上午或下午卫星上；③对个别仪器则适当增加光谱通道，例如，微波温度计由 01 批的 4 个通道增加到 13 个，以提高垂直探测分辨率；微波湿度计由 01 批的 5 个通道增加到 15 个，以增加测水汽能力；地球辐射探测仪增加了长波红外通道，以提高辐射收支计算精度；④个别仪器在 02 批中逐步实现更新换代，例如，干涉式红外大气探测仪器将取代红外分光计，以提高垂直探测能力；中分辨率光谱成像仪由 01 批的 20 个通道增加到 26 个，以取代可见光红外扫描辐射计；臭氧探测器除具备臭氧总量和垂直探测能力外，还可探测微量气体；⑤增加风场测量雷达、GNAS 掩星探测仪、近红外高光谱温室气体监测仪。

2009 年 11 月 25 日风云三号 02 批使用要求和可行性研究报告通过了中国气象局和航天科技集团公司组织的专家评审。

1.2 遥感仪器及应用系统主要特点

1.2.1 星载遥感仪器

风云三号 A 星是目前国内应用卫星装载对地遥感仪器最多的卫星，共 11 台仪器，光谱通道达百个。风云三号卫星首次实现了同时获取紫外、可见光、近红外、红外、微波波段的大量丰富信息，综合监测和探测能力极大加强（杨军等，2009）。

大气探测仪器组：由红外分光计（$0.69\sim15.5\mu m$ 范围 26 个通道，分辨率 17km）、微波温度计（$50\sim57$GHz 范围 4 个通道，分辨率 50km）和微波湿度计（$150\sim183$GHz 范围 5 个通道，分辨率 15km）组成，实现了红外和微波的三维综合探测，使探测信息垂直分层和云影响消除能力大大增强，提高了大气温度、湿度等的定量探测精度。

成像仪器组：成像类仪器主要有可见光红外扫描辐射计（$0.44\sim12.5\mu m$ 范围 10 个通道，1.1km 分辨率）、中分辨率光谱成像仪（$0.41\sim12.6\mu m$ 范围 20 个通道，250 米/1km 分辨率）、微波成像仪（$10.65\sim89$GHz 范围 10 个通道，9km～85km 分辨率）。这类仪器的主要特点是监测云、地表特征和自然灾害；由于其地面分辨率比大气探测类仪器高很多，又可以成像方式显示其产品的应用价值，例如，具有获取星下点分辨率 250m，一天一次全球无缝隙拼接的地球表面自然景观影像图；监测极区冰雪覆盖和消融情况；监测台风、降水区及森林、草场火灾等。

　　大气成分监测仪器组： 包括紫外臭氧垂直探测仪（252～340nm 范围 12 个通道，分辨率 200km）和紫外臭氧总量探测仪（309～361nm 范围 6 个通道，分辨率 50km），使我国首次利用自己的卫星监测全球臭氧变化，获得大家极为关注的南极地区臭氧总量减少到逐渐形成臭氧洞的全过程。

　　地球辐射收支探测仪器组： 包括地球辐射探测仪（0.2～3.8μm 和 0.5～50μm，分辨率 35km）和太阳辐射监测仪（0.2～50μm），为用于计算地球辐射收支，开展气候研究开辟了非常重要的途径。

　　空间天气（环境）监测仪器组： 它由 4 个仪器组成，进行高能粒子、星体内部电磁环境辐射、卫星表面电位差和粒子事件监测，用于空间天气灾害的监测与预报，为卫星安全、通信和天气气候研究提供信息服务。关于星载仪器的详细情况见第 3 章。

1.2.2　数据处理系统

　　风云三号 A 星下传信息量是风云一号卫星的 70 倍，传输链路除 L 和 S 波段外，新增 X 波段，用于接收地面控制命令和下传星上观测数据到地面。为适应卫星过境时间 10 分钟左右内把存储在卫星上的境外 90 分钟数据全部下传到地面，地面设备必须具备高速获取大量数据的能力，才能保证卫星数据的完整性。另一方面天气系统变化快，尤其中尺度灾害性天气（例如台风、暴雨、强对流天气），使得对卫星观测数据的加工处理有相当高的时效要求。此外，卫星资料进入同化处理和预报模式时也有严格的时间窗口要求，错过窗口将不再使用，即便使用也一定会影响卫星资料的应用价值。有鉴于此，原风云一号卫星地面应用系统完全不能用于新一代卫星，风云三号卫星地面应用系统为全新设计和建设，包括计算机网络、数据接收系统、运行控制、数据处理和存储服务等。风云三号气象卫星地面应用系统的特色之处主要是：①实现了国内 4 站和国外高纬度站组网，确保卫星资料按时完整接收的能力。国内站双路接收卫星下传数据，优化拼接，减少了数据丢失；②主处理机为高于 700GB 的大内存，且在一个操作系统管理下运行，实现了 256 个 CPU 共享内存空间，利于大容量数据快速处理；③快速的远程和局地网络连接，加速了数据交换；④开发了高精度卫星数据地理定位和辐射定标算法，基于各种科学算法，生成了大气、陆地和海洋具有各类用途的 1、2、3 级卫星遥感产品；⑤增加了定量产品的精度检验和验证等。本部分内容详见第 2 章、第 4 章、第 5 章和第 6 章。

1.2.3　数据共享能力

　　风云三号 A 卫星发射至今，已在轨正常运行两年多。白天卫星由北向南（降轨）穿越赤道，夜间则由南向北（升轨）飞行，绕行地球一周约 102 分钟，目前已绕地球飞行

10000 多圈。卫星仪器资料经地面应用系统处理，生成大量定量产品和地球自然景观影像图，用户部门遍及气象、海洋、农业、环保、水利、交通、水产、科研院所、高校、部队等。

数据共享方式有多种，例如，①通过 FTP 主动向日常业务单位，且需要的数据量大，时效要求高的用户分发服务（推送）；②提供专门网址和基于地理信息和空间数据库的风云气象卫星数据发布、查询和定制功能；③针对重大灾害灾情的应急数据服务或者是重点科研工程项目的数据保障服务，提供人工数据下载和转存服务。

风云三号卫星数据共享服务网站的主要特点是：基于传统文件方式的卫星数据检索下载；基于时空一体化的空间数据库，在 GIS 平台的支撑下实现了遥感数据空间发布与订购，实现了全球遥感数据的二维和三维发布。本部分内容详见第 2 章。

1.3 风云三号卫星的主要应用领域

1.3.1 气象卫星应用背景

卫星应用水平与卫星本身的监测和探测能力密切相关，我国应用气象卫星资料的工作开始于 1969 年对 ESSA/ITOS APT 模拟云图的接收，卫星云图为业务预报人员提供了天气学分析方面的崭新应用工具。随着卫星资料的数字化传输和定量探测能力的提高，例如，1978 年美国新一代业务卫星 TIROS-N 发射、1984 年日本 GMS-3 开始数字传输、1988 年及之后的我国 FY-1 和 FY-2 以及 NOAA-KLM 等卫星的陆续发射，卫星应用水平也在逐步提高，尤其是卫星资料的定量应用在许多领域开始发挥重要作用（董超华等，1999；方宗义等，2004）。例如 20 纪 80 年代开始，我国不少学者开始探索利用卫星资料反演的大气温、湿度廓线分析天气系统，研究水汽输送与降水的关系；监测自然灾害，例如监测森林草原火灾、暴雨及由其引起的洪涝面积，进行灾情评估（张文建等，2004）；又如对冰雪、大雾、干旱、厄尔尼诺等监测。这些都为防灾减灾提供了科学依据。

在我国随着国民经济的快速发展和人民生活的不断提高，环境质量引起了大家的高度关注，例如对沙尘暴的监测和预报、沙尘的输送和沉降等，成为主要研究课题，并取得了重要成果（曾庆存等，2006）。

气象卫星为数值天气预报模式提供初始场资料成为重要应用目标之一，近年来这方面的研究成果很多，我国在对极轨卫星红外、微波辐射率和静止卫星风场资料的同化分析方面取得了可喜进步（薛纪善等，2008）；欧洲预报中心同化卫星资料工作已实现业务化，并取得了很好的预报效果（Sounders，1999）。

风云三号卫星和地面应用系统是在 FY-1 和 NOAA 卫星技术、信息处理以及遥感反演理论方法基础上，自主研发，有独立知识产权的系统。卫星资料经地面接收和计算处理，生成 1 级、2 级和 3 级产品。1 级是仪器原始分辨率资料经质量检验、地理定位、辐射定标后生成的产品（参见第 4 章、第 5 章）；2 级是在 1 级的基础上通过科学算法生成的产品，其分辨率或保持原始高分辨率，或依据使用要求降低分辨率（参见第 6 章）；3 级是指对 2 级产品进行日或旬或月平均后生成的产品（参见第 6 章）。

风云三号卫星的主要应用领域是天气预报、气候与气候变化监测和预测、大气环境监测、人工影响天气、空间天气以及农业估产、生态环境和自然灾害的监测，为政府决策、防灾减灾和经济社会发展提供气象服务。

1.3.2 数值天气预报应用

全球和区域数值天气预报质量的提高强烈依赖于初始场质量，即初始场与大气状态的接近程度、资料的代表性（覆盖范围）、观测频次等。由于占全球面积 70% 以上是广阔的海洋、高原、沙漠和两极地区，常规观测难以实现；即使在目前常规探测资料较密集的地区，其时空密度也难以满足中、小尺度天气预报需求，卫星遥感则是解决这一问题的唯一途径。

发展风云三号卫星的主要目标之一是为数值天气预报提供全球均匀分辨率多光谱辐射资料，改善数值天气预报初始场质量，例如能够实时提供卫星逐条轨道各仪器光谱通道均匀分辨率的光学和微波仪器通道辐射率、反射率资料等。目前，欧洲数值预报准确度较高为世界公认，主要原因之一是他们在自己的同化模式中使用的卫星资料高达 90% 以上。卫星资料中有丰富的信息，不同国家发射的卫星中都有可供利用的信息，即使卫星轨道重复，也可从仪器光谱特性的差异中获取补充信息；在卫星轨道不同步时，又可增加资料覆盖时次。国内外的初步试验应用表明：FY-3A 资料不仅可提高全球/区域数值天气预报精度，而且可延长预报时效（lu et al.，2010）。

1.3.3 天气和气候应用

风云三号 A 星可提供一天两次全球覆盖的大气温、湿度廓线，全球云图资料等，B 星发射后，则可提供一天四次的资料；此外，云参数定量计算结果（包括云相态区分、云光学厚度、云顶高度/温度等）、极区风矢量、大气可降水、微波监测降水、大气不稳定度指数、大雾、海面温度等，为全球和区域天气系统监测和分析预报提供了丰富的信息。

风云三号卫星还可提供大气柱臭氧总量、臭氧垂直分布、冰雪覆盖和厚度，植被覆盖、地表温度和湿度、干旱和洪涝指数、地表反照率、地球-大气顶向外长波红外辐射等。气象卫星提供的观测资料具有覆盖范围广、信息量大、重复频率高，有规范的辐射定标和数据格式、信息源可靠等诸多特点，这是其他任何常规观测无法替代的重要信息源，也为气候和气候变化监测预测提供了宝贵的资料。

1.3.4 环境和自然灾害监测

监测大气和空间环境以及自然灾害是发展气象卫星的另一重要目标任务，过去几十年间，我国在利用气象卫星进行森林草场火灾、麦秸焚烧、黄河凌汛、草原雪灾、海冰监测和服务等方面取得了重要成果。风云三号 A 星中分辨率光谱成像仪有 4 个可见光和 1 个长波窗通道是 250m 分辨率，对于台风精细结构、极区海冰消融、城区热环境监测等方面非常有利。风云三号 A 星提供的气溶胶、臭氧总量和垂直分布等产品可用于大气环境监测和评价，连续监测南极地区臭氧变化和臭氧洞的形成过程；监测植被、土地覆盖变化，监测暴雨、大雾、积雪冰冻、洪涝和干旱、河口泥沙、海洋赤潮、大湖藻类污染等，为环境治理，防灾减灾提供科学依据。

监测太阳活动，监测空间质子、离子、电子等变化状态，为空间飞行安全提供保障服务。

1.4
未来发展趋势和应用前景

风云三号是我国第二代极地轨道气象卫星，探测能力和应用领域与第一代相比有质的飞跃，但与我国气象业务服务需求仍有不小差距，而解决供需矛盾的手段主要还是靠发展。新世纪极轨气象卫星的发展将具有以下特点：

一是实现稳定可靠的双星星座式卫星业务运行模式，即至少构建上/下午两颗极地轨道卫星同时运行，使观测频次由现在的一天获取两次全球覆盖资料，提高到一天四次；二是星载仪器向更高的光谱分辨率、垂直分辨率、水平分辨率和辐射精度发展，同时增加多角度观测功能；三是微波仪器向多频、高频和多极化发展，主动和被动结合；大气组分，尤其是影响空气质量的微量气体探测将明显加强；四是星上大容量存储、高速率传输和地面高时效处理能力。

新世纪气象卫星的应用前景是：大气探测将实现反演精度和垂直分辨率分别是温度廓线 1℃/1km，湿度廓线 10%/1km。从地表气象水文参数遥感角度讲，成像仪器将广泛采用高光谱分辨率的光学成像多波段高精度 CCD 面阵，以及雷达（Radar）极化技术，使获得高精度和高地面分辨率定量的地表和海面地球物理参数成为可能。同时还可对地表生态系统动态演变、大陆覆盖变化以及海洋水色等地球环境参数的全球变化做出定量监测和估计，满足气候预测需要。

参 考 文 献

董超华，章国材，邢福源，冯玉蓉．1999．气象卫星业务产品释用手册．北京：气象出版社，273.

范天锡．1991．风云一号气象卫星地面系统．中国空间科学技术，2：34-48.

方宗义，许键民，赵凤生．2004．中国气象卫星和卫星气象研究的回顾和发展．气象学报，62（50）：550-560.

黎光清，钮寅生．1991．风云三号气象卫星遥感通道选择专家工作组 1990 年研讨会专集（FY-3 'CSS90）．北京．国家气象局国家卫星气象中心．171.

黎光清，钮寅生．1993．风云三号气象卫星遥感通道选择专家工作组 1992 年研讨会专集（FY-3 'CSS92）．北京．国家气象局国家卫星气象中心．262.

许键民，钮寅生，董超华，张文建，杨军．2006．风云气象卫星的地面应用系统．中国工程科学，8（11）：13-18．

薛继善，陈德辉等．2008．数值预报系统 GRAPES 的科学设计与应用．北京：科学出版社，383．

杨 军，董超华，卢乃锰，杨忠东，施进明，张 鹏，刘玉洁，蔡 斌．2009．中国新一代极轨气象卫星——风云三号．气象学报，67（4）：501-509．

曾庆存，董超华，彭公炳，赵思雄，方宗义等．2006．千里黄云——东亚沙尘暴研究．北京：科学出版社，228．

张文建，许键民，方宗义等．2004．暴雨系统的卫星遥感理论和方法．北京：科学出版社，427．

Davis G. 2007. History of the NOAA satellite program. Journal of Applied Remote Sensing，1：1-18.

Dong C，J Yang，W Zhang，Z Yang，N Lu，J Shi，P Zhang，Y Liu，and B Cai. 2009. An Overview of a New Chinese Weather Satellite FY-3A. Bulletin of American Meteorological Society，90：1531-1544.

Lu Qifeng，Bell W，Baeur P，Bormann N，and Peubey C. 2010. An Initial Evaluation of FY-3A Satellite Data. ECMWF MEMORANDUM，631.

Rao P Krishna，Susan J Holmes，Ralph K Anderson，Jay S Winston，and Paul E Lehr. 1990. Weather Satellites：Systems，Data，and Environmental Applications. American Meteorological Society，503.

Sounders R，Andersson E，Kelly G. 1999. Recent developments at ECMWF in the assimilation of TOVS radiances. Technical Proceedings of the 10th International ATOVS Study Conference，Boulder，Colorado，27 January-2 Februry 1999：463-474.

Smith W L，H M Woolf，C M Hayden，D C Wark，and L M McMillin. 1979. TIROS-N operational vertical sounder. Bull. Amer. Meteor. Soc. ，60：1177-1187.

第2章 风云三号卫星及地面应用系统

风云三号卫星工程由卫星、运载火箭、发射、测控和地面应用等五大系统组成。风云三号地面应用系统作为风云三号气象卫星工程五大系统中的一个重要组成部分，负责实现星地配合数据观测、卫星的日常运行管理、对卫星的状态监视，实现卫星数据的完整接收、实时处理与广泛应用。本章主要介绍风云三号A卫星平台和地面应用系统基本情况以及用户获取卫星数据（含产品）的几种方式等。

2.1 卫星概况

风云三号气象卫星是实现全球、全天候、多光谱、三维、定量遥感的我国第二代业务气象卫星系列。风云三号01批卫星为试验星，共两颗，它们是风云三号A星和风云三号B星，卫星代号分别为FY-3A和FY-3B。FY-3A卫星于2008年5月27日在我国太原卫星发射中心发射成功。

风云三号卫星由中国航天科技集团公司上海八院研制生产。风云三号卫星是瞄准国际先进技术水平而设计的卫星，它技术含量高、系统复杂、研制难度大，是国内目前功能最强的对地观测卫星之一。

FY-3A卫星的总体技术参数，如表2.1-1所示。FY-3A卫星发射状态构形图见图2.1-1。

表 2.1-1　FY-3A 卫星主要参数

序号	项目名称	主要技术参数
1	卫星发射质量	≤2450kg
2	卫星尺寸	卫星本体尺寸：4380mm×2000mm×2000mm（X·Y·Z） 飞行状态尺寸：4380mm×10000mm×3790mm（X·Y·Z）
3	轨道	轨道类型：太阳同步轨道 标称轨道高度：831km
4	探测仪器	11 台套
5	数传	实时：L 波段 QPSK 调制 码速率 4.2Mbps 　　　X 波段 QPSK 调制 码速率 18.7Mbps 延时：X 波段 QPSK 调制 码速率 93Mbps 固态记录器记录容量：144Gbits
6	姿态	三轴稳定
7	推进	推力器：24 台，5N 推力器 储箱：4 只储箱，互为备份
8	电源	太阳电池阵：总面积：22.464m^2 寿命初期输出功率：2980w 寿命末期输出功率：2670w 蓄电池：2 组 50AH 镉镍蓄电池
9	结构	分舱设计：服务舱和推进舱为中心承力筒与隔板组合结构，有效载荷舱为隔板与构架组合结构
10	热控	被动热控为主，辅以电加热器和 LHP 主动热控
11	卫星寿命	大于两年

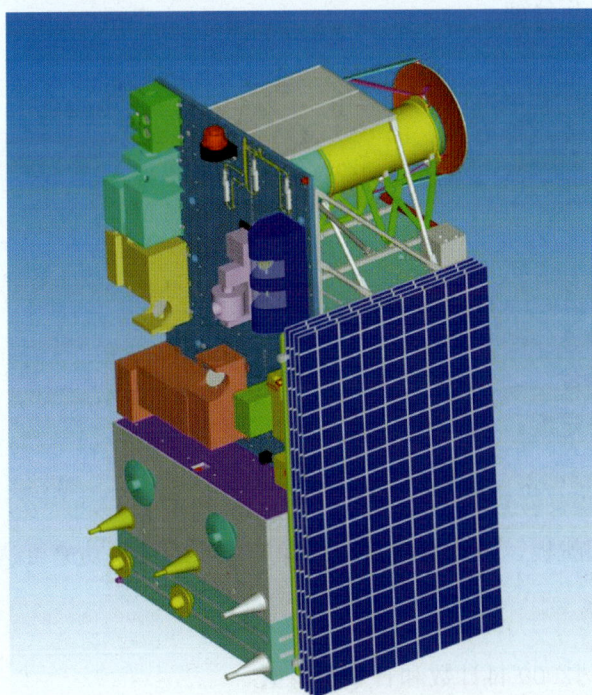

图 2.1-1　FY-3A 卫星发射状态构形图

2.1.1　主要任务

风云三号卫星的主要任务、应用目标是：

（1）为天气预报，特别是数值天气预报，提供全球的温、湿廓线以及云、辐射等气象参数。

（2）监测全球、区域自然灾害和生态环境。

（3）监测全球冰、雪覆盖和臭氧分布等，为气候变化分析和预测提供信息服务。

（4）为农业、水利、林业、海洋、交通等应用领域提供全球及区域的气象信息，为政府决策、防灾减灾和经济社会发展服务。

2.1.2　主要技术指标

2.1.2.1　卫星轨道

（1）轨道类型：近极地太阳同步轨道

（2）轨道标称高度：831 公里

（3）轨道倾角：98.81°

（4）标称轨道回归周期：5.3 天

（5）轨道保持偏心率：≤0.00012

（6）周期：101.6 分钟

（7）每天圈数：14.17

（8）轨道截距：2820 公里（赤道）

（9）发射初期降交点地方时：10∶05 AM

（10）交点地方时漂移：2 年小于 15 分钟

2.1.2.2　卫星姿态

（1）姿态稳定方式：三轴稳定

（2）三轴指向精度：≤0.3°

（3）三轴测量精度：≤0.05°

（4）三轴姿态稳定度：≤4×10^{-3} 度/秒

2.1.2.3　太阳帆板对日定向跟踪

卫星为单翼太阳帆板，自动对日定向跟踪，获取的最大功率可达 2980W。

2.1.2.4　星上记时

（1）记时方式：J2000 日计数和日毫秒计数

（2）记时单位：1 毫秒

（3）时间精度（星地总精度）：小于 20 毫秒

2.1.3　卫星平台

卫星由服务舱、推进舱和有效载荷舱构成。服务舱主要提供星上用电、数据管理及姿态控制等服务；推进舱主要提供卫星轨道调整和保持服务；有效载荷舱主要用于安装遥感仪器。本节简述卫星平台相关分系统的功能。

2.1.3.1　姿轨控

姿轨控分系统采用偏置动量控制方式，实现初始姿态建立、姿态保持、初始轨道调整、轨道保持、太阳电池阵对日定向控制、姿态测量、太阳电池阵应急控制、姿态应急与重捕。

2.1.3.2　测控

测控分系统采用 S 频段微波统一测控体制，进行跟踪测轨、遥测和遥控并辅以全球定位系统（GPS），获取 FY-3A 的三维位置、三维速度和时间信息，用于卫星的精确定位。应答机中接收机采用异频热备份工作模式，发射机采用异频冷备份工作模式。

2.1.3.3　数据管理

数据管理分系统采用基于 1553B 总线二级网络体制，由数管计算机进行姿轨控计算、各个有效载荷等的运行管理；对整星进行程控；调度遥测数据和遥感数据进入数传信息处理器；执行数据直接广播和入境回放等。

2.1.3.4　推进

卫星推进分系统为落压式单元肼分解推进系统，为姿态控制提供力矩，为初始轨道调整和轨道保持提供推力，协助完成姿态控制和轨道控制等。

2.1.3.5　电源

电源分系统采用太阳电池阵——蓄电池组组合供电、28V 全调节直流母线方案，二次电池主要采用分散式供电方式。太阳电池阵分成充电阵和供电阵两个部分。工作寿命期间，电源系统完成对星上各系统功率的不间断供给。光照期完成卫星能源系统的太阳电池阵能源采集，把太阳光能转化为电能，对负载供电和蓄电池组充电储能，在阴影区以及光照区短期大功率超过太阳电池阵供电阵能力时，由充电阵和蓄电池补充供电。

太阳电池阵设计成单翼、可偏置、对日定向跟踪的太阳电池阵。

发射时，太阳电池阵与卫星主结构相连并压紧，入轨后，接收控制指令，主展开机构使连接架展开 30° 并锁定，随后释放电池板上的约束释放机构，太阳电池板同步展开并锁定，展开后的电池板与连接架夹角为 93.5°。太阳电池阵展开后在姿轨控计算机的控制下对日定向跟踪，保证整星能源供应。

2.1.3.6 热控制

热控分系统主要为卫星提供合适的温度环境，使星载仪器、设备在不同的飞行阶段、整个工作寿命期间保持在所规定的温度范围之内，例如一般仪器设备为－5～45℃，红外地平仪为－8～42℃，数传发射机功放级－5～60℃，推进分系统 5～60℃，镉镍电池组 0～15℃等。

2.1.3.7 数据传输

数据传输分系统由数据基带信号处理器和射频传输链路两部分组成。基带信号处理器包括信息处理器和固态记录器。射频传输链路共三条，包括一条 L 波段和两条 X 波段。L 波段在全球范围内实时向地面传送除中分辨率光谱成像仪之外的所有遥感仪器的探测数据，称 HRPT 广播。一条 X 波段实时向地面传送中分辨率光谱成像仪探测数据，称 MPT 广播。另一条 X 波段延时链路对指定的地面接收站，回放卫星上记录的仪器探测数据，称 DPT 广播。

2.1.3.8 数据结构和处理流程

FY-3A 卫星共携带 11 台（套）遥感探测仪器，按不同的速率进行观测并产生包括整星工程遥测共 13 种数据源包，详见表 2.1-2。

表 2.1-2 FY-3A 卫星整星数据源包

探测仪器	数据速率		接口	物理信道
中分辨率光谱成像仪	16Mbps		直接	MPT、DPT
可见光红外扫描辐射计	1.3308Mbps（昼）		直接	HRPT、DPT
	0.39924Mbps（夜）		直接	HRPT、DPT
微波成像仪	100Kbps		直接	HRPT、DPT
红外分光计	4 包/6.4s	1024 字节/包	1553B	HRPT、DPT
臭氧垂直探测仪	1 包/64s	512 字节/包	1553B	HRPT、DPT
	10 包/2m/天			
臭氧总量探测仪	1 包/8.16s	832 字节/包	1553B	HRPT、DPT
地球辐射探测仪	1 包/4s	1024 字节/包	1553B	HRPT、DPT
太阳辐射监测仪	2～6 包/30s	512 字节/包	1553B	HRPT、DPT
微波温度计	1 包/16s	256 字节/包	1553B	HRPT、DPT
微波湿度计	2 包/2.67s	1024 字节/包	1553B	HRPT、DPT
空间环境监测器	1 包/42s	512 字节/包	1553B	HRPT、DPT
卫星工程遥测参数	2 包/s	256 字节/包	1553B	HRPT、DPT

卫星采用 CCSDS 的 AOS 标准对上述 13 种数据源包进行格式化，并送到相应物理信道传输。计算机把整星遥测数据打包封装后也通过 1553B 总线转发至数传信息处理器，使得探测数据与遥测数据共用物理信道。星上有效载荷信息处理框图见图 2.1-2。

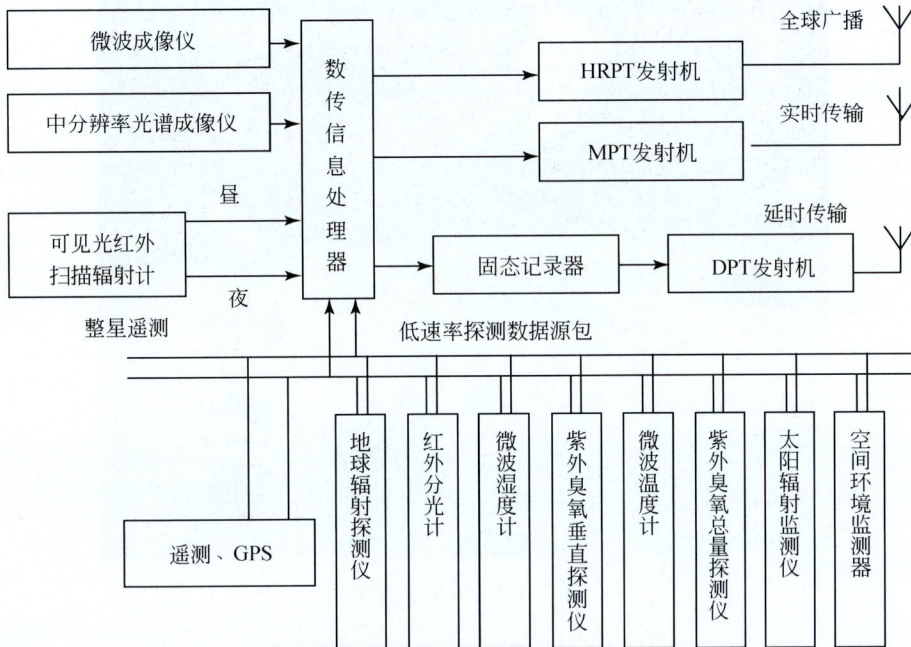

图 2.1-2　星上有效载荷信息处理框图

2.1.4　遥感仪器

风云三号 A 星装载的 11 台（套）仪器可分为 5 个仪器组，包括①成像仪器组：可见光红外扫描辐射计、中分辨率光谱成像仪、微波成像仪；②大气探测仪器组：红外分光计、微波温度计、微波湿度计；③大气成分监测仪器组：紫外臭氧垂直探测仪、紫外臭氧总量探测仪；④辐射收支探测仪器组：地球辐射探测仪、太阳辐射监测仪；⑤空间环境监测仪器组。

可见光红外扫描辐射计、中分辨率光谱成像仪、红外分光计、微波温度计、微波湿度计、紫外臭氧垂直探测仪、紫外臭氧总量探测仪、地球辐射探测仪等仪器安装在卫星的对地面上，微波成像仪安装在卫星的顶部，太阳辐射监测仪和空间环境监测仪器安装在卫星的侧面。各遥感仪器的安装位置见卫星示意图 2.1-3。各遥感仪器的主要特征设计参数见表 2.1-3。

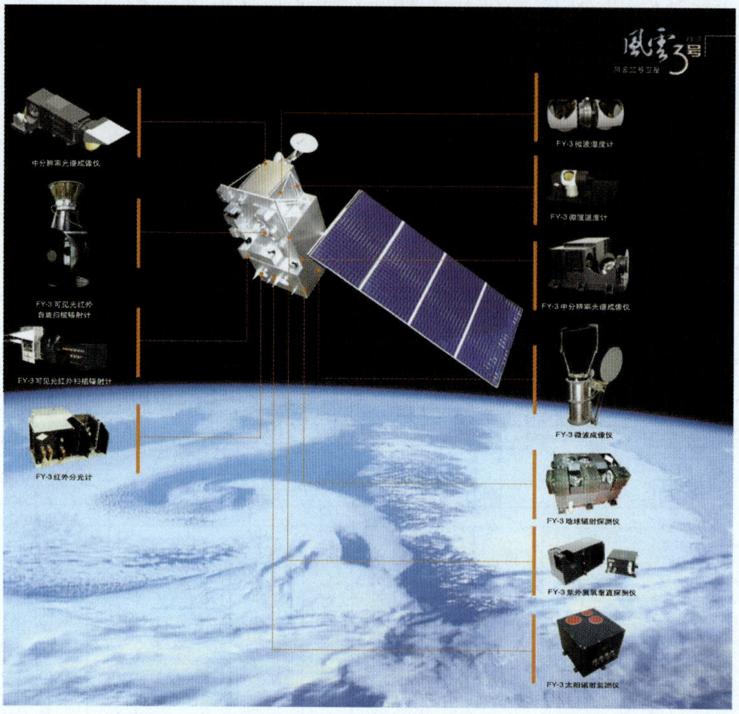

图 2.1-3　卫星示意图

表 2.1-3　各遥感仪器的主要特征设计参数

名　称		技术参数	探测目的
成　像 仪器组	可见光红外扫描辐射计（VIRR）	光谱范围　0.43～12.5μm 通道数　10 扫描范围　±55.4° 地面分辨率（即水平分辨率，下同）　1.1km 可见光近红外定标精度　5%～10% 红外定标精度　1K（270K）	云图、植被、泥沙、卷云及云相态、雪、冰、地表温度、海表温度、水汽总量等。
	中分辨率光谱成像仪（MERSI）	频段范围　0.40～12.5μm 通道数　20 扫描范围　±55.4° 地面分辨率　0.25～1km 可见光和近红外定标精度 5%～10% 红外定标精度　1K（270K）	海洋水色、气溶胶、水汽总量、云特性、植被、地面特征、表面温度、冰雪等。
	微波成像仪（MWRI）	频段范围　10～89GHz 通道数　10 扫描范围　±55.4° 地面分辨率　15～85km 定标精度　1～2.8K	雨率、云含水量、水汽总量、土壤湿度、海冰、海温、冰雪覆盖等。

续表

名　称		技术参数	探测目的
大气探测仪器组	红外分光计（IRAS）	光谱范围　0.69～15.0μm 通道数　26 扫描范围　±49.5° 地面分辨率　17km 可见光定标精度　5%～9% 红外定标精度　1K（270K）	大气温、湿度廓线、臭氧总含量、二氧化碳浓度、气溶胶、云参数、极地冰雪、降水等。
	微波温度计（MWTS）	频段范围　50～57GHz 通道数　4 扫描范围　±48.3° 地面分辨率　50～75km 定标精度　1.2K NEΔT　0.4～0.55K	
	微波湿度计（MWHS）	频段范围　150～183GHz 通道数　5 扫描范围　±53.35° 地面分辨率　15km 定标精度　1.5k NEΔT　1.1～1.2K	
辐射收支探测仪器组	地球辐射探测仪（ERM）	光谱范围　0.2～50μm，0.2～3.8μm 通道数　窄视场2个　宽视场2个 扫描范围　±50°（窄视场） 灵敏度　0.4Wm$^{-2}\cdot$sr^{-1} 定标精度　1%（0.2～3.8μm），0.8% （0.2～50μm） 二年长期稳定度＜1%	地球辐射
	太阳辐射监测仪（SIM）	太阳辐射测量： 光谱范围　0.2～50μm 灵敏度　0.2Wm^{-2} 定标精度　0.5% 2年长期稳定度＜0.02%	太阳辐射
大气成分监测仪器组	紫外臭氧垂直探测仪（SBUS）	光谱范围　0.16～0.4μm 通道数　12 观测范围　垂直向下 地面分辨率　200km 辐亮度、辐照度相对定标精度 3%（160～250nm），2%（250～400nm） 漫反射板定标精度3%	臭氧垂直分布
	紫外臭氧总量探测仪（TOU）	光谱范围　0.3～0.36μm 通道数　6 扫描范围　±54° 星下点分辨率　50km 辐亮度、辐照度相对定标精度2%	臭氧总含量

续表

名　称	技术参数	探测目的
空间环境监测仪器组	高能粒子探测器等五台仪器（SEM） 能量测量范围： 0.15～10 MeV；10～570 MeV；0.2～2.0 GeV 辐射剂量测量范围：0～10⁴ rad（Si） 表面电位测量量程：＋300～－3000 V	测量空间重离子、高能质子、中高能电子、辐射剂量；监测卫星表面电位与单粒子翻转事件等。

2.1.5　主要技术特点

风云三号 A 气象卫星主要的技术特点包括：

全天候探测：卫星的可见光通道进行白天观测，红外光谱通道可以进行白天、黑夜的观测。由于可见光和红外通道不能穿透云层，观测不到云层底下的信息，因此，卫星还配置了多个微波探测通道，微波具有穿透云层（非降水云）的功能，除测温外还能探测雨、冰雪。由此，风云三号卫星是全天候的对地观测卫星。

高精度立体综合定量探测：卫星既能对地成像，还能对大气进行垂直分层探测。卫星携带十多台观测仪器，观测的光谱范围从紫外、可见光、红外，一直到微波波段，具有上百个光谱观测通道，可以对大气的温度、湿度、臭氧进行垂直剖面探测。由于采用了多种定标技术，所以风云三号卫星提供的是高质量的三维定量数据。仪器红外探测通道的最高灵敏度达 0.1K，最高定标精度达 0.5K。

每天获取全球高分辨率资料：风云三号气象卫星每天可以获取 1 公里分辨率和 250 米分辨率的全球覆盖资料以及其他种类的全球大气、环境探测资料。1 公里地面分辨率的通道有 15 个，250 米分辨率的精细化成像观测通道有 5 个，比美国的 EOS 卫星 2 个 250 米分辨率的观测通道多了三个。

卫星探测资料的高时效：一般说来，极轨气象卫星，一天有 14 条轨道，我国由于地域范围的限制，目前的国内四个地面接收站（北京、广州、乌鲁木齐和佳木斯）一天也只能接收到 7～8 条轨道卫星资料，其余的 6～7 轨道资料需要存储在卫星上，8～9 小时以后，卫星再飞经我国上空时，才回放发送到地面站。由于风云三号卫星装载了 144Gb 的大容量固态记录器，拥有 3 个大功率、高速数据通道，最高速率达 93Mbps，在北极地区增加一个站后，FY-3 卫星几乎每条轨道的观测资料，可以在过境时回放到地面接收站，大大提高了卫星资料的获取时效，全球资料的获取时效由 10 小时缩短为 4.5 小时。

高精度定位：风云三号卫星除了具备常规的姿态测量控制手段外，还配制了星敏感器和 GPS 接收机，从而大大提高了卫星的姿态测量精度和卫星的定位精度，有利于地面应用系统资料处理中的地理定位工作。

精确的轨道调整：风云三号卫星可以实现同一地区基本定时对地观测。气象卫星一般都存在轨道漂移，例如 FY-1D 卫星，开始时的交点地方时是上午 9 点，运行五年以后，交点地方时已为上午 6 点左右；美国 NOAA 卫星也同样，运行 4～5 年以后，交点地方时已从下午 1 点半漂移到了下午 5 点左右。为了使同一颗卫星在数年时间内，观测资料具有很好的可比性，卫星应减少轨道漂移。风云三号卫星采用了轨道控制技术，可以把轨道漂移控制在合适的范围内，2 年降交点地方时最大漂移量不超过 15 分钟，实现卫星多年在同一地方时对地观测。

多种遥感仪器联合探测：风云三号卫星装载有可见光红外扫描辐射计、红外分光计、微波温度计、微波湿度计、中分辨率光谱成像仪、微波成像仪、紫外臭氧总量探测仪、紫外臭氧垂直探测仪、地球辐射探测仪、太阳辐射监测仪和空间环境监测仪等11 台仪器。利用这些多谱段、高精度定量探测仪器资料可以获取多种大气、地表和海表的气象和地球物理参数，并且可以相互匹配，尤其是实现了大气状态参量的垂直探测；实现对全球天气、环境和灾害的综合探测。

综上所述，一是观测能力的极大提高：

（1）大气垂直探测；

（2）多通道 250 米分辨率全球成像；

（3）微波成像与探测；

（4）大气组分观测（臭氧总量和臭氧垂直分布）；

（5）地球系统能量平衡观测；

（6）全球资料获取。

二是卫星技术的重大改进：

（1）X 波段大功率、高速数据回放；

（2）高精度姿态测量控制和轨道定位；

（3）单翼太阳能帆板自动对日定向跟踪，为卫星和仪器提供能源。

风云三号 A 卫星是目前国内应用卫星中探测能力最强的卫星之一，卫星的研制水平与国际同类气象卫星相当。

2.2 地面应用系统概况

2.2.1　系统组成

2.2.1.1　主要任务与技术特点

风云三号卫星地面应用系统的主要任务是接收、处理、存储、分发和应用服务（杨军等，2009）。它由五个地面站（四个国内主站、一个国外站）、一个数据处理和服务中心、三个二级区域地面利用站和一批 FENGYUNCast 数据广播用户接收站等组成。地面应用系统能及时处理和向各类用户提供多层次、多级别高时效、高精度的业务（图象和定量）产品，用于数值天气预报和气候预测模式、环境监测、生态保护和专业气象服务等各个方面，特别在针对天气、气候和环境灾害事件的服务中，发挥了重要作用。应用系统提供国家级、省级遥感监测、分析和服务。各级卫星数据和产品统一长期存档，通过多种手段对外分发服务以实现数据共享。应用系统具有一定的高可靠性和灵活性，信息获取的完整性和安全性。应用系统有先进的技术水平，良好的投资效益。应用系统已成为亚洲的重要业务卫星运行中心和数据处理与服务中心，为提高我国气象卫星在世界气象组织卫星观测系统中的地位奠定了重要基础，并成为WMO全球对地观测系统的重要组成部分（Dong et al.，2009）。

风云三号 A 气象卫星地面应用系统主要技术特点包括以下几个方面：

处理数据量大：每天接收汇集数据量达到 250GB，处理原始资料和生成的产品容量达到 1.3TB；每天新增存档数据 800GB 数据，包括原始观测数据、预处理后的基础数据集、卫星图像产品、卫星数值产品以及卫星遥测数据、卫星工况数据等。由于卫星观测数据量的巨大，由多台高性能计算机进行高效并行处理。

数据接口复杂：地面应用系统与卫星数据接口种类繁多，与测控系统、外部用户数据与控制接口复杂，对接口处理流程控制难度很高。地面应用系统内部十个技术系统之间的接口也很复杂，比如，数据处理和服务中心按约定的传输接口汇集四个国内地面站和一个国外地面站的数据，不但有自动分块文件多路并行传输接口，还有异常情况下的自动文件对帐接口，自动重传接口和降级数据汇集接口，通过上述规范的接口控制来确保多站数据按时、完整、高质量传输到数据处理与服务中心。

时效要求高：各站在卫星资料接收时实时传送至数据处理和服务中心，在限定时间内处理成产品，每天生成大气温湿度廓线、海面温度、射出长波辐射、气溶胶监测、植被指数、大雾监测、火点判识、海洋水色、陆地气溶胶、海冰监测、臭氧总量、臭氧廓线等 30 多种产品，并将产品通过卫星广播、网络推送方式分发至用户。资料处理的主要时效要求是在卫星过境后 10 分钟内生成实时分段 1 级产品，15 分钟后生成 2 级实时反演产品，全球日产品处理要求在 140 分钟之内完成；提供给数值天气预报同化模式中的 L1C 产品，要求在 1 级产品生成后，及时处理成 L1C 格式，及时送出。

可靠性高：要求从卫星交付使用开始的设计寿命期内，各分系统的运行成功率在99％以上，整个系统运行成功率达到 95％以上。为避免系统中出现单点故障，每一个独立的硬件设备单元都使用了高可用技术。

数据兼容性好：为了实现风云三号卫星的资料与全球用户共享与兼容，风云三号地面应用系统的所有产品均采用了国际兼容的 HDF5（Hierarchical Data Format 5）数据格式。

可扩充性强：为适应风云三号卫星应用领域的增加和新产品不断研发和投入业务，系统具备很强的可扩充能力。系统依照统一设计、资源共享、分步实施、滚动改进的原则，除要实现风云三号上、下午星组网观测需求外，还能够接收、处理其他多颗国内外卫星的数据，考虑到多星多站业务规模和处理产品的不断增长，设计了可扩充的系统结构，以适应未来极轨气象卫星的业务运行需要。

2.2.1.2 系统组成

风云三号卫星地面应用系统按业务功能划分，可分为数据处理和服务中心、运行控制中心、地面数据接收站和数据存档中心；按任务特点划分为十个技术系统，分别是数据接收系统（DAS）、运行控制系统（OCS）、数据预处理系统（DPPS）、产品生成系统（PGS）、产品质量检验系统（QCS）、计算机与网络系统（CNS）、数据存档与服务系统（ARSS）、监测分析服务系统（MAS）、应用示范系统（UDS）、仿真与技术支持系统（STSS）。数据接收系统分布在四个国内地面站和一个国外站、应用示范系统分布在全国，其他八个技术系统全部布局在北京国家卫星气象中心。风云三号卫星地面应用系统组成见图 2.2-1，四个国内站（北京、广州、乌鲁木齐、佳木斯）和一个国外站（瑞典基律纳）所在的地理位置见表 2.2-1，国内外接收站布局及高时效接收卫星轨道数据示意图见图 2.2-2。图中蓝色的圆圈表示各个地面站的实时资料接收覆盖范围，红色的曲线表示卫星降轨（即卫星由北向南跨越赤道）观测的轨道，黑色的曲线表示卫星升轨（即卫星由南向北跨越赤道）观测的轨道。

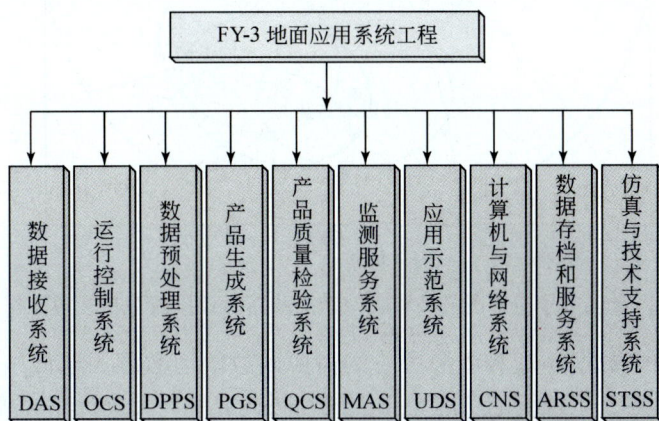

图 2.2-1　风云三号气象卫星地面应用系统组成

表 2.2-1　五个地面接收站的地理位置

站名	经度	纬度
北京站	116°16′E	40°03′N
广州站	113°20′E	23°09′N
乌鲁木齐站	87°34′E	43°52′N
佳木斯站	130°22′E	46°45′N
瑞典基律纳站	21°06′E	67°48′N

　　风云三号卫星地面应用系统建设项目对十大技术系统提出了明确的功能要求，界定了各系统之间的数据接口和控制接口，确定了每个技术系统的分系统组成。

1. 数据接收系统（DAS）

　　数据接收系统是风云三号 A 星与地面进行数据交换的前端系统，目前建立了北京、广州、乌鲁木齐、佳木斯及瑞典基律纳地面站。国内各地面站按运行控制系统 OCS 的时间表，接收风云三号 A 星 HRPT、MPT、DPT 三条链路广播的卫星观测资料，接收的资料经译码、解包和质量检验后形成按虚拟通道分离的 5 路数据包文件，实时传输到北京国家卫星气象中心的数据处理和服务中心。瑞典基律纳接收站同样按 OCS 时间表及时、完整接收风云三号 A 星观测数据，自动通过网络光纤将经过包同步后的 HRPT、MPT 和 DPT 三路数据准实时送达数据处理和服务中心。各地面站具有存储一周以上原始

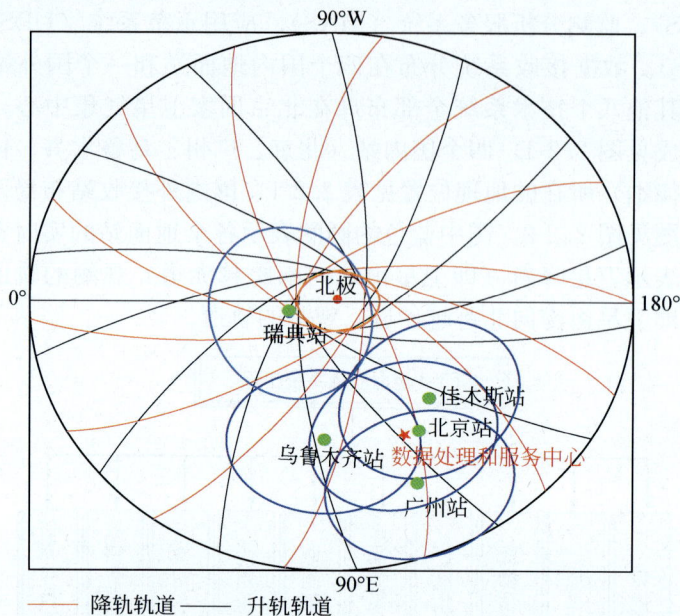

图 2.2-2　风云三号卫星国内外接收站布局及高时效接收卫星轨道数据示意图

数据的能力，可根据数据处理和服务中心的需要回放轨道数据。地面站还具有通信中断等异常情况下的单站自主运行的功能。对于国外同类卫星，可进行兼容接收。

数据接收系统中的每个国内地面站主要由 DPT 接收分系统、MPT 与 HRPT 接收分系统和站管分系统组成，国外瑞典基律纳地面站通过动态调度本站的接收天线接收 HRPT、MPT、DPT 三个信道的卫星观测资料。

2. 运行控制系统（OCS）

运行控制系统是风云三号卫星应用系统的指挥和控制系统，运行控制系统实施地面应用系统五站一中心的任务调度。根据风云三号卫星的轨道参数编制地面应用系统运行时间表，作为其他各技术系统业务运行的依据；接收、处理卫星遥测参数，监测卫星运行状态，通过专用处理和显示软件以数值、曲线、图形等形式直观地显示出卫星的工作状况，如有异常还可报警提示；通过实时滚动仪器快视图监视各站接收状态和运行状态；负责与卫星总体和测控中心保持热线联系，根据业务需要，提出卫星的遥控要求；负责地面应用系统时间统一勤务。

运行控制系统主要由计划与调度分系统、卫星工况监视分系统、业务测控分系统、运行数据管理分系统、业务运行监视分系统、主控台运行控制分系统和运行信息服务分系统组成。

3. 数据预处理系统（DPPS）

数据预处理系统完成 11 种遥感仪器探测数据的预处理任务，包括地理定位、辐射定标，卫星、太阳的天顶角、方位角计算以及质量检验等，生成 1 级产品 HDF5 格式文件。定时更新、发布各遥感仪器的定标系数。地理定位是根据仪器原始数据中的时间信息、卫星 GPS 数据和姿态数据等，结合地理定位基础数据，确定各仪器每个像元地理经纬度的数据处理过程，主要包括卫星轨道姿态计算、仪器遥感像元地理经纬度计算、辅助角度信息计算、通道配准和图像几何校正等。风云三号 A 卫星遥感数据地理定位以 GPS 和数值积分轨道（卫星位置和速度）计算综合模式为主业务算法。

数据预处理系统主要由可见光红外扫描辐射计数据预处理分系统、红外分光计数据预处理分系统、微波温度计数据预处理分系统、微波湿度计数据预处理分系统、微波成像仪数据预处理分系统、中分辨率光谱成像仪数据预处理分系统、紫外臭氧探测仪数据预处理分系统、地球辐射收支仪数据预处理分系统、空间环境监测仪数据预处理分系统、定位公共处理分系统、准业务交叉定标分系统组成。

4. 产品生成系统（PGS）

产品生成系统是在数据预处理生成的 1 级产品基础上，通过业务系统的自动调度生成 2、3 级产品。产品生成系统是基于不同的科学算法，对 FY-3A 各遥感仪器探测资料进行加工处理，生成能反映大气、云、地表、海表和空间环境变化的气象水文和地球物理参数。

产品生成系统主要由可见光红外扫描辐射计产品生成分系统、中分辨率光谱成像仪产品生成分系统、中分辨率光谱成像仪 250 米产品生成分系统、大气探测 VASS（红外分光计、微波温度计和微波湿度计组成大气垂直探测综合仪器组）产品生成分系统、微波成像仪产品生成分系统、ESST（臭氧、辐射收支类仪器组）产品生成分系统、多遥感仪器产品合成分系统、产品生成公共处理分系统、产品生成辅助处理分系统组成。

5. 产品质量检验系统（QCS）

产品质量检验系统主要是对 1 级产品和 2、3 级定量产品进行精度检验，包括各仪器资料地理定位、辐射定标及大气温、湿度廓线、海面温度、射出长波辐射等。检验依据是常规观测资料、同类卫星仪器测值或产品，通常采用自动匹配处理和统计分析，给出检验分析报告。对质量有问题的产品给出警告信息，并及时报告业务管理部门和产品研发者。

产品质量检验系统主要由源数据自动化获取与质量处理分系统、1 级产品质量检验与评价分系统、2 级定量产品质量检验与评价分系统、产品质量检验系统支撑平台、用户回馈产品质量等组成。

6. 监测分析服务系统（MAS）

监测分析服务系统是风云三号卫星应用系统对外服务的窗口。系统基于数据库、图像显示处理、专题图制作工具等形成业务监测分析服务平台，提供遥感信息提取、产品制作和分析等功能，自动或人机交互方式生成相应产品，实现整个风云三号卫星及相关气象卫星遥感监测、评估、预警服务；其主要任务就是充分发挥风云三号卫星各个探测仪器的特点，综合利用数据预处理系统（DPPS）和产品生成系统（PGS）的数据和业务产品，同时结合其他卫星资料及地理信息系统，对天气系统、自然灾害、环境变化、气候事件等进行监测、评估和预警，并能通过网络、电视等多种发布手段，向相关部门以及各类用户提供信息服务和决策支持服务，最大限度地发挥风云三号卫星资料的应用服务效益。

监测分析服务系统主要由业务运行管理软件分系统、综合数据库管理软件分系统、综合监测分析软件分系统、诊断评估软件分系统、灾情与环境预警软件分系统、信息综合发布软件分系统组成。监测分析服务系统可配置国家级和省级部门使用的不同版本。

7. 应用示范系统（UDS）

应用示范系统通过充分的资源共享与成果共享，快速地推动卫星遥感在全国气象业务中的应用深度与广度，为多种业务提供强有力的支撑，形成我国风云卫星遥感开发与应用体系。这一遥感开发与应用体系采用国家、区域、省三级体制，建立从产品算法研究与产品生成、应用方法研究与示范、应用及效果验证、应用推广的完整系统，并在这一应用体系下各负其责。应用示范主要包括天气分析和数值天气预报、气候变化研究和预测、环境监测、灾害监测、专业气象和空间天气等六个方面。同时，该技术系统还积极调动大学、科研机构的研究力量开发创新型算法和产品。

应用示范系统主要由卫星资料同化分系统、气候监测与诊断分析分系统、环境与灾害监测分系统、天气分析分系统、其他专业气象应用示范分系统组成。

8. 计算机与网络系统（CNS）

计算机与网络系统是应用系统基本支撑平台，为卫星数据接收、传输、预处理、产品生成、监测分析服务、产品分发等提供计算机资源，提供应用系统数据存储，为应用系统数据交换提供快速传输路由。计算机与网络系统通过业务调度应用软件系统负责完成地面站接收资料的汇集、传输与去重复；按照卫星轨道参数及资料接收时间，组织资料预处理、产品处理等程序按照既定的次序运行，形成一个高效、稳定的自动化业务系统；通过产品分发，为广大用户提供数据与产品信息服务。合理设置系统软件配置参数、交换区域大小、网络虚网划分，以优化系统运行性能。

计算机与网络系统由基本支撑系统与应用软件系统两大部分组成。基本支撑系统主要由主机分系统、网络分系统、存储分系统三个分系统组成。应用软件系统主要由调度和服务分系统、数据传输和管理分系统、产品分发和服务分系统三个分系统组成。

9. 卫星数据存档与服务系统（ARSS）

卫星数据存档与服务系统实现各级卫星数据存档、数据定制、数据检索、动态信息发布、运行监视与控制、用户管理、历史资料整编等。对在线存储设备和近线存储设备进行运行维护，负责对不同存储设备的数据管理。对数据和产品进行数据质量控制、格式规范及编目存档管理，按照用户要求进行联机检索，提供联机下载、可视化发布、用户管理与在线帮助，确保存储数据安全。

卫星数据存档与服务系统主要由数据存档和管理分系统、运行监控和统计分系统、数据检索和订购分系统、空间数据库和 WEBGIS 发布分系统、用户支持和服务分系统组成。

10. 仿真与技术支持系统（STSS）

仿真与技术支持系统提供气象卫星业务仿真环境，使得能够在近似实际应用的条件下进行应用系统的各种仿真、检验和测试等，包括系统内部软、硬件设备接口的正确性、动态协调性及其是否完成任务能力检验；数据处理软件分步测试、全系统压力测试与业务集成；为数据预处理和产品处理及产品开发提供科学仿真环境，包括大气辐射传输计算模式和基础数据，运算平台和必要的卫星仪器观测数据等；业务运行系统故障现场分析、恢复及仿真测试。

仿真与技术支持系统主要由实时业务、测控信息仿真分系统，数据模拟与工具软件分系统，测试模拟与工具软件分系统，故障报告、原因分析与辅助决策分系统组成。

2.2.2　星地信息流程

风云三号卫星地面应用系统的星地信息流程是指地面应用系统与风云三号卫星及其他卫星之间的数据传输。星地数据流程包括下行数据和上行数据。下行数据指卫星广播发送的数据，地面进行接收利用；上行数据指地面应用系统对卫星实施的业务测控和工程测控，业务测控以用户需求为主，测控中心发指令；工程测控以测控中心为主，用户协助。根据业务应用需求及卫星运行状态，测控系统和应用系统协力对卫星实施轨道控制和遥感仪器状态调整及光谱通道切换、信道增益调整等控制。

2.2.3　系统结构

在风云三号卫星地面应用系统中，建立了五个地面接收站，构筑了新型的服务器系统、网络系统、存储系统、空调制冷系统，部署了网格调度、广域网加速、服务器虚拟化、全系统高可用等技术。系统中配置了 1280 颗 CPU 的 SGI 系统与 128 颗 CPU 的 IBM 的 System p595 Unix 系统，总计达到了峰值 10 万亿次的计算性能，裸容量 360TB 的在线和 2.5PB 的近线存储能力。数据处理和服务中心（以下简称"中心"）与各个地面站有通信专线互联：中心到北京地面站网络带宽为万兆网络链接，中心到广州、乌鲁木齐、佳木斯和基律纳地面站的专线带宽分别为 100Mb、100Mb、66Mb 和 45Mb 网络链接（可根据需要进行调整）。

中心全系统以高性能计算机为主要计算平台，存储局域网为数据管理中心，服务器与存储设备之间通过光纤网络进行存储，服务器之间通过高速网络进行数据交换，是一个基于数据库系统对数据进行管理的分布式应用系统。地面应用系统通过提高卫星观测数据的站网获取能力，缩短观测数据的汇集时间；强化备份设备，提高应用系统的稳定性和可靠性；增强系统处理功能与能力，提高定量产品精度和监测服务水平；加强应用示范，扩展应用与服务领域；建立分布式数据存档系统，丰富数据和信息服务手段与能力；构建仿真系统，强化业务系统软件的仿真试验和可靠性测试。

系统按功能划分为地面接收站与分发、网络与传输、数据与产品处理和存档与服务四层架构，风云三号卫星地面应用系统结构如图 2.2-3 所示。

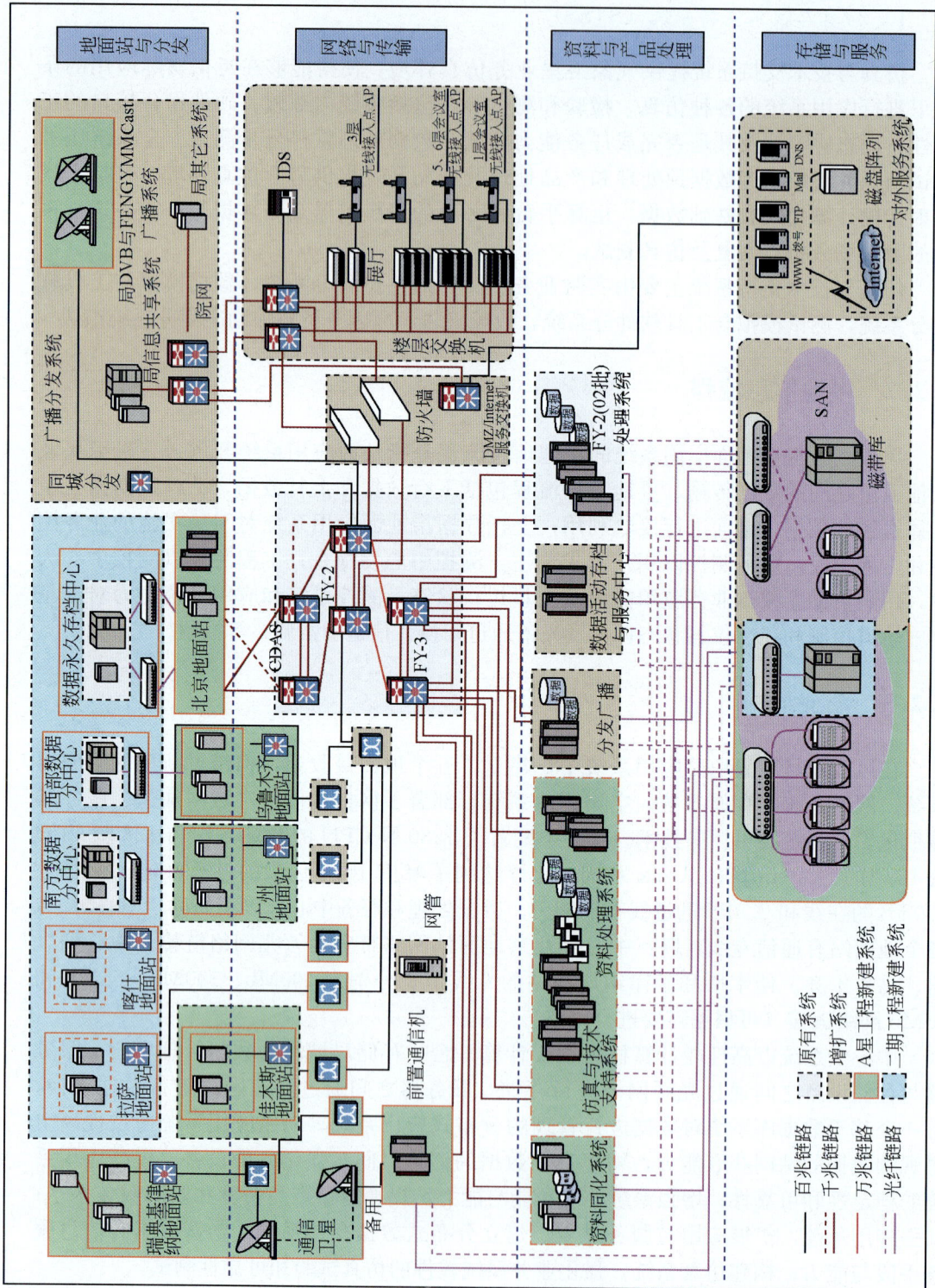

图 2.2-3　风云三号卫星地面应用系统结构图

2.2.4 信息处理流程

地面应用系统中的国内地面站与数据处理和服务中心通过地面网络连接，建立数据实时传输机制，国外站通过广域网链路准实时传输数据。数据处理和服务中心处理后的卫星数据和产品实时进入国家气象中心的计算机系统，主要通过中国气象局的 9210 和 FENGYUNCast 系统向用户广播，用户也可通过网络获取。

地面应用系统的运行控制系统 OCS 每天定时生成运行作业时间表，自动发往国内四个地面站和国外瑞典基律纳站，同时发到 CNS 的业务调度系统 COSS。各站按时间表接收获取 FY-3A 卫星资料，国内站将接收到的 CCSDS 数据包按虚拟通道（VCID1～VCID5）分离，国外站按卫星信道（HRPT、DPT、MPT）分别通过广域网链路送到 CNS 系统（北京）。CNS 系统自动启动作业调度流程，首先对各站资料进行去重复处理和质量控制，然后调度预处理 DPPS 和产品生成系统 PGS，进行数据预处理，生成各类定量产品。

地面应用系统实现了完全自动化运行调度。在数据处理和服务中心，业务调度系统根据接收时间表，每天制定出产品处理的计划流程。一旦接收到各地面站的原始资料，调度系统立即启动数据质量优选、解码处理和预处理流程，高时效地生产出带有定位定标信息的 1 级产品。在 1 级产品的基础上，调度系统根据计算机系统的负载情况和预定的处理控制关系，并行调度各仪器各类 2 级产品的生产流程，定时调度日、候、旬、月 3 级产品的生产流程。通过上述的各种流程，按时效要求自动处理出多种遥感产品。

业务调度系统针对不同数据特点制定不同的数据处理流程和策略，调度预处理系统 DPPS 和产品生成系统 PGS 的处理。为提高时效，将中分辨光谱成像仪和可见光红外扫描辐射计两个仪器的数据按 5 分钟时间数据段切割，再采用多个 5 分钟数据段并行处理的方式，使之在卫星过境 10 分钟之内，处理出中国区域的 1 级产品，15 分钟后生成相应的反演产品，经过质检后分发服务。对于全球范围 250 米高分辨率的产品，将数据按经纬度切割成 10 度×10 度的分区产品，以降低单个数据文件的容量，为用户提供精细化的数据服务。

通过存档与服务系统 ARSS 进行数据存档与检索服务，进行数据和产品处理过程中的监视、数据传输和产品分发。经过预处理后的高时效 L1 产品及时送监测服务系统 MAS，通过中国气象信息分发网（9210）、风云卫星广播分发网（FENGYUNCast）、FTP 实时数据发布等手段向全国用户提供产品应用示范和服务。

产品质量检验系统 QCS 负责产品质量检验和参数优化，仿真系统 STSS 用于各个系统功能调整与扩充的仿真测试。

FY-3 卫星地面应用系统业务流程见图 2.2-4。图中给出了主要的业务数据流和控制流程，地面应用系统外部接口关系，还给出了地面应用系统十个技术系统之间的数据接口关系。

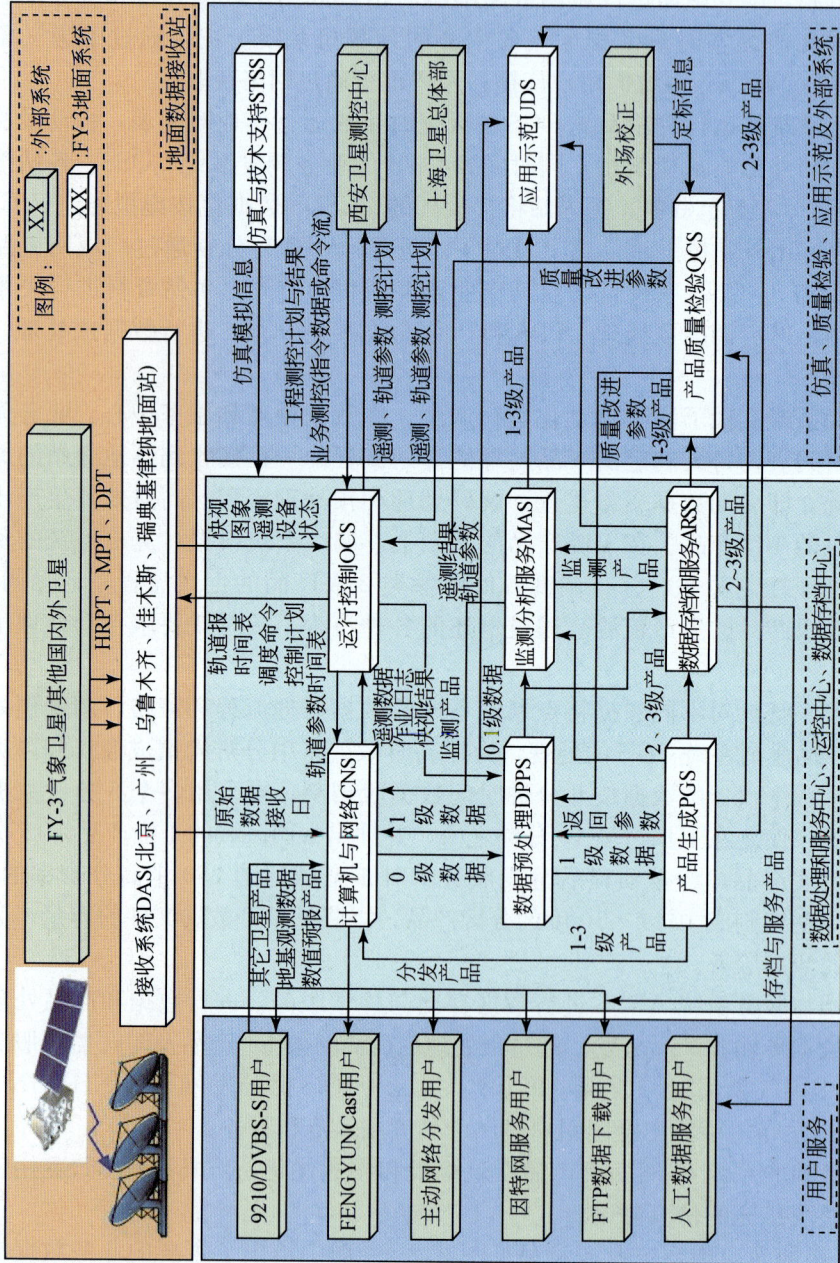

图 2.2-4　FY-3 卫星地面应用系统业务流程框图

2.3
直接广播与接收

FY-3A 星通过 L 波段和 X 波段分别实时广播 HRPT 和 MPT 资料，通过 X 波段延时广播 DPT 资料。DPT 资料由地面应用系统的五个地面接收站接收；HRPT 和 MPT 直接广播资料，可通过国内外用户接收站直接接收。这里主要介绍涉及用户直接接收站的相关技术。

2.3.1　HRPT 传输信道主要技术指标

HRPT 数据格式采用 CSSDS 推荐的 AOS 标准，按 RS 编码（I＝4），载波频率为 1704.05MHz，QPSK 调制，其 EIRP≥41dBm（EL＝5°时）。

HRPT 数传信道传输的内容包括：可见光红外扫描辐射计（VIRR）、红外分光计（IRAS）、微波温度计（MWTS）、微波湿度计（MWHS）、紫外臭氧垂直探测仪（SBUS）、紫外臭氧总量探测仪（TOU）、微波成像仪（MWRI）、太阳辐射监测仪（SIM）、地球辐射探测仪（ERM）、空间环境监测器（SEM）等仪器的数据及卫星遥测的数据。

2.3.2　MPT 传输信道主要技术指标

MPT 数据格式采用 CCSDS 推荐的 AOS 标准，按 RS 编码（I＝4）编排，载波频率为 7775.0MHz，调制方式同 HRPT，EIRP≥46dBm（EL＝5°时）。

MPT 数据传输信道传输中分辨率光谱成像仪（MERSI）的数据。

2.3.3　两行轨道报

各地面接收站为准确跟踪 FY-3A 卫星，接收其下发的数据，需要定期更新轨道根数，即两行轨道报。

两行轨道数据（Two-Line Orbital Element，TLE）由西安卫星测控中心每日对卫星进行测轨后计算处理生成。国家卫星气象中心每天通过网站向全球用户发布符合国际标准格式的两行轨道数据，即卫星的轨道参数报。下载网址：ftp：//nsmc. ftp. cma. gov. cn/，文件命名规则为：IFLF3ATwoLineParm ＜YYYYMMDD＞，其中＜YYYYMMDD＞表示轨道参数生成日期，例如"IFLF3ATwoLineParm 20081204"，则表示轨道参数的生成日期是 2008 年 12 月 4 日。

用户通过以下方式获取轨道参数：

（1）从 Internet 网上下载（ftp：//nsmc. ftp. cma. gov. cn/）。

（2）特殊情况下可通过电话或传真从国家卫星气象中心运控中心直接获取轨道

根数。

（3）用户根据积累的天线测角数据，自主计算轨道根数（参数）。

考虑到轨道预报误差，更新轨道根数的周期不能太长，一般控制在 3 天以内。

两行报格式参见附录 1。

2.3.4 直接接收站

2.3.4.1 主要任务

FY-3A 直接接收处理系统一般由 L-X 波段天线跟踪、信号接收解调、数据处理记录、图像监视、时统设备、数据存储、应用和管理软件、电力及环境保障等组成，详见图 2.3-1。

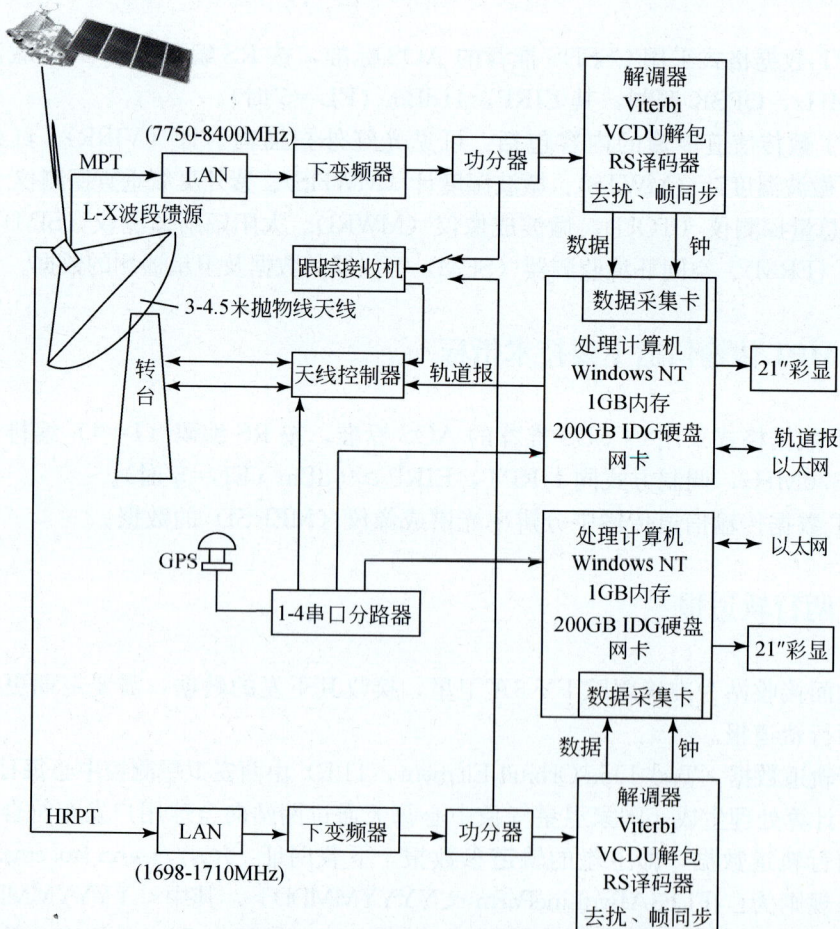

图 2.3-1 直接接收站基本结构

需要接收 FY-3A 直接广播的用户，可参考图 2.3-1 的直接接收站基本结构建设接收系统。

直接接收站的主要任务是获取卫星两行轨道数据，进行轨道预报；根据卫星过境时间，接收 FY-3A 卫星过境时发送的 L 波段实时遥感资料（HRPT）和 X 波段实时遥感资料（MPT）；对接收的原始数据进行预处理和产品处理等。

2.3.4.2　建站基本要求

（1）天线地基和天线罩应满足天线的承重、抗风、防尘、防雷、接地、无线电接收及稳定性要求；

（2）天线反射体应保证能够捕获跟踪过境卫星，能稳定、可靠、高效地接收到卫星信号，天线遮挡角＜3°；

（3）具备对 L 波段信号程控跟踪、对 X 波段信号程控和自动跟踪两种工作方式，对 X 波段信号跟踪具有修正预报轨迹和时间的功能；

（4）控制设备应保持时间准确，为卫星跟踪、任务计划制定提供高精度的时间基准，以便根据轨道报精确跟踪卫星；

（5）数据接收过程中能对接收图像进行实时显示和监视，并记录原始数据及分包后的数据；

（6）接收和处理过程能自动进行状态跟踪和记录；

（7）系统操作简单方便，易于维护升级。

2.3.4.3　直接接收站数据接收流程

直接接收站进入任务接收流程后，启动任务准备，即由站管软件根据任务计划表信息对系统内的变频、解调、快视、记录等设备自动进行设备组合配置和参数设置，同时将轨道预报数据发送到天线控制单元（ACU），引导天线到预定位置等待。任务开始后天线进入程序跟踪，一旦捕获到卫星，则转入自动跟踪状态，接收解调设备对信号进行放大、变频、解调、译码、图像数据快视；存储设备对数据进行记录和转存，同时可实时采集天线的测角数据并进行星下点轨迹显示。在自动跟踪的过程中若因各种原因发生信号丢失的情况，天线系统会自动转入程序跟踪，再次对卫星进行捕获。本次任务（卫星的一次过境）执行完毕后生成任务执行报告（系统运行日志）并转入下次任务，直至所有任务执行完毕。直接接收站接收流程如图 2.3-2。

2.3.4.4　直接接收站数据处理流程

FY-3A 卫星直接接收处理系统的工作流程是：在接收到二进制位流数据后，经过 CCSDS 的各层协议处理，分别得到源包格式的 L0 数据集，作为国际通用 FY-3A 卫星数据预处理软件包的输入，进行预处理后，生成 1 级数据。直接接收站用户在 1 级数据的基础上，再进行后续的应用处理。直接接收站处理流程如图 2.3-3。

FY-3A 卫星预处理共享软件包（第 1 版）具有对可见光红外扫描辐射计等共五个仪器数据进行地理定位和辐射定标处理功能。该软件包可向注册用户提供。

2.3.4.5　直接接收站工作原理

在卫星过境前，天线监控单元接收其轨道预报参数并进行插值处理，然后将天线

```
┌──────────────┐
│     开始      │
└──────┬───────┘
       │
┌──────┴───────┐
│   生成任务计划  │
└──────┬───────┘
       │
┌──────┴───────┐
│    任务下达    │
└──────┬───────┘
       │
    ◇ 任务开始? ◇──N
       │Y
┌──────┴───────┐
│    任务准备    │
└──────┬───────┘
       │
┌──────┴───────┐    ┌──────────┐    ┌──────────┐
│    程序跟踪    │    │  信号丢失  │    │  图像快视  │
└──────┬───────┘    └──────────┘    └──────────┘
       │
    ◇ 卫星捕获? ◇──Y──→┌──────────┐──→┌──────────┐
       │N              │  自动跟踪  │   │  数据解调  │
                       └──────────┘   └──────────┘
    ◇ 本次任务结束? ◇──N  ┌──────────────┐  ┌──────────┐
       │Y              │ 实时星下点显示  │   │  数据记录  │
┌──────┴───────┐      │  测角数据采集  │   └──────────┘
│ 生成任务执行报告 │      └──────────────┘  ┌──────────┐
│ (系统运行日志) │                        │  数据转存  │
└──────┬───────┘                        └──────────┘
       │
    ◇ 所有任务结束? ◇──N
       │Y
┌──────┴───────┐
│    轨道改进    │
└──────┬───────┘
       │
┌──────┴───────┐
│     结束      │
└──────────────┘
```

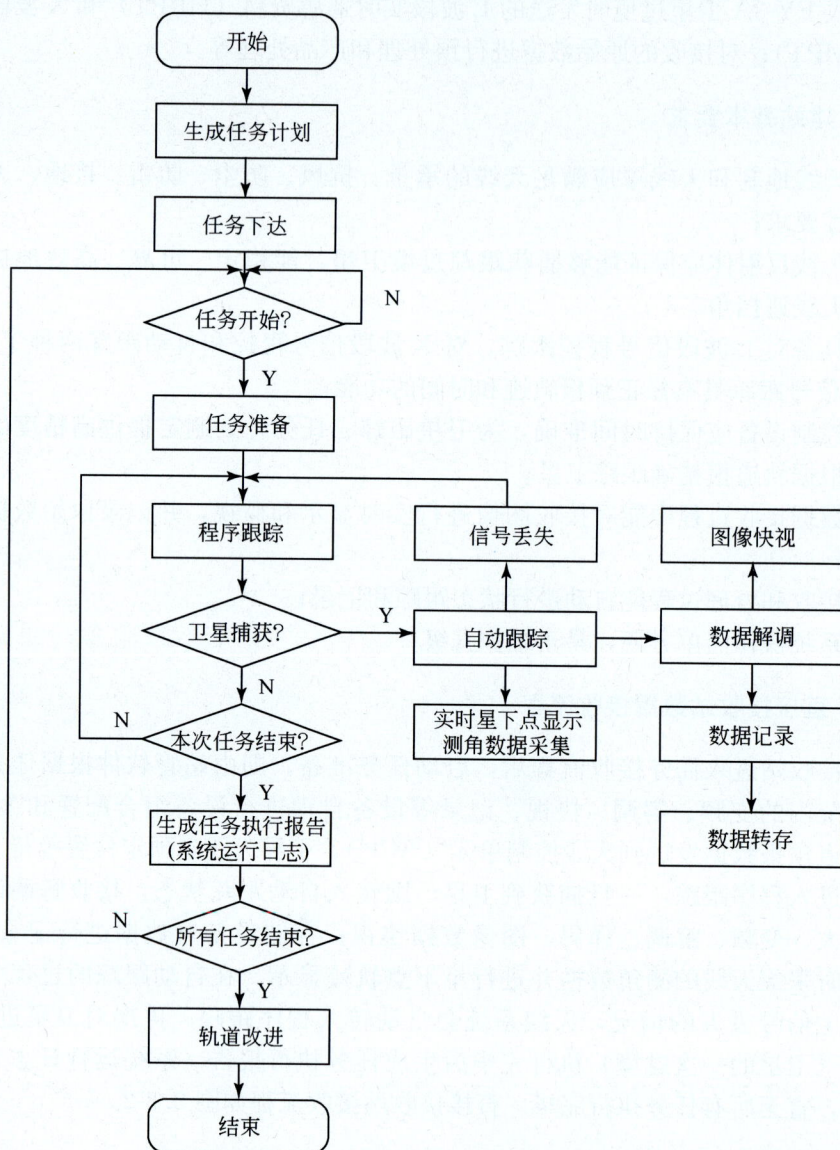

图 2.3-2　直接接收站数据接收流程

预置在一定方位仰角上，控制天线指向卫星进站点位置，当卫星进入该接收站时，启动跟踪程序跟踪卫星并接收卫星下传的数据，卫星离开接收站时，天线监控单元自动结束程序跟踪，天线则处于收藏状态，等待下次任务。天线控制单元根据作业表依次执行接收任务。

在天线对目标的程序跟踪过程中，天线轴角编码设备对天线轴的转角进行实时编码、显示，实现对 FY-3A 卫星的连续程控跟踪，过顶不丢失数据。

数据进入计算机后，对其进行解包、存储、快视，并进行资料处理和应用等。

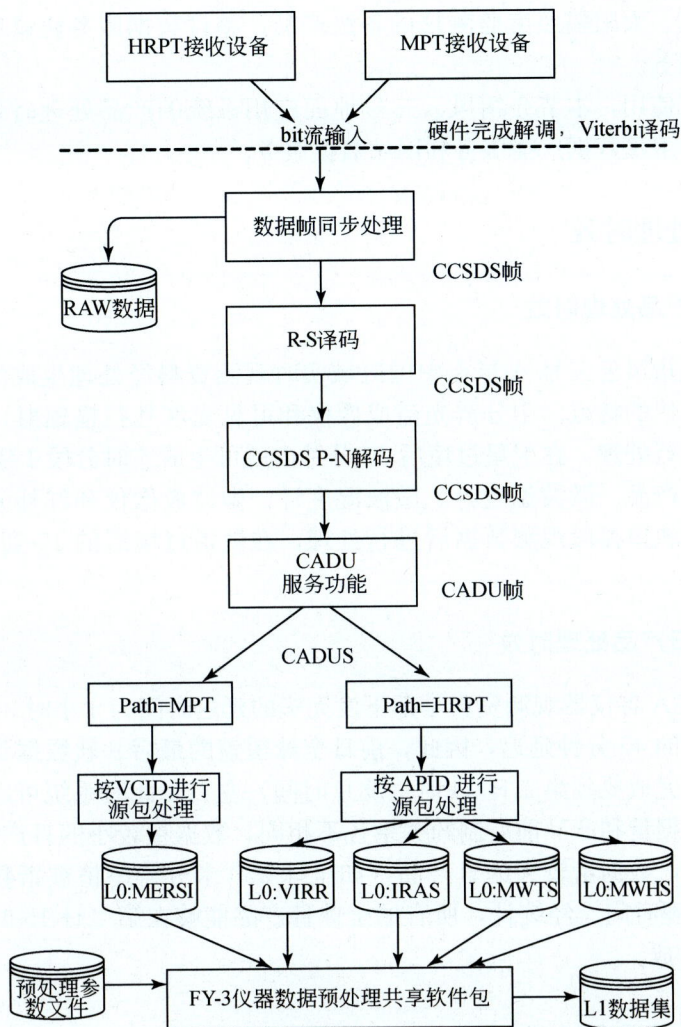

图 2.3-3　直接接收站数据处理流程

2.4
数据和产品获取

风云三号卫星的产品数据向用户开放，鼓励大家使用。开放政策包括：向全球直接广播所有仪器的探测资料；定期发布卫星轨道参数、卫星运行状态及仪器定标系数；通过一定程序向国内外用户提供可见光红外扫描辐射计、中分辨率光谱成像仪、微波温度计、微波湿度计、红外分光计的数据预处理软件；向国内非商业用户提供全部仪器的各级产品；通过一定程序，向国内外用户提供可见光红外扫描辐射计、中分辨率光谱成像仪、微波温度计、微波湿度计、红外分光计的各级产品；通过科研项目合作方式，可向国内外用户提供微波成像仪、紫外臭氧总量探测仪、紫外臭氧垂直探测仪、地球辐射探测仪、太阳辐照度监测仪的各级产品，签订数据服务协议后，也可向商业用户提供相应服务。

为方便大家使用，本节介绍风云三号地面应用系统的产品处理时效、产品数据分发和服务渠道、卫星数据广播服务和网站数据服务。

2.4.1 产品处理时效

2.4.1.1 实时产品处理时效

实时产品是指风云三号 A 星在中国区域实时观测资料经处理生成的各级产品，具有时效高，服务快的特点。中分辨光谱成像仪和可见光红外扫描辐射计数据按 5 分钟数据段为单位进行处理，在卫星过境后 10 分钟内就可生成实时分段 1 级产品，15 分钟后生成 2 级反演产品。微波温度计、微波湿度计、微波成像仪和红外分光计是在各站接收完中国区域轨道弧段观测数据后进行处理，在轨道过境后的 15 到 20 分钟之内处理完成。

2.4.1.2 全球日产品处理时效

目前，FY-3A 各仪器观测资料全部下发完毕的延迟时间为 4 小时 30 分钟，加上国外站汇集到中心的 45 分钟延迟，因此，前日全球覆盖的最后一轨数据到达国家卫星气象中心并预处理完成要到第二日 14 时（北京时间）左右，此时系统可以进行全球日产品处理。根据数据量和产品前后制约关系各不相同，数据量较小的日产品只需要 50 分钟左右处理时间，数据量较大的日产品（如全球 250 米分辨率植被指数日产品）需要 140 分钟左右处理时间。经统计，所有的全球日产品能够在第二日 15 时 30 分到 16 时 30 分之间陆续生成。

2.4.2 产品分发和服务渠道

FY-3A 星的产品数据主要通过五种途径向用户分发：

主动分发：针对卫星数据和产品的需求数量大，时效要求高的业务用户，业务系统可以将卫星产品数据通过 FTP 方式即时主动推送到用户指定的服务器，前提是这些用户必须与中国气象局局域网直接连接。目前，该类用户主要包括中国气象局 9210 主站、国家气象信息中心等。同时，国家气象信息中心还负责将数据二次分发给国家气象中心等用户。

卫星数据广播：通过 FENGYUNCast 广播系统和 DVB-S 广播系统实现准实时播发风云三号 A 星的产品数据。根据中国气象局的规划，现用的 DVB-S 广播系统将和 FENGYUNCast 合并，建立新一代卫星数据广播系统。

因特网：通过国家卫星气象中心卫星数据服务网（http://fy3.satellite.cma.gov.cn），可以浏览、检索和下载实时和历史卫星产品数据。

FTP 下载：有两种方式，一是通过国家卫星气象中心 FTP 服务器（ftp://10.24.

16.3 或 10.24.16.6，内部 IP 地址为 http://10.24.16.14），与中国气象局局域网直联的用户可以下载 1～3 个月内各类产品数据；二是通过国家气象信息中心气象资料共享平台，省级气象部门可以通过宽带网下载数据。

人工数据服务：由于气象卫星数据量大，特别是长时间序列的气象卫星数据，数据量巨大，限于网络带宽，很难从网上下载。用户可向国家卫星气象中心提出数据申请，提供人工数据下载和刻录服务。

2.4.3　卫星数据广播服务

卫星数据（产品）广播系统采用卫星数字视频广播技术（DVB-S），将国家卫星气象中心接收处理的风云三号 A 星的各类数据和产品上行到通信卫星进行二次广播播发。用户站可以根据自己的需求定制接收节目表，接收指定的风云三号 A 星的产品数据。同时，用户可以使用专用的客户端软件对风云三号 A 星的产品数据进行再处理、应用和服务。目前，卫星数据广播服务通过 FENGYUNCast 广播系统和 DVB-S 广播系统两套系统提供服务。

2.4.3.1　FENGYUNCast 覆盖范围

目前，FENGYUNCast 租用"亚洲 4 号"卫星 C 波段进行数据广播，可接收 FENGYUNCast 系统广播数据的 EIRP 覆盖范围如图 2.4-1 所示，图中 0°圈为地面接收天线 0°仰角的区域。

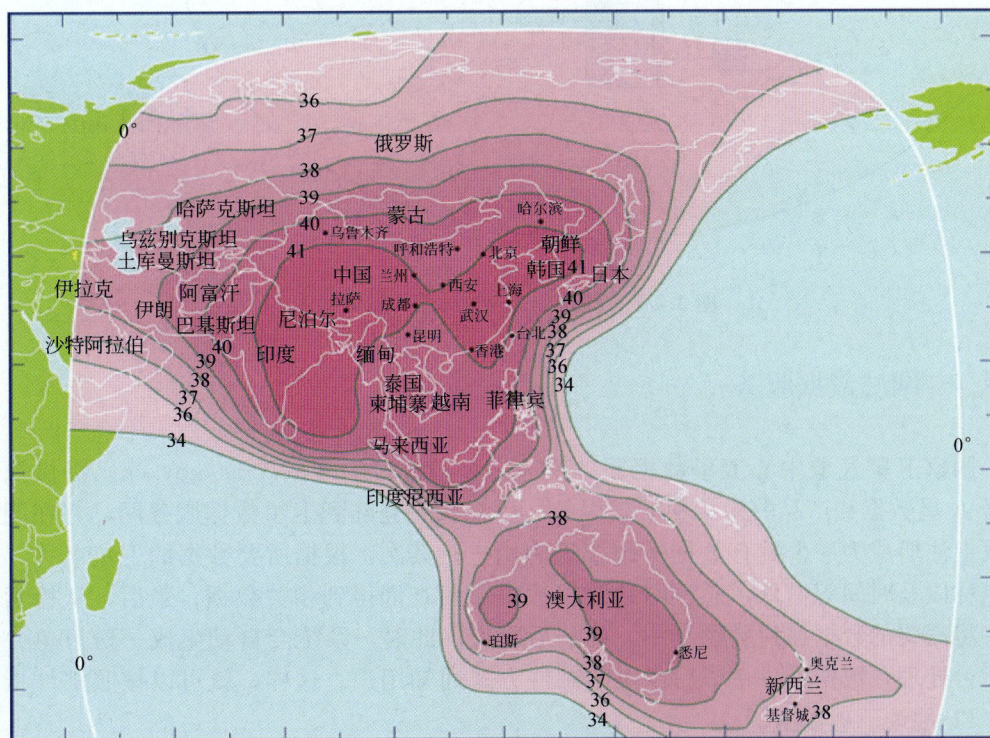

图 2.4-1　FENGYUNCast 系统广播数据的 EIRP 覆盖图

2.4.3.2　FENGYUNCast 用户站

　　FENGYUNCast 用户站可以接收 FENGYUNCast 中心站广播的 FY-3A 星的遥感产品；控制信息（包括产品节目，修改命令，参数设置等）通过广播控制包下发，产品定制和其他需求需通过邮件发到 FENGYUNCast 中心站。FENGYUNCast 用户站需要安装一副接收天线，配置一台数据接收计算机、一台状态监视计算机和一台产品应用计算机；数据接收状态监视软件和产品应用软件也可以在同一计算机上运行。用户服务器视用户情况选择。用户站接收机可以采用台式、卡式不同形式的接收机。FENGYUNCast 用户站组成结构参见图 2.4-2。

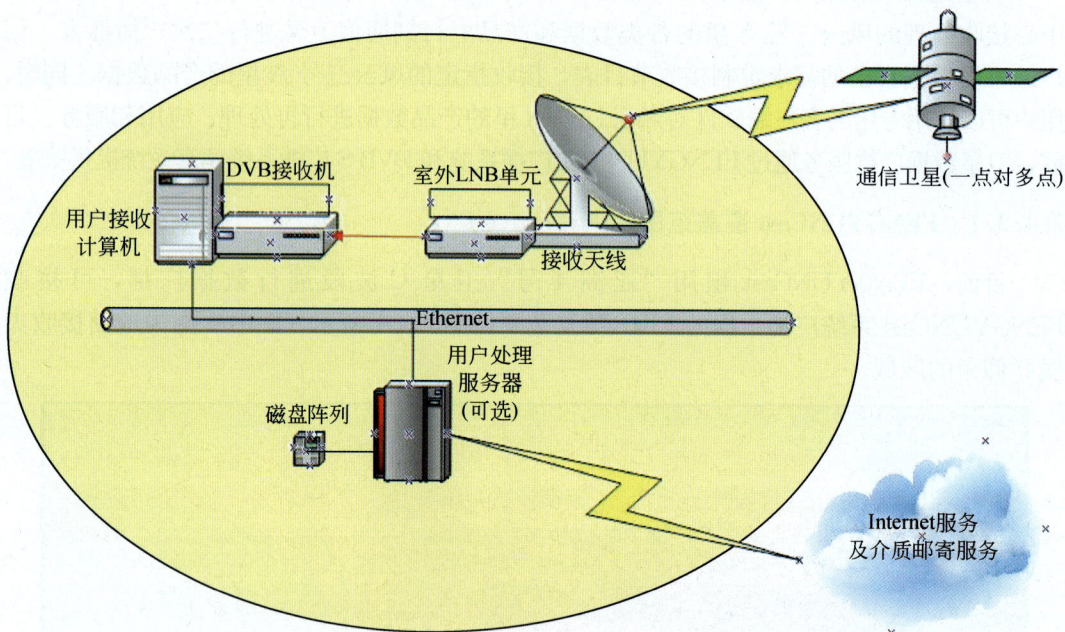

图 2.4-2　FENGYUNCast 用户站结构图

2.4.4　网站数据服务

　　国家卫星气象中心卫星数据服务网（http://fy3.satellite.cma.gov.cn）提供风云三号 A 星数据和产品的检索和下载服务。用户首先登陆到卫星数据服务网，并在网站首页上注册成为一个具有数据下载权限的用户；其次，根据所要数据的卫星名称、产品名称以及时间等信息，通过网站数据检索页面查询得到相关数据；最后，从检索结果中将需要的数据加到购物车中，确认后提交。此时，系统会自动生成一份订单并提交后台处理，数据准备完毕后以电子邮件方式通知用户。这样，就可以按照邮件指定的 FTP 地址下载数据了。

　　卫星数据服务网门户网站首页见图 2.4-3。

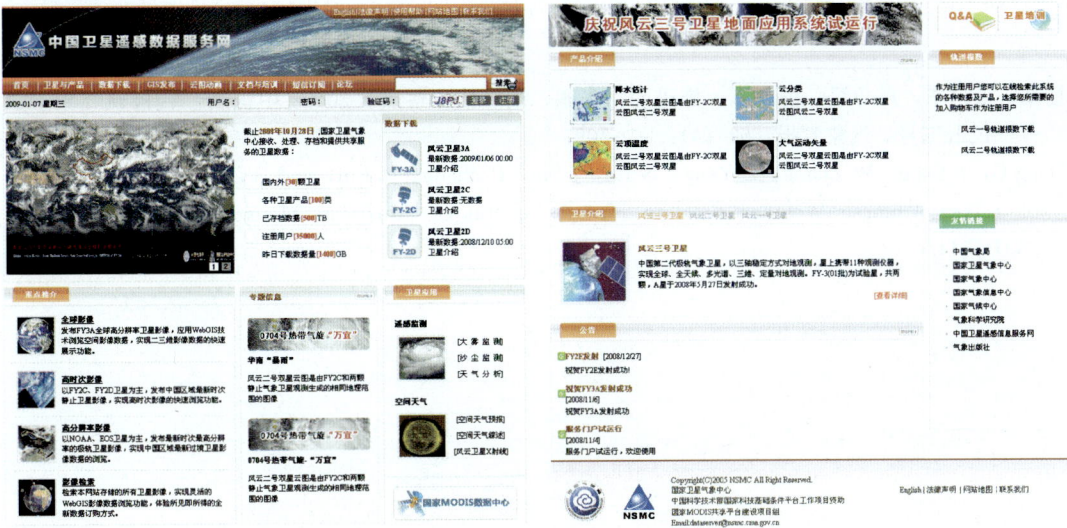

图 2.4-3 卫星数据服务网门户网站首页

国家卫星气象中心数据服务网还提供基于 WebGIS 的数据和产品的发布和下载功能。合法的注册用户通过网站的"全球数据发布"页面，选择自己感兴趣的地理范围（如江苏省）或矩形区域，系统会自动匹配选定区域所对应的产品数据，并按照指定的数据格式存储到 FTP 服务器，通过 E-MAIL 通知用户下载。按照区域定制 FY-3A 星的产品数据，可以大大减少从网上下载的数据量。

空间数据检索和发布页面见图 2.4-4。

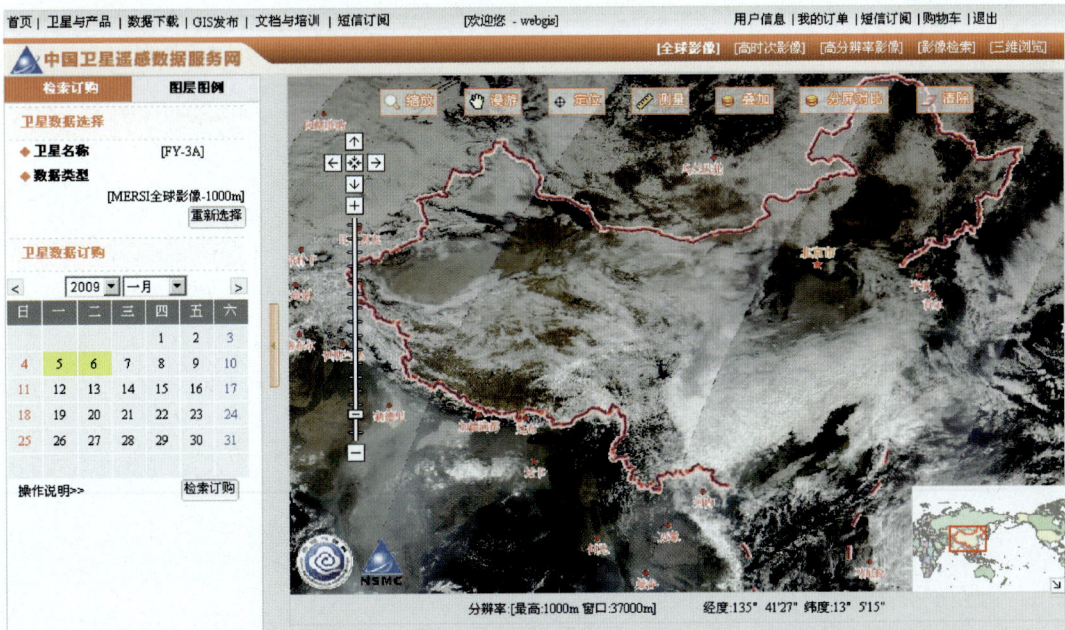

图 2.4-4 空间数据检索和发布页面

参 考 文 献

杨军，董超华，卢乃锰，杨忠东，施进明，张鹏，刘玉洁，蔡斌．2009．中国新一代极轨气象卫星——风云三号．气象学报，67（4）：501-509.

Dong C，J Yang，W Zhang，Z Yang，N Lu，J Shi，P Zhang，Y Liu，and B Cai. 2009. An Overview of a New Chinese Weather Satellite FY-3A. Bulletin of American Meteorological Society，90：1531-1544.

风云三号卫星星载遥感仪器

风云三号 A 卫星携带 11 台/套仪器，除空间环境监测器外，其余 10 台均为对地遥感类仪器，本章仅从应用目标、探测原理、工作方式和性能指标等方面对每一仪器进行简要介绍。

3.1
可见光红外扫描辐射计（VIRR）

3.1.1 应用目标

可见光红外扫描辐射计（VIRR）有 10 个光谱通道，用于地球环境综合探测，是风云一号 C/D 卫星仪器的继承和发展，所不同的是仪器中心波长为 $0.93\mu m$ 的通道变更为 $1.36\mu m$，以增强云特性的探测能力；灵敏度等性能指标有较大幅度提高，有助于提高大气、陆地和海洋表面各类定量产品的反演精度，同时可为长时间序列卫星气候数据集的建立提供保障。

3.1.2 探测原理

可见光红外扫描辐射计依据地物的波谱特性，从可见光至长波红外波谱范围选择透过率较高的大气窗区波段，对地球进行连续观测，计算反演各类目标的特征参数。通道 1 和通道 2 对于叶绿素吸收有较大的反差，可用于地表植被监测；通道 3 位于 800K 目标物（接近于草原火灾区的温度）的辐射峰值区，对含火点的像元与周围像元产生明显反差，适合于探测高温火点；通道 4 和通道 5 是热红外分裂窗通道，是地物常温（约 300K）时的辐射峰值范围，可用于反演地球表面和云顶温度；通道 6 对于云和雪的吸收有较大差异，可用于云雪判识；通道 7、8、9 是可见光通道，具有较高的探测灵敏度和较窄的动态范围，用于海洋水色监测；通道 10 是水汽吸收带，地面和中低云的辐射很难到达传感器，而高云湿度很小，反射率又很大，可用于卷云检测。综合利用以上各通道探测信息，可定量计算得到不同种类的地球表面和大气参数。

3.1.3　工作方式

可见光红外扫描辐射计由光学系统、探测器和信息处理系统组成，其外形如图 3.1-1 所示。其中光学系统由旋转扫描镜、望远镜系统、后继光学系统组成（如图 3.1-2），主要功能是收集目标辐射，限定瞬时视场和探测波段，实现瞬时视场配准，形成 10 个探测通道。旋转扫描镜固定于马达的转动轴上，它与卫星前进方向成 45°交角，扫描镜的旋转方向与卫星星下点的轨迹方向垂直，其作用是实现卫星对地球扫描观测的同时，将卫星接收到的辐射反射到卫星仪器内的望远镜系统，望远镜系统经过二次反射形成一束平行光，然后进入后光学系统。后光学系统由分色片和滤光片以及会聚透镜组成，其作用是将滤光后的各通道辐射分别送达各个对不同波长辐射敏感的探测器（翁垂骏，2001）。

图 3.1-1　可见光红外扫描辐射计外形图

D1　可见/红外分色片
D2　可见/近红外分色片
D3　长波/短波红外分色片

3.55~3.93μm
10.3~11.3μm
11.5~12.5μm

辐冷

L4

M3

M1

扫描镜

D3
L3
1.55~1.64μm
1.325~1.395μm

M2

L2
0.84~0.89μm

D1
D2
L1

光学主系统

0.43~0.48μm
0.53~0.58μm
0.58~0.68μm
0.48~0.53μm

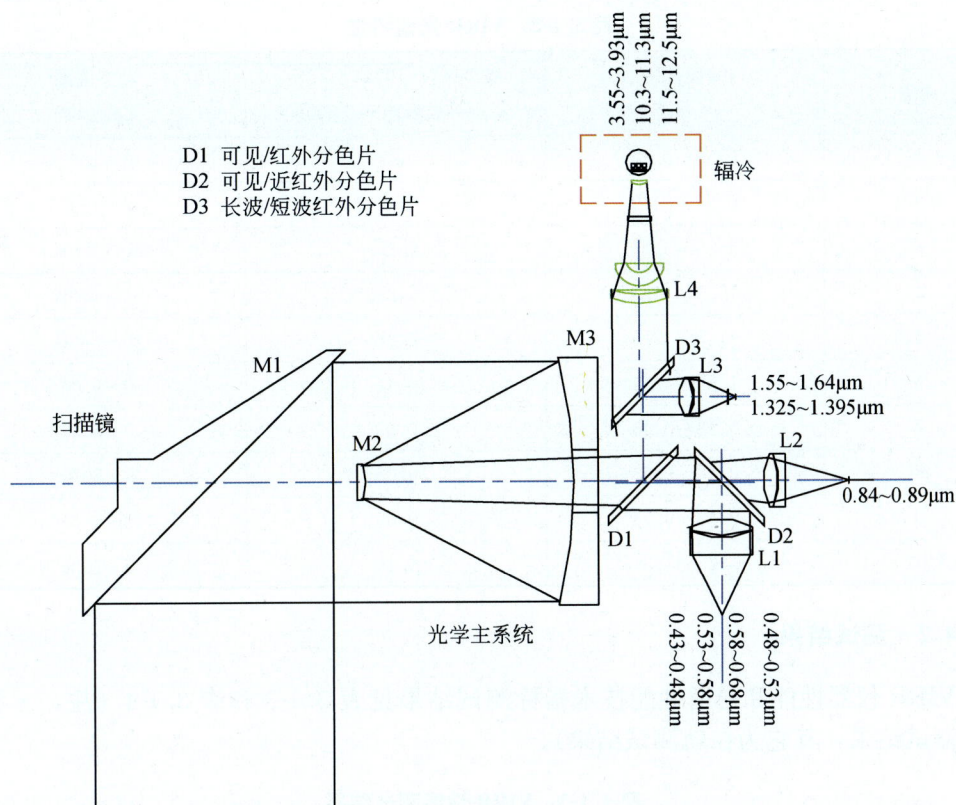

图 3.1-2　可见光红外扫描辐射计光路结构图

3.1.4　性能指标

3.1.4.1　设计指标

可见光红外扫描辐射计（VIRR）技术指标和通道光谱性能见表 3.1-1 和表 3.1-2。

表 3.1-1　VIRR 技术指标

参　　数	指　　标
对地扫描张角	±55.4°
扫描器转速	6 转/秒
每条扫描线采样点数	2048
地面分辨率（星下点）	1.1 km
MTF	≥0.3
通道配准	星下点配准精度<0.3 个像元
扫描抖动	0.5 个 IFOV
通道信号衰减	<15%/2 年
量化等级	10 比特
定标精度	可见光和近红外通道：5%（反射率） 红外通道：1K（270K）

表 3.1-2　VIRR 光谱特性

通道	波段范围 （μm）	噪声等效反射率 ρ（%） 噪声等效温差 K（300K）	动态范围 （ρ 或 K）
1	0.58～0.68	0.1	0～100%
2	0.84～0.89	0.1	0～100%
3	3.55～3.93	0.3K	180～350K
4	10.3～11.3	0.2K	180～330K
5	11.5～12.5	0.2K	180～330K
6	1.55～1.64	0.15	0～90%
7	0.43～0.48	0.05	0～50%
8	0.48～0.53	0.05	0～50%
9	0.53～0.58	0.05	0～50%
10	1.325～1.395	0.19	0～90%

3.1.4.2　测试结果

VIRR 仪器性能和通道性能技术指标测试结果见表 3.1-3 和表 3.1-4（注：* 为实验室测试结果，其它为在轨测试结果）。

表 3.1-3　VIRR 性能测试结果

参　　数	指　　标
对地扫描张角	±55.4°
扫描器转速	6 转/秒
每条扫描线采样点数	2048
地面分辨率（星下点）	1.099km
MTF	＞0.3
星下点通道配准	见表 3.1-4
扫描抖动 *	＜0.72 个 IFOV
量化等级	10 比特
定标精度	见表 3.1-4

表 3.1-4　VIRR 通道性能测试结果

通道	波段范围 * （μm）	噪声等效反射率 ρ（%） 噪声等效温差 K（300K）	动态范围（最大值） （ρ 或 K）	定标精度 （ρ 或 K）	通道配准 （像元）
1	0.580～0.676	0.010	123.17%	1.5006 %	0
2	0.830～0.883	0.021	127.87%	3.1352 %	0.1
3	3.436～3.829	0.116K	341.87K	0.2K	0.5

通道	波段范围* （μm）	噪声等效反射率 ρ（%） 噪声等效温差 K（300K）	动态范围（最大值） （ρ 或 K）	定标精度 （ρ 或 K）	通道配准 （像元）
4	10.34～11.32	0.034K	312.72K	1.6K	0.4
5	11.52～12.54	0.059K	320.25K	1K	0.8
6	1.540～1.648	0.012	97.39%	2.8805 %	0.3
7	0.444～0.485	0.010	61.88%	2.6864 %	0.2
8	0.479～0.523	0.010	58.07%	1.4136 %	0.5
9	0.527～0.574	0.009	55.96%	1.2986 %	0.1
10	1.320～1.379	0.023	89.96%*	6.78%*	0.3

3.2
红外分光计（IRAS）

3.2.1　应用目标

红外分光计（IRAS）是大气垂直探测仪器，其观测数据可定量反演从地表到约40公里不同气压层高度的大气温度、湿度分布，为数值天气预报模式提供初始大气温湿信息，尤其是在高山、海洋、沙漠等气象台站稀少地区，更有不可替代的作用。反演的大气温度和湿度廓线产品，可用于分析大气稳定度、云、雨天气系统内部的三维热力和水汽结构，为台风、暴雨、强对流等灾害性天气过程的监测和分析提供有力支撑。长时间序列观测结果可以在全球气候变化的监测、评估和研究中发挥重要作用。

3.2.2　探测原理

红外分光计在 0.69～15μm 的光谱范围内共设置 26 个通道，用于对地球和大气进行红外辐射及可见光反射辐射的探测，特别是利用大气吸收比稳定的 15μm 附近和 4.5μm 附近的 CO_2/N_2O 吸收带，进行高精度红外辐射探测（Robel，2006）。由于地球大气中不同波长发射辐射的平均自由程不同，其辐射贡献的峰值高度层也不同，即权重函数位于不同高度大气层，位于大气窗区的通道可以探测到地表信息，在气体吸收带翼区的通道可以感知较低层大气，而在气体吸收带中心的通道则能感知较高层的大气，因此温度场、湿度场的垂直分布可由大气发射的谱分布导出，这一理论是星载仪器进行大气探测和地面数据处理，温湿度和大气成分廓线反演的基础。通过选择权重函数分布在不同垂直高度层上的光谱通道组合，即可推导出不同高度上的水汽含量和温度垂直分布。

3.2.3　工作方式

　　红外分光计工作原理和方式同 NOAA 卫星上装载的红外大气探测器－HIRS 相似 (Ceckowski et al.,1995)，采用滤光片分光技术，长波与中波红外碲镉汞探测器采用辐射制冷，短波红外碲镉汞探测器与可见波段硅探测器在室温条件下工作。仪器采用步进扫描方式，每 100 毫秒对地测量一次，每 6.4 秒在与卫星星下点轨迹垂直的方向上步进完成每行 56 次测量，然后回扫到起始位置，在回扫期间进行系统内部测量。每完成 38 行扫描，进行一次红外辐射定标，扫描境指向冷空间与内黑体。探测与定标周期为 256 秒。红外分光计设计有三个转动部件（扫描镜、调制盘、滤光轮）和三个控温部件，辐射校准暖黑体温度控制在 17℃，滤光轮、调制盘温度控制在 17℃或 25℃。图 3.2-1 和图 3.2-2 分别为红外分光计（IRAS）工作模式示意图和实物图。

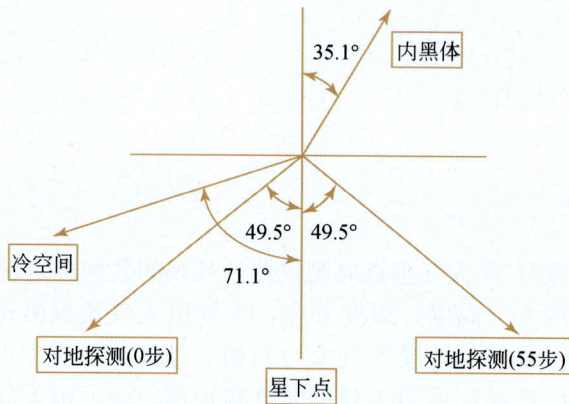

图 3.2-1　红外分光计工作模式图

图 3.2-2　红外分光计仪器实物图

3.2.4 性能指标

3.2.4.1 设计指标

IRAS（红外分光计）设计指标见表 3.2-1 和表 3.2-2。

表 3.2-1 IRAS 性能指标

参数	指标
对地扫描张角	±49.5°
每条线扫描点数	56
地面分辨率	17km（星下点）
步进和测量时间	100 毫秒
行扫描时间和回扫时间	6.4 秒
辐射校准暖黑体温度	290K
红外定标精度	1K@（270K）
可见光定标精度	通道 21~24 为 7%，通道 25~26 为 10%
通道间配准精度	5%像元
辐射校准周期	256 秒
量化等级	13 比特

表 3.2-2 IRAS 光谱通道指标

通道序号	中心波数（cm^{-1}）	中心波长（μm）	半功率带宽（cm^{-1}）	主要吸收气体成分	最高温度（K）	NEΔN（mW/m^2·sr·cm^{-1}）	贡献最大层（hPa）
1	669	14.95	3	CO_2	280	4.00	30
2	680	14.71	10	CO_2	265	0.80	60
3	690	14.49	12	CO_2	250	0.60	100
4	703	14.22	16	CO_2	260	0.35	400
5	716	13.97	16	CO_2	275	0.32	600
6	733	13.64	16	CO_2/H_2O	290	0.36	800
7	749	13.35	16	CO_2/H_2O	300	0.30	900
8	802	12.47	30	大气窗区	330	0.20	地表
9	900	11.11	35	大气窗区	330	0.15	地表
10	1030	9.71	25	O_3	280	0.20	25
11	1345	7.43	50	H_2O	330	0.23	800
12	1365	7.33	40	H_2O	285	0.30	700
13	1533	6.52	55	H_2O	275	0.30	500
14	2188	4.57	23	N_2O	310	0.01	1000

通道序号	中心波数（cm^{-1}）	中心波长（μm）	半功率带宽（cm^{-1}）	主要吸收气体成分	最高温度（K）	NEΔN（mW/ m^2·sr·cm^{-1}）	贡献最大层（hPa）
15	2210	4.52	23	N_2O	290	0.01	950
16	2235	4.47	23	CO_2/N_2O	280	0.01	700
17	2245	4.45	23	CO_2/N_2O	266	0.01	400
18	2388	4.19	25	CO_2	320	0.01	大气
19	2515	3.98	35	大气窗区	340	0.01	地表
20	2660	3.76	100	大气窗区	340	0.002	地表
21	14500	0.69	1000	大气窗区	100％A*	0.10％A	云
22	11299	0.885	385	大气窗区	100％A	0.10％A	地表
23	10638	0.94	550	H_2O	100％A	0.10％A	地表
24	10638	0.94	200	H_2O	100％A	0.10％A	地表
25	8065	1.24	650	H_2O	100％A	0.10％A	地表
26	6098	1.64	450	H_2O	100％A	0.10％A	地表

＊A均为反照率

3.2.4.2 测试结果

IRAS性能参数和光谱特性在轨测试结果见表3.2-3和表3.2-4。

表3.2-3 IRAS性能指标测试结果

参　数	测试结果	
对地扫描张角	−51.27°，47.73°	
每条线扫描点数	56	
地面分辨率（831公里高度）	通道1～13	16.95km
	通道14～20	16.95km
	通道21	17.38km
	通道22	17.38km
	通道23	17.5km
	通道24	17.38km
	通道25	16.78km
	通道26	16.9km
步进和测量时间	100.012毫秒	
行扫描时间和回扫时间	6400.794毫秒	
辐射校准暖黑体温度	291.364K	
红外定标精度	见表3.2-4	
可见光定标精度	见表3.2-4	

续表

参　数	测试结果		
		飞行方向	扫描方向
通道间配准精度 （以通道 21 为基准）	通道 1～13	2.1%	0.7%
	通道 14～20	2.1%	0.7%
	通道 22	1.8%	2.8%
	通道 23	0.7%	2.8%
	通道 24	1.4%	2%
	通道 25	1.7%	2.4%
	通道 26	1.4%	2%
辐射校准周期	256.03 秒		
量化等级	13 比特		

表 3.2-4　IRAS 光谱特性测试结果

通道 序号	中心波数 （cm^{-1}）	半功率带宽 （cm^{-1}）	主要吸收 气体成分	最高温度 （K）	NEΔN （$mW/m^2 \cdot sr \cdot cm^{-1}$）	定标精度（K）
1	669.23	2.66	CO_2		1.2524	0.897
2	678.22	10.42	CO_2		0.21068	0.41
3	691.22	12.26	CO_2		0.20582	0.185
4	704.12	13.76	CO_2	>340	0.15442	0.178
5	715.31	13.15	CO_2		0.17995	0.31
6	732.35	13.6	CO_2/H_2O		0.16768	0.389
7	748.01	14.96	CO_2/H_2O		0.17275	0.445
8	802.20	27.65	大气窗区	349.84	0.05323	0.678
9	901.09	31.68	大气窗区	330.66	0.029297	0.633
10	1033.11	22	O_3	356.13	0.053113	0.555
11	1340.39	50.03	H_2O	335.77	0.023715	0.565
12	1363.29	39.85	H_2O	349.33	0.029938	0.729
13	1532.60	52.22	H_2O	356.73	0.034445	1.144
14	2189.41	23.27	N_2O	343.91	0.00384	0.642
15	2209.08	24.09	N_2O	342.36	0.003989	0.486
16	2238.22	22.61	CO_2/N_2O	346.58	0.003463	0.536
17	2242.58	22.76	CO_2/N_2O	349.35	0.003362	0.509
18	2389.35	24.33	CO_2	356.33	0.002702	0.508
19	2513.79	31.97	大气窗区	359.36	0.00239	0.678
20	2663.00	89.51	大气窗区	341.80	0.000873	0.762
21	14304.82	946	大气窗区	102.09%A	0.026%A	3.3%A
22	11285.7	349.21	大气窗区	105.41%A	0.027%A	5.5%A
23	10606.61	540	H_2O	100.93%A	0.024%A	10.4%A
24	10580.34	160.16	H_2O	100.97%A	0.025%A	6.3%A
25	8112.87	567.23	H_2O	116.52%A	0.024%A	3.8%A
26	6041.61	398.99	H_2O	110.48%A	0.023%A	3.4%A

3.3
微波温度计（MWTS）

3.3.1 应用目标

大气温度垂直分布及其变化与对流云发生、发展和消亡密切相关。星载微波探测仪器具有一定穿透云雨大气的探测能力，可较有效地监测晴空和云雨大气垂直温度分布。风云三号 A 星微波温度计（MWTS）利用多通道微波辐射的观测结果，反演大气热力结构。

3.3.2 探测原理

在卫星微波探测波段，主要通过氧气吸收谱区来探测大气温度垂直分布，弱氧气吸收带区域能够探测到地表和低层大气的信息，而吸收带中心能够探测到来自高层大气的信息，微波温度计正是利用这一原理开展大气温度探测（Werbowetzki，1981）。它共有 4 个探测通道，其中通道 1 位于 50.30 GHz，主要用于探测地表发射率，通道 2～4 位于 5mm 的氧气吸收带，分别探测来自 700 hPa、300 hPa 和 90 hPa 附近的大气温度，由此可以推导出大气温度的垂直分布。微波温度计（MWTS）各通道权重函数分布见图 3.3-1。

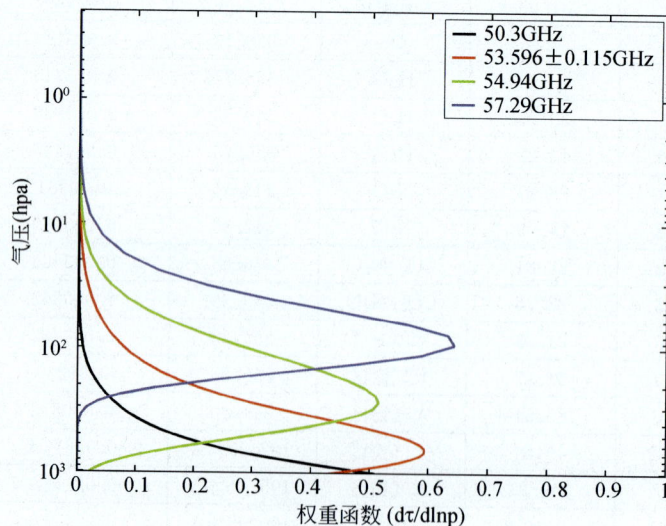

图 3.3-1　微波温度计通道权重函数分布

3.3.3　工作方式

微波温度计为跨轨迹扫描型全功率辐射计，是一种被动式微波遥感设备，通过接收被观测场景辐射的微波能量来探测目标特性。微波温度计的天线主波束指向地面时，天线收到地面和大气系统的微波辐射，引起天线温度的变化。天线接收的信号经放大、滤波、检波和再放大后，以电压的计数值形式给出。对微波温度计的输出计数值进行定标后，就可以确定所观测目标的亮度温度，该温度值包含了辐射体和传播介质的一些物理信息。

FY-3A 星微波温度计在轨连续对地进行扫描观测，并按设计要求完成对冷空间和星上暖黑体的观测，以实现在轨定标。图 3.3-2 是微波温度计实物图。

图 3.3-2　微波温度计实物图

3.3.4　性能指标

3.3.4.1　设计指标

微波温度计（MWTS）参数和通道设计技术指标见表 3.3-1 和表 3.3-2。

表 3.3-1　MWTS 参数设计指标

参　　数	指　　标
对地扫描张角	±48.3°
对地观测	15 个点/每条扫描线
扫描步进角	6.9°
地面分辨率	50～75km（卫星高度 836km，星下点）
星上校正黑体	2 个（暖黑体、外层冷空间）
通道间配准精度	波束指向误差＜0.1°
扫描周期	16 秒
频率稳定度	优于 10^{-4}
量化等级	13 比特

表 3.3-2　MWTS 通道参数设计指标

通道序号	中心频率（GHz）	主要吸收气体	带宽（MHz）	NEΔT（K）	天线波束效率（%）	动态范围（K）	定标精度（K）
1	50.30	窗区	180	0.5	>90	3～340	1.2
2	53.596±0.115	O_2	2×170	0.4	>90	3～340	1.2
3	54.94	O_2	400	0.4	>90	3～340	1.2
4	57.290	O_2	330	0.4	>90	3～340	1.2

3.3.4.2　测试结果

　　MWTS 参数和通道测试技术指标见表 3.3-3 和表 3.3-4。表中 ＊ 表示在轨测试结果，其余均为实验室测试结果。

表 3.3-3　MWTS 参数测试结果

参　　数	测试结果
对地扫描张角	−48.275°，+48.3°
地面分辨率（卫星高度 831 公里，星下点；单位：公里）	61.25（CH1）
	57.79（CH2）
	57.47（CH3）
	54.31（CH4）
通道间配准精度	0.07°
扫描周期（秒）	16.01
量化等级（比特）	16

表 3.3-4　MWTS 通道参数测试结果

通道序号	中心频率（GHz）	接收带宽（MHz）	NEΔT＊（K）	天线波束效率（%）
1	50.30	162	0.192	94.9
2	53.596	178.1×2	0.134	94.8
3	54.94	375.8	0.091	95.6
4	57.290	316.8	0.213	94.7

3.4　微波湿度计（MWHS）

3.4.1　应用目标

　　微波湿度计（MWHS）能全天候探测全球大气湿度垂直分布，为数值天气预报提供及时准确的大气湿度初始场信息，提升对台风、暴雨等灾害性强对流天气的监测预警能力。

3.4.2　探测原理

微波湿度计主探测频点位于大气水汽吸收线 183.31GHz，在 183.31±1GHz、183.31±3GHz、183.31±7 GHz 设置有三个通道（张升伟等，2008）；辅助探测频点位于大气窗区 150GHz，设置有双极化的两个探测通道。微波湿度计利用中心频点位于 183.31GHz 的水汽吸收线进行大气湿度的垂直探测，在 183.31GHz 水汽吸收线附近设置的三个通道对大气不同高度层水汽分布特征有不同响应，位于水汽吸收带中心的通道能探测大气上层约 300 百帕的水汽分布信息，逐渐远离吸收线中心移向翼区的通道，穿透深度逐渐加大，可以探测大气中层 500hPa 和底层 850hPa 的水汽分布信息；位于大气窗区 150GHz 的双极化辅助探测通道能有效探测地表的发射特性；综合应用微波湿度计多通道信息可以反演得到大气水汽垂直分布廓线。此外大气中各种水凝物对地气系统上行微波辐射有强烈的吸收和散射作用，因此利用微波湿度计探测结果还能揭示大气强对流系统中水凝物的分布特征。微波湿度计各通道权重函数分布见图3.4-1，其实物见图 3.4-2。

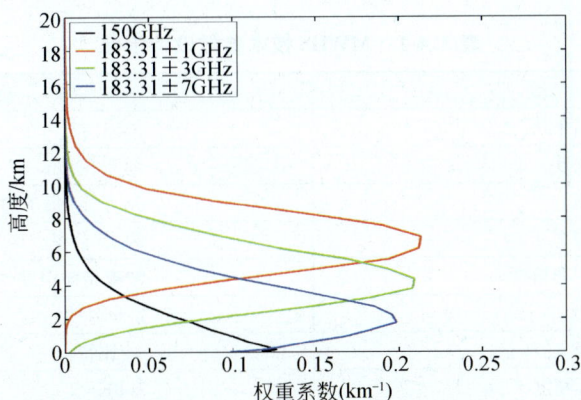

图 3.4-1　微波湿度计通道权重函数分布

图 3.4-2　微波湿度计仪器实物图

3.4.3 工作方式

微波湿度计为全功率型微波辐射计，由天线与接收机、数控和电源三个单机组成，两副偏置抛物面天线在扫描机构驱动下以跨轨连续变速扫描方式完成周期性对地和定标观测。对地观测时，地气系统的微波辐射经天线反射到圆锥形波纹喇叭馈源，经准光学系统极化分离或分频后，接收机前端将射频信号下变频至中频信号并进行预放大；中低频接收机完成信号的放大、平方律检波、低频放大和积分处理，得到以计数值形式表示的各通道观测值；定标观测时，利用仪器内部黑体和冷空间作为稳定的高低温定标参考源，实现在轨定标。控制和数据处理单元对信号进行数字化和处理。

3.4.4 性能指标

3.4.4.1 设计指标

微波湿度计（MWHS）性能参数设计指标见表 3.4-1 和表 3.4-2。

表 3.4-1 MWHS 技术参数设计指标

参　　数	指　　标
对地扫描张角	±53.35°
扫描带宽度	约 2700km
对地观测	98 个点/每条扫描线
地面分辨率	约 15 公里
通道间配准精度	波束指向误差＜0.1°
扫描周期	2.667 秒
量化等级	14 比特
仪器定标精度	1.5K

表 3.4-2 MWHS 通道参数设计指标

通道序号	中心频率（GHz）	主要吸收气体	单边带宽（MHz）	NEΔT（K）	频率稳定度（MHz）	天线波束效率	接收机工作方式	动态范围（K）（0～10V）
1	150（H）	窗区	1000	1.1	50	≥95%	双边带	3～340
2	150（V）	窗区	1000	1.1	50	≥95%	双边带	3～340
3	183.31±1	H_2O	500	1.2	30	≥95%	双边带	3～340
4	183.31±3	H_2O	1000	1.1	30	≥95%	双边带	3～340
5	183.31±7	H_2O	2000	1.2	30	≥95%	双边带	3～340

3.4.4.2 测试结果

表 3.4-3 和 表 3.4-4 中除 ＊ 表示 MWHS 实验室测试结果外，其余均为在轨测试结果。

表 3.4-3　MWHS 参数测试结果

参　　数	测试结果
对地扫描张角	±53.385°
扫描带宽度	2691.869km
通道间配准精度*	方位 0.06°，俯仰 0.03°
扫描周期	2.667 秒
量化等级	15 比特

表 3.4-4　MWHS 通道参数测试结果

通道序号	中心频率（GHz）	定标精度（K）	单边带宽*（MHz）	NEΔT（K）	天线波束效率*（%）	动态范围（V）（3～340K）
1	150（H）	1.3	1001.458	0.90	96.16	4.9～9.5 V
2	150（V）	1.4	987.083	0.70	96.49	3.3～8.0 V
3	183.31±1	1.5	480.7696	0.86	98.36	4.9～9.5 V
4	183.31±3	0.9	1033.6546	0.91	98.36	2.2～7.0 V
5	183.31±7	1.1	2186.3976	0.91	98.36	4.0～9.6 V

3.5
中分辨率光谱成像仪（MERSI）

3.5.1　应用目标

中分辨率光谱成像仪（MERSI）具有多光谱成像和高地面分辨率等特点，用于监测中小尺度强对流云团和地表精细特征，提高云特性、气溶胶、陆地表面特性、海洋水色、低层水汽等地球物理参数的定量计算精度，实现对大气、陆地、海洋的多光谱连续综合观测。利用独具特色的 5 个 250 米分辨率通道，可以得到百米级空间分辨率真彩色合成图像产品。

3.5.2　探测原理

中分辨率光谱成像仪可以探测大气、陆地、海洋的可见光反射辐射以及热红外辐射亮度温度，获取 20 个通道地气系统多光谱信息。基于对陆地目标的多光谱特征遥感成像，可以实现植被生态、覆盖分类、陆表温度以及积雪覆盖等陆表特性全球遥感监测；在可见光至近红外波段的第 8～16 通道为窄谱段、高信噪比的弱信号通道，能够实现叶绿素、悬浮泥沙和可溶黄色物质浓度的定量反演；以对气溶胶相对透明的 2.13μm 通道为本底，结合可见光通道，实现陆地气溶胶定量遥感；0.94μm 通道近红外水汽吸收带设置了 3 个通道，增强了对大气水汽特别是低层水汽的探测能力；250 米分辨率可见光三通道真彩色图像，能对人眼可视的多种地球目标进行清晰成像和识别，实现多种自然灾害和环境影响的中分辨率图像监测。图 3.5-1 是中分辨率光谱成像仪实物图。

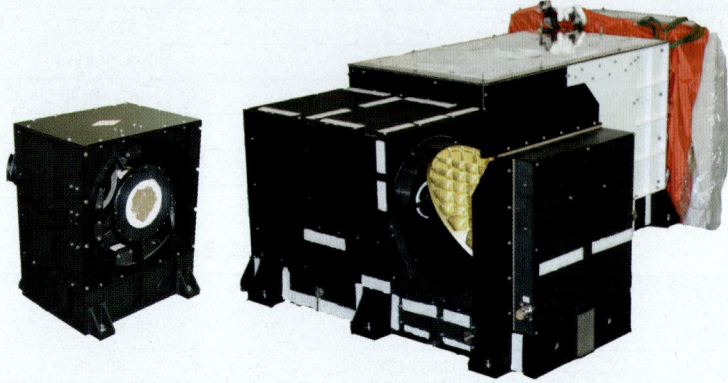

图 3.5-1 中分辨率光谱成像仪实物图

3.5.3 工作方式

中分辨率光谱成像仪（MERSI）采用多元探测器并扫技术，10 探元和 40 探元通道分别对应地面分辨率为 1000 米和 250 米。MERSI 采用 45 度扫描镜加消旋系统的光机扫描形式获取宽视场下的地物目标信息，采用分色片及滤光片/探测器组合方式产生 20 个光谱通道，用大制冷量辐射制冷器冷却红外探测器，以全孔径、全视场方式进行星上可见光/近红外通道和红外通道的辐射定标。地球目标信号经旋转扫描反射镜反射，进入望远镜系统，经消旋系统消除像旋转，将会聚的出射光利用分色片分光，由会聚光学系统成像于可见光、近红外、短波红外和热红外四个焦平面集成组件上。各探测器焦平面组件均由探测器线阵镶嵌以微型窄带滤光片，以响应各光谱波段的信号，形成探测数据。

MERSI 星上可见光定标系统采用积分球作为光源载体，同时采用灯和太阳作为光源。积分球对入射的光辐射进行收集和匀化，为了尽可能充满光谱成像仪的瞬时成像视场和各光学系统接收口径，采用准直系统对积分球出射的光辐射进行扩束和准直，同时采用 5 个陷井标准探测器进行积分球的出射辐射同步监测。

3.5.4 性能指标

MERSI 技术参数列于表 3.5-1，其仪器通道性能指标设计（指标要求）和在轨测试结果列表 3.5-2。

表 3.5-1 MERSI 技术参数

参　　数	指　　标
对地扫描张角	±55.1 度 ±0.1 度
量化等级	12 比特
扫描器转速	40 转/分
扫描抖动	小于 0.5 IFOV（1 公里）

续表

参　　数	指　　标
每条扫描线采样点数	2048（～1000 米），8192（～250 米）
扫描镜指向精度	星下点 1.2 毫弧度
通道信号衰减	＜20%/3 年
通道波长定位精度	中心波长偏差优于光谱带宽的 10%，带外响应小于 3%
通道间像元配准	＜0.3 个像元
饱和恢复	≤6 个像元（1000 米）；≤24 个像元（250 米）
MTF	≥0.25（250 米）；≥0.27（1000 米）
黑体温度梯度测量精度	0.2K
定标精度	可见光和近红外通道：7%（反射率），星上定标器实现稳定性监测，并进行星上定标试验。 红外通道：1K（270K）
均一性	同一通道不同探元响应的不均匀性≤5%～7%（通过遥控注数修正后的结果）

表 3.5-2　MERSI 通道特性

通道号	光谱性能		灵敏度		动态范围		非均匀性
	指标要求（μm）	在轨测试结果（μm）	指标要求 NEΔT/ρ（%）	在轨测试结果	指标要求 Max（ρ，T）	在轨测试结果（%）	在轨测试结果
1	0.470	0.4715	0.3	0.2012	100%	120.1793	＜5%
2	0.550	0.5478	0.3	0.1459	100%	114.4482	＜5%
3	0.650	0.654	0.3	0.1210	100%	100.3449	＜5%
4	0.865	0.868	0.3	0.1701	100%	118.8286	＜5%
5	11.25	11.49	0.4 K	0.12K	330K	330.00K	＞10%
6	1.640	1.614	0.08	0.0653	90%	94.8875	＞10%
7	2.130	2.1315	0.07	0.0866	90%	95.8047	＞10%
8	0.412	0.4119	0.1	0.0347	80%	91.5492	＞7%
9	0.443	0.444	0.1	0.0321	80%	98.8624	＜5%
10	0.490	0.4859	0.05	0.0293	80%	99.1162	＜5%
11	0.520	0.5193	0.05	0.0278	80%	80.1950	＜5%
12	0.565	0.5649	0.05	0.0317	80%	95.6271	＜5%
13	0.650	0.6447	0.05	0.0316	80%	92.8395	＜5%
14	0.685	0.6816	0.05	0.0268	80%	88.8184	＜5%
15	0.765	0.7613	0.05	0.0321	80%	112.445	＞7%
16	0.865	0.8622	0.05	0.0266	80%	88.2482	＜5%
17	0.905	0.9007	0.10	0.0301	90%	107.4915	＜5%
18	0.940	0.9351	0.10	0.0242	90%	92.7234	＜5%
19	0.980	0.9759	0.10	0.0304	90%	98.9153	＜5%
20	1.030	1.0236	0.10	0.0354	90%	106.8957	＞10%

3.6
紫外臭氧垂直探测仪（SBUS)

3.6.1　应用目标

紫外臭氧垂直探测仪（SBUS）探测全球大气臭氧垂直分布，为监测全球大气臭氧垂直分布变化和气候变化等科学研究提供基础数据。

3.6.2　探测原理

紫外臭氧垂直探测仪利用臭氧对紫外辐射吸收能力随波长的变化，在 252～340nm 之间设置 12 个通道，利用观测的大气紫外后向散射辐射与太阳辐照度，通过不同波长对组合反演得到不同高度层臭氧含量，生成臭氧垂直廓线产品（Heath et al.,1975）。紫外臭氧垂直探测仪不同通道贡献函数见图 3.6-1。

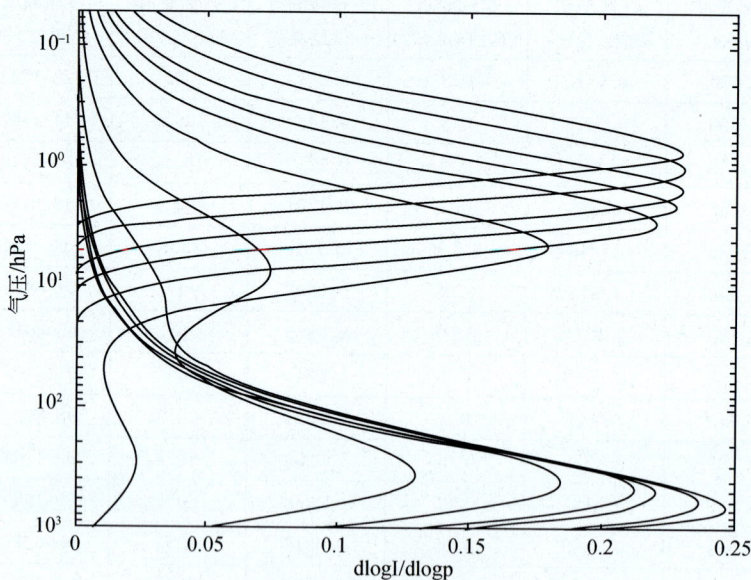

图 3.6-1　紫外臭氧垂直探测仪通道贡献函数

3.6.3　工作方式

紫外臭氧垂直探测仪在星上一直将光轴指向地心。在轨工作有大气观测、太阳观测和标准灯三种工作模式。大气观测模式下，利用单色仪观测 12 个波长通道紫外后向散射辐射强度值。当卫星进入极地区域时，漫反射板移入光路，太阳辐射经过漫反射板进入探测器，获得太阳辐照度观测数据，这就是太阳观测模式。在卫星进入阴影区后，在标准灯模式下，漫反射板移入光路，星上汞灯打开，汞灯辐射经过漫反射板进入仪器，给出汞灯光谱，进行波长定标和漫反射板反照率变化监测。图 3.6-2 是紫外臭氧垂直探测仪实物图。

图 3.6-2　紫外臭氧垂直探测仪实物图

3.6.4　性能指标

3.6.4.1　设计指标

紫外臭氧垂直探测仪通道光谱参数和主要技术指标见表 3.6-1 和表 3.6-2。

表 3.6-1　SBUS 主要技术指标

参　　数	指　　标
波长重复性	±0.02nm
波长精度	臭氧特征线：±0.03nm 连续光谱：±0.05nm
动态范围	10^6（量化等级 16 比特/档）
灵敏度	亮度：$6\times10^{-4}\mu w/cm^2\cdot sr\cdot nm$（$\lambda=252nm$）时，S/N≥5 照度：$0.5W/cm^3$（$\lambda=160nm$）时，S/N≥2
杂散光	$<10^{-6}$量级
定标精度	辐亮、辐照度相对定标精度： 3%（160～250nm） 2%（250～400nm）
漫反射板定标精度	3%
地面分辨率	200km（星下点）

表 3.6-2　SBUS 大气模式仪器光谱特性

通　　道	中心波长（nm）	带宽（nm）
1	252.00±0.05	1+0.2，-0
2	273.62±0.05	1+0.2，-0
3	283.10±0.05	1+0.2，-0
4	287.70±0.05	1+0.2，-0
5	292.29±0.05	1+0.2，-0
6	297.59±0.05	1+0.2，-0
7	301.97±0.05	1+0.2，-0
8	305.87±0.05	1+0.2，-0
9	312.57±0.05	1+0.2，-0
10	317.56±0.05	1+0.2，-0
11	331.26±0.05	1+0.2，-0
12	339.89±0.05	1+0.2，-0
云盖光度计	379.00±1.00	3+0.3

3.6.4.2　测试结果

表 3.6-3 为 SBUS 测试结果，表中除 * 为实验室测试结果外，其余均为在轨测试结果。

表 3.6-3　SBUS 指标测试结果

参　　数		测试结果	
波长漂移		0.002nm	
信噪比		亮度 $6.0×10^{-4}\mu W/cm^2 \cdot sr \cdot nm$（$\lambda=252nm$）时，S/N≥5*	
动态范围		10^6	
杂散光		$<2.6×10^{-6}*$	
星下点分辨率		132km×168km*	
漫反射板定标精度		1.64%	
通道波长特性		波长精度*（nm）	通道带宽*（nm）
	通道 1	−0.003	1.16
	通道 2	−0.015	1.12
	通道 3	−0.011	1.14
	通道 4	−0.007	1.13
	通道 5	−0.003	1.12
	通道 6	−0.005	1.12
	通道 7	−0.014	1.12
	通道 8	−0.001	1.12
	通道 9	−0.019	1.13
	通道 10	−0.011	1.10
	通道 11	−0.010	1.10
	通道 12	−0.008	1.08

3.7
紫外臭氧总量探测仪（TOU）

3.7.1　应用目标

紫外臭氧总量探测仪（TOU）测量地球大气对太阳紫外辐射的后向散射，经反演得到全球大气臭氧总量产品，为大气化学、生态环境监测、气候预测和全球气候变化研究提供重要参数，特别是在平流层臭氧消耗的监测中起到不可替代的作用。

3.7.2　探测原理

从臭氧赫金斯吸收带中选择 6 个波长，测量大气后向散射和大气外界太阳辐照度，采用"通道对"法反演臭氧总量。"通道对"指的是吸收系数差别显著的两个通道，太阳直射辐射可以到达地面，后向散射辐射能够到达卫星探测器，大气的散射作用相近，但臭氧对紫外线的吸收有很大的差别，从后向散射辐射中提取臭氧吸收信息，是根据臭氧在两个波长上对紫外线吸收的差异与臭氧总量的关系定量反演大气臭氧总量（Heath，1975；Levelt et al.，2006）。

3.7.3　工作方式

紫外臭氧总量探测仪由探测头部和电控箱两部分组成。探测头部包括空间扫描系统、前光学系统、分光系统、波长选择调制系统、后光学-探测器系统、辐射定标系统、波长监测系统和电子学系统。大气紫外后向散射辐射经空间扫描系统、前光学系统后进入分光系统，经光栅分光后由波长选择调制器将测量的 6 个波段依次送给光电倍增管，光电倍增管的输出由微电流放大器放大后，供给仪器电控箱中的 12 位 A/D 转换器，将模拟量变为数字量，完成辐射测量。

空间扫描系统的功能用于完成仪器在垂直于卫星轨道平面方向的对地扫描。为实现每天一次的全球覆盖，仪器扫描宽度应大于赤道上的卫星轨道截距，空间扫描由步进电机驱动 45°扫描镜完成。

根据仪器的主要技术指标，取仪器视场角为 3.6°，相应的星下点地面分辨率为52.6km。行扫描分 31 点完成，扫描角为±54°。取每点驻留时间为 240ms；正扫描时间 7.44s，回扫时间 0.72s，行扫描时间 8.16s。图 3.7-1 为地面视场随天底扫描角的变化示意图，图 3.7-2 为紫外臭氧总量探测仪实物图。

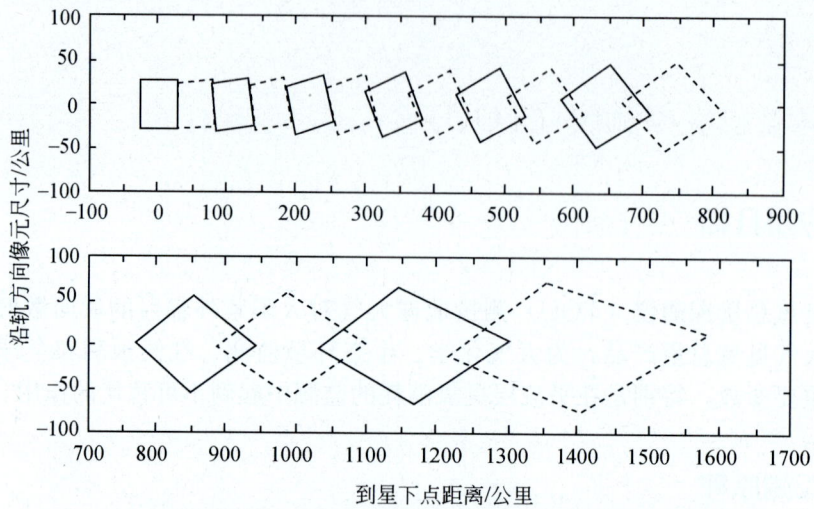

图 3.7-1　地面视场随天底扫描角的变化示意图

图 3.7-2　紫外臭氧总量探测仪实物图

3.7.4　性能指标

3.7.4.1　设计指标

紫外臭氧总量探测仪性能参数指标见表 3.7-1 和表 3.7-2。

表 3.7-1　仪器参数

参　　数	指　　标
对地扫描张角	±55.8°
量化等级	12 比特（放大器分 3 档）
杂散光	<10^{-3}
地面分辨率	优于 55km（836km 高度，星下点）

参　　数	指　　标
行扫描时间	8.16 秒
对地观测	31 个点/每条扫描线
定标精度	3%

表 3.7-2　仪器的光谱特性

通　　道	中心波长（nm）	带宽（nm）
1	308.68±0.15	1＋0.3，－0
2	312.59±0.15	1＋0.3，－0
3	317.61±0.15	1＋0.3，－0
4	322.40±0.15	1＋0.3，－0
5	331.31±0.15	1＋0.3，－0
6	360.11±0.25	1＋0.3，－0

3.7.4.2　测试结果

紫外臭氧总量探测仪指标测试结果列于表 3.7-3 中。

表 3.7-3　仪器测试结果

参　　数		指　　标	测试结果
对地扫描张角		±55.8°	±55.8°
量化等级		12 比特（放大器分 3 档）	12 比特
杂散光		$<10^{-3}$	$<10^{-3}$
地面分辨率		优于 55km（836km 高度，星下点）	55km
行扫描时间		8.16 秒	8 秒
漫反射板定标精度		3%	2%
动态范围 （μW/cm^2· nm·sr）	通道 1	0.009～9.878	0～2.15
	通道 2	0.009～13.684	0～5.4
	通道 3	0.027～17.424	0～9.45
	通道 4	0.036～18.26	0～14.1
	通道 5	0.108～30.525	0～29.4
	通道 6	0.207～34.683	0～32.3
灵敏度 （μW/cm^2· sr·nm）	通道 1	≤0.004（S/N＝1）	≤0.004
	通道 2	≤0.004（S/N＝1）	≤0.004
	通道 3	≤0.004（S/N＝1）	≤0.004
	通道 4	≤0.004（S/N＝1）	≤0.004
	通道 5	≤0.004（S/N＝1）	≤0.004
	通道 6	≤0.004（S/N＝1）	≤0.004
波长漂移 （nm）	通道 1	308.68±0.15	－0.065
	通道 2	312.59±0.15	－0.065
	通道 3	317.61±0.15	－0.065
	通道 4	322.40±0.15	－0.065
	通道 5	331.31±0.15	－0.065
	通道 6	360.11±0.25	－0.065

3.8
微波成像仪（MWRI）

3.8.1 应用目标

微波成像仪（MWRI）可全天候监测台风等强对流天气，获取大气可降水总量、云中液态水含量、地面降水量等重要信息。利用全球亮温数据，可以得到全天候洋面风速和温度、冰雪覆盖、陆表温度和土壤水分等重要地球物理参数。为灾害性天气监测、水循环研究、全球气候和环境变化研究提供重要数据。

3.8.2 探测原理

微波成像仪在 10.65～89GHz 频段内设置 5 个频点，每个频点包括垂直和水平两种极化方式。89GHz 通道对降水散射信号非常敏感，主要用于获取地面降水信息；23.8GHz 为水汽吸收通道，与其他频点观测亮温配合能够反演全球大气和降水信息；18.7GHz 和 36.5GHz 通道针对冰雪微波辐射特性设置，利用这两个频点接收的微波辐射亮温能够定量获取地表雪盖、雪深和雪水当量信息；同时 36.5GHz 还能够用于全球陆表温度的反演；低频 10.65GHz 通道具有穿透云雨大气的能力，并且对地表粗糙度和介电常数比较敏感，主要用于全天候获取全球海表温度、风速、土壤水分含量等地球物理参数。

3.8.3 工作方式

微波成像仪为高灵敏度全功率成像辐射计，扫描方式为圆锥扫描，扫描周期为1.7 秒。主抛物面天线绕视轴旋转扫描，在 ±52°范围内对地观测，接收大气和地球表面的微波辐射能量；在 197°～203°是暖黑体定标区，天线波束经热定标反射镜指向宽孔径辐射源；在 264°～276°是冷黑体定标区，天线波束经冷空反射镜指向冷空间，这时接收到的是 2.7K 宇宙背景辐射亮温。微波成像仪包括天线、接收机、信息处理与控制、定标、电源、扫描驱动、结构与展开、热控八个子系统。微波成像仪 1 米口径天馈系统将地表微波辐射汇集到接收机前端，地面处理系统将接收机输出的不同通道电压计数值通过两点定标转换为实际地表目标微波辐射亮温。图 3.8-1 是微波成像仪实物图。

图 3.8-1　微波成像仪实物图

3.8.4　性能指标

3.8.4.1　设计指标

微波成像仪性能参数设计指标见表 3.8-1 和表 3.8-2。

表 3.8-1　仪器参数

参　数	指　标	参　数	指　标
天线视角	45±0.1°	通道间配准	波束指向误差＜0.1°
扫描周期	1.7±0.1s	扫描幅宽	1400km
采样点数	240	扫描周期误差	0.34ms（相邻扫描线）
量化等级	12 比特		

表 3.8-2　通道参数技术指标

通道序号	中心频率	带宽（MHz）	灵敏度	动态范围（K）（0～10V）	主波束效率	地面分辨率（km×km）
1	10.65V	180±10%	0.6K	3～340	≥90%	51×85
2	10.65H	180±10%	0.6K	3～340	≥90%	51×85
3	18.7V	200±10%	1.0K	3～340	≥90%	30×50
4	18.7H	200±10%	1.0K	3～340	≥90%	30×50
5	23.8V	400±10%	1.0K	3～340	≥90%	27×45
6	23.8H	400±10%	1.0K	3～340	≥90%	27×45
7	36.5V	900±10%	1.0K	3～340	≥90%	18×30
8	36.5H	900±10%	1.0K	3～340	≥90%	18×30
9	89V	双边带 2300×2±10%	2.0K	3～340	≥90%	9×15
10	89H	双边带 2300×2±10%	2.0K	3～340	≥90%	9×15

3.8.4.2　测试结果

微波成像仪性能指标测试结果列于表3.8-3和表3.8-4。

表3.8-3　仪器参数测试结果

参　　数	测试结果	
天线视角	45.05°	
扫描周期	1.7s	
采样点数	240	
量化等级	12比特	
通道间配准	10.65GHz	+0.02°
	18.7GHz	−0.05°
	23.8GHz	−0.05°
	36.5GHz	−0.04°
	89GHz	0°
扫描幅宽	1400km	
扫描周期误差	0.34ms（相邻扫描线） 1ms（连续30分钟内）	

表3.8-4　通道参数测试结果

通道序号	中心频率	带宽（MHz）	灵敏度（K）	动态范围（V）（0～340K）	主波束效率	交叉定标对比精度（K）		地面分辨率（km×km）
						高温目标	低温目标	
1	10.45003V	181.5	0.4268	0.736～8.03	94.1%	0.46	0.5731	44.97×74.5
2	10.45003H	181	0.4292	1.43～8.422	94.4%	0.92	1.6027	44.97×74.5
3	19.30013V	213.7	0.4338	1.46～7.9	95.1%	1.01	0.7045	26.0×43.3
4	19.30013H	220	0.4361	1.97～7.94	95.3%	0.73	1.9345	26.0×43.3
5	23.1008V	406.3	0.3812	1.59～8.31	95.5%	1.97	1.0201	22.5×37.4
6	23.1008H	413.1	0.4358	1.61～8.4	95.6%	0.05	0.05	21.9×36.4
7	35.052V	928	0.3147	1.56～8.489	95.0%	1.19	0.7229	14.4×24.0
8	35.052H	908	0.3336	1.65～8.488	95.1%	1.45	0.99	14.0×23.3
9	89V	2366	0.6737	2.704～7.762	96.8%	1.54	0.9157	7.20×12.0
10	89H	2391	0.5753	2.986～7.6954	97.1%	1.83	1.4629	7.20×12.0

3.9
地球辐射探测仪（ERM）

3.9.1　应用目标

地球及大气系统的辐射收支与天气和气候异常密切相关；地球辐射探测仪（ERM）

主要应用目标是确定局地、区域和全球尺度的平均地气系统的辐射收支能量，确定辐射收支的平均日变化。太阳入射辐射加热地气系统，地气系统则通过射出长波红外辐射维持其能量平衡。ERM 可在全球范围提供地气系统反射太阳辐射和射出长波辐射观测数据，结合云、气溶胶、大气廓线、地表参数等产品，可为分析地气系统中的云、大气、地表与辐射相互作用及其对气候变化影响提供科学依据。

3.9.2　探测原理

到达地气系统的太阳辐射主要覆盖紫外、可见光到红外波段，而地球射出辐射则主要在红外波段，ERM 采用的是 $0.2\sim3.8\mu m$ 短波和 $0.2\sim50\mu m$ 全波段的宽波段两个通道观测，短波通道主要观测地气系统反射太阳辐射，全波通道则观测反射太阳辐射与射出长波红外辐射之和，扣除太阳反射辐射后得到的是地气系统射出长波辐射。图 3.9-1 是 ERM 的光谱响应曲线分布。

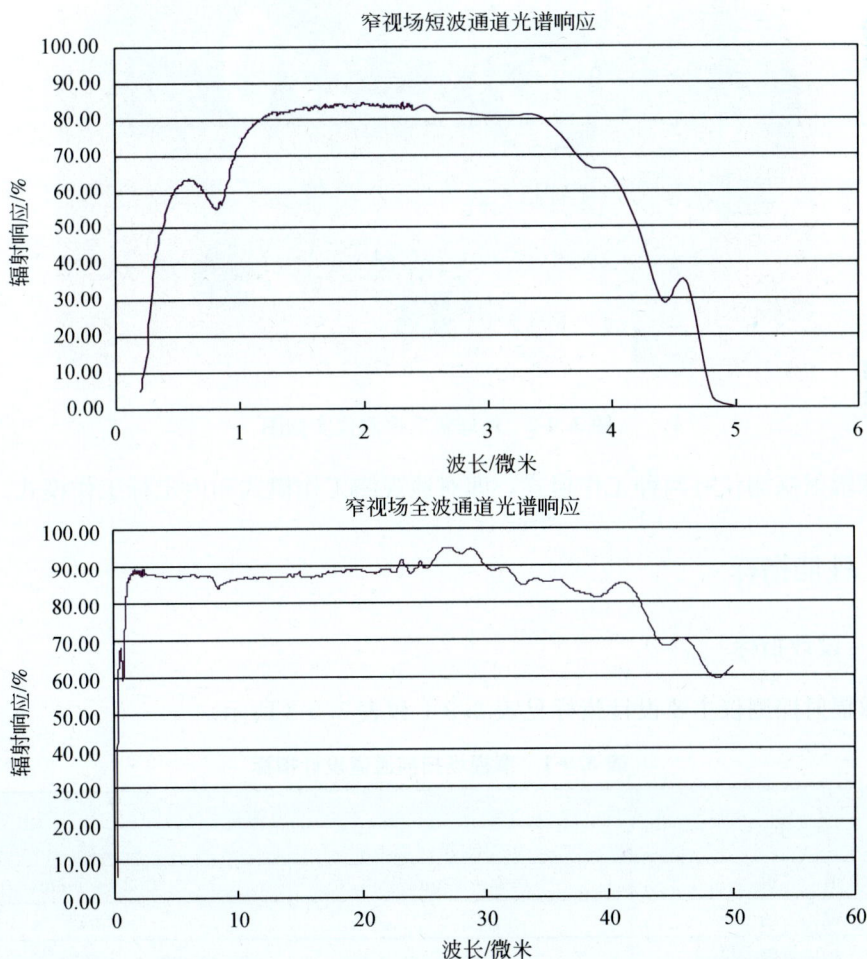

图 3.9-1　ERM 扫描视场光谱响应曲线（上图：短波通道，下图：全波通道）

3.9.3 工作方式

地球辐射探测仪是绝对辐射计，以对称的腔体和热敏电阻作为探测器，将响应的辐射转换成电功率或电压信号量化输出；通过短波宽带滤光片实现反射太阳辐射观测；采用宽视场推扫和窄视场跨轨扫描方式对地观测（马庆梅等，2005；冷丽国等，2003），前者提供全球总的辐射收支状况，后者则提供分辨率大约为 35km 的地球辐射收支能量的空间分布。仪器设有内定标系统，通过卤钨灯和黑体定标源实时标定仪器辐射响应变化（陆段军等，2009）。图 3.9-2 是 ERM 的实物图。

图 3.9-2　地球辐射探测仪实物图

地球辐射探测仪有两种工作模式，即对地观测工作模式和内定标工作模式。

3.9.4 性能指标

3.9.4.1 设计指标

地球辐射探测仪主要设计指标见表 3.9-1 和表 3.9-2 所示。

表 3.9-1　窄视场扫描通道设计指标

参　　数	指标	
	短波	全波
通　　道	$0.2 \sim 3.8\mu m$*	$0.2 \sim 50\mu m$
视　　场	$2° \times 2°$	$2° \times 2°$
扫描范围	$\pm 50°$	$\pm 50°$
辐亮度范围	$0 \sim 370$ W/m^2·sr	$0 \sim 500$ W/m^2·sr

参　　数	指标	
	短波	全波
定标精度	1%	0.8%
灵敏度	0.4 W/m² · sr	0.4 W/m² · sr
二年长期稳定度	<1%	<1%

* 设计要求通道光谱响应为 50% 的上限波长应大于 3.8μm。

表 3.9-2　宽视场不扫描通道设计指标

参　　数	指标	
	短波	全波
通　　道	0.2 ~ 3.8μm*	0.2 ~ 50μm
视　　场	120°	120°
辐亮度范围	0~370 W/m² · sr	0~500 W/m² · sr
定标精度	1%	0.8%
灵敏度	0.4 W/m² · sr	0.4 W/m² · sr
二年长期稳定度	<1%	<1%

* 设计要求通道光谱响应为 50% 的上限波长应大于 3.8μm。

3.9.4.2　测试结果

利用卫星发射前地面试验以及卫星发射后在轨测试期间卫星观测数据，对仪器在轨性能指标进行了分析，结果如表 3.9-3 和表 3.9-4 所示。

表 3.9-3　窄视场扫描通道测试结果

参　　数	测试结果	
	短波	全波
通　　道*	0.2 ~ 4.3μm	0.2 ~ 50μm
视　　场*	2°×2°	2°×2°
扫描范围**	−53°~+47°	−53°~ +47°
辐亮度范围**	0.0~203.165 W/m² · sr	22.58~277.34 W/m² · sr
定标精度*	0.82%	0.65%
灵敏度**	0.0538 W/m² · sr	0.0744 W/m² · sr
二年长期稳定度***	<0.1%	<0.1%

表 3.9-4　宽视场非扫描通道测试结果

参　　数	测试结果	
	短波	全波
	0.2 ~ 4.3μm	0.2 ~ 50μm
视　　场*	120°	120°
辐亮度范围**	6.114~149.465 W/m² · sr	32.30~229.41 W/m² · sr
定标精度*	0.79%	0.61%
灵敏度**	0.0966 W/m² · sr	0.17 W/m² · sr
2 年长期稳定度***	< 0.1%	< 0.1%

* 卫星发射前地面实验室测试结果；

** 利用在轨测试期间对地及星上定标观测结果分析得到；

*** 在轨测试期间稳定性分析结果。

3.10
太阳辐射监测仪（SIM）

3.10.1　应用目标

太阳辐射监测仪（SIM）长期监测太阳总辐射变化，为研究太阳输出能量在各种时间尺度上的变化，提供可靠的科学依据，也为气候变化研究提供精确的太阳辐射资料。

3.10.2　探测原理

太阳辐射监测仪由三台相同的双锥腔补偿型绝对辐射计组成，通过入射光和电功率加热交替定标的方式来测量光辐照度的绝对量值（方伟等，2003，2009）。在卫星轨道高度（831km）上，太阳辐射监测仪通过 $0.2 \sim 50 \mu m$ 波段（几乎包含了全部太阳辐射能量的光谱范围）来进行太阳宽带辐射观测，以确定太阳常数。

3.10.3　工作方式

太阳辐射监测仪由三个相同的、按一定角度安装的绝对辐射计构成，三台仪器的排列和视场角排列如图 3.10-1 和图 3.10-2 所示。三台绝对辐射计各自配有独立的放大器和快门电机驱动电路及加热腔电路，共用一套数据采集、电校准、数据处理与控制、通讯等电路，用开关选择相应的绝对辐射计进行测量，三台绝对辐射计可同时进行测量或单独测量。太阳辐射监测仪共有三种工作模式：通道自测试模式、冷空间观测模式和太阳观测模式。通道自测试模式用于测量通道的响应度；冷空间观测模式用于测

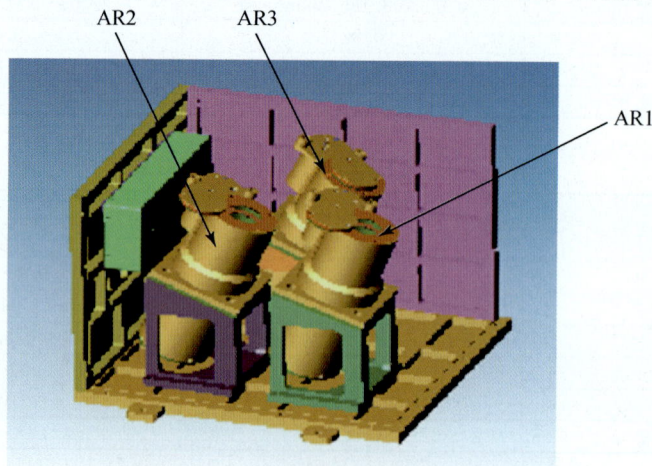

图 3.10-1　太阳辐射监测仪内部结构图

量宇宙空间背景辐射，以便对太阳辐照度观测进行校正；太阳观测模式是在卫星从地球阴影飞出的北极附近，太阳在其视场上掠过的时间内进行太阳辐照度测量，每轨提供一次太阳辐射观测。在轨工作期间，三台绝对辐射计中的两台进行例行观测，另一台提供间断观测，用于标定连续观测仪器。图 3.10-3 是太阳辐射监测仪实物图。

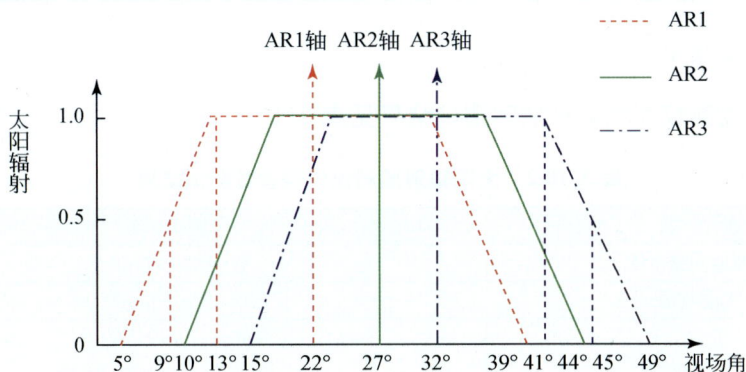

图 3.10-2　太阳辐射监测仪三台绝对辐射计的视场角排列

图 3.10-3　太阳辐射监测仪实物图

3.10.4　性能指标

3.10.4.1　设计指标

太阳辐射监测仪性能参数设计指标见表 3.10-1。

表 3.10-1　太阳辐射监测仪仪器参数

参　　　数	指　　标
辐照度测量范围	$100 \sim 1400 \text{W/m}^2$
光谱范围	$0.2 \sim 50 \mu\text{m}$
灵敏度	0.2W/m^2

参　　数	指　　标
定标精度	0.5％
2 年长期稳定度	＜0.02％（运行两年后测）

3.10.4.2　测试结果

太阳辐射监测仪在轨测试期间测试结果见表 3.10-2。

表 3.10-2　太阳辐射监测仪仪器参数测试结果

参　　数	测试结果
辐照度测量范围	$0\sim1359$ W/m² **
光谱范围	$0.2\sim50\mu m$ *
灵敏度	通道一：0.104W/m² **
	通道二：0.154W/m² **
	通道三：0.097W/m² **
定标精度	1366 ± 2 W/m² **

＊实验室测试结果

＊＊在轨测试结果

3.11
空间环境监测器（SEM）

3.11.1　应用目标

空间环境监测器（SEM）能够有效地监测卫星所在高度的空间环境状况，记录其对卫星的影响，保障卫星安全运行；监测空间粒子辐射环境和效应演化态势，预测粒子辐射环境灾害性事件，为近地轨道卫星提供预警服务；获取卫星轨道高度上的空间环境和效应信息，为空间天气监测预警业务提供重要的数据支撑。

空间环境监测器由高能粒子（离子和电子）探测器、辐射剂量仪、表面电位探测器和单粒子事件探测器组成。高能粒子探测器可探测辐射带高能粒子分布、结构和动态特征，实时监测辐射带的演化趋势，预测粒子辐射环境扰动事件和粒子辐射效应，不仅保障 FY-3A 卫星的粒子辐射安全，还可为其他近地轨道卫星的保障提供参考。辐射剂量仪能够给出真实空间环境下卫星关键部位的辐射剂量变化，提供 FY-3 卫星健康状况的重要指标，还可以指导近地轨道卫星的抗辐射设计。单粒子事件探测器能够验证真实空间辐射环境下器件抗单粒子事件能力，指导对 FY-3 卫星出现异常情况的分析。表面电位探测器可以监测卫星表面异常带电信息，有助于掌握低轨卫星表面充电效应的发生规律及其与空间天气状态的关联特性，并能结合空间天气态势，预警 FY-3 卫星和其他近地轨道卫星的等离子体充电危险，保障卫星的运行安全。

3.11.2　探测原理

高能粒子（离子和电子）探测器采用望远镜探测技术，由三片半导体探测器组成望远镜，进入观测视场范围内的带电粒子会在望远镜内产生信号，不同能量、不同种类的粒子在望远镜中的信号有差别，通过对信号差异的鉴别来区分粒子的能量和种类，将每个粒子的信息都记录下来，从而实现对空间粒子环境的探测（王春琴等，2010）。

辐射剂量仪通过记录传感器内的 PMOS 管在受辐照后表面电势的变化来测量累积辐射剂量。

表面电位探测器利用一个高阻抗输入的电压测量电路监测由光学石英玻璃和镀银电极组成的等效电容的电压值，从而实现卫星表面电位的测量。图 3.11-1 为空间环境监测器各单机图。

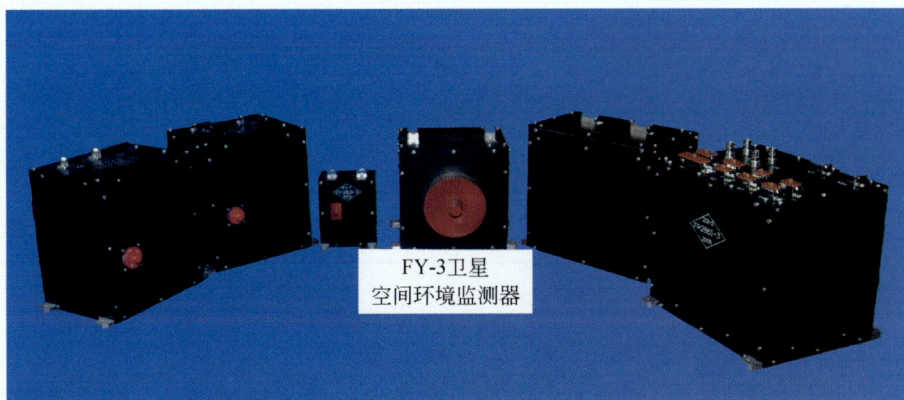

图 3.11-1　空间环境监测器单机组成图

3.11.3　工作方式

各传感器通过环境远置单元统一进行信号采集处理，仪器采用加电后连续工作的方式，随着卫星的运行，每 2 秒钟获取 1 次卫星所在高度位置的空间环境参数，形成空间环境监测数据。

3.11.4　性能指标

3.11.4.1　高能粒子（离子和电子）探测器

高能粒子探测器主要探测重离子成分、高能质子能谱和电子能谱。质子能谱范围为 3.0～300 MeV，电子能谱范围为 0.15～5.7 MeV。高能粒子探测器由一台高能离子探测器和一台高能电子探测组成，主要技术指标见表 3.11-1。

表 3.11-1 高能粒子探测器主要指标

通道	重离子	能量范围
1	He	He：12～110 MeV
2	Li, Be, B	Li：24～220 MeV
3	C, N, O, F, Ne, Na	C：60～570 MeV
4	Mg, Al, Si, P, S, Cl	Mg：0.2～1.2 GeV
5	Ar, K, Ca, Sc, Ti…	Ar：0.3～2.0 GeV
6	Fe…	Fe：0.5～2.0 GeV
通道	质子能谱	能量范围
1	P1	3.0～5.0 MeV
2	P2	5.0～10 MeV
3	P3	10～26 MeV
4	P4	26～40 MeV
5	P5	40～100 MeV
6	P6	100～300 MeV
通道	高能电子能谱	能量范围
1	E1	0.15～0.35 MeV
2	E2	0.35～0.65 MeV
3	E3	0.65～1.2 MeV
4	E4	1.2～2.0 MeV
5	E5	2.0～5.7 MeV

3.11.4.2 辐射剂量仪

辐射剂量仪探测目标是测量卫星内部不同关键位置的辐射剂量，测量范围是 0～10^4 rad（Si）（量程：0～10^4 rad（Si）；0～10^3 rad（Si））。共有三台单机，分别安装在载荷舱、服务舱和舱外。

3.11.4.3 表面电位探测器

表面电位探测器探测目标是测量卫星向阳面与背阳面的表面电位差，其测量量程是＋300 ～－3000V。共有两台单机，分别安装在卫星向阳面与背阳面。

3.11.4.4 单粒子事件探测器

单粒子事件探测器的探测目标是监测国产 1750A 芯片及其外围器件的单粒子翻转几率及空间分布，进行单粒子事件防护措施有效性在轨验证试验（王晶等，2008）。共有一台单机，安装在靠近卫星侧板面内。

参 考 文 献

方伟，禹秉熙，姚海顺，李哲，弓成虎，金锡峰 . 2003. 太阳辐照绝对辐射计与国际比对，光学学报，23（1）：112-116.

方伟，禹秉熙，王玉鹏，弓成虎，杨东军，叶新 . 2009. 太阳辐照绝对辐射计及其在航天器上的太阳辐照度测量. 中国光学与应用光学, 2（1）：23-28.

陆段军, 王模昌, 郁蕴健, 洪孝炬. 2009. 凝视型地球辐射探测仪的辐射标定技术研究. 红外与毫米波学报, 28（1）：42-45.

冷丽国, 王模昌, 郁蕴健. 2003. 一种宽波段大视场红外辐射探测器·红外, 8：10-13.

马庆梅, 陆段军, 王模昌. 2005. 窄视场地球辐射探测仪细分扫描技术研究. 红外, 12：9-12.

翁垂骏. 2001. 风云一号（02 批）第二颗卫星遥感系统研制总结报告, 上海技术物理所.

王春琴, 张贤国, 王世金, 王月, 刘超, 荆涛. 2010. FY-3A 卫星与 NOAA 系列卫星高能带电粒子试验结果的比较. 空间科学学报, 30（1）：49-54.

王晶, 王月, 孙越强. 2008. 国产 SOI 1750A 微处理器抗辐射效应模拟试验. 微计算机信息, 24（2）：268-270.

张升伟, 李靖, 姜景山, 孙茂华, 王振占. 2008. 风云 3 号卫星微波湿度计的系统设计与研制. 遥感学报, 12（2）：199-207.

Ceckowski D H, Galvin R P, and Kanalos M A. 1995. HIRS/3-ITS predecessors and progeny. Technical Proc. Of the Eighth Int. TOVS Study Conf. , Queenstown, New Zealand, ITWG, 87-94.

Heath D F, Krueger A J, Roeder H A, et al. 1975. The solar backscatter ultraviolet and total ozone mapping spectrometer (SBUV/TOMS) for NIMBUS G, Opt. Eng. , 14：323-331.

Levelt P F, van den Oord G H J, Dobber M R, et al. 2006. The ozone monitoring instrument. IEEE Trans Geos Remote Sens, 44：1093-1101.

Saunders R W, Timothy J. Hewison. 1995. The Radiometric Characterization of AMSU-B. IEEE Transaction on microwave theory and techniques, 43（4）：760-771.

Robel J. ED. 2006. NOAA KLM User's Guide with NOAA-N and-N'Supplement. December 2006 revision. ［Available online at www. ncdc. noaa. gov/oa/］.

Werbowetzki A. 1981. Atmospheric Sounding User's Guide. NOAA Technical Report NESS, 83.

风云三号卫星遥感数据地理定位

本章介绍了风云三号 A 卫星两种卫星轨道计算方法，以及卫星姿态确定方法，分析了轨道计算结果精度。在此基础上按仪器对地观测方式的不同特点，介绍了包括多元并扫、单元扫描、圆锥扫描和星下点观测等四类遥感仪器数据的地理定位方法，并对地理定位精度进行了分析。

4.1 引言

遥感数据地理定位就是利用卫星位置、速度、姿态以及遥感仪器的扫描几何和时序参数等精确计算出每个像元的经度、纬度、天顶角和方位角等的过程。传统的极地轨道太阳同步环境气象卫星遥感数据地理定位计算方法首先需要获取卫星的轨道参数。有了轨道参数，再选择合适的轨道外推计算模型就可以预测卫星在给定时刻的空间位置。然后再根据卫星传感器观测矢量、地球曲率和旋转等空间球面三角几何关系得到每个像元的地理经纬度。

风云三号 A（FY-3A）卫星安装了 GPS 接收机，能够实时提供较高精度的卫星位置数据，并可由此计算出卫星的速度数据，进而开展遥感数据地理定位计算。

为了保证 FY-3A 卫星遥感数据高精度地理定位连续稳定的要求，我们还将卫星轨道数值积分计算模型引入环境气象卫星遥感数据地理定位计算，该模型完全不同于基于布劳威尔（Brouwer）近似分析解模型的传统轨道计算和定位方法。轨道数值积分计算模型考虑了多项摄动因素，首先是地球的非球形引力项，使用了高精度高阶 EGM-96 地球引力场模型，提高了非球形引力摄动计算精度，其次还考虑了太阳、月亮引力项，辐射光压摄动和大气摄动因素，使得轨道计算精度大大提高。

为了获得高精度的地理定位结果，还需要卫星的精确姿态信息数据，历史上，一般采用地面控制点匹配方法估计姿态数据。FY-3A 卫星采用高精度的星敏感器和陀螺等器件自动测量卫星姿态。

为保证业务系统的连续稳定运行，FY-3A 卫星遥感数据地理定位采用综合定位模式，即在 GPS 数据缺失或错误而导致 GPS 卫星轨道计算无法进行时，使用由高精度卫星轨道模型计算出的卫星轨道数据，进行地理定位计算。

4.2
轨道计算

在对遥感数据做地理定位计算时，必须知道卫星在仪器观测时刻的轨道数据，所以在做地理定位时要做卫星轨道计算。FY-3A 卫星上装载有 GPS 接收机，能实时测量卫星的轨道位置。在 FY-3A 卫星地面应用系统中，有两种卫星轨道计算的方法，分别是 GPS 卫星轨道计算和高精度卫星轨道模型计算，以 GPS 卫星轨道计算为主，高精度卫星轨道模型为辅。实际业务运行时采用综合卫星轨道计算模式。

4.2.1 GPS 卫星轨道计算

在 GPS 卫星轨道计算中，首先要计算卫星的实时速度。由 GPS 实测的卫星三维位置数据可以计算出相应时刻的卫星三维速度。描述卫星运动的 6 个独立的轨道根数与卫星位置、速度向量之间可以互相换算。已知卫星 t_1 时刻位置矢量 $\vec{r}_1$ 和 t_2 时刻位置矢量 $\vec{r}_2$，计算卫星在 t_1 时刻瞬时轨道根数的算法如下（关敏和杨忠东，2007）。

计算卫星轨道倾角 i 和升交点赤经 Ω：

$$\hat{W} = \frac{(\vec{r}_1 \times \vec{r}_2)}{|\vec{r}_1 \times \vec{r}_2|} = \begin{pmatrix} +\sin i \sin \Omega \\ -\sin i \cos \Omega \\ +\cos i \end{pmatrix} = \begin{pmatrix} W_x \\ W_y \\ W_z \end{pmatrix} \tag{4.2-1}$$

$$i = \arccos(W_z) \tag{4.2-2}$$

$$\Omega = \arctan\left(\frac{W_x}{-W_y}\right) \tag{4.2-3}$$

计算半通径 p：

$$p = \frac{h^2}{GM_\oplus} \tag{4.2-4}$$

其中 h 为面积速度，$GM_\oplus$ 为地心引力常数。

计算偏心率 e、真近点角 υ 和近地点经度 ω：

$$\begin{cases} \cos\theta = \dfrac{\vec{r}_2}{|\vec{r}_2|} \cdot \dfrac{\vec{r}_1}{|\vec{r}_1|} = \hat{r}_2 \cdot \hat{r}_1 \\[3mm] \sin\theta = \dfrac{|\vec{r}_0|}{|\vec{r}_2|} \quad \vec{r}_0 = \vec{r}_2 - (\vec{r}_2 \cdot \hat{r}_1)\hat{r}_1 \\[3mm] e\cos\mu = \dfrac{p}{r_1} - 1 \\[3mm] e\sin\mu = \dfrac{e\cos\mu\cos\theta - \left(\dfrac{p}{r_2} - 1\right)}{\sin\theta} \end{cases} \tag{4.2-5}$$

$$e = \sqrt{(e\cos\mu)^2 + (e\sin\mu)^2} \tag{4.2-6}$$

其中 $\vec{r}_0$ 为 $\vec{r}_2$ 垂直于 $\vec{r}_1$ 的分量。

$$\begin{cases} \mu = \arctan\left(\dfrac{z}{-xW_y + yW_x}\right) \\[3mm] \upsilon = \arctan\left(\dfrac{e\sin\mu}{e\cos\mu}\right) \end{cases} \tag{4.2-7}$$

$$\omega = \mu - \upsilon \tag{4.2-8}$$

计算卫星轨道半长轴 a 和平近点角 M：

$$a = \frac{p}{(1 - e^2)} \tag{4.2-9}$$

$$e = \arctan\left(\frac{\sqrt{1 - e^2}\, e\sin\mu}{e\cos\mu + e^2}\right) \tag{4.2-10}$$

$$M = E - e\sin E \tag{4.2-11}$$

由式（4.2-1）至式（4.2-11）可以得到卫星的六个轨道根数，当然 ω、Ω 和 E 的计算还存在判象限的问题（刘林，1998；刘林，1992）。进一步，可以计算卫星在 t_1 时刻的瞬时位置和速度（Montenbruck and Gill，2000）。

$$\vec{r} = a(\cos E - e)\hat{P} + a\sqrt{1 - e^2}\sin E\hat{Q} \tag{4.2-12}$$

$$\dot{\vec{r}} = -\frac{\sqrt{GM_{\oplus}\, a}}{r}(\sin E\hat{P} - \sqrt{1 - e^2}\cos E\hat{Q}) \tag{4.2-13}$$

其中 $\hat{P}$ 和 $\hat{Q}$ 分别表示近地点和半通径方向的单位向量。

最后将 $\vec{r}$，$\dot{\vec{r}}$ 通过坐标旋转得到在相应坐标系中表达式（Rosborough et al.，1994）。在遥感数据地理定位计算时，由插值计算得出每个采样时刻的卫星轨道数据。

4.2.2 高精度卫星轨道模型

高精度卫星轨道模型考虑了多项摄动因素，首先是地球的非球形引力项，使用了高精度高阶 EGM-96 地球引力场模型，提高了非球形引力摄动计算精度，其次还考虑了太阳、月亮引力项，辐射光压摄动和大气摄动因素（杨忠东和关敏，2008）。

对于低轨卫星而言，它的受力情况最主要是地球非球形引力势，可以表示为：

$$U = \frac{GM_{\oplus}}{r}\sum_{n=0}^{\infty}\sum_{m=0}^{n}\frac{R_{\oplus}^{\,n}}{r^n}P_{nm}(\sin\varphi)(C_{nm}\cos(m\lambda) + S_{nm}\sin(m\lambda)) \tag{4.2-14}$$

其中 $R_\oplus$ 为地球赤道半径，r、λ、φ 分别为卫星矢径和经纬度，P_{nm} 为 n 次 m 阶缔合勒让德多项式，C_{nm} 和 S_{nm} 是 n 次 m 阶谐系数。

式中包括了地球引力的主要部分，是地球质量全部集中于地心的质点引力位；以及真实地球引力位对假设质点地球引力位的修正部分，包括带谐项和田谐项两部分，它们反映了地球形状不规则性和密度分布不均匀性，相应的 C_{nm} 和 S_{nm} 是地球引力位系数，其大小代表上述的不均匀性和不规则性程度。

要得到地球引力位系数 C_{nm} 和 S_{nm} 的准确值，需要高精度的地球引力场模型。卫星高精度轨道模型使用了 EGM-96 地球引力场模型。EGM-96 是利用联合测量数据确定的全球重力场模型，它的位系数取到 360 阶，是目前世界上位系数阶数最高的全球重力场模型。

此外，高精度卫星轨道模型中还考虑了大气阻力摄动、日月引力摄动以及辐射光压摄动。

模型采用数值方法求解由上述摄动项组成右函数的卫星运动方程。数值积分采用变阶变步长 DE/DEABM 方法（Mentenbruck and Gill，2000）。

4.2.3　综合模式卫星轨道计算

在 FY-3A 卫星地面应用系统中，有两种卫星轨道计算方法，GPS 卫星轨道计算和高精度卫星轨道模型。在业务运行时，每天根据卫星轨道根数由高精度卫星轨道模型外推计算出 48 小时卫星轨道数据，这套数据与 GPS 测量的卫星轨道数据共同存放于业务系统中。在地理定位处理时，如没有 GPS 数据或 GPS 数据不可用，则读取已经由高精度卫星轨道模型计算出的轨道数据代替 GPS 测量数据，进而完成各仪器遥感数据的地理定位。这种工作模式即是综合卫星轨道模式，它的应用保证了卫星地面应用系统业务的正常可靠运行。

4.2.4　卫星轨道数据精度／误差

使用高精度卫星轨道模型模拟计算了风云一号 D 星不同摄动条件下预报一天后卫星轨道计算的精度，详见表 4.2-1，表中的 Δx、Δy、Δz、Δd 和 ΔR 是实测值与 24 小时预报值之差。除此之外，还将用此模型计算的风云一号 D 星轨道（以实测数据为基准）分别和布劳威尔方法（以 TLE 实测数据为基准）、STK 软件系统（以实测数据为基准）的预报精度进行了比较，详见表 4.2-2。从中可见用高精度卫星轨道计算模型的结果明显比布劳威尔方法预报精度高，也优于 STK 软件系统的计算结果，48 小时预报计算精度基本能够达到 60 m 以内。

表 4.2-1　三种数值积分方法卫星轨道计算误差比较

时间	方法		Δx (m)	Δy (m)	Δz (m)	Δd (m)	ΔR (m)
2005.09.02 00;00;00	STK	Gauss-Jackson	14.07	−196.25	−41.37	201.06	−6.91
		Runge-Kutta	14.52	−200.60	−42.43	205.55	−6.91
	DE/DEABM		3.27	−22.94	−7.83	24.46	2.28

续表

时间	方法		Δx (m)	Δy (m)	Δz (m)	Δd (m)	ΔR (m)
2005.09.03 00：00：00	STK	Gauss-Jackson	6.68	−222.64	71.32	233.88	−5.98
		Runge-Kutta	6.36	−214.32	68.87	225.21	−5.97
	DE/DEABM		1.10	−53.80	14.21	55.66	1.34
2005.09.04 00：00：00	STK	Gauss—Jackson	−4.46	−75.48	80.94	110.76	−1.38
		Runge—Kutta	−4.16	−70.62	75.86	103.73	−1.37
	DE/DEABM		−5.98	5.26	−9.79	12.62	1.81

表 4.2-2　Brouwer 摄动分析解方法卫星轨道计算误差表

时间	方法	Δx (m)	Δy (m)	Δz (m)	Δd (m)	ΔR (m)
2005-09-01 04：02：36		711.66	−26.89	−4369.09	4426.75	78.95
2005-09-02 10：42：56	Brouwer	−311.86	−105.60	3009.21	3027.17	74.08
2005-09-03 17：23：15		−197.69	−59.36	2244.38	2253.85	34.67

GPS 测量卫星位置精度为 20m（1σ），时间精度为 $10\mu s$。

4.3　姿态计算

4.3.1　星敏感器

星敏感器是通过对恒星辐射进行观测的光学敏感器，经数据处理可获取航天器相对于惯性空间的姿态信息。星敏感器的基本工作流程为：恒星所发出的星光通过光学系统成像在 CCD 光敏面上，由 CCD 信号检测线路将星光的光能转换成模拟电信号，模拟信号处理单元对其进行放大、滤波、整形等处理后，模数转换单元对其进行模数转换和数据采集。天空星图以数字量的形式存在于内存，数据处理单元的工作是对数字化后的星图进行处理，星提取软件对星图进行大目标剔除、星点提取、星点坐标计算和星等计算。星图识别软件对星图中的星按匹配方法构造匹配模式，与导航星库中的已有模式进行匹配、处理，形成观测星与导航星的唯一匹配星对。每次匹配成功后都能得到被识别星在 CCD 光敏面上的本体坐标以及其对应的天球坐标系中的导航坐标，代入姿态计算公式可得飞行器的精确姿态并输出，并将结果通过串口接口传送给姿态控制计算机，滤波后用于姿态控制。而卫星姿态的变化使得星敏感器视场内的星图改变，星敏感器不断根据拍摄的星图计算出卫星新的姿态。

4.3.2　星敏感器姿态测量数据及其使用方法

描述姿态的参数有方向余弦式、欧拉角式、欧拉轴/角参数式和欧拉四元素式。星敏感器的姿态输出数据是欧拉四元素式。在遥感图像地理定位计算时用到的是姿态的另一种表示欧拉角式，即通常所说的 3 个姿态角——滚动、俯仰、偏航角。由于卫星姿态可唯一确定，因此各种姿态参数之间可以互相转换（章仁为，1998）。

4.3.2.1　欧拉轴/角姿态矩阵到姿态四元数 q 姿态矩阵的转换

利用三角公式 $\cos\Phi=2\cos^2\dfrac{\Phi}{2}-1$，$\sin\Phi=2\sin\dfrac{\Phi}{2}\cos\dfrac{\Phi}{2}$，可将欧拉轴/角姿态矩阵化成四元数姿态矩阵：

$$\boldsymbol{A}(\boldsymbol{e},\Phi)=\boldsymbol{A}(\boldsymbol{q})$$

$$=\begin{bmatrix} q_1^2-q_2^2-q_3^2+q_4^2 & 2(q_1q_2+q_3q_4) & 2(q_1q_3-q_2q_4) \\ 2(q_1q_2-q_3q_4) & -q_1^2+q_2^2-q_3^2+q_4^2 & 2(q_2q_3+q_1q_4) \\ 2(q_1q_3+q_2q_4) & 2(q_2q_3-q_1q_4) & -q_1^2-q_2^2+q_3^2+q_4^2 \end{bmatrix} \tag{4.3-1}$$

4.3.2.2　欧拉轴/角参数到姿态矩阵的转换

欧拉轴/角参数式描述姿态的参数有 4 个：转轴的单位矢量 $\hat{e}$ 在参考坐标系中的 3 个方向余弦 e_x，e_y，e_z 以及绕此轴的转角 Φ。用该 4 个姿态参数描述的姿态矩阵 $\boldsymbol{A}$ 公式为：

$$\boldsymbol{A}(\boldsymbol{e},\Phi)=$$

$$\begin{bmatrix} \cos\Phi+e_x{}^2(1-\cos\Phi) & e_xe_y(1-\cos\Phi)+e_z\sin\Phi & e_xe_z(1-\cos\Phi)-e_y\sin\Phi \\ e_xe_y(1-\cos\Phi)-e_z\sin\Phi & \cos\Phi+e_y{}^2(1-\cos\Phi) & e_ye_z(1-\cos\Phi)+e_x\sin\Phi \\ e_xe_z(1-\cos\Phi)+e_y\sin\Phi & e_ye_z(1-\cos\Phi)-e_x\sin\Phi & \cos\Phi+e_z{}^2(1-\cos\Phi) \end{bmatrix}$$

$$\tag{4.3-2}$$

4.3.2.3　姿态矩阵到欧拉角的转换

欧拉角 $roll$，$pitch$，yaw 与方向余弦元素的关系式是：

$$roll=\arctan\left(\frac{A_{yz}}{A_{zz}}\right)$$

$$pitch=\arcsin(-A_{xz}) \tag{4.3-3}$$

$$yaw=\arctan\left(\frac{A_{xy}}{A_{xx}}\right)$$

此类欧拉转动的奇异发生在 pitch＝90°的情况，roll 和 yaw 在同一平面转动，不能唯一确定。

根据测试，卫星姿态测量精度优于 0.013°。

4.4　地理定位

根据对地观测方式的特点 FY-3A 上装载的遥感仪器可分为 4 类：即 45°旋转扫描

镜多元跨轨并扫的仪器是中分辨率光谱成像仪（MERSI）；45°旋转扫描镜（或天线）单元跨轨扫描的仪器是可见光红外扫描辐射计（VIRR）、红外分光计（IRAS）、微波湿度计（MWHS）、微波温度计（MWTS）、紫外臭氧总量探测仪（TOU）以及地球辐射探测仪（ERM）（窄视场对地扫描观测）；圆锥跨轨扫描的仪器是微波成像仪（MWRI）；卫星星下点观测仪器，如紫外臭氧垂直探测仪（SBUS）、ERM（宽视场对地凝视观测）和空间环境监测器（SEM）。相应的地理定位算法也分为 4 类，下面逐一介绍。

4.4.1 45°旋转扫描镜多元跨轨并扫

以 MERSI 为例介绍 45°旋转扫描镜多元跨轨并扫仪器的地理定位方法。

MERSI 安装在卫星的对地面，开口朝向地球。采用 45°扫描镜旋转扫描，扫描镜的转轴与卫星的飞行方向一致。当扫描镜转动时，扫描镜以固定的瞬时视场作穿越飞行轨迹的扫描，接收与轨道垂直平面内的目标辐射，借助于卫星绕地球运行，获取地球的二维景像。MERSI 采用了 10 元、40 元探测器并扫的方案，即扫描镜每旋转一圈，在卫星飞行的垂直方向同时扫过 10 条、40 条扫描线，对应地面分辨率为 1000m 和 250m。图 4.4-1 为 MERSI 观测地球景像的原理图。

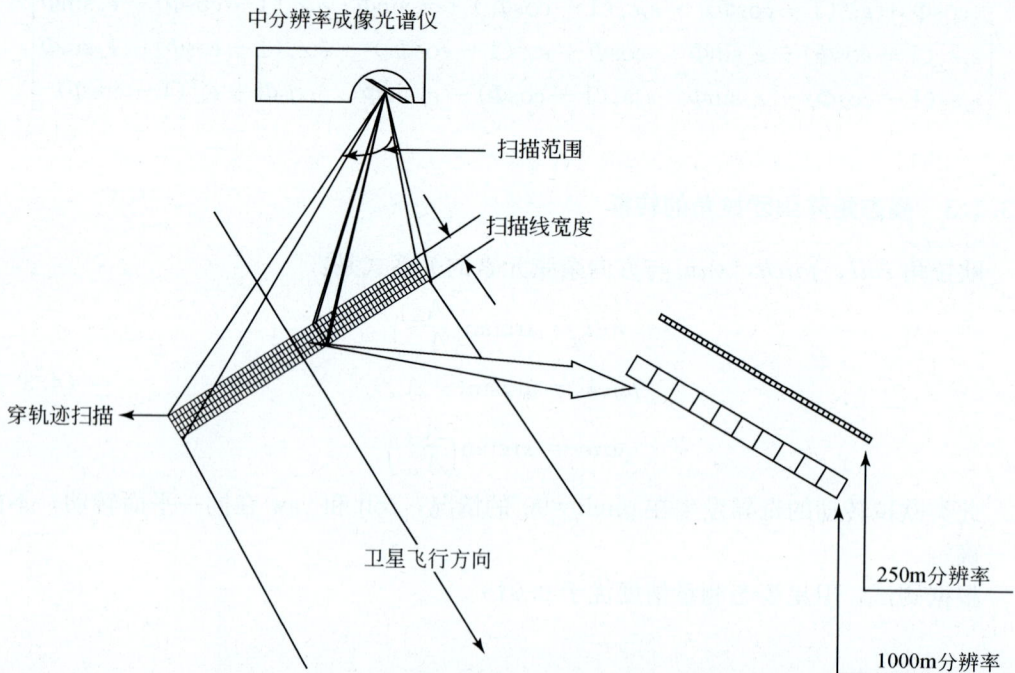

图 4.4-1 MERSI 观测地球景像的原理图

MERSI 有 20 个探测器阵列，探测器阵列平行的排列在 4 个不同的焦平面上。探测器的位置和焦距决定了各焦平面与仪器光轴的几何关系。每个光谱波段的探测器阵列在焦平面上沿扫描方向排列。

MERSI 的对地扫描张角为 $\pm 55.1°$，$45°$扫描镜的转速为 40 转/分钟，扫描周期为 1.5s，其中约 0.46s 为对地观测时间，对应 1000m 分辨率的通道，即每行采样 2048 个像素点，每个采样点的驻留时间约为 224ms。

4.4.1.1　算法原理

MERSI 遥感数据地理定位算法包括两部分。第一部分是计算探测器不同探元对应于像空间视向量，第二部分是计算视向量在地面的相应位置。

计算探测器不同探元在仪器坐标系中的像空间视向量的算法包括 4 部分，分别是望远镜模型、焦平面模型、扫描镜模型和像空间视向量计算模型。

1. 望远镜模型

MERSI 采用 $\Phi 200mm$ 口径同轴望远镜系统，有 4 个独立的焦平面，20 个光谱通道。表 4.4-1 给出了这 20 个光谱通道对应焦距。

表 4.4-1　MERSI 光谱通道对应的焦距

通道序号	中心波长（μm）	焦距（mm）
1	0.470	499.79
2	0.550	500.48
3	0.412	499.23
4	0.443	499.52
5	0.490	499.97
6	0.520	500.24
7	0.565	500.60
8	0.650	499.45
9	0.865	500.35
10	0.650	499.45
11	0.685	499.68
12	0.765	500.07
13	0.865	500.35
14	0.905	500.42
15	0.940	500.46
16	0.980	500.50
17	1.030	500.53
18	1.640	250.34
19	2.130	247.58
20	11.50	333.04

已知焦平面坐标 (x, y) 和焦距 f，对应在望远镜坐标系中的像空间视向量 $\vec{u}_{foc}$ 为：

$$\vec{u}_{foc} = \begin{bmatrix} x \\ y \\ f \end{bmatrix} \qquad (4.4\text{-}1)$$

2. 焦平面模型

各光谱通道的探测器结构排列如图 4.4-2 所示。

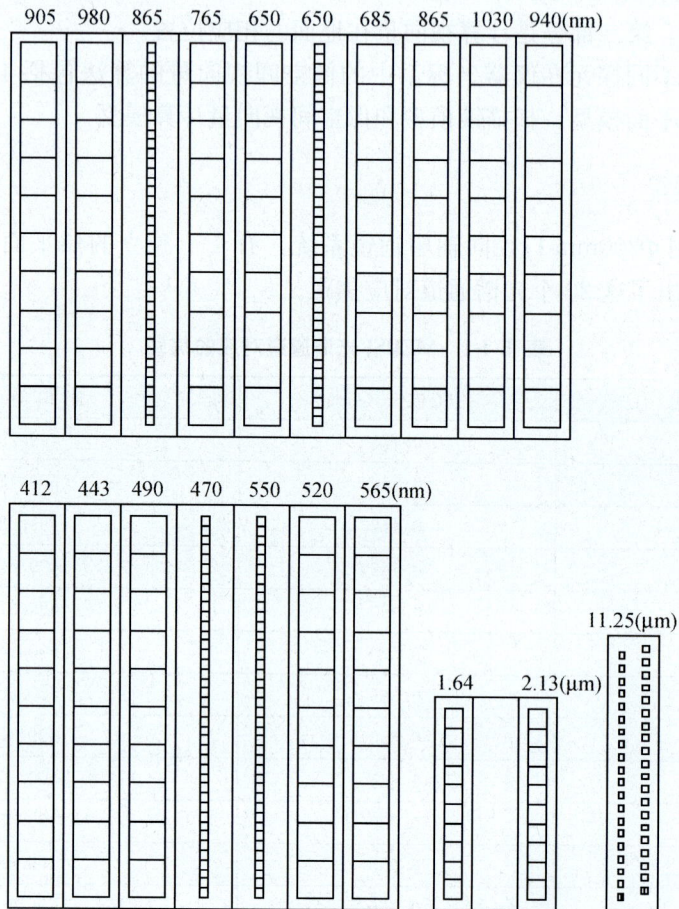

图 4.4-2　各光谱通道探测器结构排列示意图

每个光谱通道的探测器探元尺寸、地面分辨率和每个通道的探元数如表 4.4-2 所示。

表 4.4-2　各光谱通道探元尺寸等参数

波段	地面分辨率	探元尺寸	相邻通道间探元中心距	通道内相邻探元中心距	探元数
可见光/近红外	1000 m	0.600 mm×0.580 mm	0.911 mm	0.600 mm	10
	250 m	0.150 mm×0.130 mm		0.150 mm	40
短波红外	1000 m	0.300 mm×0.260 mm	1.41 mm	0.300 mm	10
长波红外	1000 m	0.100 mm×0.100 mm	0.393 mm	0.100 mm	10

3. 扫描镜模型

在扫描镜坐标系中 0°扫描镜角时扫描镜的法向量为：

$$\hat{n}_0 = \begin{bmatrix} -\dfrac{1}{\sqrt{2}} & 0 & \dfrac{1}{\sqrt{2}} \end{bmatrix} \tag{4.4-2}$$

扫描镜绕扫描镜坐标系的 X 轴旋转。扫描镜法向量转过 θ 角可以用旋转矩阵表示：

$$\boldsymbol{T}_{rot}(\theta) = \begin{bmatrix} 1 & 0 & 0 \\ 0 & \cos\theta & -\sin\theta \\ 0 & \sin\theta & \cos\theta \end{bmatrix} \tag{4.4-3}$$

对于任意扫描角可以用下式计算扫描镜的法向量：

$$\hat{n}_{mirr} = \boldsymbol{T}_{rot}(\theta)\hat{n}_0$$

4. 像空间视向量计算模型

通常，焦平面上的位置是探元的中心位置，t 是扫描时间。计算 t 时刻任意焦平面上的位置 (x, y) 对应于仪器坐标系中的像空间视向量 $\vec{u}_{inst}$ 的算法如下：

由焦平面位置 (x, y) 和焦距 f 得到焦平面坐标系中的像空间视向量 $\vec{u}_{foc}$。

$$\vec{u}_{foc} = \begin{bmatrix} x & y & f \end{bmatrix} \tag{4.4-4}$$

将视向量从焦平面坐标系旋转至望远镜坐标系。

$$\vec{u}_{tel} = \boldsymbol{T}_{tel/foc}\vec{u}_{foc} \tag{4.4-5}$$

其中 $\boldsymbol{T}_{tel/foc}$ 是焦平面坐标系到望远镜坐标系的转换矩阵。

将视向量从望远镜坐标系旋转至仪器坐标系。

$$\vec{u}_{img} = \boldsymbol{T}_{inst/tel}\vec{u}_{tel} \tag{4.4-6}$$

其中 $\boldsymbol{T}_{inst/tel}$ 是望远镜坐标系到仪器坐标系的转换矩阵。

计算扫描角。

由扫描镜旋转角和 0°扫描镜角时扫描镜的法向量计算扫描镜法向量。

$$\hat{n}_{mirr} = \boldsymbol{T}_{rot}(\theta)\vec{n}_0 \tag{4.4-7}$$

将扫描镜法向量从扫描镜坐标系转至仪器坐标系，并计算单位向量。

$$\vec{n}_{inst} = \boldsymbol{T}_{inst/mirr}\vec{n}_{mirr} \qquad \hat{n}_{inst} = \dfrac{\vec{n}_{inst}}{|\vec{n}_{inst}|} \tag{4.4-8}$$

其中 $\boldsymbol{T}_{inst/mirr}$ 是扫描镜坐标系到仪器坐标系的转换矩阵。

视向量 $\vec{u}_{img}$ 经过扫描镜反射得到像空间视向量 u_{inst}。

$$\vec{u}_{inst} = \vec{u}_{img} - 2\hat{n}_{inst}(\vec{u}_{img} \cdot \hat{n}_{inst}) \tag{4.4-9}$$

知道了 t 时刻仪器像元在仪器坐标系中的视矢量 $\vec{u}_{inst}$，则像元在参考地球椭球体上位置的计算方法是：

首先计算相应的坐标系转换。构造复合转换矩阵：

$$\boldsymbol{T}_{ecr/inst} = \boldsymbol{T}_{ecr/eci}\boldsymbol{T}_{eci/orb}\boldsymbol{T}_{orb/sat}\boldsymbol{T}_{sat/inst} \tag{4.4-10}$$

再将仪器像元视矢量和卫星位置矢量旋转至地心旋转坐标系。

$$\vec{u}_{ecr} = \boldsymbol{T}_{ecr/inst}\vec{u}_{inst} \tag{4.4-11}$$

$$\vec{p}_{er} = \boldsymbol{T}_{er/ei}\,\vec{p}_{ei} \tag{4.4-12}$$

然后计算仪器像元视矢量与 WGS-84 参考地球椭球体表面交点在地心旋转坐标系中的位置矢量 $\vec{x}$。

最后将此位置矢量 $\vec{x}$ 换算为大地测量坐标（lat，lon，h）。

测地坐标经过地形校正后则得到像元地理经纬度和高程（Wolfe et al., 2002）。

4.4.1.2　精度说明

以 2009 年 1 月 20 日 FY-3A MERSI 的一个 5 分钟块数据为例，遥感数据地理定位计算的结果如图 4.4-3 所示。

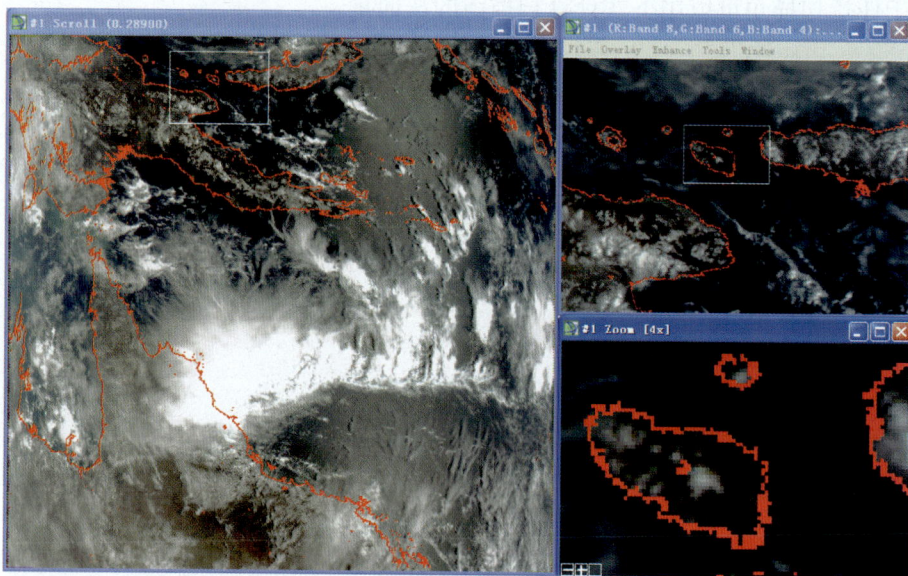

图 4.4-3　中分辨率光谱成像仪遥感数据地理定位图例

图中的遥感数据星下点分辨率为 1km，左图为原始分辨率图像显示，右上图为放大 2 倍后的图像显示，右下图为放大 4 倍的图像显示。红色曲线是经定位计算出的海陆边界线，它与遥感图像有很好的吻合，也说明 FY-3A MERSI 遥感数据地理定位精度已经达到了星下点 1 个像元的要求。

4.4.2　45°旋转扫描镜（或天线）单元跨轨扫描

FY-3A 上的 VIRR、IRAS、TOU 以及 ERM（窄视场探测通道对地扫描观测）是以 45°旋转扫描镜旋转形成单元跨轨扫描的观测几何。MWHS 和 MWTS 是以 45°天线旋转扫描形成跨轨扫描的观测几何。它们的遥感数据地理定位方法在原理上一样，所不同的只是仪器的扫描时序。

VIRR 采用 45°旋转扫描镜，扫描镜转速为 6 转/秒，仪器瞬时视场为 1.32mrad（相应星下点地面分辨率 1.1km）。仪器瞬时视场扫描目标的信号驻留时间为 35.01μs，获取地球目标星下点两侧±55.4°内的信息，每个通道地球数据为 2048 个像元，同时获取其他目标物理特性反演和工程遥测参数信息，它的扫描时序如图 4.4-4 所示。

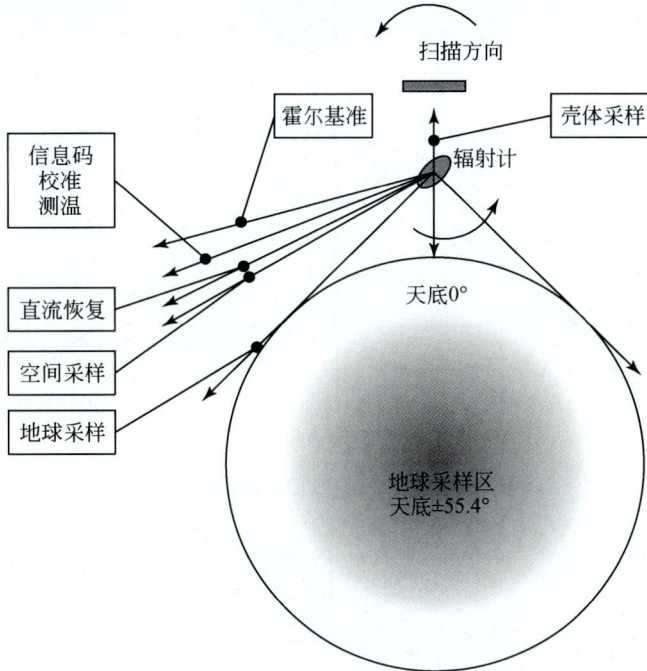

图 4.4-4　VIRR 扫描时序图

　　IRAS 采取步进扫描方式，即 45°扫描镜在 100ms 内完成一次对地测量，然后再步进 1.8°，凝视下一个地面视场继续测量。在 6.4 秒钟的时间内，IRAS 在与卫星星下点轨迹垂直的方向上正向步进 55 次，完成一行 56 次测量，然后回扫到起始位置，在回扫期间进行系统内部测量。产生 4 包遥感数据（1024 字节/包）和 1 包遥测数据（64 字节/包）。每扫描 38 行以后，进行红外辐射校准，其中探测冷空间与内黑体分别为 6.4s（包括步进时间），即探测与定标周期为 256s（一幅）。IRAS 可以在星下点两侧宽度为 2188km 的条幅内获得 26 个通道的大气数据，图 4.4-5 为 IRAS 扫描方式示意图。

　　MWHS 采用 45°天线机械扫描，扫描方式为垂直于卫星飞行轨迹的 360°连续变速圆周扫描，扫描周期为 2.667s，对地观测扫描张角为±53.35°（以天底点为中心），连续采样 98 个点，采样间隔为 1.1°。冷空定标角度为 107.1°，高温定标源位于天顶点，扫描过程如图 4.4-6 所示。

　　MWTS 采用 45°天线机械扫描方式，垂直于飞行轨迹进行的圆周步进扫描。对地扫描张角±48.3°，对地观测每条扫描线 15 点，扫描步进角 6.9°，星下点地面分辨率 50～75km，每条扫描线扫描时间 16.0s。MWTS 的对地扫描图如图 4.4-7 所示。

　　TOU 采用 45°扫描镜，在垂直卫星轨道的平面内作空间扫描，在天底方向两侧各取样 15 个点，天底一个点，共 31 个取样点。仪器视场角为 3.6°，相应的星下点地面分辨率为 52.6km。行扫描分 31 点完成，即扫描角为±54°。每点驻留时间为 240ms；正扫描时间 7.44s，回扫时间 0.72s，行扫描时间 8.16s。

35.1°

49.5° 49.5°

71.1°

对地探测(0步)

星下点

对地探测(55步)

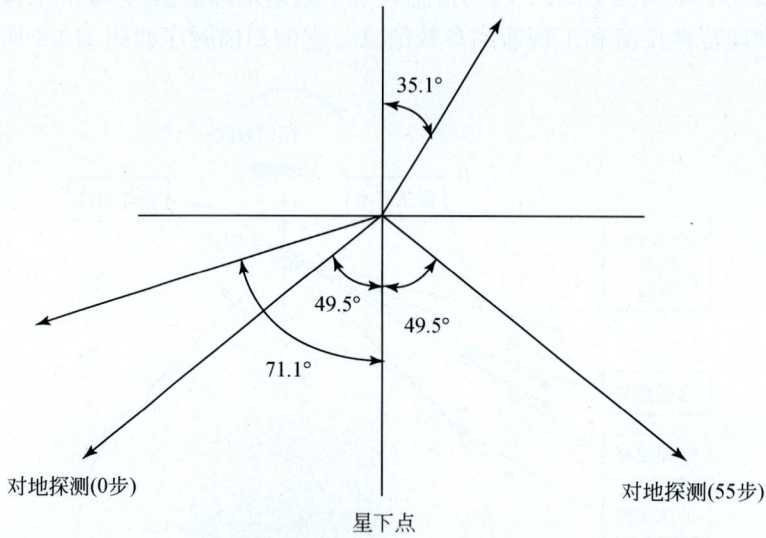

图 4.4-5　IRAS 扫描时序图

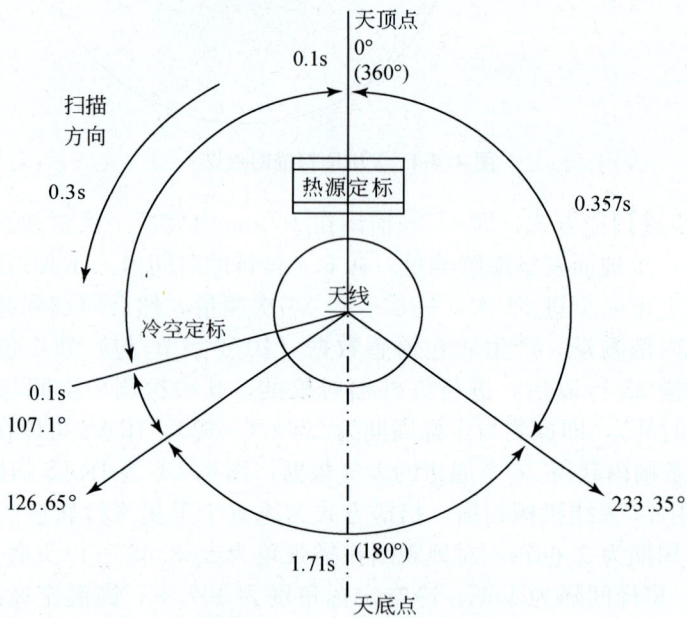

天顶点
0°
(360°)

0.1s

扫描
方向

0.3s

热源定标

0.357s

天线

冷空定标

0.1s
107.1°

126.65°

233.35°

1.71s (180°)

天底点

图 4.4-6　MWHS 扫描时序图

ERM 由探测头部和信息处理器组成。探测头部包括宽视场非扫描部分和窄视场扫描式部分。宽视场探测通道凝视观测地面目标信息，每 500ms 采集一次宽视场全、短波通道数据。宽视场非扫描部分地理定位只需卫星星下点的位置坐标。窄视场扫描式部分采用 45°扫描镜扫描地面目标（Y 方向），卫星飞行（X 方向）提供另一维的扫描。在一个扫描周期内，扫描镜开始凝视冷空间，建立观测信号基准，然后运动到 40°对地扫描器起点方位，线性扫描地球表面（40°~140°），对地扫描期间每 20ms 采样一个

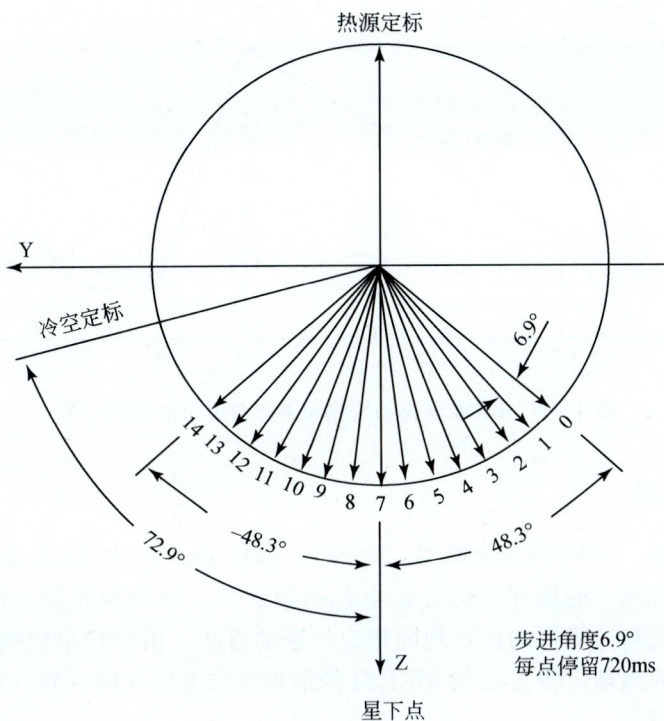

图 4.4-7　MWTS 扫描时序图

点，一条对地扫描线采样 151 个点，对地扫描结束后，快速回扫至冷空间处，找到基准后开始一个新的扫描周期。窄视场探测通道对地扫描观测，每 4s 为一个观测周期，扫描方位及时序如图 4.4-8 和图 4.4-9 所示。

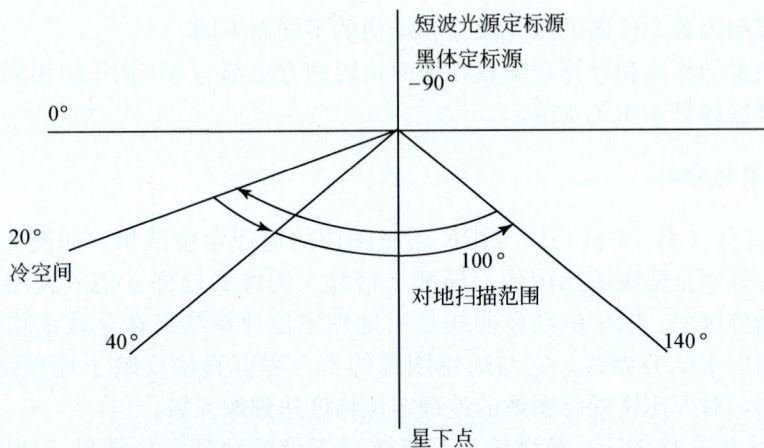

图 4.4-8　ERM 窄视场探测通道扫描方位图

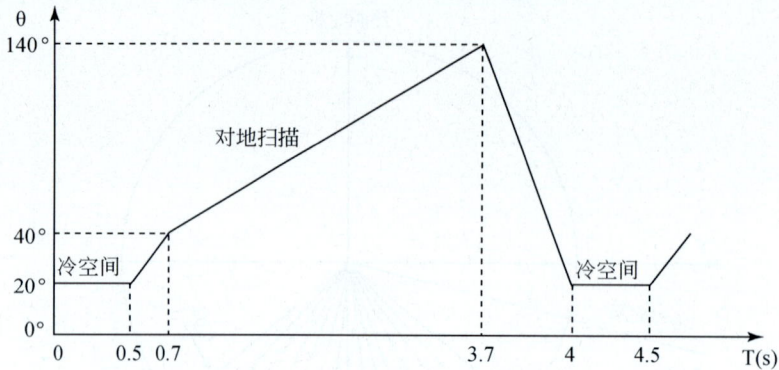

图 4.4-9 ERM 窄视场探测通道的对地扫描观测时序

4.4.2.1 算法原理

VIRR、IRAS、MWHS（关敏等，2008）、MWTS、TOU 以及 ERM（窄视场探测通道对地扫描观测）的地理定位方法也包括两部分，计算探测器不同探元对应于像空间视向量的算法和计算视向量在地面相应位置的算法。由于扫描机构同为 45°旋转扫描镜，所以它们的地理定位方法与 MERSI 的地理定位方法大体一致，所不同的是望远镜模型和焦平面模型。

对于这些单元跨轨扫描的仪器，探元在焦平面上的坐标没有 y 分量。已知焦平面坐标 $(x, 0)$ 和焦距 f，对应在望远镜坐标系中的像空间视向量 $\vec{u}_{foc}$ 为：

$$\vec{u}_{foc} = \begin{bmatrix} x \\ 0 \\ f \end{bmatrix} \tag{4.4-13}$$

焦平面模型因各个仪器的探元尺寸和结构的不同而不同。

像元视向量的算法和计算视向量在地面位置的方法都与 MERSI 的相同，这里不再赘述，具体算法详见 4.4.1.1 节。

4.4.2.2 结果与分析

选取 2009 年 1 月 15 日一块 VIRR 遥感图像的地理定位结果，如图 4.4-10 所示。图中从左至右分别是整块遥感图像、局部 2 倍放大图像和局部 4 倍放大图像。整块遥感图像为原始分辨率。图中的红色曲线是由地理定位计算结果在全球水陆模板数据库中检索到的相应水陆分界线，它与遥感图像的密合程度直接反映了地理定位的精度。由此可以看出，对 VIRR 遥感图像的地理定位精度达到像元级。

选取 2008 年 6 月 6 日一轨微波湿度计遥感图像的地理定位结果，如图 4.4-11 所示。由图可以看出，MWHS 遥感图像的地理定位精度达到像元级。

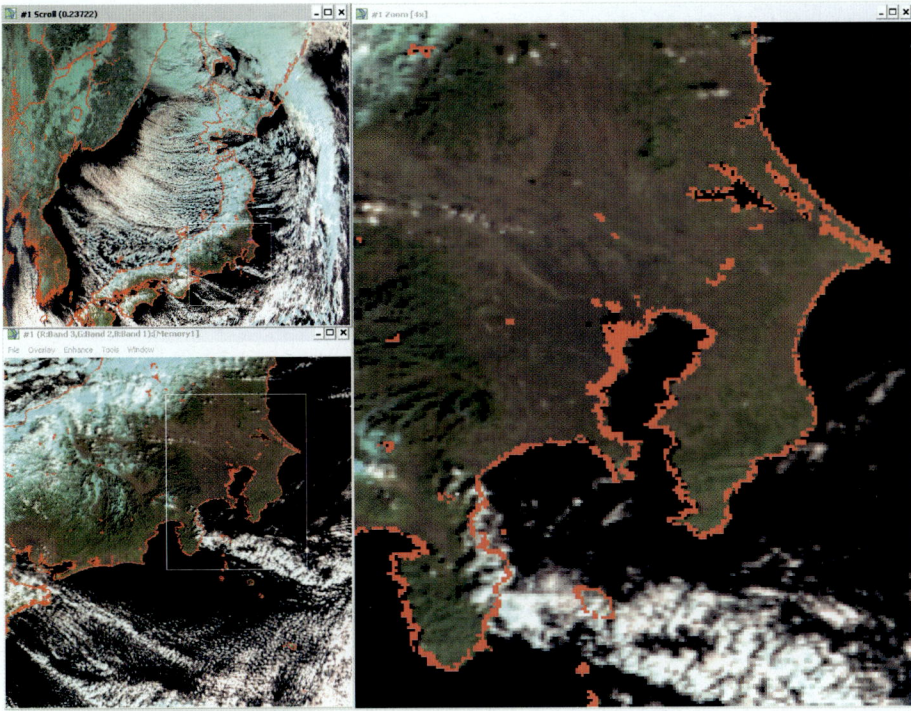

图 4.4-10　VIRR 遥感图像地理定位结果

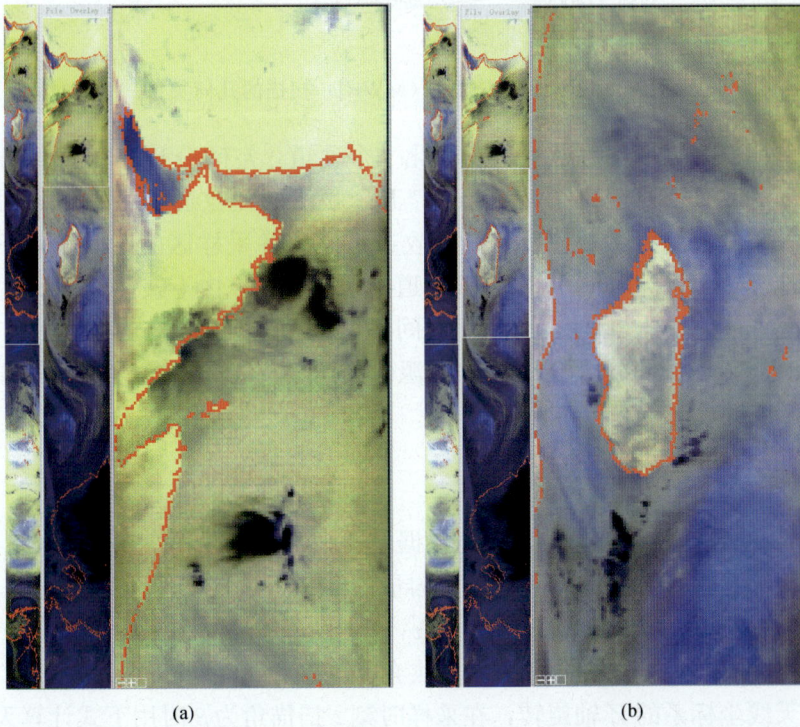

(a)　　　　　　　　　　　　　　　(b)

图 4.4-11　MWHS 遥感图像地理定位结果

4.4.3 圆锥跨轨扫描

FY-3A MWRI 通过天线匀速转动，形成天线波束的圆锥扫描，获取地球表面和大气的辐射数据。MWRI 采用机械扫描的大孔径偏置抛物面天线，由天线反射器和馈源组成。89GHz 喇叭的相位中心位于天线反射器抛物面的焦点处。天线波束视角为45.4°，通过天线的绕轴旋转形成圆锥扫描，对地扫描范围为±52°，保证了≥1400km 的扫描幅宽。扫描周期 1.7s，每帧采样 240 点。MWRI 的扫描观测几何关系如图 4.4-12 所示。

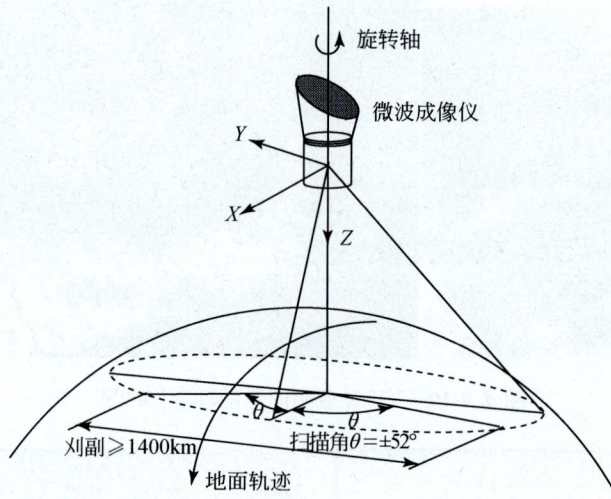

图 4.4-12 微波成像仪（MWRI）扫描的几何关系

接收机包括五个频率垂直、水平双极化十个通道。空间分辨率从 89GHz 通道的 $9 \times 15 km^2$ 到 10.65GHz 通道的 $51 \times 85 km^2$。五个频点的接收通道各采用不同的馈元喇叭，由于其安装位置的关系，各个频点接收通道进入各采样区的时间各有不同。在进行遥感数据地理定位计算时使用 89GHz 通道的采样时间，由下式计算得到：

$$T_{起始采样} = 卫星时间 + \Delta t + 178.8 ms \qquad (4.4-14)$$

其中，卫星时间和 Δt 均取自 MWRI L0 级源包数据，178.8ms 为 89GHz 通道对地采样时序。

4.4.3.1 算法原理

对 MWRI 的数据做地理定位，首先根据仪器观测几何计算像空间视向量。

在天线坐标系中 0°扫描角时天线的法向量为：

$$\hat{n}_0 = [\sin\alpha \quad 0 \quad \cos\alpha] \qquad (4.4-15)$$

其中 α 为天线波束与星下点方向即 Z 轴的夹角。

天线绕天线坐标系的 Z 轴旋转，在采样时刻 t 扫描角为 β 时用下式计算天线观测像元在天线坐标系中的视向量：

$$\vec{u}_{ante} = \mathbf{T}(\beta)_{rot}\hat{n}_0 \qquad (4.4\text{-}16)$$

其中 β 为天线旋转扫描角。

将像元视向量从天线坐标系转至仪器坐标系：

$$\vec{u}_{inst} = \mathbf{T}_{inst/ante}\vec{u}_{ante} \qquad (4.4\text{-}17)$$

其中 $\mathbf{T}_{inst/ante}$ 为天线在仪器坐标系中的安装矩阵（关敏，杨忠东，2009）。

知道了 t 时刻仪器像元在仪器坐标系中的视矢量 $\vec{u}_{inst}$，像元地理定位的方法与 MERSI 的地理定位方法相同，详见 4.4.1.1 节，这里不再赘述。

4.4.3.2　结果分析

以 FY-3A MWRI 模拟数据 2008 年 10 月 19 日的一条轨道数据文件为例，通过 MWRI 遥感数据地理定位原型系统对该数据的遥感图像进行地理定位，结果如图 4.4-13 所示。

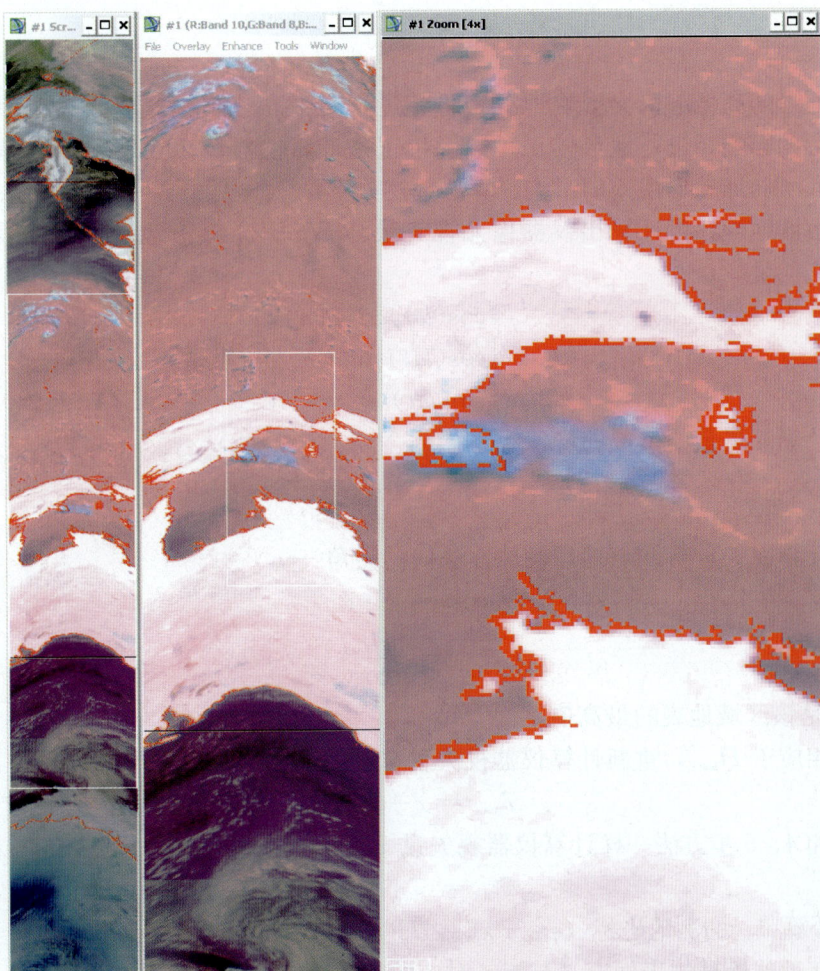

图 4.4-13　微波成像仪（MWRI）遥感数据地理定位结果

图中的遥感数据星下点分辨率为 5km，左图为原始分辨率图像显示，中图为放大 2 倍的图像显示，右图为放大 4 倍的图像显示。红色曲线是由 MWRI 遥感数据地理定位原型系统计算出的海陆边界线，它与遥感图像的吻合程度体现了遥感数据地理定位的精度。由图可见，FY-3A MWRI 遥感数据的地理定位精度已经达到像元级。

4.4.4 星下点观测

SBUS、ERM（宽视场探测通道对地凝视观测）和 SEM 没有扫描机构，它们的地理定位需求是给出卫星星下点经纬度，所以算法同卫星轨道计算。

4.5
地形校正

地表地形的高低起伏会影响地理定位精度，对中高分辨率遥感数据地理定位时必须修正地形的影响，进行地形校正。地形校正是计算仪器像元在地球参考椭球体上的位置时加入了局地地形视差的影响。算法描述如下：

（1）由测地经纬度计算出仪器像元视矢量与 WGS-84 参考地球椭球体表面交点 x 处的单位法向量。

$$\hat{n} = \begin{bmatrix} \cos(lat)\cos(lon) \\ \cos(lat)\sin(lon) \\ \sin(lat) \end{bmatrix} \tag{4.5-1}$$

（2）计算 $\vec{u}$ 矢量的单位矢量：

$$\hat{u} = -\frac{\vec{u}}{|\vec{u}|} \tag{4.5-2}$$

（3）计算视矢量与 x 点地球椭球面法向的夹角：

$$\cos\nu = \hat{n} \cdot \hat{u}$$

（4）

$$D_{\max} = \frac{H_{\max}}{\cos\nu} \tag{4.5-3}$$

其中 $H_{\max}$ 是该区域地表的最高值。

（5）相应于 $H_{\max}$，重新计算仪器视矢量 $\vec{x}_{\max}$：

$$\vec{x}_{\max} = \vec{x} + D_{\max}\hat{u} \tag{4.5-4}$$

（6）和 4、5 步方法一样计算仪器视矢量 $\vec{x}_{\min}$：

$$\vec{x}_{\min} = \vec{x} + D_{\min}\hat{u} \tag{4.5-5}$$

（7）计算 $\vec{x}_{\max}$ 的测地坐标 $(\varphi_{\max}, \lambda_{\max}, H_{\max})$

（8）在地球椭球体表面定义与 $\vec{x}_{\max}$ 对应的点 $\hat{s}_{\max}$：$(\varphi_{\max}, \lambda_{\max}, 0)$

（9）检索 DEM 数据库中与 $\hat{s}_{\max}$ 点对应的海拔高度 h_0，$h_0 = H_{\max}$，$D_0 = D_{\max}$，计算 $\vec{x}_i$ $(\varphi_i, \lambda_i, h_i')$；由 $\vec{x}_i$ 得到相应的 $\hat{s}_i$ $(\varphi_i, \lambda_i, 0)$，检索出 DEM 中 $\hat{s}_i$ 点的海拔 h_i，比

较 h_i 和 h'_i 的大小，如果 $h'_i > h_i$，重复以上这些计算，直到 $h_i \geqslant h'_i$。

（10）根据迭代计算的最后两步结果，算出权重，从而计算出像元的最终位置矢量 $\vec{x}$。

$$\alpha = \frac{h'_{i-1} - h_{i-1}}{h_i - h_{i-1} - dh'}$$

$$-\alpha = \frac{h_i - h'_i}{h_i - h_{i-1} - dh'} \tag{4.5-6}$$

像元的最终位置：

$$D_{final} = D + (1-\alpha)dD$$

$$\vec{x} = \vec{x} + D_{final}\hat{u}$$

$$h_{final} = \alpha h_i + (1-\alpha)h_{i-1} \tag{4.5-7}$$

（11）将像元位置换算为测地坐标 (lat，lon，h)。

地形校正算法中用到的高度信息由 DEM 数据库中得到。

4.6
辅助参数计算

由仪器像元最终的测地坐标可以计算出仪器的天顶角、方位角，太阳的天顶角和方位角等辅助参数。

有了测地坐标纬度、经度和高度 (φ, λ, h)，ECR 坐标 $(x, y, z)(=X_{ecr})$ 可以表示为：

$$x = (N+h)\cos\varphi\cos\lambda$$

$$y = (N+h)\cos\varphi\sin\lambda$$

$$z = (N(1-e^2)+h)\sin\varphi \tag{4.6-1}$$

$$N = a/(1-e^2\sin^2\varphi)^{1/2}$$

$$e^2 = 1 - \frac{b^2}{a^2}$$

（1）计算在测地坐标点位置 (φ, λ, h) 的单位法向量 $\hat{n}$，对上式中的 h 求导可得：

$$\hat{n} = \begin{bmatrix} \cos\varphi\cos\lambda \\ \cos\varphi\sin\lambda \\ \sin\varphi \end{bmatrix} \tag{4.6-2}$$

（2）计算在测地位置向东方向的单位向量 $\hat{E}$，对上式中的 λ 求导可得：

$$\hat{E} = \begin{bmatrix} -\sin\lambda \\ \cos\lambda \\ 0 \end{bmatrix} \tag{4.6-3}$$

（3）计算在测地位置向北方向的单位向量 $\hat{N}$，通过 $\hat{n}$ 和 $\hat{E}$ 的叉乘可得：

$$\hat{N} = \hat{n} \times \hat{E} \tag{4.6-4}$$

（4）计算测地点到卫星的距离 r_x，并计算测地点到卫星的单位向量 $\hat{v}_x$：

$$\vec{v}_{sc} = \vec{p}_{ecr} - \vec{X}_{ecr}$$
$$r_{sc} = |\ \vec{v}_{sc}\ |$$
$$\hat{v}_{sc} = \frac{1}{r_{sc}}\vec{v}_{sc}$$

$$(4.6\text{-}5)$$

（5）卫星天顶角 ζ_{sc} 是测地点到卫星的视向量和测地点单位法向量的夹角，由下式可得：

$$\cos(\zeta_{sc}) = \hat{n} \cdot \hat{v}_{sc}$$

$$(4.6\text{-}6)$$

（6）计算卫星方位角 α_{sc}：

a. 由下式计算 2 个方向余弦：

$$I = \vec{v}_{sc} \cdot \hat{E} \quad m = \vec{v}_{sc} \cdot \hat{N}$$

$$(4.6\text{-}7)$$

b. 通过方位角与方向余弦 I 和 m 的关系，确定方位角。

$$\tan(\alpha_{sc}) = \frac{I}{m}$$

$$(4.6\text{-}8)$$

（7）太阳的方位角和天顶角同样由 5 和 6 步计算得到。

4.7
误差分析

4.7.1　不确定性因素分析

遥感数据像元级定位精度和地理定位算法中所使用的基础测量数据的不确定性密切相关。精度受算法中使用的卫星星体、遥感仪器和地面高程等数据的不确定性限制。地理定位处理算法输出产品精度与输入数据的不确定性关系随遥感仪器扫描角的变化而变化。

卫星位置误差、卫星姿态误差和遥感仪器指向误差是造成像元定位误差的三种主要来源，其中每一种又都由静态误差和动态误差两种成分组成。静态误差是遥感仪器和星体间几何关系数据不精确，或者星体出现微量几何形变等因素造成的未知周期性重复或固定偏差。这些静态误差成分在初始状态下是未知的，不随时间变化的，但随着数据的积累可以订正掉部分误差。动态误差是随时间变化的，其变化行为很难模拟。

高程数据对精度的影响是扫描角的函数，星下点时没有影响，扫描角越大误差影响就愈大。像元定位误差大小依赖于遥感仪器扫描角大小，在大扫描角处，像元定位误差迅速增大。

4.7.2　星体空间位置误差对定位精度影响

FY-3A 卫星高度 831km，球形地球半径 6378km。卫星在轨道坐标系 x 轴方向的位置误差仅对沿轨方向定位误差有贡献，y 和 z 轴位置误差仅对扫描方向定位误差具有贡献。

根据计算，在星下点时，卫星在轨道坐标系 x 轴方向 1m 的位置误差可以造成沿轨方向 0.95m 的定位误差。y 轴 1m 的位置误差也同样可以造成沿扫描方向 0.95m 的定位误差。z 轴方向的位置误差不影响定位误差。在扫描角为 ±55° 时，卫星在轨道坐标系 x 轴方向 1m 的位置误差可以造成沿轨方向 0.90m 的定位误差。y 轴 1m 的位置误差可以造成沿扫描方向 0.92m 的定位误差。z 轴方向 1m 的位置误差可以造成沿扫描方向 3.20m 的定位误差（杨忠东，关敏，2008）。

4.7.3 星体姿态/遥感仪器指向误差对定位精度影响

FY-3A 卫星高度 831km，球形地球。对于给定轨道坐标系中一坐标轴的姿态或指向误差对沿轨方向或沿扫描方向造成的定位误差都是扫描角的函数。滚动姿态误差仅对沿扫描方定位误差有贡献，俯仰方向姿态误差仅对沿轨方向定位误差有贡献，偏航姿态误差对定位误差的影响主要表现在对沿轨方向有一个小的角位移。

根据估算，在星下点，一个角秒的滚动姿态误差可以造成沿扫描方向 6m 的定位误差，一个角秒的俯仰姿态误差可以造成沿轨道方向 6m 的定位误差，偏航姿态误差不影响星下点定位精度。在扫描角为 ±55° 时，一个角秒的滚动姿态误差可以造成沿扫描方向 28m 的定位误差，一个角秒的俯仰姿态误差可以造成沿轨道方向 6.5m 的定位误差，一个角秒的偏航姿态误差可以造成沿轨道方向 9.0m 的定位误差。

根据前面的分析，引起卫星遥感数据地理定位误差的原因主要有四种：星体位置误差、星体姿态误差、遥感仪器-卫星平台安装误差，以及遥感仪器内部几何误差。所有这几种误差源都可以分为静态和动态部分。静态误差，从原理上讲可以通过发射前测量数据校正，但不能模拟。动态误差由于时间变化性，补偿难度较大。一般情况下，使用一定数目的高精度地面控制点或靶标可以探测和评价低频动态误差，而该方法对高频误差则无能为力。卫星位置误差是动态的，但可以通过卫星运动学方程和动力学方程在一段时间内很好地进行模拟。当然这种误差也可以使用地面控制点方法进行评价和探测，但在全球范围内需要大量的地面控制点。姿态误差要比位置误差变化得快，就需要更多数目的地面控制点。

参 考 文 献

关敏，谷松岩，杨忠东．2008. 风云三号微波湿度计遥感数据地理定位方法．遥感技术与应用，23（6）：712-716.

关敏，杨忠东．2009.FY-3 微波成像仪遥感数据地理定位方法研究．遥感学报，13（3）：463-474.

关敏，杨忠东．2007. 星载 GPS 数据及高精度轨道模型在极轨卫星轨道计算中的应用．应用气象学报，18（6）：748-753.

刘林．1998. 天体力学方法．南京：南京大学出版社，235.

刘林．1992. 人造地球卫星轨道力学．北京：高等教育出版社，619.

杨忠东，关敏．2008. 风云卫星遥感数据高精度地理定位软件系统开发研究．遥感学报，12（2）：312-321.

章仁为 . 1998. 卫星轨道姿态动力学与控制 . 北京：北京航空航天大学出版社，312-321.

Montenbruck Oliver，Gill. Eberhard. 2000. Satellite Orbits. Berlin：Springer-Verlag. Germany，369.

Rosborough G W，Baldwin D G and Emery W J. 1994. Precise AVHRR image navigation. IEEE Transactions on Geoscience and Remote Sensing，32（3）：644-657.

Wolfe R E，Nishihama M，Fleig A J，Kuyper J A，Roy D P，Storey J C and Patt F S. 2002. Achieving sub-pixel geolocation accuracy in support of MODIS land science. Remote Sensing of Environment，83：31-49.

第 5 章

风云三号卫星遥感数据辐射定标

本章主要介绍风云三号卫星遥感仪器的辐射定标算法，同时给出辐射定标结果的对比分析，以及各遥感仪器一级产品的主要内容说明。

5.1 引言

　　遥感仪器的辐射定标是将遥感仪器原始观测计数值转换成物理量的过程，风云三号（FY-3）气象卫星遥感仪器的辐射定标包括发射前定标和在轨定标两个阶段。发射前定标是在地面实验室理想的或可控条件下，以及在外场环境参数可知条件下，利用辐射参考标准确定辐射定标换算关系，测量遥感器通道光谱参数，测定遥感器性能参数。对于不具有在轨星上定标功能的可见光和短波红外等通道，发射前的定标结果将是在轨定标的主要依据。

　　FY-3 气象卫星在轨定标技术是利用在轨星上定标、场地定标和交叉定标等多种定标技术的综合辐射定标。在轨星上定标，是利用星上仪器自备的两个或多个辐射参考标准源为依据，通过相应算法对仪器观测数据进行辐射定标；场地定标是借助辐射特性稳定的特定定标场作为辐射参考标准，在卫星过境时同步获取地表、大气特性参数，通过辐射传输模型，正演得到传感器入瞳处的辐射量，进而建立遥感器在轨观测计数值和辐射量之间的对应关系，实现场地定标；在轨交叉定标是借助在轨已知定标结果、光谱相近的同类遥感器，通过时间、空间和光谱匹配技术，建立匹配数据集，统计分析匹配数据建立待定标通道观测计数值和参考通道辐射量之间的换算关系，实现在轨交叉定标。在轨交叉定标和场地定标同时也是 FY-3 气象卫星仪器在轨定标结果分析和仪器状态监测的技术手段。

FY-3 气象卫星各遥感仪器的在轨定标针对其不同的光谱通道采用不同定标技术，红外和微波通道具有星上定标功能，交叉定标和场地定标为备份和检验手段；不具有在轨星上定标能力的可见光和短波红外通道则利用发射前定标结果，进行在轨场地定标修正，并利用在轨交叉定标验证和监测定标结果，实现在轨定标。此外，FY-3A 星中分辨率光谱成像仪配备了可见光和短波红外通道在轨定标装置，开展可见光和短波红外通道的在轨星上定标试验。

FY-3 气象卫星各遥感器在轨期间仪器性能随时间会发生不同程度变化，动态监测分析仪器在轨性能，是确保遥感数据定量应用的重要环节，尤其是对不具备在轨星上定标能力的可见光和短波红外通道，在轨仪器状态监测分析尤为重要。通过对特性均匀稳定目标的长期监测分析，并与其他同类遥感器交叉比对，能够实现仪器在轨性能监测，根据监测结果，在需要时可以建立订正模型，及时修正仪器在轨定标偏差，确保遥感数据的定量应用精度。

FY-3 气象卫星在轨定标技术还包括多元并扫遥感器的辐射均匀化处理，以及其他与仪器特性相关的辐射修正处理等。

5.2
可见光红外扫描辐射计（VIRR）

5.2.1　辐射定标算法

可见光红外扫描辐射计（VIRR）红外通道在轨定标算法基于 FY-1 卫星（范天锡等，1989）和 NOAA 卫星 AVHRR（NOAA KLM User's Guide，2000；LabroT et al.，2003；Cracknell，1997）的定标方法，进行了优化和改进。在每一个扫描线周期，VIRR 各通道传感器都要观测三种不同类型的目标：冷空间（10 个测值）、地球（2048 个测值）和内部黑体（6 个测值），可以独立地获取冷空间和内部黑体辐射值，所以用二者的测值做红外通道在轨定标计算。

仪器内部黑体温度 T_{BB} 由两个嵌入其中的铂丝电阻温度计（PRT）测量得到，由 T_{BB} 和光谱响应函数计算得到 VIRR 各通道接收到来自该黑体的辐射值 R_{BB}，冷空间辐射值 R_S 由发射前定标试验确定。这两个辐射值连同冷空间观测平均计数值 C_S 和黑体观测平均计数值 C_{BB} 是辐射值－计数值关系曲线中的两个点（C_{BB}，R_{BB}）和（C_S，R_S），连接这两个点的直线提供了辐射值与计数值的线性函数关系。将地球观测计数值代入到此线性方程中，可计算出线性辐射值 R_{LIN}。发射前的测量结果表明，实际的辐射值－计数值关系曲线是二次性的，因此 R_{LIN} 应输入到一个二次项方程（发射前测量得到）中，得到非线性辐射订正量 R_{COR}。地球目标的入射辐射 R_E（其对应的 VIRR 通道计数值为 C_E）是通过将 R_{COR} 和 R_{LIN} 两者相加得到。地物目标的等效黑体温度 T_E 便

可以利用辐射量 R_E 通过 Plank 定律逆变换计算出来。

VIRR 的 3、4 和 5 通道是红外通道，通过星上对黑体和冷空间的测量，可以计算出这些通道的定标系数，定标系数不断更新。具体步骤如下：

5.2.1.1　计算星上黑体辐射

黑体内的两个铂丝温度计计数值通过如下公式转换为等效黑体温度：

$$T_1 = c_{10} + c_{11}C_{T1} + c_{12}C_{T1}^2 \tag{5.2-1}$$

$$T_2 = c_{20} + c_{21}C_{T2} + c_{22}C_{T2}^2 \tag{5.2-2}$$

其中 C_{T1} 和 C_{T2} 分别是两个铂丝温度计计数值，c_{1i} 和 c_{2i} $(i=0，1，2)$ 为温度转换系数，由于两个铂丝温度计的作用可能不同，因此代表黑体温度的 T_{BB} 应加权平均求出：

$$T_{BB} = W_1 T_1 + W_2 T_2 \tag{5.2-3}$$

如果两个铂丝温度计的作用相同，则 W_1 和 W_2 均为 0.5。

温度为 T_{BB} 的星上黑体辐射值 R_{BB} 可以通过黑体温度订正和 Planck 函数计算得到：

$$T_{BB}^* = A + BT_{BB} \tag{5.2-4}$$

$$R_{BB} = \frac{c_1 \nu_c^3}{e^{\frac{c_2 \nu_c}{T_{BB}^*}} - 1} \tag{5.2-5}$$

式中 T_{BB}^* 为"有效"黑体温度，A、B 为订正系数，在地面定标时给出，ν_c 为通道中心波数，$C_1 = 1.1910427 \times 10^{-5}\,\mathrm{mW/(m^2 \cdot sr \cdot cm^{-4})}$，$C_2 = 1.4387752\,\mathrm{cm \cdot K}$。

5.2.1.2　计算线性定标系数

红外探测器信号电压与信号计数值呈线性关系，假定其对入射的辐射响应在一定的动态范围内是线性的，则红外通道的计数值 C_E 与对地观测的辐射率值 R_{LIN} $[\mathrm{mW/(m^2 \cdot cm^{-1} \cdot sr)}]$ 应为线性关系，即：

$$R_{LIN} = G \times C_E + I \tag{5.2-6}$$

式中 G 为增益，I 为截距，这就是资料预处理在轨定标过程要求计算的线性定标系数。G 和 I 由线性定标曲线上的两个点确定其值，即通过卫星对定标黑体和星外冷空间的测量值计算得到：

$$G = (R_{BB} - R_S)/(C_{BB} - C_S)$$

$$I = R_S - GC_S \tag{5.2-7}$$

5.2.1.3　计算非线性定标系数

事实上，红外通道对入射辐射的响应是非线性的，其非线性程度与仪器的工作温度有关。VIRR 应用基于辐射值的非线性订正方法，生成二次项辐射订正量，公式如下：

$$R_{COR} = b_0 + b_1 R_{LIN} + b_2 R_{LIN}^2 \tag{5.2-8}$$

式中系数 b_0、b_1 和 b_2 在地面定标时给出，则地球辐射值 R_E 为 R_{COR} 与 R_{LIN} 的和，即

$$R_E = R_{LIN} + R_{COR} \tag{5.2-9}$$

5.2.1.4 计算对地观测像元等效黑体温度 T_E

计算对地观测像元等效黑体温度，实际是计算辐射值 R_E 的逆过程。公式如下：

$$T_E^* = \frac{c_2 \nu_c}{\ln\left[1 + \left(\dfrac{c_1 \nu_c^3}{R_E}\right)\right]} \tag{5.2-10}$$

对 T_E^* 进行订正，则得到：

$$T_E = \frac{(T_E^* - A)}{B} \tag{5.2-11}$$

式中 T_E^* 为对地观测像元"有效"黑体温度，A 和 B 为订正系数，同式（5.2-4）。

5.2.2 定标结果分析

图 5.2-1 为可见光红外扫描辐射计全球影像拼图。

图 5.2-1 可见光红外扫描辐射计全球影像拼图

采用 2008 年 9 月 25 日 EOS TERRA MODIS 与 FY-3A VIRR 在同时刻星下点交叉目标观测（SNO）数据进行定标结果检验和分析（见图 5.2-2），图像目标中心点为东

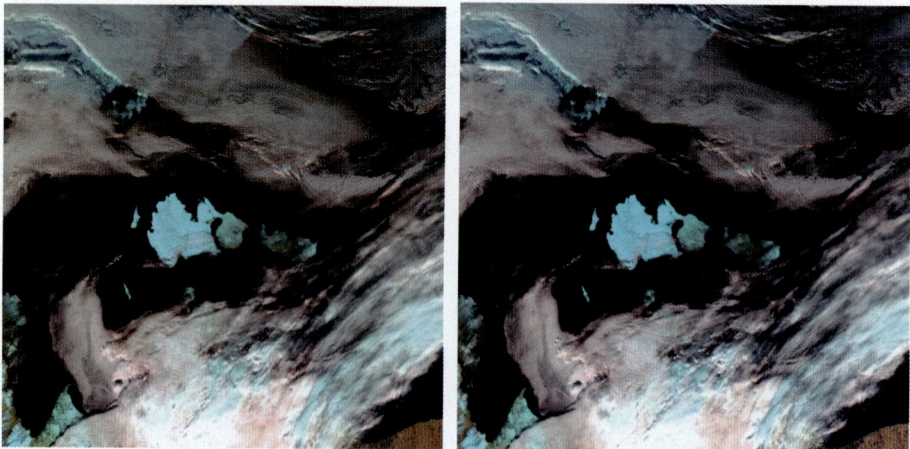

图 5.2-2 2008 年 9 月 25 日 11 时 05 分 VIRR（左图）
与 MODIS（右图）红外通道 SNO 交叉定标观测点图像

经 143.29°，北纬 75.55°，大小均为 1024×1024。在二者比较之前，先进行数据有效性检验，以 3×3 像元格点为输入单位，若此区域数据均匀性较差则不参与测试；然后计算 VIRR 与 MODIS 图像对应点的亮温偏差，统计亮温差直方图，根据直方图峰值所在位置估计定标偏差。

图 5.2-3 为红外通道 SNO 交叉定标亮温偏差直方图，由此可以估计 VIRR 相对定标偏差，如表 5.2-1 所示。

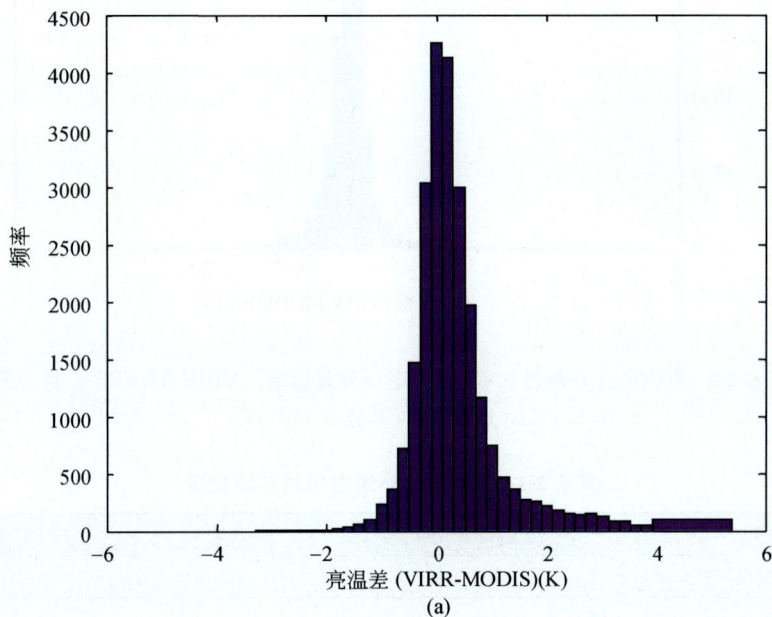

(a)

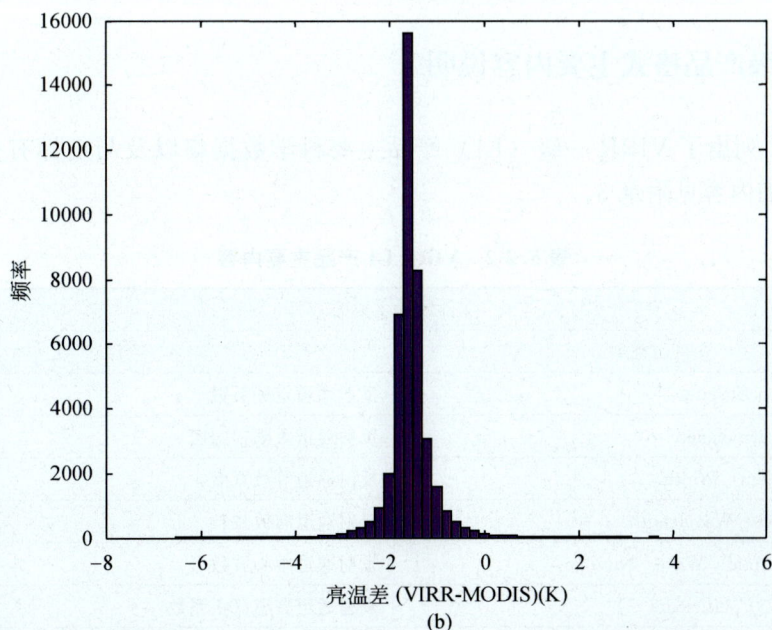

(b)

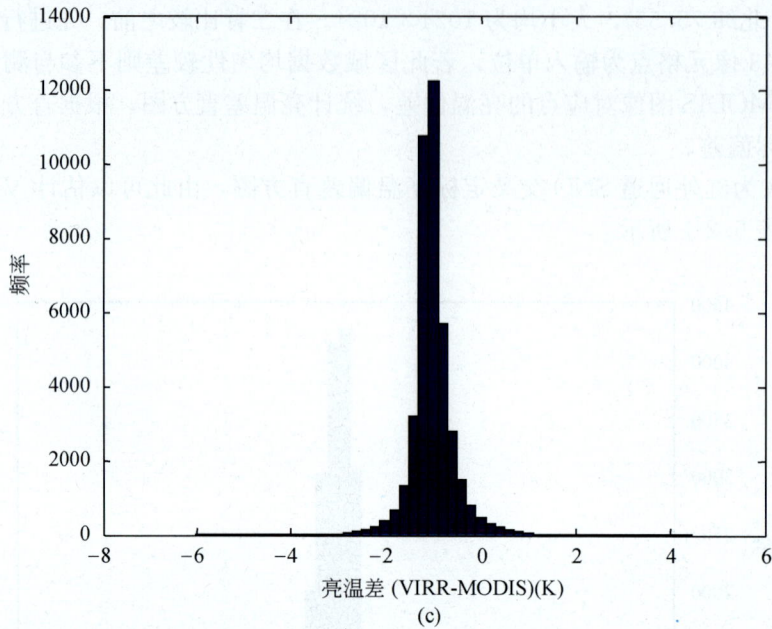

图 5.2-3　VIRR 红外通道 SNO 交叉定标亮温偏差（VIRR-MODIS）直方图
（a，b，c 对应通道 3、4、5）

表 5.2-1　**VIRR 红外通道相对定标精度**

通道	通道 3	通道 4	通道 5
相对定标精度（K）	0.2	−1.6	−1

5.2.3　一级产品格式主要内容说明

表 5.2-2 列出了 VIRR 一级（L1）产品主要科学数据集以及与定标有关的主要文件属性。详细内容见附录 3。

表 5.2-2　**VIRR L1 产品主要内容**

文件属性主要内容	
文件属性名	注释
RefSB _ Cal _ Coefficients	反射通道定标系数
RefSB _ Solar _ Irradiance	反射通道太阳辐照度
RefSB _ Equivalent _ Width	反射通道等效宽度
RefSB _ Effective _ Wavelength	反射通道有效波长
Emmisive _ Centroid _ Wave _ Number	发射通道中心波数
Emmisive _ BT _ Coefficients	发射通道亮温订正系数
Prelaunch _ Nonlinear _ Coefficients	发射通道发射前非线性订正系数

续表

科学数据集主要内容	
科学数据集名	注释
EV _ RefSB	太阳反射通道地球观测数据
EV _ Emissive	发射通道地球观测数据
Emissive _ Radiance _ Scales	发射通道定标系数
Emissive _ Radiance _ Offsets	发射通道定标偏移量
Longitude	经度
Latitude	纬度
SensorZenith	传感器天顶角
SensorAzimuth	传感器方位角
SolarZenith	太阳高度角
SolarAzimuth	太阳方位角
LandSeaMask	海陆模板数据
Height	海拔高度
LandCover	陆地覆盖类型

　　VIRR 一级产品是经过数据预处理生成的包含了定标、定位信息，能够用于计算定量产品的标准 HDF5 格式数据，数据文件以卫星对地观测 5 分钟段（块）为单位记录存档。

　　VIRR 一级数据由全局文件属性、私有文件属性和科学数据集组成。数据预处理过程中的关键基础静态参数记录在一级数据私有文件属性中；科学数据集除了对地观测数据外，还包括每个对地观测像元的地理经纬度、卫星天顶角、卫星方位角、太阳天顶角、太阳方位角、地表高程、海陆掩码、地表分类以及每个扫描周期的定标系数、日计数和时间码等数据。下面简要介绍一下 L1 产品对地观测数据使用方法。

5.2.3.1　可见光近红外通道定标方法

　　定标公式如下：

$$A = S \times C_E + I \tag{5.2-12}$$

其中，A 为通道反照率，S 为斜率，I 为截距，C_E 为可见光和近红外通道的对地观测计数值。

　　S 和 I 的数值存放在文件属性"RefSB _ Cal _ Coefficients"中，共有 14 个数值，分别为 S_{ch1}、I_{ch1}、S_{ch2}、I_{ch2}、S_{ch6}、I_{ch6}、S_{ch7}、I_{ch7}、S_{ch8}、I_{ch8}、S_{ch9}、I_{ch9}、S_{ch10}、I_{ch10}（注：下标 ch 表示通道）。

5.2.3.2　红外通道定标方法

　　红外通道定标按以下四个步骤进行：

（1）星上线性定标，公式如下：

$$N_{LIN}=Scale\times C_E+Offset \tag{5.2-13}$$

式中 N_{LIN} 为线性定标辐亮度值［单位：mW/（m² · cm⁻¹ · sr）］，$Scale$ 为增益，$Offset$ 为截距，C_E 为红外通道的对地观测计数值。$Scale$ 和 $Offset$ 分别存放在如下两个 SDS 中：

Emissive _ Radiance _ Scales

Emissive _ Radiance _ Offsets

每条扫描线给一组线性定标系数，SDS 中有三列数据，依次为各扫描线的通道 3、4、5 定标系数。

（2）辐亮度非线性订正，公式如下：

$$N=b_0+（1+b_1）N_{LIN}+b_2 N_{LIN}^2 \tag{5.2-14}$$

式中 N 为订正后的定标辐亮度值［单位：mW/（m² · cm⁻¹ · sr）］，b_0、b_1、b_2 为订正系数，在地面定标时给出，每个红外通道有一组，存放在文件属性"Prelaunch _ Nonlinear _ Coefficients"中，共有 12 个数值，目前只用到前 9 个数值，分别为：通道 3 的 b_0、b_1、b_2、通道 4 的 b_0、b_1、b_2 和通道 5 的 b_0、b_1、b_2。

（3）计算有效黑体温度，公式如下：

$$T_{BB}^*=\frac{c_2\nu_c}{\ln\left[1+\left(\frac{c_1\nu_c^3}{N}\right)\right]} \tag{5.2-15}$$

式中 T_{BB}^* 为有效黑体温度，$C_1=1.1910427\times10^{-5}$ mW/（m² · sr · cm⁻⁴），$C_2=1.4387752$ cm · K，ν_c 是地面标定得到的红外通道中心波数，三个红外通道的中心波数存放在文件属性"Emissive _ Centroid _ Wave _ Number"中。

（4）计算黑体温度，公式如下：

$$T_{BB}=\frac{(T_{BB}^*-A)}{B} \tag{5.2-16}$$

式中 T_{BB} 为黑体温度，A、B 为常数，每个红外通道有一组，存放在文件属性"Emissive _ BT _ Coefficients"中，分别为：通道 3 的 A、B，通道 4 的 A、B 和通道 5 的 A、B。

5.3
红外分光计（IRAS）

5.3.1 辐射定标算法

5.3.1.1 可见光和近红外通道在轨定标

可见光和近红外通道没有星上定标装置，因此不做星上在轨定标而直接采用发射前实验室定标确定的系数。发射后可以利用野外定标试验对原有的定标系数进行订正，因此红外分光计（IRAS）一级（L1）产品中通道 21～26 的观测值为利用发射前实验室定标系数计算的辐射量。

5.3.1.2　热红外通道在轨定标

对于热红外通道，IRAS 的在轨定标是指利用定标基础数据以及星上冷空和内黑体观测数据，计算每条对地观测扫描行上热红外通道的定标系数。对冷空和内黑体扫描行称为定标行，每 40 行中有 38 行连续对地扫描和一行对冷空扫描，一行对内黑体扫描。

假定辐射率和计数值通过一个二次关系相联系（AAPP document，2003；Dong et al.，1990）：

$$r = a_0 + a_1 C_v + a_2 C_v^2 \tag{5.3-1}$$

式中，r 为卫星仪器通道接收到的辐射率，C_v 是视场输出的计数值，a_0、a_1 和 a_2 是定标系数。因非线性订正项为小量，在轨期间确定困难，a_2 采用发射前实验室测定值。

在轨定标即确定系数 a_0 和 a_1。式（5.3-1）应用于观测的空间视场，冷空间温度约为 3K，对应于热红外通道其辐射接近于零辐射，得到：

$$0 = a_0 + a_1 C_s + a_2 C_s^2 \tag{5.3-2}$$

式（5.3-1）应用于星上内黑体视场观测，则

$$r_b = a_0 + a_1 C_b + a_2 C_b^2 \tag{5.3-3}$$

式中 C_s 和 C_b 分别是 IRAS 冷空视场和内黑体视场的平均计数值。r_b 是该仪器通道接收来自内黑体的辐射，可由内黑体温度依据 PLANCK 黑体辐射计算公式得到。为了得到黑体的真实温度，IRAS 仪器黑体内装有 4 个 PRT，每个 PRT 的权重不同，若 PRT 出现异常则在计算黑体温度时被剔除。同时为了得到尽可能多的样本，定标行的前后几行 PRT 数据也用于黑体温度的计算。

为避免错误数据参加黑体温度计算，影响定标精度，首先对每个 PRT 的所有电压计数进行严格质量控制。这个过程分四步进行：

（1）首先看是否有 3 个以上 PRT 样本数，该条件满足才对每个 PRT 分别统计出所有样本的平均值、标准差、最大和最小计数。统计公式如式（5.3-4）和式（5.3-5）：

$$\overline{X}_i = \frac{1}{M} \sum_{m=1}^{M} X_{im} \quad i = 1, \cdots, 4 \tag{5.3-4}$$

$$\sigma_i = \sqrt{\frac{\sum_{m=1}^{M} X_{im}^2}{M_i} - \overline{X}_i^2} \quad m \leqslant 7 \tag{5.3-5}$$

式中，$\overline{X}_i$ 是第 i 个 PRT 的样本平均值，X_{im} 是第 i 个 PRT 的第 m 个采样值，M 是有效的样本数（若取定标行前 $x1$ 行，定标行后 $x2$ 行的 PRT 计数参与计算黑体温度，同一行扫描线上每个 PRT 有 n 个计数，则 $M = (x1 + x2 + 1)n$。IRAS 仪器，$n = 1$，取 $x1 = x2 = 3$。

（2）检查 PRT 的最大、最小计数差，若大于预先设定的最大最小读数差，则要剔除边缘数据，即最大最小计数与平均值比较，剔除掉偏差最大的数据，若二者偏差一样则均被剔除。

（3）经过（1）和（2）的质量检验后，再重复步骤（1）统计出每个 PRT 所有样本的平均值、标准差、最大和最小计数。

（4）利用 PRT 的温度计数转换方程计算 PRT 温度（K）：

$$T_i = \sum_{j=0}^{4} C_{ij} \overline{X}_i^j \quad i = 1, \cdots, 4 \tag{5.3-6}$$

其中，T_i 是第 i 个 PRT 的黑体温度。C_{ij} 是温度转换系数，由卫星发射前，地面实验室定标确定。IRAS 仪器 PRT 的温度转换系数处理到二次项。

（5）计算黑体温度，对计算的 4 个 PRT 温度进行筛选（条件是 PRT 温度是否在 285~295K 范围内，其次是每个 PRT 温度值与 PRT 的平均值之差是否小于 2K），如满足条件，则该 PRT 温度值保留。然后对保留的 PRT 温度进行平均，其值作为暖黑体的温度：

$$T_{iwt} = \frac{\sum_{i=1}^{n} T_i}{n} \quad (n \geqslant 2) \tag{5.3-7}$$

按照 PLANCK 函数将黑体温度 T_{iwt} 转化成辐射值 r_b，ν 为通道中心波数，T^* 为"有效"温度。

$$r_b = \frac{c_1 v^3}{\left[\exp\left(\dfrac{c_2 v}{T^*}\right) - 1 \right]} \tag{5.3-8}$$

"有效"温度 T^* 定义为：

$$T^* = b + c T_{iwt} \tag{5.3-9}$$

式中，b 和 c 是每一个通道的带宽订正系数，根据通道光谱响应函数计算。

（6）计算定标系数。式 5.3-1 中 a_2 由实验室确定，斜率 a_1 和截距 a_0 按下式计算：

$$a_1 = \frac{\left[r_b - a_2 (C_b^2 - C_s^2) \right]}{(C_b - C_s)} \tag{5.3-10}$$

$$r_b - a_2 C_b^2 = a_0 + a_1 C_b \tag{5.3-11}$$

$$a_0 = - a_2 C_s^2 - a_1 C_s \tag{5.3-12}$$

实际应用中，对遥感数据定标所用定标系数是由两个相邻定标周期计算的系数进行插值得到。具体处理如下：

1）统计有多少可用的定标行，即有多少个已经正确计算出定标系数的定标行。

2）若没有可用的定标行，该轨道数据只进行可见光、近红外通道数据定标，并给出热红外通道没有定标的日志输出。

3）若只有一个定标行，则该轨道上所有扫描线均采用该定标行计算出的定标系数。

4）有两个及以上定标行，第一个定标行之前的扫描行采用第一个定标行的定标系数，最后一个定标行之后的扫描行采用最后一个定标行的定标系数。两个定标行之间的每条扫描线的定标系数则由两个相邻定标行的系数进行线性插值得到。

一旦红外分光计每条扫描线上的定标系数都计算出来了，就可以按照定标方程 5.3-1 先将每个观测点的电压计数值转化为辐射率，再将辐射率转化为亮温，使观测资料具有真实的物理意义，为卫星产品开发所用。对于热红外通道则需按式（5.3-13）和

（5.3-14）将辐射率转化为亮温 t_j，j 表示通道号，t_{ej} 为有效温度，b_j 和 c_j 为 20 个热红外通道的带宽订正系数。

$$t_j = \frac{t_{ej} - b_j}{c_j} \tag{5.3-13}$$

$$t_{ej} = \frac{c_2 v_j}{ln\left(\frac{1 + c_1 v_j^3}{r_j}\right) - 1} \tag{5.3-14}$$

5.3.2　定标结果分析

5.3.2.1　测试方法

采用交叉定标的方法进行定标精度检验和订正（Ciren et al.,2003），对于热红外通道 1～20，利用 IASI 仪器观测资料，寻找与 IRAS 近同时天底过境、空间匹配的卫星观测像元，对高光谱分辨率仪器的红外观测光谱与红外分光计光谱响应函数先进行分辨率插值处理，使二者光谱分辨率一致，再进行光谱卷积如公式（5.3-15），得到红外分光计的"准光谱通道"观测值，再与实际红外分光计的通道观测亮温进行比较分析。

$$R_{COV} = \frac{\int_{\lambda_1}^{\lambda_2} R_{IASI}(\lambda) \cdot w(\lambda) d\lambda}{\int_{\lambda_1}^{\lambda_2} w(\lambda) \cdot d\lambda} \tag{5.3-15}$$

对于 IRAS 可见、近红外通道 22～26，获取 MODIS 仪器观测资料中与 IRAS 时空近似匹配的卫星观测像元，先进行空间匹配处理，再进行辐射率及反射率的比较分析。由于 MODIS 的相近通道为陆地、云边界探测通道，探测动态范围很窄（反射率＜0.1），因此不能将 IRAS 可见光通道 21 与之进行比较分析，而 HIRS 仪器的通道 20 与 IRAS 可见光通道 21 光谱设置指标非常接近，因此，IRAS 的第 21 通道通过与 HIRS 仪器的可见光通道第 20 通道进行比较分析。

5.3.2.2　红外通道定标结果分析

为了了解红外通道定标数值，选择 2008 年 8 月 13 日 METOP/IASI 与 FY-3A/IRAS 轨道重合较好的一轨数据，时间相差 40 分钟。由于 IASI 有 8461 个光谱通道，其中有些通道的探测数据不可用，因此在进行光谱匹配时首先剔除探测辐射为负值的通道。其次进行均匀性目标检验，即对 IASI 仪器和 IRAS 仪器均选择 2×2 像元为滑动区域，控制 IASI 仪器滑动区域的标准差为小于 5K 的样本为均匀性条件满足的样本，再对 IRAS2×2 像元的滑动区域选择与 IASI 满足条件的样本区域球面距离最近且小于 10km 的样本区域为匹配上的样本，比较两个仪器匹配样本区域的亮温均值。由于红外分光计热红外通道 1～20 在卫星发射后出现干扰条纹，在预处理软件中进行了干扰订正处理，在测试实际仪器性能指标均分干扰订正前和干扰订正后两种情况。表 5.3-1 为干扰订正前 METOP/IASI 亮温和 FY-3A/IRAS 亮温对比结果，表 5.3-2 为干扰订正后 METOP/IASI 亮温和 FY-3A/IRAS 亮温对比结果。

表 5.3-1　METOP/IASI 亮温和 FY-3A/IRAS 亮温对比（干扰订正前）

通道	平均偏差（K）	均方差（K）	系统偏差订正后均方差（K）
1	−0.89	1.542	1.256
2	0.972	1.128	0.564
3	−0.622	0.714	0.343
4	0.76	0.834	0.335
5	−0.542	0.64	0.336
6	−0.557	0.655	0.34
7	−0.932	1.032	0.432
8	−1.016	1.208	0.645
9	−1.754	1.856	0.58
10	−0.049	0.445	0.442
11	−0.787	0.953	0.532
12	−0.596	0.909	0.683
13	1.149	1.697	1.243
14	−3.297	3.38	0.668
15	−0.175	0.506	0.474
16	−0.596	1.106	0.929
17	1.065	1.789	1.433
18	3.17	3.214	0.417
19	−0.945	1.155	0.657
20	−1.321	1.521	0.741

表 5.3-2　METOP/IASI 亮温和 FY-3A/IRAS 亮温对比（干扰订正后）

通道	平均偏差（K）	均方差（K）	系统偏差订正后均方差（K）
1	−1.569	1.815	0.897
2	0.914	1.006	0.41
3	−0.626	0.656	0.185
4	0.877	0.9	0.178
5	−0.449	0.547	0.31
6	−0.542	0.669	0.389
7	−1.007	1.106	0.445
8	−1.18	1.367	0.678
9	−1.874	1.988	0.633
10	−0.039	0.557	0.555

通道	平均偏差（K）	均方差（K）	系统偏差订正后均方差（K）
11	−0.852	1.027	0.565
12	−0.599	0.945	0.729
13	1.728	2.08	1.144
14	−3.289	3.368	0.642
15	−0.002	0.486	0.486
16	0.045	0.538	0.536
17	2.34	2.407	0.509
18	3.294	3.35	0.508
19	−0.927	1.153	0.678
20	−1.293	1.507	0.762

由表 5.3-1 和表 5.3-2 可知，干扰订正后部分通道的均方差明显下降。

5.3.2.3   可见光通道与 HIRS/3 定标结果比较分析

HIRS 仪器上的第 20 通道与红外分光计第 21 通道设置指标一样，且分辨率相差不大，因此 IRAS 通道 21 可与 HIRS 通道 20 比较。仍然选择 2008 年 7 月 22 日 HIRS/3 与 IRAS 轨道重合较好的一轨数据，时间相差 30 分钟。所取样本区域覆盖了格陵兰岛，均匀性较好，可以获得较多的匹配样本。分析结果表明反射率相对偏差标准差为 3.3%，其绝对误差标准差为 1.85%。

5.3.2.4   可见光近红外通道定标结果比较分析

红外分光计 22～26 通道与 MODIS 仪器有相近通道，可与 MODIS 定标结果进行比较分析。考虑到红外分光计地面分辨率较低，比较时找大片均匀性目标作为参照物为好，如大块沙漠、冰雪等，以减小由于目标不均匀带来的误差。可用两点定标的方法计算定标系数，其中以红外分光计夜间或冷空探测数据作为低端目标，以沙漠或冰雪探测目标作为高端目标。对于沙漠目标，红外分光计 22～26 通道的光谱变化较缓，可以先不做光谱订正。由多个高、低端目标物样本计算的新定标系数进行统计分析，利用新定标系数对红外分光计可见近红外通道 22～26 重新进行定标处理，并用独立样本与 MODIS 定标结果进行比较分析。计算结果列于表 5.3-3 和表 5.3-4。

表 5.3-3   两组定标系数的反射率相对偏差标准差比较

通道	22	23	24	25	26
发射前定标结果	0.004	0.121	0.073	0.037	0.025
新定标结果	0.055	0.104	0.063	0.038	0.034

表 5.3-4　两组定标系数的反射率绝对偏差标准差比较

通道	22	23	24	25	26
发射前定标结果	0.0665	0.1775	0.0610	0.0626	0.0667
新定标结果	0.0667	0.1295	0.0732	0.0627	0.0723

5.3.3　一级产品格式主要内容说明

IRAS 一级（L1）产品是经过数据预处理生成的包含有定标、定位信息，能够直接应用于数值天气预报同化和进行后续产品开发。该产品为标准 HDF5 格式，数据文件以卫星绕地球运行一圈的观测数据为单位按轨道记录存档。图 5.3-1 是 2008 年 7 月 14 日 IRAS 一级数据通道 2 升轨全球影像镶嵌图（单位：K）。

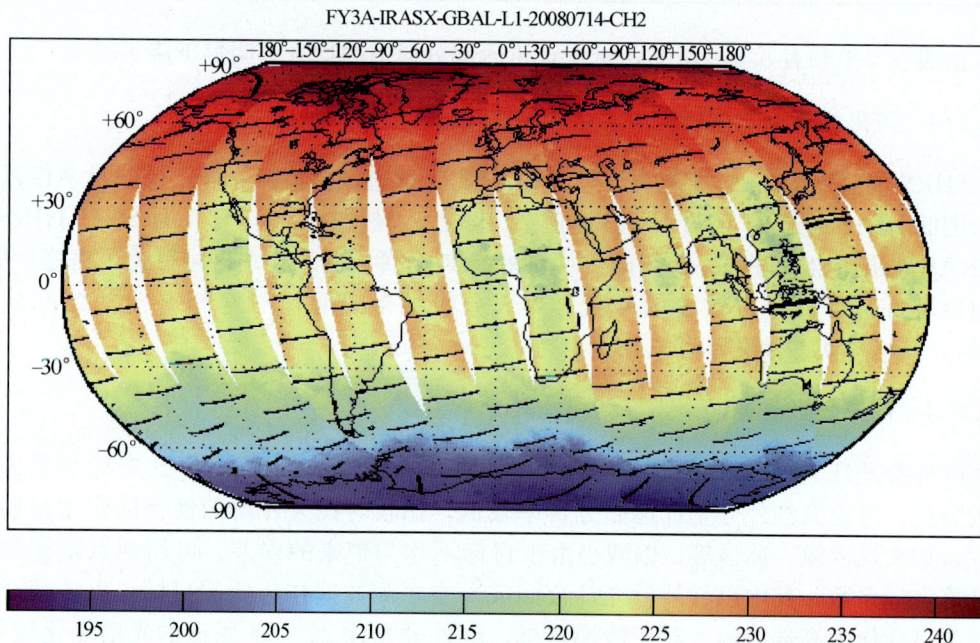

图 5.3-1　2008 年 7 月 14 日红外分光计一级数据通道 2 升轨全球影像镶嵌图

IRAS 一级数据由全局文件属性、私有文件属性、科学数据集组成。数据预处理过程中的关键基础静态参数及仪器性能状态统计结果记录在私有文件属性中；IRAS 主要科学应用数据都以科学数据集的形式存于一级数据中，其中包括每个对地观测像元的地理经纬度、卫星天顶角、卫星方位角、太阳天顶角、太阳方位角、地表高程、海陆掩码、地表分类、通道亮温、原始计数值、L0 原始计数值、定标系数、质量字等数据。IRAS 一级产品规格说明见表 5.3-5，常用的科学数据集（SDS）使用说明见表 5.3-6，详细内容说明见附录 3。

表 5.3-5　IRAS 一级产品规格说明

产品名称	覆盖范围	星下点空间分辨率（km）	数据量（MB）	生成频次
IRAS L1 产品	轨道	17	13	每 102 分钟一次

表 5.3-6　IRAS 一级产品常用科学数据集（SDS）数据使用说明

科学数据集名	注释	
Scnlin 扫描线号	扫描线序号	
Scnlin _ daycnt 扫描线时间的天计数	以 2000 年 1 月 1 日 UTC 时间 12：00 时为计时起始点	
Scnlin _ mscnt 扫描线时间的毫秒计数	扫描线上第一个扫描点位置的日毫秒计数，每日 UTC12h 清零	
Latitude 地理纬度	每个对地探测像元的地理纬度	
Longitude 地理经度	每个对地探测像元的地理经度	
LandSeaMask 海陆掩码	1＝陆地，2＝陆地水，3＝海，5＝分界线	
ira _ calcoef 定标系数	定标周期扫描线上的红外通道在轨定标系数	
FY3A _ IRAS _ DN 原始观测计数值	26 个通道的原始观测计数值	
FY3A _ IRAS _ TB 对地观测目标亮温	在轨定标后进行了带宽订正处理，但未做临边订正处理的各通道目标亮温数据，单位 K。21～26 通道为反射辐射率，单位为 mw/（cm².sr.μm）	
Ira _ geo _ qc 定位质量标识字	Bit0＝1	未做正常定位
	Bit1～31	填充 0
Ira _ scnlin _ qc 扫描线质量标识字	Bit0＝1	未做正常定位
	Bit1＝1	丢线
	Bit2＝1	坏时间码，已修正
	Bit3＝1	L0 数据包有异常数据
	Bit4＝1	幅号、行号范围有错或幅号、行号递增有错
	Bit5＝1	全部遥感数据为－9999，产品生成不用该扫描行
	Bit6＝1	该行仪器状态改变
	Bit7＝1	扫描镜停转
	Bit8＝1	滤光轮停转
	Bit9＝1	调制盘停转
	Bit10～31	填充 0

科学数据集名	注释	
Ira_cal_qc 定标质量标识字	Bit0＝1	未做定标
	Bit1＝1	PRT 数据错误或可用的数据太少使所有定标行黑体温度为坏值
	Bit2＝1	扫描线位置小于第一个定标行，采用第一个定标行的定标系数，或大于最后一个定标行，采用最后一个定标行的定标系数
	Bit3＝1	所有通道都没有计算定标系数
	Bit4＝1	该扫描线上有些通道没有计算定标系数
	Bit5＝1	由于仪器状态不是正常模式，未做定标
	Bit5～31	填充 0
Ira_pixel_qc 像元质量标识字	Bit0＝1	不生成亮温产品，填充－9999.99
	Bit1＝1	采用参考定标系数
	Bit2～27	第 n 通道生成的亮温不在正常值范围，填充－9999.99
	Bit28～31	填充 0

5.4
微波温度计（MWTS）

5.4.1 辐射定标算法

微波温度计（MWTS）的定标过程就是把仪器输出的电压计数值转换为目标亮温值。微波温度计每扫描一周，在对地球视场采样的同时也对内部黑体和宇宙冷空间采样。每一个扫描周期（16 秒）内，天线扫过 15 个地球视场、一个冷空观测点和一个热辐射定标源观测点。根据内部黑体和冷空观测数据计算定标系数。然后，根据地球观测计数值和定标系数计算仪器各个通道的地球观测辐射值，进而计算出地球观测亮温值。

5.4.1.1 黑体测量温度计算

微波温度计内部黑体的物理温度用 4 个埋入式 PRT 来测量，分别放在黑体内尖劈的中心尖底、中心尖顶、边缘尖底、边缘尖顶。根据 4 个测温点的实际测量值以及黑体内的热传导系数、热量分布、温度梯度计算得到黑体的物理温度。PRT 测量内部黑体温度的精度达到±0.1K。根据地面实验室定标试验结果可将 PRT 计数值转换成 PRT 温度（Mo，1996）：

$$T_k = \sum_{j=0}^{3} f_{kj} C_k^j \tag{5.4-1}$$

上式中 T_k 和 C_k 分别表示 PRT 的温度和计数值，f_{kj} 是转换系数，每个 PRT 对应有一组系数 f_{kj}。所有 PRT 温度的加权平均可以得到平均黑体温度 T_w，即黑体的温度：

$$T_w = \frac{\sum_{k=1}^{m} w_k T_k}{\sum_{k=1}^{m} w_k} + \Delta T_w \tag{5.4-2}$$

上式中 m 为 PRT 的数目，$m=4$。w_k 是每个 PRT 的权重，一般权重值的大小根据地面定标试验得出；ΔT_w 取决于仪器观测信息内部传输过程中主要结点处的温度测试数据，一般与高频和中低频接收机的温度有关。w_k 值取 0 或 1。在卫星发射之前，如果 PRT 处于正常工作状态则 w_k 值取 1，如果 PRT 坏了则 w_k 值为 0。任何一个 PRT 温度 T_k 与前一个扫描周期的 PRT 温度之差若大于 0.2K，那么，该 PRT 温度就不参与平均值计算。

在微波温度计遥感数据包中给出的是 4 个 PRT 的温度以及由这 4 个 PRT 温度加权得到的平均温度。

5.4.1.2　定标系数计算

微波温度计在轨定标算法考虑了由不完善的平方律检波器产生的非线性贡献，即根据式（5.4-3）将对地观测计数值转换为辐射量 R_S，单位为 $\dfrac{mW}{m^2 \cdot sr \cdot cm^{-1}}$：

$$R_S = R_W + (R_W - R_C)\left(\frac{C_S - \overline{C_W}}{\overline{C_W} - \overline{C_C}}\right) + Q \tag{5.4-3}$$

其中 R_W 和 R_C 分别是用黑体 PRT 温度 T_w 和冷目标温度 T_C 代入 Planck 函数计算得到的相应辐射值。C_S 是地球场景目标辐射计数值。$\overline{C_W}$ 和 $\overline{C_C}$ 分别是黑体和冷空的平均计数值。Q 表示非线性贡献，单位为 $\dfrac{mW}{m^2 \cdot sr \cdot cm^{-1}}$，定义为：

$$Q = u(R_W - R_C)^2 \frac{(C_S - \overline{C_W})(C_S - \overline{C_C})}{(\overline{C_W} - \overline{C_C})^2} \tag{5.4-4}$$

其中 u 是一个自由参数，它在仪器三个温度点（低、中、高）上都有值。仪器上天后，u 根据实际在轨仪器温度内插得到。式（5.4-3）定义的 R_S 值为每个通道的目标辐射。如果二次项可以忽略的话，式（5.4-3）中的前两项构成了一个线性的两点定标方程。以 R_{SL} 表示线性目标辐射，则：

$$R_{SL} = R_W + (R_W - R_C)\left(\frac{C_S - \overline{C_W}}{\overline{C_W} - \overline{C_C}}\right) \tag{5.4-5}$$

简单起见，式（5.4-3）可以写为

$$R_S = a_0 + a_1 C_S + a_2 C_S^2 \tag{5.4-6}$$

其中

$$a_0 = R_W - \frac{\overline{C_W}}{G} + u \frac{\overline{C_W}\overline{C_C}}{G^2} \tag{5.4-7}$$

$$a_1 = \frac{1}{G} - u \frac{\overline{C_W} + \overline{C_C}}{G^2} \tag{5.4-8}$$

$$a_2 = u \frac{1}{G^2} \tag{5.4-9}$$

其中通道增益 G 定义为

$$G = \frac{\overline{C_W} - \overline{C_C}}{R_W - R_C} \tag{5.4-10}$$

一般来说，G 值随仪器温度（射频部件温度）变化而变化；对某给定仪器温度，G 几乎为一常数。

5.4.1.3 地球观测亮温计算

计算过程中，所有辐射测量数据以及与定标过程相关的变量都用辐射〔单位是 $mW/(m^2 \cdot sr \cdot cm^{-1})$〕表示，但最后结果以辐射亮度温度（简称亮温）的形式给出。亮温和辐射之间的转换用 Planck 函数，而不是 Rayleigh-Jeans 近似，这是为了消除任何可能发生的转换误差，特别是在宇宙空间背景温度（约 2.73K）时，Rayleigh-Jeans 近似已不适用。

在进行微波温度计亮温计算时，还要考虑因探测仪器自身特性引起的其他影响，例如根据微波温度计天线特征参数进行天线微波辐射订正，对频带较宽的通道进行带宽订正，生成相应的订正矩阵（Mo，1999）。在上述辐射订正计算的基础上，根据 Planck 函数的反变换，得到微波温度计的亮温。

5.4.2 定标结果分析

寻找晴空条件下，时间相近、卫星天顶角相近、相同地物目标的 MWTS 和 NO-AA/AMSU-A 辐射观测值，建立匹配数据集，统计分析不同卫星的微波通道的交叉比对精度。由于 NOAA-17 卫星的 AMSU-A 失效，只能使用下午轨道卫星 NOAA-16 的 AMSU-A 数据与 FY-3A 卫星 MWTS 进行交叉比对分析。由于 NOAA-16 卫星是下午星，而 FY-3A 卫星是上午星，给获取交叉比对数据带来了较大的困难。采用 SNO 方法进行交叉比对分析，取 FY-3A 卫星与 NOAA-16 卫星在 10 分钟内的通过的同一星下点的数据进行相互比较，由于轨道的限制，星下点基本上位于南北纬 78°。表 5.4-1 给出了微波温度计与 AMSU-A 的 2008 年 7 月 1 至 7 月 31 日期间星下点辐射亮温数据交叉比对的情况。

表 5.4-1　MWTS 与 AMSU-A 交叉比对统计分析（2008 年 7 月）

交叉比对结果	50GHz	53GHz	54GHz	57GHz
标准偏差（K）	2.0010	0.6807	0.3714	0.3117

5.4.3   一级产品格式主要内容说明

微波温度计一级（L1）产品是经过数据预处理生成的，包括了定标、定位信息，能够直接应用于数值天气预报和后续产品开发，是标准 HDF5 格式的科学数据，数据文件以卫星绕地球运行一圈的观测数据为单位按轨道记录存档。图 5.4-1 是 2008 年 7 月 28 日微波温度计一级数据通道 1 升轨全球影像镶嵌图（单位：K）。

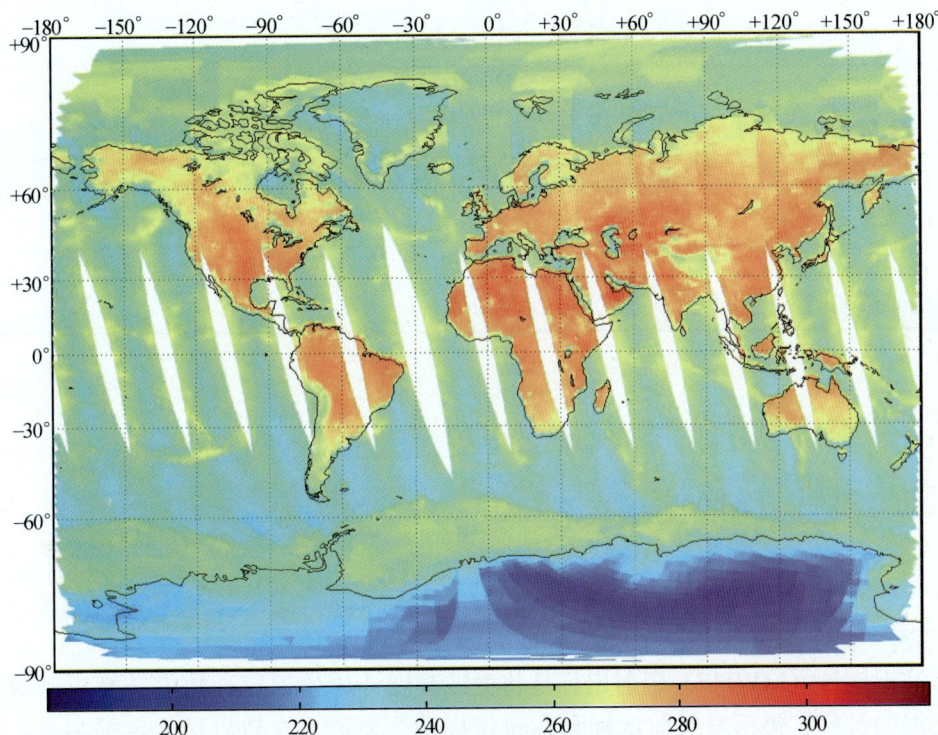

图 5.4-1   2008 年 7 月 28 日 MWTS 一级数据通道 1 升轨全球影像镶嵌图

微波温度计一级数据由全局文件属性、私有文件属性、科学数据集和表格数据组成。数据预处理过程中的关键基础静态参数记录在微波温度计一级数据私有文件属性中；微波温度计主要科学应用数据都以科学数据集的形式存于一级数据中，其中包括每个对地观测像元的地理经纬度、卫星天顶角、卫星方位角、太阳天顶角、太阳方位角、地表高程、海陆掩码、地表分类、通道亮温、观测位置角编码，以及每个扫描周期的定标系数、日计数和时间码等数据；表格数据记录了微波温度计主要的仪器工程参数。微波温度计一级产品规格说明见表 5.4-2，常用的科学数据集（SDS）使用说明见表 5.4-3，详细格式见附录 3。

表 5.4-2   NWTS 一级产品规格说明

产品名称	覆盖范围	星下点空间分辨率（km）	数据量（MB）	生成频次
MWTS L1 产品	轨道	60	0.5	每 102 分钟一次

表 5.4-3　MWTS 一级产品常用科学数据集（SDS）数据使用说明

科学数据集名	注释
Scnlin_daycnt 扫描线日计数	以 2000 年 1 月 1 日 UTC 时间 12：00 时为计时起始点
Scnlin_mscnt 日毫秒计数	扫描线上第一个扫描位置的日毫秒计数，每日 UTC12h 清零
Latitude 纬度	单位度，取值范围：−90～90，北纬为正值，南纬为负值
Longitude 经度	单位度，取值范围：0～360
Earth_Obs_BT 对地观测目标亮温	在轨定标后进行了天线订正处理，但未做临边订正处理的各通道目标亮温数据，单位为 K
LandSeaMask 陆海掩码	1=陆地，2=陆地水，3=海，5=分界线

5.5
微波湿度计（MWHS）

5.5.1　辐射定标算法

微波湿度计（MWHS）辐射定标是将微波湿度计原始遥感计数值转换成对地观测目标亮温的过程，包括发射前定标和在轨定标两个阶段，在轨以星上定标为主，在轨交叉定标和场地定标为备份定标技术。

微波湿度计在轨星上定标采用以星上黑体和冷空为参考的两点定标技术。每个扫描周期获取黑体和冷空观测定标基础数据，同时通过埋嵌在黑体中的铂电阻（PRT）测量黑体的物理温度，根据天线特征估算冷空辐射量；依据这些定标基础数据可以确定微波湿度计线性定标系数；将线性定标系数和对地观测原始遥感计数值带入线性定标方程，计算得到对地观测像元的线性天线亮温；根据遥测得到的仪器工作温度，查算仪器非线性定标订正系数，计算非线性天线亮温订正量，得到非线性天线亮温；然后根据微波湿度计天线方向图特性参数，进行天线修正，得到可直接定量应用的对地观测目标亮温。微波湿度计辐射定标算法主要包括定标基础数据的质量控制、线性定标系数计算和对地观测目标亮温计算等。

5.5.1.1　定标基础数据处理

微波湿度计在轨星上定标基础数据主要包括黑体温度 PRT 测量数据以及微波湿度

计对黑体和冷空的观测数据。这些定标基础数据在扫描周期内和扫描周期间应该稳定一致，受微波湿度计仪器性能和工作环境变化影响，定标基础数据有时会发生跳变，失去代表性，影响定标精度，因此在轨星上定标过程中需要对黑体温度测量数据（PRT）、冷空观测数据和黑体观测数据等定标基础数据进行质量检验和质量控制，生成可用于计算定标系数的在轨定标基础数据。

微波湿度计在一个扫描周期内与 2 个频点对应的 2 个黑体可分别得到 5 个 PRT 测量值，根据每个 PRT 实验室确定的温度转换系数，可将 PRT 测量值按照公式（5.5-1）转换成黑体物理温度，每个黑体对 5 个 PRT 温度按照公式（5.5-2）进行加权平均后得到每条扫描线每个黑体的平均温度。

$$T_{i,j} = f_{0,i,j} + f_{1,i,j}V_{i,j} + f_{2,i,j}V_{i,j}^2, \quad V_{i,j} = DN_{i,j} \times 10/32768, \qquad (5.5\text{-}1)$$

式中 $T_{i,j}$（$j=1$、2、$\cdots$、5；$i=1$、2。）为 150GHz（$i=1$）或 183GHz（$i=2$）第 j 个 PRT 测得的黑体物理温度，单位为摄氏度（℃）；$f_{0,i,j}$，$f_{1,i,j}$ 和 $f_{2,i,j}$ 分别代表两个黑体第 j 个 PRT 温度转换公式中的 0 次、1 次和 2 次项系数；$V_{i,j}$ 为根据 PRT 原始测量计数值 $DN_{i,j}$ 转换得到的电压值。

$$\overline{T}_{b,i} = \frac{\sum\limits_{j=1}^{m} w_{i,j}T_{i,j}}{\sum\limits_{j=1}^{m} w_{i,j}} + \Delta T_{b,i}, \qquad (5.5\text{-}2)$$

式中 $\overline{T}_{b,i}$ 为一个扫描周期黑体的平均温度；$w_{i,j}$ 为权重平均系数，根据目前微波湿度计在轨实际数据分析，取 $w_{i,j}=1$；m 为通过质量检验的 PRT 数量。$\Delta T_{b,i}$ 为热源温度偏差订正量，根据地面真空试验数据分析确定。

定标观测基础数据包括微波湿度计冷空和黑体观测计数值数据。微波湿度计每个通道在一个扫描周期内获取 3 组冷空和黑体观测计数值，仪器工作状态稳定时，这 3 组数据应该足够一致，扫描线平均计数值等于一条线上通过质量检验的数据的平均值；每条扫描线平均计数值数据以一个定标周期（7 条线）为步长滑动平均。在对某条线进行定标处理时，定标周期取前后各 3 条线（$n=3$），同时按照归一化权重系数对扫描周期内合格的观测平均计数值进行加权平均。

定标周期中计算平均观测计数值的归一化权重系数按式（5.5-3）确定；定标观测计数平均值按式（5.5-4）计算。

$$W_j = \left(1 - \frac{\lfloor j \rfloor}{n+1}\right) \Big/ (n+1) \qquad (5.5\text{-}3)$$

其中 $j=-3$，-2，-1，0，1，2，3 为一个扫描周期中与待定标线相隔的扫描线数，$j=0$ 为待定标扫描线；W_j 为权重系数。

$$\overline{C_p(i,l)} = \sum_{k=1}^{m} W_k \times C_p(i,k) \Big/ \sum_{k=1}^{m} W_k \qquad (5.5\text{-}4)$$

式中 $p=c$，或 $p=w$ 分别代表了冷空观测计数值（$p=c$：cosmic view）或黑体观测计数值（$p=w$：warm black body view）；i 为微波湿度计通道序号，从 1 到 5；l 为扫描线序号；k 为第 l 扫描线定标周期中符合质量控制条件的数据的序号；m 为第 i 扫描线定标周期中通过质量检验的定标观测计数值总的个数；W_k 为式（5.5-3）确定的权重系数。

5.5.1.2 线性定标系数计算

在线性定标假定条件下，某一定标周期中星上微波湿度计对冷空和黑体的观测结果满足线性方程（5.5-5）。

$$\begin{cases} R_w(ic) = a(ic) \times \overline{C}_w(ic) + b(ic) \\ R_c(ic) = a(ic) \times \overline{C}_c(ic) + b(ic) \end{cases} \tag{5.5-5}$$

式中 $R_w(ic)$ 和 $R_c(ic)$ 分别为黑体和冷空的微波辐射量单位为 $\dfrac{\mathrm{mW}}{\mathrm{m}^2 \cdot \mathrm{sr} \cdot \mathrm{cm}^{-1}}$，$ic$ 为通道序号；$R_w(ic)$ 根据 PRT 测温结果经普朗克函数转换得到；$R_c(ic)$ 根据冷空等效亮温换算得到；$\overline{C}_w(ic)$ 和 $\overline{C}_c(ic)$ 分别为黑体和冷空观测值的平均值。根据方程（5.5-5）可以解得线性定标斜率 $a(ic)$ 和线性定标截距 $b(ic)$ 两个系数。

$$\begin{cases} a(ic) = \dfrac{(R_w(ic) - R_c(ic))}{(\overline{C}_w(ic) - \overline{C}_c(ic))} \\ b(ic) = \dfrac{(R_c(ic) \times \overline{C}_w(ic) - R_w(ic) \times \overline{C}_c(ic))}{(\overline{C}_w(ic) - \overline{C}_c(ic))} \end{cases} \tag{5.5-6}$$

5.5.1.3 对地观测目标亮温计算

微波湿度计对地观测计数值通过定标得到目标亮温的过程包括线性定标、非线性偏差订正和天线订正处理等。

首先根据公式（5.5-7）计算得到对地观测线性定标辐射量 $R_0(ic, ip)$，经普朗克函数转换得到对地观测亮温初值 $T_0(ic, ip)$；ic 为通道序号，$ic = 1, \cdots, 5$；ip 为观测像元序号，$ip = 1, \cdots, 98$。

$$R_0(ic, ip) = a(ic) \times C(ic, ip) + b(ic) \tag{5.5-7}$$

式 $C(ic, ip)$ 为对地观测计数值，$a(ic)$ 和 $b(ic)$ 为线性定标系数。

微波湿度计实验室定标结果表明，微波湿度计非线性亮温偏差是仪器温度和观测目标亮温的函数。微波湿度计每个扫描周期都可以得到仪器工作温度（T_{inst}）的遥测数据，据此可确定非线性亮温偏差订正量计算系数 $e_2(ic, T_{inst})$、$e_1(ic, T_{inst})$ 和 $e_0(ic, T_{inst})$，按公式（5.5-8）可计算得到非线性亮温偏差订正量 $\Delta T(ic)$，然后与对地观测亮温初值 $T_0(ic, ip)$ 相加，得到非线性天线亮温 $T_m(ic, ip)$。

$$T_m(ic, ip) = T_0(ic, ip) + \Delta T(ic) \tag{5.5-8}$$

$$\Delta T(ic) = e_2(ic, T_{inst}) \times T_0^2(ic, ip) + e_1(ic, T_{inst}) \times T_0(ic, ip) + e_0(ic, T_{inst})$$

式中 $e_2(ic, T_{inst})$，$e_1(ic, T_{inst})$ 和 $e_0(ic, T_{inst})$ 由仪器研制方根据地面真空定标试验数据给出。

微波湿度计主波束宽度为 1.1 度，尽管天线主波束效率大于 96.0%，但仍会有约 4% 的辐射通过天线旁瓣影响观测结果，当天线处在对地观测 98 个像元点的不同位置时，进入旁瓣的干扰辐射可能来自外太空、卫星平台或地气系统的临近像元等，为了保证微波湿度计定量应用精度，需要对非线性天线亮温 T_m（ic，ip）按照式（5.5-9）进行天线订正处理，最终得到对地观测的目标亮温 T_b（ic，ip）。

$$T_b(ic,ip)=r(ic,ip)\times T_m(ic,ip)+s(ic,ip), \tag{5.5-9}$$

式中 r（ic，ip）和 s（ic，ip）为微波湿度计天线订正系数，由仪器研制方提供，根据通道和像元序号查表得到。

微波湿度计各通道经辐射定标得到的对地观测目标亮温记录在微波湿度计一级产品科学数据（SDS：Earth_Obs_BT_Channel5）中。

5.5.2　定标结果分析

以 NOAA17/AMSU-B 为参考载荷对微波湿度计定标结果进行分析，即选择 NOAA17/AMSU-B 和 FY-3A/MWHS 时空匹配目标区，计算两个仪器对应通道间的相对亮温偏差。

2008 年 7 月 22 日 NOAA17 和 FY-3A 两颗卫星，过境时间相差约 15 分钟，选取这一天的 NOAA17/AMSU-B/L1C 和 FY-3A/MWHS/L1 为对比分析数据。一般如果没有强天气系统过境，可以假定足够大的均匀目标区，地气系统热力学特性在 15 分钟内变化不大；同时对于足够大的均匀目标区而言，两个遥感仪器空间取样的差异很小。NOAA17/AMSU-B 和 FY-3A/MWHS 比对分析区大小为 3×3 像元。

NOAA17/AMSU-B 和 FY-3A/MWHS 183GHz 频点 3 个通道的中心频点和带宽等基本特性相同；NOAA17/AMSU-B 的 150GHz 通道与 FY-3A/MWHS（150GHzV）通道 2 极化特性以及通道中心频点和带宽特性相同，但 FY-3A/MWHS 通道 2（150GHzV）双边带间距略小（Roger W. Saunders et al.，1995，）；FY-3A/MWHS 通道 1（150GHzH）没有 NOAA17/AMSU-B 的对应通道，不进行对比分析。

2008 年 7 月 22 日 NOAA17/AMSU-B 和 FY-3A/MWHS 均匀目标区亮温交叉比对分析表明，FY-3A/MWHS 的 183GHz 频点最大亮温差为通道 3，达到 1.5K；最小亮温差为通道 4 的 0.9K；150GHz 通道的亮温偏差为 1.4K。交叉比对结果见表 5.5-1。

表 5.5-1　**FY-3A/MWHS 与 NOAA17/AMSU-B 对应通道交叉比对结果**

通道	通道 2	通道 3	通道 4	通道 5
平均亮温偏差（K）	1.4	1.5	0.9	1.1

5.5.3　一级产品格式主要内容说明

微波湿度计一级（L1）产品是经过数据预处理生成的包括定标、定位信息，能够用于计算定量产品的标准 HDF5 格式的科学数据。图 5.5-1 是 2008 年 7 月 22 日微波湿度计一级产品通道 1 全球影像镶嵌图（单位：K）。

微波湿度计一级数据由全局文件属性、私有文件属性、科学数据集和表格数据组

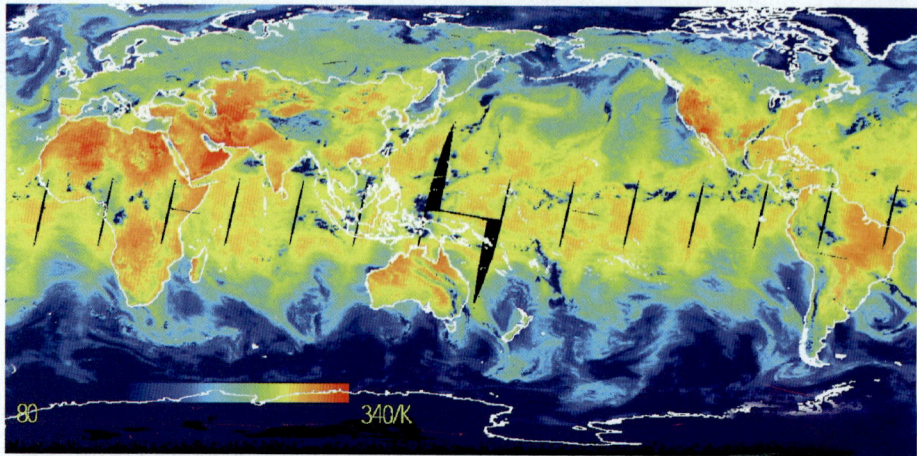

图 5.5-1　2008 年 7 月 22 日微波湿度计通道 1 降轨全球影像镶嵌图

成。数据预处理过程中的关键基础静态参数记录在微波湿度计一级数据私有文件属性中；微波湿度计主要科学应用数据都以科学数据集的形式存于一级数据中，其中包括逐像元的地理经纬度、卫星天顶角、卫星方位角、太阳天顶角、太阳方位角、地表高程、海陆掩码、地表分类、通道亮温、观测位置角编码和通道原始观测计数值数据；此外还包括每个扫描周期的定标系数、日计数、时间码和定标基础数据等；表格数据记录了微波湿度计主要的仪器工程参数。微波湿度计一级产品规格说明见表 5.5-2，常用的科学数据集（SDS）使用说明见表 5.5-3。

表 5.5-2　微波湿度计一级产品规格说明

产品名称	覆盖范围	星下点空间分辨率（km）	数据量（MB）	生成频次
微波湿度计 L1 产品	轨道	15	15	每 102 分钟一轨

表 5.5-3　微波湿度计一级产品常用科学数据集（SDS）数据使用说明

科学数据集名	注释
Scnlin _ daycnt 扫描线日计数	以 2000 年 1 月 1 日 UTC 时间 12：00 时为计时起始点
Scnlin _ mscnt 日毫秒计数	扫描线上第一个扫描位置的日毫秒计数，每日 UTC12h 清零
Pixel _ View _ Angle 像元观测角编码	像元观测时序角 $A_0 =$ Pixel _ View _ Angle$\times 360./2^{16}$，如果像元观测时序角 A_0 小于 0，那么像元观测时序角＝像元观测时序角 $A_0 + 360$，像元观测时序角单位为度
LandSeaMask 陆海掩码	1＝陆地，2＝陆地水，3＝海，5＝分界线
Earth _ Obs _ BT 对地观测目标亮温	在轨定标后进行了天线订正处理，但未做临边订正处理的各通道目标亮温数据，单位为 K

5.6
中分辨率光谱成像仪（MERSI）

5.6.1　辐射定标算法

5.6.1.1　红外通道定标

中分辨率光谱成像仪（MERSI）红外通道的定标方程采用非线性二次项形式（Guenther et al.，1996；Jack Xiong et al.，2005），仪器的输出计数 DN 与观测辐射值 L 之间的关系表达式为，

$$L = a_0 + a_1 \times DN + a_2 \times DN^2 \tag{5.6-1}$$

其中 a_0，a_1，a_2 为定标系数，红外通道的辐射值 L 为通道光谱响应上的平均值，表示为，

$$L = \frac{\int L(\nu)\Phi(\nu)d\nu}{\int \Phi(\nu)d\nu} \tag{5.6-2}$$

其中 ν 为波数（$\mathrm{cm^{-1}}$），Φ 为光谱响应函数，辐射值 L 的单位为 $\mathrm{mW/(m^2 \cdot sr \cdot cm^{-1})}$。$a_2$ 为非线性定标二次项系数，其由发射前实验室真空定标测量。由于它主要描述的是定标曲线的非线性特征，是个小的修正项，仪器入轨工作后也难以测量，因此该二次项系数依旧采用实验室测量值。

1. 发射前实验室真空定标

MERSI 红外通道发射前定标采用国际上比较通行的方法（Barnes et al.，1998；Guenther et al.，1998），在真空罐中利用独立的标准面源黑体（Blackbody Calibration Source，BCS）进行，该面源黑体充满 MERSI 口径，并且温度可控（中国科学院上海技术物理研究所，2005；2007）。面源黑体温度从 330K 逐步下降至 200K（以 5K 为控温步长），然后又从 200K 逐步上升到 330K，在黑体升降温过程中 MERSI 扫描面源黑体和模拟冷空冷屏（Space View Source，SVS），获取两组黑体定标数据，同时获取扫描冷屏数据和其他遥测温度点数据，MERSI 接收黑体和冷屏的辐射信号分别表示为，

$$L_{BCS\_path} = \varepsilon_{BCS} \times L_{BCS} + L_{BKG}$$
$$L_{SVS\_path} = L_{BKG} \tag{5.6-3}$$

ε_{BCS} 为标准面源黑体的比辐射率，L_{BKG} 为进入 MERSI 探测器的环境背景辐射，上述两式相减得到实验室定标公式如下，

$$\varepsilon_{BCS} \times L_{BCS} = a_0^{BCS} + a_1^{BCS} \times dn_{BCS} + a_2^{BCS} \times (dn_{BCS})^2 \tag{5.6-4}$$

其中 a_0，a_1，a_2 是利用不同黑体温度测量结果拟合确定的定标系数，a_2 是非线性响应部分，a_0 和 a_2 是受环境温度影响较小的系数，仪器在轨运行时将继续沿用这套系数。

公式中的 $dn_{BCS} = \frac{1}{N_{scans}} \sum_{n=1}^{N_{scans}} \left[\frac{1}{M_{BCS}} \sum_{M=1}^{M_{BCS}} DN_{BCS} - \frac{1}{M_{SVS}} \sum_{M=1}^{M_{SVS}} DN_{SVS} \right]$，$DN_{BCS}$ 和 DN_{SVS} 分别是仪器观测面源黑体和模拟冷屏时的计数值，M_{BCS} 是黑体扫描帧数，M_{SVS} 是冷屏扫描帧数，N_{scans} 是每帧扫描的样本数，这是一种平滑处理，从而得到更优的定标系数。

2. 星上黑体定标

MERSI 入轨运行后，利用观测星上黑体和深冷空间进行实时红外通道定标，MERSI 观测星上黑体的辐射表示为：

$$L_{BB\_path} = \varepsilon_{BB} \times L_{BB} + (1 - \varepsilon_{BB}) \times \varepsilon_{CAV} \times L_{CAV} + L_{BKG} \tag{5.6-5}$$

L_{BB_path} 是进入 MERSI 的黑体辐射，ε_{BB} 为星上黑体 BB 发射率。ε_{CAV} 为仪器腔体发射率，L_{BB} 为来自黑体发射，L_{CAV} 为来自腔体反射黑体辐射，L_{BKG} 红外背景辐射。同时 MERSI 观测冷空间（零辐射）表示为：

$$L_{SV\_Path} = L_{BKG} \tag{5.6-6}$$

黑体辐射与 MERSI 探测信号（dn_{BB}）用二次多项式表示为：

$$\varepsilon_{BB} \times L_{BB} + (1 - \varepsilon_{BB}) \cdot \varepsilon_{CAV} \times L_{CAV} = a_0 + b_1 \times dn_{BB} + a_2 \times dn_{BB}^2 \tag{5.6-7}$$

其中 $dn_{BB} = <DN_{BB}> - <DN_{SV}>$，$<DN_{BB}>$ 和 $<DN_{SV}>$ 分别代表 MERSI 对黑体和冷空间扫描计数值，考虑多次扫描的滑动平均表示为：

$$dn_{BB} = \frac{1}{M_{BB}} \sum_{M=1}^{M_{BB}} DN_{BB} - \frac{1}{M_{SV}} \sum_{M=1}^{M_{SV}} DN_{SV} \tag{5.6-8}$$

黑体发射辐射用普朗克函数计算，并进行光谱响应卷积，定标系数 b_1 用如下公式计算：

$$b_1 = \frac{1}{dn_{BB}} \times \{ \varepsilon_{BB} \times L_{BB} + (1 - \varepsilon_{BB}) \times \varepsilon_{CAV} \times L_{CAV} - (a_0 + a_2 \times dn_{BB}^2) \} \tag{5.6-9}$$

由于 MERSI 每一次对地扫描循环都会扫描一次黑体和冷空，因此该定标系数计算将逐扫描进行，为了平滑定标系数异常波动变化，剔除一些异常值，进行多次扫描的平均处理，

$$\overline{b_1^{BB}(B)} = \frac{1}{N_{Scans}} \sum_{j=-N_{Scans}/2}^{N_{Scans}/2} b_{1,j}^{BB}(B) \tag{5.6-10}$$

3. 对地观测红外通道辐亮度计算

上述定标系数用于 MERSI 对地观测 DN 向辐亮度值转换，地球红外辐射推算公式表示为：

$$L_{EV} = a_0 + b_1 \times dn_{EV} + a_2 \times dn_{EV}^2 \tag{5.6-11}$$

dn_{EV} 是对地观测 DN 减去冷空间观测的 DN，$dn_{EV} = DN_{EV} - <DN_{SV}>$。

5.6.1.2 可见光通道定标

由于 MERSI 星上可见光定标器（Visible Onboard Calibrator，VOC）主要功能是用于仪器响应性能的衰减情况跟踪，不具备星上绝对辐射定标功能（中国科学院上海技术物理研究所，2005），因此 MERSI 太阳波段通道的辐射定标主要基于发射前室外

太阳定标和在轨替代定标方法来进行（邱康睦，2001；Thom et al.，2003；张玉香等，2002；liu et al.，2004；胡秀清，2008）。MERSI 可见光（太阳反射）波段的定标以线性方程表示为：

$$[\rho cos\theta]_{B,D} = m_{0\,B,D} + m_{1\,B,D}\, d_{ES}^2 dn_{B,D}^* \tag{5.6-12}$$

其中 ρ 为表观反射率，m_0 和 m_1 是定标系数，它们随着通道 B 和探元 D 变化，定期通过星上定标器跟踪和替代定标进行更新。d_{ES} 是对地观测时的日地距离 AU，该值变化很慢，每日采用一个值。dn^* 是由原始记录的计数值减去冷空计数值，MODIS 太阳反射波段通道定标也采用类似公式。虽然 MERSI 每个通道是多探元（10 元或 40 元）跨轨扫描，通道内各探元定标系数会有差异，但为了方便用户使用 L1 数据，在 MERSI 预处理算法中做了探元响应差异的归一化处理，MERSI L1 产品中给出的定标系数对于每一个通道只有一个定标系数，归一化处理公式表述如下：

$$[\rho cos\theta]_B = (M_{1\,B}\, d_{ES}^2) dn_B^{**} \tag{5.6-13}$$

因此需要把每一个探元实际观测计数值 dn^* 按探元响应差异得到的归一化系数转换成 dn^{**}，如果探元之间假定为线性差异，转换公式可表述如下：

$$dn_B^{**} = [m_{0\,B,D} + m_{1\,B,D}\, d_{ES}^2 dn_{B,D}^*] / [M_{1\,B} d_{ES}^2] \tag{5.6-14}$$

其中 M_1 是基准探元的辐射响应。在 MERSI 业务预处理中，我们采用全球目标数据多天统计直方图建立的转换查找表来进行探元归一化处理（朱小祥，2004）。反射率转化为辐亮度的公式如下：

$$radiance = [(E_B^{sun}/cos\theta)/\, d_{ES}^2] \cdot reflectance \tag{5.6-15}$$

E_B^{sun} 是大气外界通道太阳常数，一般辐亮度单位是 $W/(m^2 \cdot sr \cdot \mu m)$。

5.6.2　定标结果分析

MERSI 太阳反射波段通道在轨采用三种定标方法：场地辐射校正定标、基于敦煌场的 MODIS 交叉定标、SNO 方法的 MODIS 交叉定标。为验证太阳反射波段通道定标精度，选择均匀的海冰、积雪、沙漠、海洋、盐湖、森林、草原、荒漠和耕地等大块典型目标物，并尽可能保证晴空。从不同仪器相近的可见光近红外通道反射率和红外通道亮度温度两个角度，进行数值和谱线对比，分析 MERSI 与其他仪器对同种典型目标的光谱观测差异。

对星下点轨迹基本重合、过境时间差在 10 分钟以内的不同卫星观测仪器数据，采用相同投影参数做兰勃托等面积投影，形成 1000 米分辨率的 1024×1024 像元的 FY-3A/MERSI、FY-3A/VIRR、TERRA/MODIS 关联数据组。在关联数据中分别提取相对均匀的 5×5 像元典型观测目标数据，经过质量筛选和坏数据剔除后，得到有效像元的平均表观反射率。分析比较典型目标 FY-3A/MERSI 和 TERRA/MODIS 关联数据组的可见光近红外通道的表观反射率光谱，评估 MERSI 对典型观测目标光谱和辐射定标的相对准确性。

图 5.6-1 显示三个不同地球目标（裸地、植被和海水）光谱比对曲线，图中左侧图像为典型目标 RGB 图像，右侧图为 MERSI 和 MODIS 反射率光谱。从不同地球目标三

个遥感器观测的表观反射率光谱比对显示：除云和耀斑等受太阳及观测天顶角影响较大外，其余目标光谱 MERSI 与 MODIS 非常接近，$1.6\mu m$ 通道可能 MERSI 定标系数误差较大带来该通道与 MODIS 表观反射率差异较大（见图 5.6-1）。

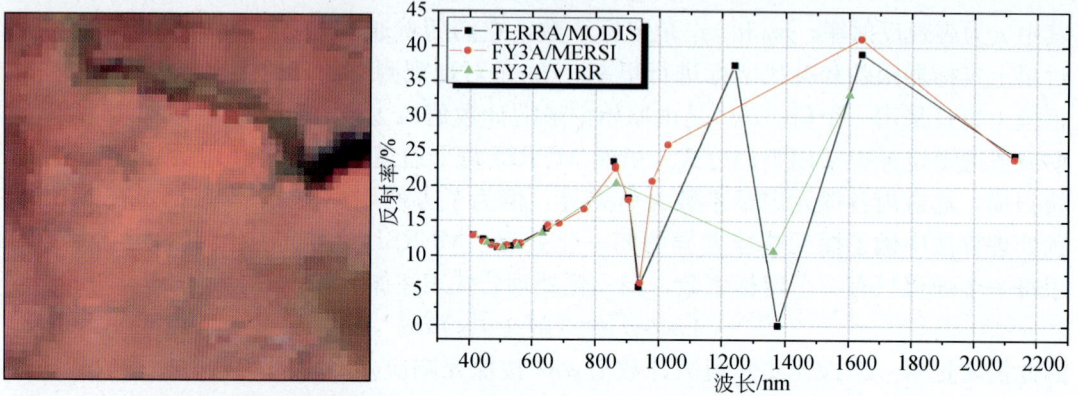

目标类型：南美洲东部裸露土地，观测时间：2008 年 8 月 26 日 1300（UTC）

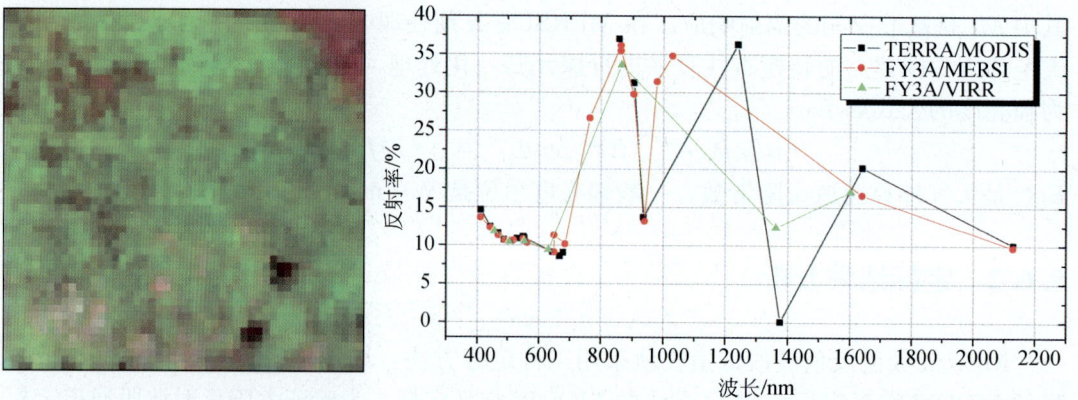

目标类型：中国西部绿洲农田，观测时间：2008 年 8 月 29 日 0500（UTC）

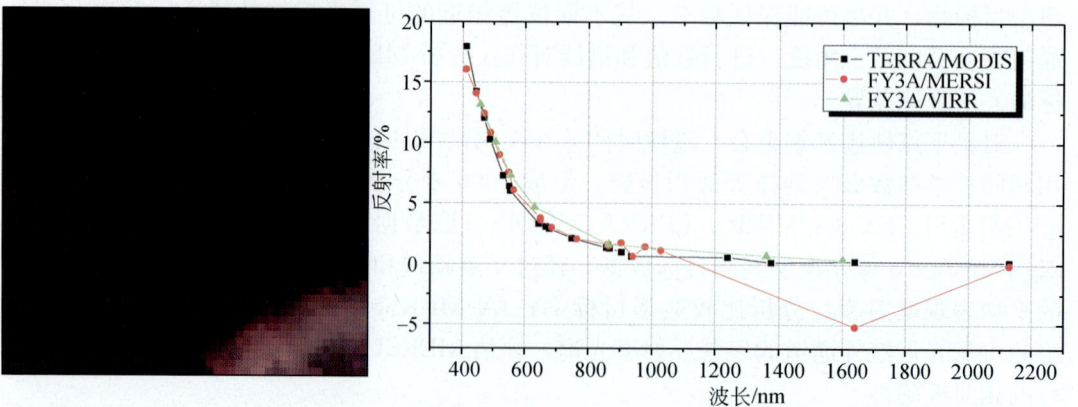

目标类型：澳大利亚北部沿岸海水，观测时间：2008 年 8 月 10 日 1755（UTC）

图 5.6-1　采用场地辐射校正定标系数计算 MERSI 不同地物目标反射率光谱与 MODIS 比较

三种在轨独立定标方法获得可见光近红外通道定标结果除大气吸收较强通道外有比较好一致性，利用场地辐射校正定标系数计算 MERSI 地球目标的表观反射率光谱与 MODIS 比对也有较好的一致性，同时利用该定标系数进行多种 L2 产品生成，结果显示新定标系数产品生成结果更趋合理。MERSI 可见光近红外通道定标系数除第 15、18、19 通道外，其余通道全部以场地辐射校正定标结果进行更新，第 3、11、14 通道发射前定标结果与发射后定标一致性较好。

为验证 MERSI 红外通道辐射定标精度，选取 2008 年 8 月 2 日加拿大北部地区与 Terra/MODIS 交叉点附近红外观测亮温进行比对，MODIS 选用第 31 通道亮温，比对时选取比较均匀 3×3 像元平均值，图 5.6-2 中的左图为两个遥感器对地观测匹配点的亮温散点图，右图为 MERSI 与 MODIS 红外亮温差值的频次统计图，分析发现 MERSI 红外通道亮温比 MODIS 偏高 1K 左右。

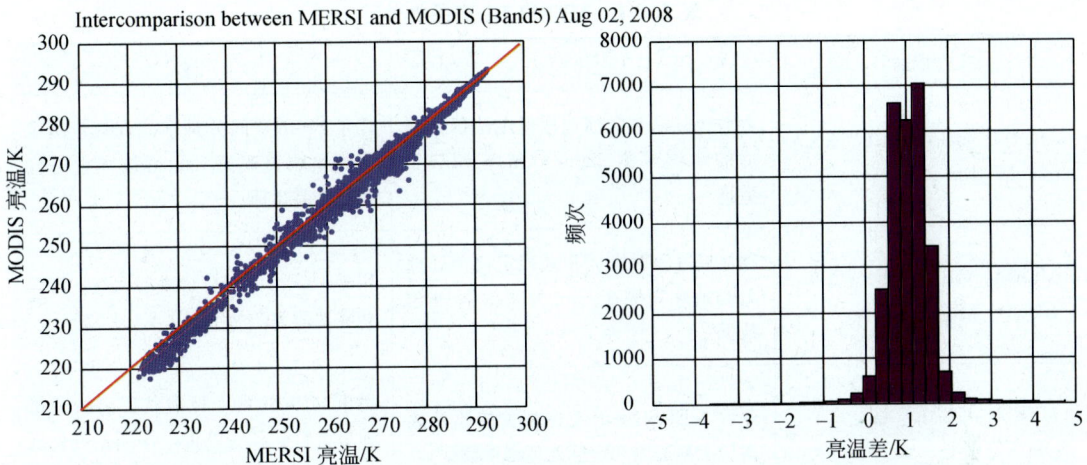

图 5.6-2　MERSI 红外通道与 MODIS 交叉比对（2008 年 8 月 2 日）

5.6.3　一级产品格式主要内容说明

MERSI 每日将生成全球白天 144 个 5 分钟段 L0 数据文件进入预处理系统。预处理包括质量检验、地理定位和辐射定标，处理后生成一级（L1）产品，MERSI L1 产品是各类图像产品（见图 5.6-3）和 L2 定量遥感产品生成的起点。MERSI L1 产品包括：

（1）MERSI_L1 250m 地球观测数据产品

（2）MERSI_L1 1000m 地球观测数据产品

（3）MERSI_L1 OBC 星上定标数据产品

表 5.6-1 简要列出了 MERSI 3 个 L1 产品的主要数据存放内容和用途，大多数 L2 产品用户主要关注 250m 地球观测数据产品和 1000m 地球观测数据产品内容，OBC 数据产品主要提供定标处理分析使用。表 5.6-2 列出了两个 L1 地球观测数据产品的主要科学数据集内容，数据详细内容请查阅 MERSI L1 数据特性卡（附录 3）。

图 5.6-3　MERSI 2008 年 7 月 19 日全球影像镶嵌图

表 5.6-1　MERSI L1 产品文件

文件识别名	文件内容	用途
MERSI _ GBAL _ L1 _ XX _ 0250M _ MS	存放经过辐射定标和地理定位预处理后的地球观测 250m 分辨率 MERSI 数据	用于 250m 空间分辨率的真彩色图像产品和地表遥感（如植被和生态应用）产品生成
MERSI _ GBAL _ L1 _ XX _ 1000M _ MS	存放经过辐射定标和地理定位预处理后的地球观测 1000m 分辨率 MERSI 数据	用于 1000m 空间分辨率的大气、海洋和陆地遥感产品生成
MERSI _ GBAL _ L1 _ XX _ OBCXX _ MS	存放 MERSI 星上定标相关的原始数据、工程遥测和定标处理结果数据	用于 MERSI 星上性能状态离线分析和星上定标离线处理，特别是可见近红外通道星上定标数据处理

　　MERSI _ L1 250m 数据产品中包含 5 个通道 250m 高分辨率地球观测数据，其中第 1、2、3、4 通道为太阳反射通道，第 5 通道为热红外通道，每一个通道以一个科学数据集保存，分别为 EV_250_RefSB_b1～b4 和 EV_250_Emissive。MERSI_L1 1000m 数据产品中包含 15 个通道（第 6～20 通道）1km 分辨率地球观测数据及 5 个 250m 通道融合到 1km 分辨率地球观测数据，分别存放在 3 个科学数据集（EV_1KM_RefSB，EV_250_Aggr.1KM_RefSB，EV_250_Aggr.1KM_Emissive 中）。表 5.6-2 列出了全部地球观测数据集内容。

表 5.6-2　MERSI L1 产品文件中包含的地球观测和地理定位数据集

科学数据集	分辨率	通道个数	通道号	数据维数
地球观测数据集				
EV _ 250m _ RefSB _ b1～b4	250 m	4	1，2，3，4	［4，8000，8192］
EV _ 250m _ Emissive	250 m	1	5	［8000，8192］

续表

科学数据集	分辨率	通道个数	通道号	数据维数
EV _ 1000m _ RefSB	1 km	15	6～20	[15, 2000, 2048]
EV _ 250 _ Aggr. 1KM _ RefSB	1 km	4	1, 2, 3, 4	[4, 2000, 2048]
EV _ 250 _ Aggr. 1KM _ Emissive	1 km	1	5	[2000, 2048]
地位数据集				
Latitude	1 km	1	纬度	[2000, 2048]
Longitude	1 km	1	经度	[2000, 2048]
Height	1 km	1	海拔高度	[2000, 2048]
LandCover	1 km	1	陆地覆盖	[2000, 2048]
LandSeaMask	1 km	1	海陆掩码	[2000, 2048]
SensorAzimuth	1 km	1	观测方位角	[2000, 2048]
SensorZenith	1 km	1	观测天顶角	[2000, 2048]
SolarAzimuth	1 km	1	观测方位角	[2000, 2048]
SolarZenith	1 km	1	观测天顶角	[2000, 2048]

MERSI 是一个跨轨多元并扫成像系统，250m 分辨率通道（通道 1～5）是 40 元并扫，1000m 分辨率通道（通道 6～20）是 10 元并扫。MERSI L1 中地球观测科学数据集 EV 是对原始观测 DN 值进行了多探元均一化订正后的输出，标记为 $DN*$，L1 图像初步消除了原始多探元引起的图像条纹现象。订正方法是利用每个通道的多探元修正系数逐一像元进行。

MERSI 热红外通道（band 5）是逐探元进行辐射定标处理，每个 L1 文件包含 200 个扫描，所以 250m 文件中科学数据集 EV_ 250m _ Emissive 每 40 行共用一组定标系数（k_0，k_1，k_2，k_3），1000m 文件中科学数据集 EV_250_Aggr.1KM_ Emissive 每 10 行共用一组定标系数。MERSI 其余 19 个可见光通道每个通道共用一组定标系数（k_0，k_1，k_2），不同扫描采用相同定标系数，250m 文件中科学数据集 EV_250_RefSB 四个通道（1～4）包含四组系数 VIS_Cal_Coeff，1000m 文件中科学数据集 EV_ 250_ Aggr.1KM_RefSB 定标系数为 VIS_Cal_Coeff 中的前四组，科学数据集 EV_1KM _ RefSB 定标系数为 VIS _ Cal _ Coeff 中的后 15 组。表 5.6-3 和 5.6-4 列出了 MERSI _ L1 250m 数据产品和 MERSI_L1 1000m 数据产品私有属性中定标系数项。

表 5.6-3　MERSI _ L1 250m 分辨率产品中定标系数

	私有属性名称	类型	维数	通道号	系数项	定标后量纲
红外通道定标系数	IR _ Cal _ Coeff	float64	[200, 4]	5	k_0, k_1, k_2, k_3	mW/(m² · sr · cm⁻¹)
可见光通道定标系数	VIS _ Cal _ Coeff	float64	[4, 3]	1, 2, 3, 4	k_0, k_1, k_2	反射率（无量纲）

表 5.6-4　MERSI ＿ L1 1000m 分辨率产品中定标系数

	私有属性名称	类型	维数	通道号	系数项	定标后量纲
红外通道定标系数	IR ＿ Cal ＿ Coeff	float64	[200, 4]	5	k_0, k_1, k_2, k_3	$mW/(m^2 \cdot sr \cdot cm^{-1})$
可见光通道定标系数	VIS ＿ Cal ＿ Coeff	float64	[19, 3]	1～4, 6～20	k_0, k_1, k_2	反射率（无量纲）

MERSI L1 地球观测数据集的辐射定标采用多项式（比上述定标表达式多一个高次项，为预留项）进行，红外通道是 3 次项定标（4 个定标系数），太阳反射波段通道是两次项定标（3 个定标系数），定标系数见表 5.6-3 和表 5.6-4。太阳反射波段通道定标后的物理量是反射率（无量纲），热红外通道定标后的物理量是辐亮度，单位是 $mW/(m^2 \cdot sr \cdot cm^{-1})$。全部通道数据定标前都要进行通道的 DN 调整恢复，即：

$$DN^{**} = slope^* (DN^* - intercept) \tag{5.6-16}$$

其中 DN^* 是 L1 数据中的 EV 科学数据集计数值，它是预处理时对原始 DN 经过多探元归一化处理后的计数值，公式中的 $slope$ 和 $intercept$ 是对应 EV 科学数据集的内部属性值（探元修正系数），定标计算是在 DN^{**} 基础之上进行处理。

太阳反射波段通道定标公式为：

$$\rho \cos\theta_B = [k_0 + k_1 \times DN^{**} + k_2 \times (DN^{**2})] \times d_{ES}^2 \tag{5.6-17}$$

其中 k_0，k_1，k_2 为定标系数 VIS ＿ Cal ＿ Coeff 中对应通道的 3 个系数，θ 为太阳天顶角，目前 k_2 是预留高次项系数，所以为 0。

红外通道的辐射定标计算公式为：

$$L_B = k_0 + k_1 \times DN^{**} + k_2 \times (DN^{**})^2 + k_3 \times (DN^{**})^3 \tag{5.6-18}$$

其中 k_0，k_1，k_2，k_3 为定标系数 IR ＿ Cal ＿ Coeff 中对应通道的 4 个系数。目前 k_3 是预留高次项系数，所以为 0。

由于红外定标过程比较复杂，处理环节较多，无法输出原始的 DN 值，红外通道 SDS 数据已经是经过辐射定标后的辐亮度数据，只需将 SDS 的整型数除以 SLOPE 值 100 就是辐亮度值 $[mW/(m^2 \cdot sr \cdot cm^{-1})]$。

5.7
紫外臭氧垂直探测仪（SBUS）

5.7.1　辐射定标算法

辐射定标是将紫外臭氧垂直探测仪（SBUS）原始遥感计数值转换成太阳辐照度和大气紫外后向散射辐亮度的过程，主要包括实验室定标和在轨定标两个部分。

实验室定标测量辐亮度和辐照度响应度、换挡比、漫反射板方向反射特性等；在轨定标主要包括仪器波长漂移监视、漫反射器反射率变化监视以及暗电流测量等。大气辐亮度观测和辐照度观测的差异，发生在辐照度观测需要经过漫反射板反射进入光路，因此，漫反射板反射特性变化产生的影响必须通过星上监测得到订正。除此之外的其他因素的影响，都可以通过辐亮度和辐照度的比消除。

5.7.1.1　在轨辐亮度计算

在轨辐亮度计算公式如下：

$$辐亮度＝DC×量化比×2/积分时间×换挡比×辐亮度响应度 \qquad (5.7\text{-}1)$$

其中，DC 为仪器计数值，量化比＝0.0001V/bit，大气模式下单色仪和云光度计的积分时间均为 1.24 秒。辐亮度响应度和换挡比在卫星发射前实验室测量确定。

光谱辐亮度响应度定义为：

$$R_L(\lambda) = \frac{L(\lambda)}{V(\lambda)} \qquad (5.7\text{-}2)$$

其中，$V(\lambda)$ 是仪器在波长 λ 处的计数值，$L(\lambda)$ 是标准光源在仪器入瞳处的光谱辐亮度。

5.7.1.2　在轨辐照度计算

在轨辐照度计算公式为：

$$辐照度＝DC×量化比×2/积分时间×换挡比×辐照度响应度×漫反射器订正因子$$
$$(5.7\text{-}3)$$

其中，DC 为仪器计数值，量化比＝0.0001V/bit，太阳连续谱模式积分时间均为 0.1 秒，分立太阳模式积分时间为 1.24 秒。辐照度相应度、换挡比和漫反射板订正因子三个参数均在发射前实验室测定。

5.7.1.3　换挡比计算

实验室给出高压和放大器换挡比，任意状态下的换挡比需要换算得到。表 5.7-1 为实验室换挡比测量结果。

表 5.7-1　换挡比测试结果

测试项目	序号	增益		测量值		分项换挡比	计算值
		高压	放大器	V_i	V_{i0}		
主光路换挡比	1	900V	10^9	9.151	0.004	$h_{f1} = (V_1 - V_{10})$ $/(V_2 - V_{20})$	10.587
	2	900V	10^8	0.868	0.004		
	3	900V	10^8	9.086	0.004	$h_{f2} = (V_3 - V_{30})$ $/(V_4 - V_{40})$	10.035
	4	900V	10^7	0.909	0.004		
	5	1500V	10^7	8.805	0.005	$h_g = (V_5 - V_{50})$ $h_{f1} = h_{f2}/(V_6 - V_{60})$	112.724
	6	900V	10^9	8.3	0.006		

放大器换挡比：

$$10^9/10^8：h_{f1} = (V_1 - V_{10})/(V_2 - V_{20}) = 10.587$$

$$10^8/10^7：h_{f2} = (V_3 - V_{30})/(V_4 - V_{40}) = 10.035$$

高压换挡比：

$$1500V/900V：h_g = (V_5 - V_{50}) \quad h_{f1} \quad h_{f2}/(V_6 - V_{60}) = 112.724$$

辐亮度响应度定标在探测器高压 1500V，放大器增益 $10e^7$ 时进行。各挡位换挡比如下：

$$900V \ 10^{-9} = 1/h_g \times h_{f1} \times h_{f2}$$
$$900V \ 10^{-8} = 1/h_g \times h_{f2}$$
$$900V \ 10^{-7} = 1/h_g$$
$$1500V \ 10^{-9} = h_{f1} \times h_{f2}$$
$$1500V \ 10^{-8} = h_{f2}$$
$$1500V \ 10^{-7} = 1$$

辐照度响应度定标在探测器高压 1500V，放大器增益 $10e^8$ 时进行。各挡位换挡比如下：

$$900V \ 10^{-9} = 1/h_g \times h_{f1}$$
$$900V \ 10^{-8} = 1/h_g$$
$$900V \ 10^{-7} = 1/h_g \times 1/h_{f2}$$
$$1500V \ 10^{-9} = h_{f1}$$
$$1500V \ 10^{-8} = 1$$
$$1500V \ 10^{-7} = 1/h_{f2}$$

光度计分三档 $10e^7$，$10e^8$，$10e^9$，各档的换档比如表 5.7-2。

表 5.7-2　各档换档比

档位	光度计
$10e^7/10e^8$	9.920
$10e^8/10e^9$	9.870

响应度定标在 $10e^7$ 下进行，高压不变。

5.7.1.4　漫反射板方向订正

紫外臭氧垂直探测仪发射前定标时测量了漫反射板双向反射率在太阳模式下光谱辐照度响应度随入射角变化特性，给出修正系数 $\kappa(\alpha, \beta)$，其中 α 和 β 分别为太阳矢量与卫星的 X，Y 平面和轨道平面的夹角。

首先对漫反射板方向反射测量值进行归一化，即将所有方向都归一到最接近辐照度响应度定标时的入射角度。用最小二乘法曲面拟合求出 $\kappa(\alpha, \beta)$ 的多项式拟合公式，拟合公式如下：

$$k(\alpha, \beta) = \sum_{i}^{5} \sum_{j}^{5} a_{ij} (\alpha - \bar{\alpha})^{i-1} (\beta - \bar{\beta})^{j-1} \tag{5.7-4}$$

其中 $\bar{\alpha} = \sum_{i=1}^{M} \alpha_i$，$\bar{\beta} = \sum_{i=1}^{N} \beta_i$，M，N 分别为 α，β 变量的节点数。a_{ij} 为拟合系数。

5.7.1.5 漫反射板反射率随时间变化系数计算

参考板反射率随时间的变化通过与标准板对比得到，标准板每月进行一次太阳辐照度观测，测得的太阳单色辐照度为 $E_0(\lambda, t)$，其中 t 代表从卫星发射到进行太阳辐照度观测时的天数，用最新的 5 次测量结果计算太阳辐照度变化二次曲线拟合系数 (Cebula et al.，1988)：

$$E_0(\lambda,t)=a_0+a_1t+a_2t^2 \tag{5.7-5}$$

用公式 5.7-5 预测每天的太阳辐照度，参考板测量的太阳辐照度值与预测值相比，就可以得到参考板反射率随时间的变化系数。

分立太阳模式下，根据连续太阳模式变化系数插值得到 12 个特征波长的参考板反射率。得到分立太阳模式下漫反射板反射率随时间变化系数，就可以计算 12 个特征波长实际的太阳辐照度。

5.7.2 定标结果分析

以 NOAA-16、17 和 18 SBUV/2 为参考载荷，对比分析 FY-3A/SBUS 和 NOAA/SBUV/2 同期太阳辐照度观测数据的一致性（黄富祥等，2009）。

2008 年 7 月 17～30 日 SBUS 分立太阳模式观测的太阳辐照度数据与同期 NOAA-17 和 NOAA-18 SBUV/2 观测值进行比较，由于观测日期相同，FY-3A/SBUS 和 NOAA/SBUV/2 观测数据应该具有较好的一致性。对 12 个通道分别计算偏差百分率。计算方法是，先将 SBUS 观测值与 NOAA-17 和 NOAA-18 SBUV/2 观测值进行比较，即 SBUV/2 数据与 SBUS 观测值之差，再除以 SBUV/2 和 SBUS 的平均值。表 5.7-3 给出 NOAA-17 和 NOAA-18 SBUV/2 与 SBUS 比较的偏差百分率计算结果。

表 5.7-3 SBUS 与 SBUV/2 太阳辐照度观测值比较（%）

	1	2	3	4	5	6	7	8	9	10	11	12
N17/FY	−5.9	9.9	4.7	8.9	7.3	−1.2	1.6	0	−1.4	−2.6	−1.2	−8.7
N18/FY	−9.5	0.2	4.9	5.5	5.3	0.2	1.3	−1.8	−1.4	−4.1	−1.1	−7.9

5.7.3 一级产品格式主要内容说明

紫外臭氧垂直探测仪一级（L1）产品是经过数据预处理生成的包含了定标、定位信息，能够用于定量产品计算、标准 HDF5 格式的科学数据，数据文件以卫星绕地球运行一圈的观测数据量为单位按轨道记录存档。

紫外臭氧垂直探测仪一级产品由全局文件属性、私有文件属性、科学数据集（SDS）组成。数据预处理过程中的关键基础静态参数记录在紫外臭氧垂直探测仪一级产品私有文件属性中；紫外臭氧垂直探测仪主要科学应用数据都以科学数据集的形式存于一级产品中，其中包括每个对地观测像元的地理经纬度、卫星天顶角、太阳天顶角、地表高程、海陆掩码、地表分类、单色仪通道大气辐亮度、云盖光度计通道大气辐亮度、单色仪通道太阳辐照度、云盖光度计通道太阳辐照度等数据，以及每个通道辐照度和辐亮度定标系数、日计数和时间码等数据。紫外臭氧垂直探测仪一级产品规格说明见表 5.7-4，常用的 SDS 使用说明见表 5.7-5。详细格式见附录 3。

表 5.7-4　紫外臭氧垂直探测仪一级产品规格说明

产品名称	覆盖范围	星下点空间分辨率（km）	数据量（MB）	生成频次
紫外臭氧垂直探测仪 L1 产品	轨道	200	1	每 102 分钟一次

表 5.7-5　紫外臭氧垂直探测仪一级产品常用科学数据集数据使用说明

科学数据集名	注释
Latitude	像元纬度数据，单位为度
Longitude	像元经度数据，单位为度
SolarZenith	像元观测时的太阳天顶角，单位为度
Atm _ radiance	单色仪大气辐射强度值，单位为 $\mu W\ cm^{-2}\ nm^{-1}\ sr^{-1}$
Cloud _ irradiance	云光度计太阳辐照度值，单位为 $\mu W\ cm^{-2}\ nm^{-1}$
Cloud _ radiance	光度计大气辐射强度值，单位为 $\mu W\ cm^{-2}\ nm^{-1}\ sr^{-1}$
Surface _ height	陆表高程，单位为 m
LampDCofReferceDifuuser	参考板汞灯计数值
LampDCofStandardDiffuser	标准板汞灯计数值
Discrete _ SolarIrradiance	12 个通道辐照度观测数据，单位为 $\mu W\ cm^{-2}\ nm^{-1}$
SolarIrradianceofStandardDiffuser	标准板连续太阳辐照度观测数据
SolarIrradianceofReferenceDiffuser	参考板连续太阳辐照度观测数据
CalibrationCoefficientsofReferenceDiffuser	参考板定标系数
DiscreteCalibrationCoefficientsofReferenceDdiffuser	分立模式参考板定标系数
SolarIrradianceFittingCoefficientMain	主光路太阳辐照度变化拟合系数
SolarIrradianceFittingCoefficientsRefenrence	参考光路太阳辐照度变化拟合系数
SolarAzimuthAngle	太阳方位角，单位为度
LandSeaMask	海陆掩码数据
SolarDirectionofSweepMode	连续模式太阳天顶角角度，单位为度
SolarDirectionofDiscreteMode	分立模式太阳天顶角角度，单位为度

5.8
紫外臭氧总量探测仪（TOU）

紫外臭氧总量探测仪（TOU）的定标包括实验室定标和在轨定标以及交叉定标三个部分。实验室定标包括辐亮度和辐照度响应度、换挡比、波长位置、通道带宽以及漫反射板的方向反射特性的测量等；在轨定标主要包括在轨波长漂移监视、漫反射板反射率变化监视以及暗电流测量等。由于臭氧反演过程中除了漫反射板的改变产生的影响无法消除外，其他因素的影响都可以通过辐亮度和辐照度的比即反照率消除，必须通过对漫发射板反射特性随时间的变化的监测保证定标的连续性。在轨定标利用实验室定标系数将臭氧总量探测仪原始遥感计数值转换成对地目标辐亮度和太阳辐照度。交叉定标利用国外卫星全球臭氧总量产品，通过辐射传输模式正演计算在轨辐射亮度定标系数。

5.8.1 辐射定标算法

5.8.1.1 定标基础数据的质量控制

TOU质量检验主要功能就是获取基础数据和0级数据，根据质量检验码（LQC，DQC）做初步质量检验，并根据时间码，遥测下传的增益参数和工程参数做进一步检验，最后给出质量检验码，根据质量检验码可以判断源包数据是否是可定标的。

由于TOU各种观测模式帧数据内容略有差别，为了定标方便，将0级数据按观测模式分解成不同的数据包。

初步质量检验码是根据0级帧数据提供的质量检验码进行，LQC和DQC中任何一个有问题，整帧数据基本上是不可用的。根据LQC和DQC重新给该帧数据指定质量标志码，用以指明该帧数据是否可定标以及不可定标的原因。

对地观测模式每帧观测时间约为8.16秒，如果连续两帧之间观测开始时间与8.16秒相差超过20%，则认为仪器出现异常，根据观测开始和结束时间可以判断该帧数据是否有效，并给出该帧数据时间有效性标志。

TOU根据不同的后向散射强度自动选择不同的增益模式，检验是否为有效的增益模式，并给出质量控制码。

TOU工程参数可以描述目前仪器的工作状态，如果主要的工程参数异常，表明仪器出现了故障，该帧数据是不可用的。

质量检验最后提供的是带有质量标识码的帧数据。

5.8.1.2 在轨定标系数计算

在轨辐亮度计算公式如下：

$$卫星观测辐亮度＝DC×量化比×换挡比×辐亮度响应度 \tag{5.8-1}$$

其中量化比为 10/4095V/bit，DC 为卫星观测计数值，辐亮度响应和换挡比由卫星发射前实验室测定。

在轨辐照度计算公式如下：

$$卫星观测辐照度＝DC×量化比×换挡比×辐照度响应度×漫反射板订正因子$$
$$\tag{5.8-2}$$

其中量化比为 10/4095V/bit，DC 为观测计数值，换挡比、辐照度响应度和漫反射板订正因子由卫星发射前实验室测定。

1. 漫反射板方向订正原理：

紫外臭氧总量探测仪装星前在双向反射率装置上进行了太阳模式下光谱辐照度响应度随入射角变化特性的测量，并给出修正系数 $\kappa(\alpha, \beta)$，其中 α 和 β 分别为太阳矢量与卫星的 X，Y 平面和轨道平面的夹角。

首先对漫反射板方向反射测量值进行归一化，即将所有方向都归一到最接近辐照度响应度定标时的入射角度。用最小二乘法曲面拟和求出 $\kappa(\alpha, \beta)$ 的多项式拟和公式，拟和公式如下：

$$k(\alpha,\beta) = \sum_{i}^{5} \sum_{j}^{5} a_{ij} (\alpha - \bar{\alpha})^{i-1} (\beta - \bar{\beta})^{j-1} \tag{5.8-3}$$

其中 $\bar{\alpha} = \sum_{i=1}^{M} \alpha_i$，$\bar{\beta} = \sum_{i=1}^{N} \beta_i$，$M$，$N$ 分别为 α，β 变量的节点数，a_{ij} 为拟和系数。

2. 漫反射板反射率随时间变化系数计算：

盖板和工作板反射率随时间的变化是通过与参考板对比得到的，参考漫反射器每 15 天进行一次太阳辐照度观测，测得的太阳单色辐照度为 $E_0(\lambda,t)$，其中 t 代表卫星发射的天数，用最新的 5 次测量结果计算太阳辐照度变化二次曲线拟和系数：

$$E_0(\lambda,t) = a_0 + a_1 t + a_2 t^2 \tag{5.8-4}$$

用公式 5.8-4 预测每天的太阳辐照度，盖板和工作板测量的太阳辐照度值与预测值相比，就可以得到盖板和工作板反射率随时间的变化系数。

波长漂移计算：

假定监测两波长测量值之比为 $R0 = I_0(\lambda_1)/I_0(\lambda_2)$，在某时刻，监测两波长测量值之比为 $R = I(\lambda_1)/I(\lambda_2)$，波长漂移 $\Delta\lambda$ 由下式给出：

对测量值分别为 $I(\lambda_1)$ 和 $I(\lambda_2)$，分两种情况：

假定 $I(\lambda_1) < I(\lambda_2)$，令 $R = I(\lambda_1)/I(\lambda_2)$，则波长漂移 $\Delta\lambda$ 由下式给出：

$$\Delta\lambda = -(1-R)\,\beta/2 + \Delta\lambda_0 \tag{5.8-5}$$

假定 $I(\lambda_2) < I(\lambda_1)$，令 $R = I(\lambda_2)/I(\lambda_1)$，则波长漂移 $\Delta\lambda$ 由下式给出：

$$\Delta\lambda = (1-R)\beta/2 + \Delta\lambda_0 \tag{5.8-6}$$

其中，$\Delta\lambda_0$ 和 β 由实验室定标给出，有 $\Delta\lambda_0 = -0.499$，$\beta = 1.16$

5.8.2 定标结果分析

5.8.2.1 在轨定标结果

1. 波长漂移情况

利用 2008 年在轨测试期间 4 个多月的监测数据，给出紫外臭氧总量探测仪波长漂移情况。从图 5.8-1 中看出，仪器的波长变化约为 -0.065nm，小于 0.1nm，变化很小。

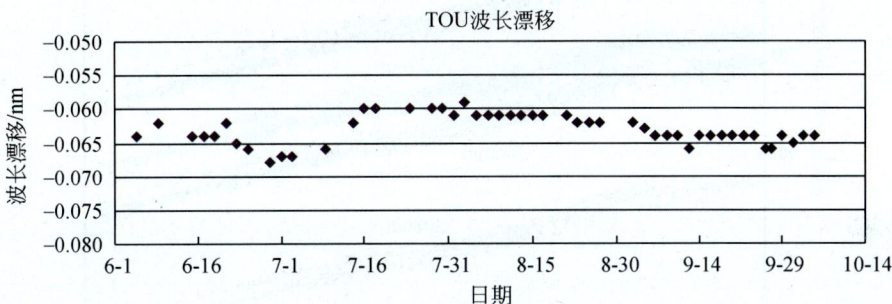

图 5.8-1 波长漂移监测情况

2. 仪器灵敏度

在空间环境条件下，光电倍增管的暗流将受到高能粒子的严重影响，特别是在南大西洋异常区和高纬地区。2008 年 7 月 18 日紫外臭氧总量探测仪灵敏度的测试结果表明，除南大西洋异常区和极区外，仪器灵敏度均满足指标要求，在南大西洋异常区和南极的分布属合理正常现象，如图 5.8-2。

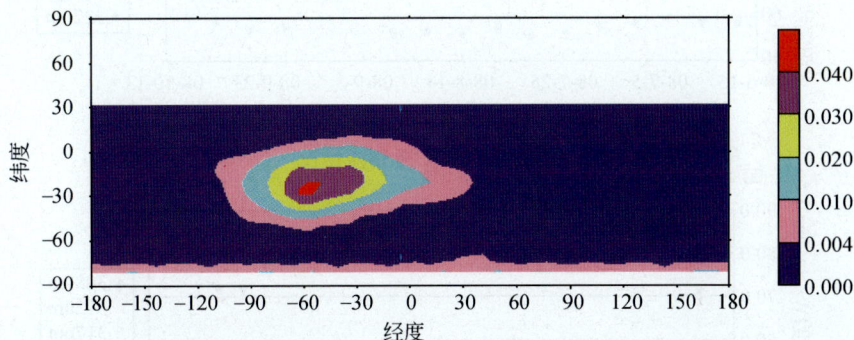

图 5.8-2 紫外臭氧总量探测仪灵敏度的测试结果 ［单位：$\mu W/(\text{cm}^2 \cdot \text{sr} \cdot \text{nm})$］

3. 漫反射板稳定性

根据在轨测试数据分析漫反射板运行期间衰变情况，结果只给出前 4 个通道自在轨运行以来太阳辐照度变化情况，对后两个长波通道，由于受外部杂散光影响较明显，其变化已不能真实地反应漫反射板在空间环境下的衰变情况。A1 板在空间环境下的衰变情况与 ADOES/TOMS 和 EP/TOMS 漫反射板的衰变情况类似。A2、A3 漫反射板 4 个短波通道辐照度测值 4 个月内变化情况表明，由于 A2、A3 板的使用频次较低，到目前为止基本上没有发生衰变，可用于对 A1 板的订正（见图 5.8-3 至图 5.8-5）。

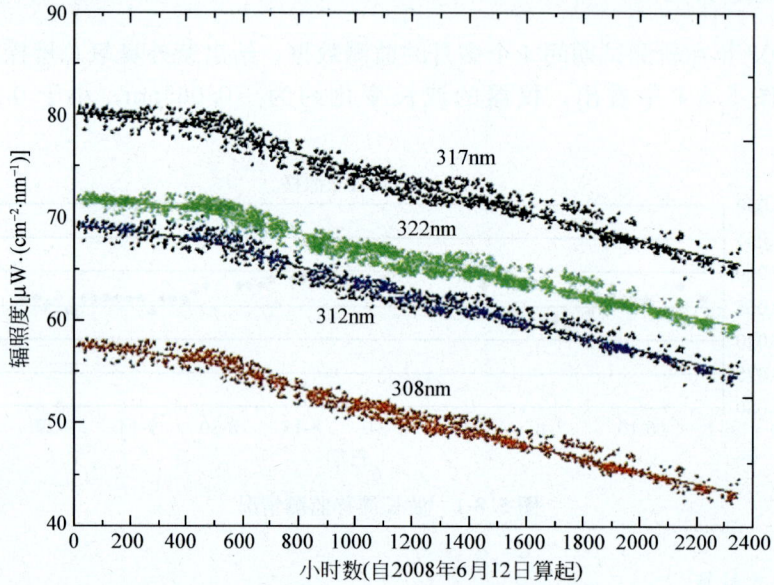

图 5.8-3　A1 板衰减情况

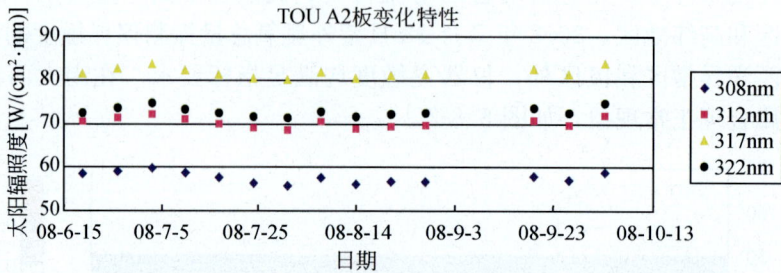

图 5.8-4　A2 板衰减情况

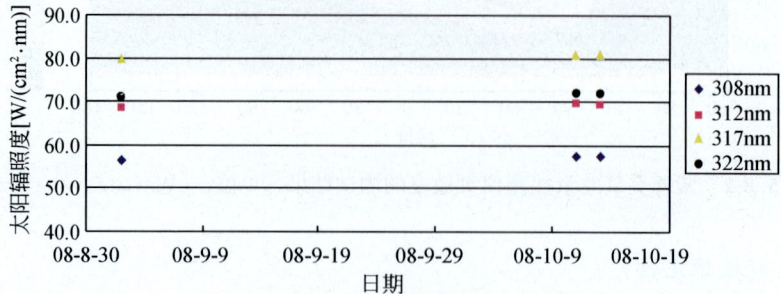

图 5.8-5　A3 板衰减情况

5.8.2.2　交叉定标结果

　　因辐亮度没有在轨定标设备，故辐亮度在轨定标依赖于实验室定标结果。在轨测试中发现，辐亮度定标在高端与实验室定标结果偏差较大，并导致臭氧总量反演结果精度不高。利用 AURA 卫星的 OMI 臭氧总量产品，通过正演过程计算 TOU 各个通道的辐亮度，重新给出辐亮度定标系数。图 5.8-6 到图 5.8-11 分别为各光谱通道辐亮度在轨定标结果。

通道1辐亮度在轨定标结果

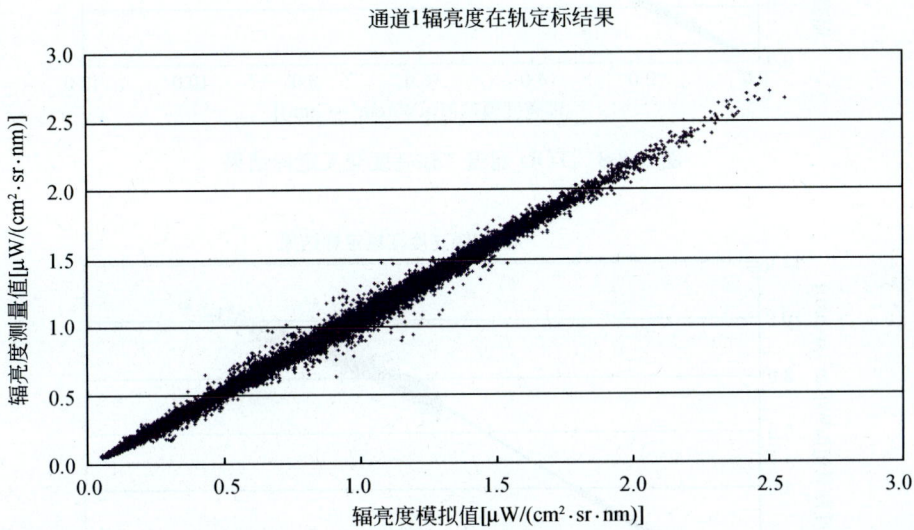

图 5.8-6　TOU 通道 1 辐亮度交叉定标结果

通道2辐亮度在轨定标结果

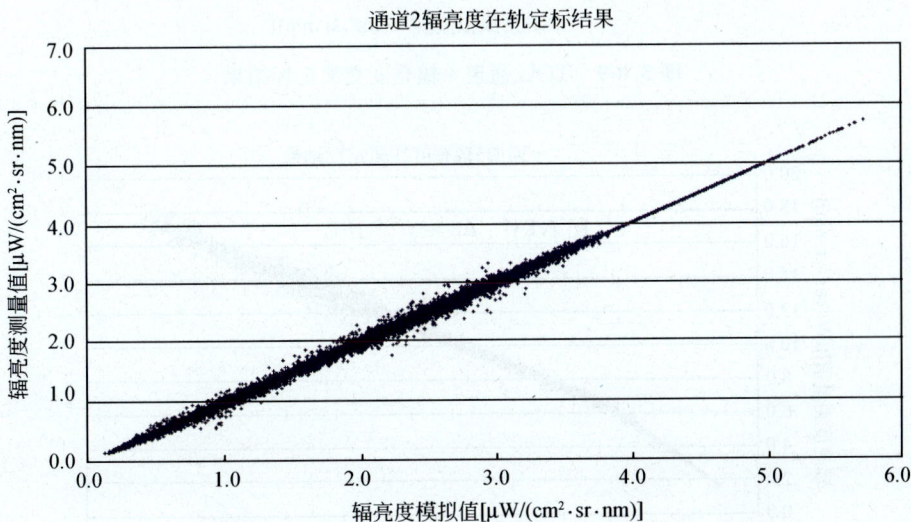

图 5.8-7　TOU 通道 2 辐亮度交叉定标结果

通道3辐亮度在轨定标结果

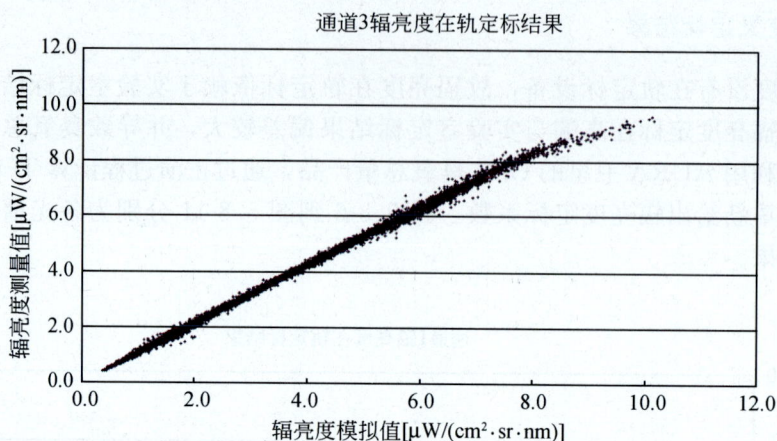

图 5.8-8 TOU 通道 3 辐亮度交叉定标结果

通道4辐亮度在轨定标结果

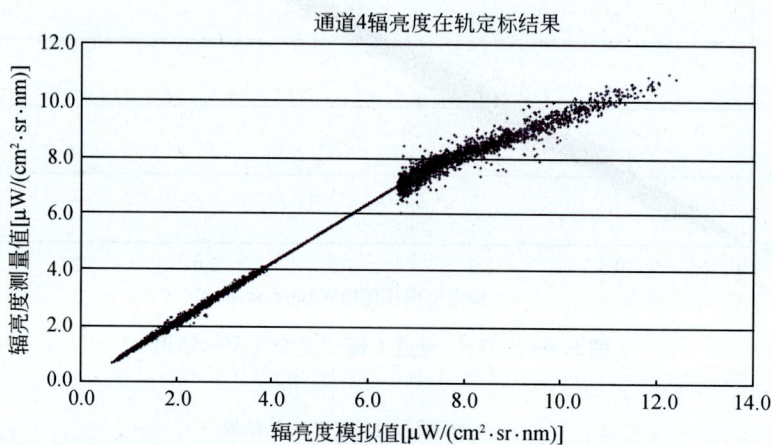

图 5.8-9 TOU 通道 4 辐亮度交叉定标结果

通道5辐亮度在轨定标结果

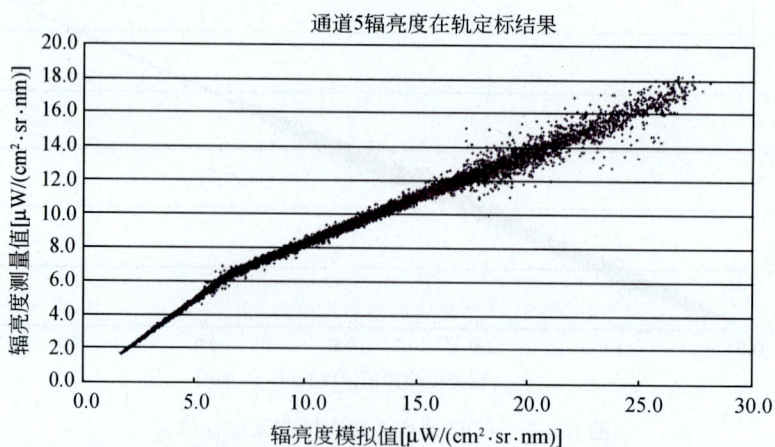

图 5.8-10 TOU 通道 5 辐亮度交叉定标结果

通道6辐亮度在轨定标结果

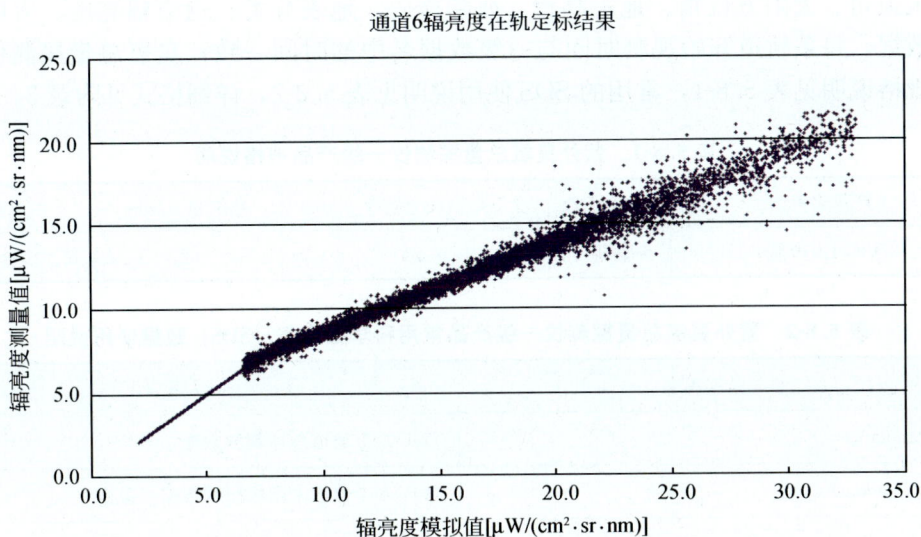

图 5.8-11　TOU 通道 6 辐亮度交叉定标结果

5.8.3　一级产品格式主要内容说明

紫外臭氧总量探测仪一级（L1）产品是经过数据预处理生成的包括定标、定位信息，能够用于定量反演的标准 HDF5 格式科学数据，数据文件以卫星绕地球运行一圈的观测数据量为单位按轨道记录存档。图 5.8-12 是 2009 年 3 月 19 日臭氧总量探测仪一级数据通道 6 降轨全球影像镶嵌图。

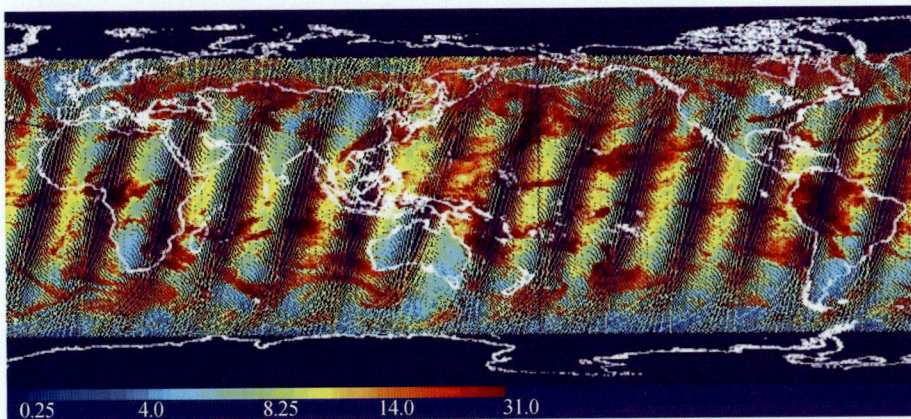

图 5.8-12　2009 年 3 月 19 日紫外臭氧总量探测仪一级数据通道 6 降轨全球影像镶嵌图

紫外臭氧总量探测仪一级产品由全局文件属性、私有文件属性、科学数据集（SDS）和表格数据组成。臭氧总量探测仪主要科学应用数据都以科学数据集的形式存于一级产品中，其中包括每个对地观测像元的地理经纬度、卫星天顶角、卫星方位角、太阳天顶角、太阳方位角、地表高程、海陆掩码、地表分类、通道辐亮度、太阳辐照度等数据。每条轨道开始观测时间与一级数据名中的时间一致；臭氧总量探测仪一级产品规格说明见表5.8-1，常用的SDS使用说明见表5.8-2，详细格式见附录3。

表 5.8-1　紫外臭氧总量探测仪一级产品规格说明

产品名称	覆盖范围	星下点空间分辨率（km）	数据量（MB）	生成频次
TOU L1产品	轨道	50	2	每102分钟一次

表 5.8-2　紫外臭氧总量探测仪一级产品常用科学数据集（SDS）数据使用说明

科学数据集名	注释
Atm _ radiance	TOU 6个通道地球观测数据
Solar _ irradiance _ a1	TOU 6个通道太阳辐照度数据（盖板）
Solar _ irradiance _ a2	TOU 6个通道太阳辐照度数据（工作板）
Solar _ irradiance _ a3	TOU 6个通道太阳辐照度数据（参考板）
Longitude	经度（逐像元）
Latitude	纬度（逐像元）
Satellite _ zenith _ angle	传感器天顶角（逐像元）
Satellite _ azimuth _ angle	传感器方位角（逐像元）
Solar _ zenith _ angle	太阳天顶角（逐像元）
Solar _ azimuth _ angle	太阳方位角（逐像元）
Surface _ height	海拔高度（逐像元）
Land _ sea _ mask	1＝陆地，2＝陆地水，3＝海，5＝分界线
EVS _ orb _ pos	对地观测起始时刻ECR轨道位置（逐线）
EVS _ orb _ vel	对地观测起始时刻ECR轨道速度（逐线）
EVS _ attitude _ angles	对地观测起始时刻姿态角（ϕ, θ, ψ）（逐线）
Sun _ vector	太阳位置单位矢量（逐个太阳观测点）
Diffuser _ cal _ coe _ a1	漫反射板定标系数（盖板）
Diffuser _ cal _ coe _ a2	漫反射板定标系数（工作板）
Solar _ irradiance _ fitting _ coe	太阳辐照度变化拟和系数
Quality _ control _ id	质量控制标志
Solar _ direction _ in _ cal _ mode	定标状态下太阳角度
Engineering _ data	工程数据

5.9
微波成像仪（MWRI）

5.9.1　辐射定标算法

微波成像仪（MWRI）对地观测计数值数据必须经过定标转换成亮温数据才能定量应用。一般来说，微波辐射计具有线性响应特性，在轨运行时，如果能准确确定两个已知目标的亮温，就可以对仪器观测计数值进行标定（Jones et al.，2006；Twarog et al.，2006）。微波成像仪定标采用冷空观测和星上黑体两点定标的方法得到天线观测亮温，然后由地面真空定标试验和实验室定标得到的定标系数对仪器非线性、天线溢出和交叉极化进行订正，最终得到对地观测亮温。

MWRI在轨实时辐射定标过程如下：首先用扫描线黑体和冷空观测计数值数据通过平滑得到每个通道的黑体和冷空观测平均计数值，随后用扫描线平均黑体物理温度数据以及上述计数值通过两点定标方法计算每条扫描线的定标系数，此后利用得到的定标系数以及地面定标基础参数通过非线性订正、天线溢出和交叉极化订正对实际对地观测计数值数据进行计算，得到通道对地观测亮温。

5.9.1.1　黑体和冷空观测计数值平滑

为了减少定标噪声，将每条扫描线前后相邻 $2n+1$（$n=7$）条扫描线上得到的内部黑体和冷空计数值进行卷积，作为该扫描线的内部黑体和冷空计数值。

$$\overline{C_x} = \frac{\sum_{i=-n}^{n} W_i C_x(t_i)}{\sum_{i=-n}^{n} W_i} \tag{5.9-1}$$

其中 t_0 是当前扫描线时间，t_i（当 $i \neq 0$ 时）表示在当前扫描线前或后的扫描线的时间。

5.9.1.2　星上两点定标

星上两点定标，即天线温度（亮温）定标，是将冷、热定标原始计数值转化为天线亮温。

在不考虑非线性影响的情况下，微波成像仪输出计数值与输入亮温之间的关系可用下式表示：

$$C_i = P + Q \times BT_i \tag{5.9-2}$$

上式中，左边为辐射计输出计数值，右边 P 和 Q 为线性方程参数，BT 为进入到混频器/前置放大器的总辐射亮温。下标 i 表示冷空观测、热辐射源观测或对地观测。其中参数 P 和 Q 依赖于成像仪接收机增益，并且认为在一个扫描周期内保持稳定不变。考虑馈源和其他前端波导组件的损耗，进入到馈源的总天线亮温与微波成像仪输入总辐射亮温之间有如下关系：

$$BT_i = (1-\alpha) \times TA_i + \alpha \times T_0 \tag{5.9-3}$$

上式中，TA_i 为天线亮温，T_0 为接收机物理温度，α 为前端波导组件损耗。在以上两式中，i 分别为冷空、热源和对地观测，则由式（5.9-2）、式（5.9-3）可以得到天线亮温两点定标表达式：

$$TA = A \times C_e + B \tag{5.9-4}$$

上式中，$A = (TA_h - TA_c)/(C_h - C_c)$，$B = (TA_c C_h - TA_h C_c)/(C_h - C_c)$

其中 TA_h 为对定标热源观测天线亮温，TA_c 为对冷空观测天线亮温，C_h 对定标热源观测计数值，C_c 为对冷空观测计数值。

对于 MWRI 定标来说，每条扫描线有六个冷空计数值和六个热辐射源计数值，定标中取其平均值。

5.9.1.3　非线性订正

在地面真空定标中可得到序列温度变化数据，由此可以计算得到每个温度点对应的天线温度 TA，通过与"真实"天线温度比较，可以得到二者的二次曲线关系。引起这种非线性的一个可能原因是放大器增益对温度的依赖关系。通常情况下，增益随仪器温度的降低而增大，高的增益能够增加入射到次级放大器和探测器二极管的功率，使之偏离线性功率区域。

数据分析通过对曲线、偏移量、误差二次项调整，并且将调整量加入估计的天线温度，来减少天线温度估计量和真实天线温度之间的误差。由于非线性是温度依赖的，分析时在每一个仪器温度上对估计的天线温度和真实值进行二次曲线拟合，然后对二次项系数和仪器温度进行线性拟合。数据分析在每一个通道上分别进行，从而得到每一个通道的非线性定标系数。

接收机平方率检波器的输出电压与输入功率有如下关系：

$$<V> \cong (a_2 + 3 \times a_4 \times <I^2>) \times <I^2> \tag{5.9-5}$$

根据 Nyquist 定律，

$$<I^2> = KBG(R(T_A) + R(T)) \tag{5.9-6}$$

由以上两式，得到电压和辐射量的关系：

$$<V> = b_0 + b_1 R(T_A)[1 + \mu R(T_A)] \tag{5.9-7}$$

上式中，$b_0 = [a_2 + 3a_4 KBGT]KBGT$，$b_1 = [a_2 + 6a_4 KBGT]KBG$，

$$\mu = 3a_4 \frac{KBG}{a_2 + 6a_4 KBGT}$$ 为非线性因子。

K 为波尔兹曼常数，B 为带宽，T 为放大器温度，T_A 为辐射亮温。

微波成像仪进行热真空试验，就是要确定接收机非线性因子 μ。

由两点定标公式可以得到仪器线性情况下辐射亮温：

$$T_{AL} = T_c + S \times (C_A - C_C) \tag{5.9-8}$$

由于非线性影响，实际辐射亮温必须在线性亮温上加入非线性修正量（Hollinger et al.,1990；Yan and Weng，2008）：

$$T_A = T_{AL} + \Delta T \tag{5.9-9}$$

其中，非线性修正量为：

$$\Delta T = \mu \times s^2 \times (C_A - C_C)(C_A - C_W) + \varepsilon \tag{5.9-10}$$

由不同仪器温度下热真空实验数据可以由式 5.9-10 分析得到非线性参数 μ，进一步可以分析非线性系数与仪器温度之间的关系。

5.9.1.4　天线溢出和交叉极化泄漏订正

在天线方向图旁瓣水平较低情况下，天线亮温可用下式表示：

$$T_{Ap} = \int_E d\Omega [G_{pp} \times T_{Bp} + G_{pq} \times T_{Bq}] + \int_s d\Omega (G_{pp} + G_{pq}) T_{BC} \tag{5.9-11}$$

上式中，G 为增益，T 为亮温，下标 p、q 分别对应垂直水平两种极化方式。第一个积分表达式表示接收亮温中主瓣对地观测部分，由两部分组成：同极化项和交叉极化项；第二个积分表达式表示冷空辐射亮温进入天线旁瓣的部分。其中 T_{BC} 取宇宙背景辐射亮温 2.73K。把冷空辐射亮温从天线亮温中去除，然后再对其进行归一化可以得到地球观测天线温度：

$$T'_{Ap} = \Lambda_p^{-1} [T_{Ap} - (1 - \Lambda_p) T_{BC}] \tag{5.9-12}$$

其中，$\Lambda_p = \int_E d\Omega [G_{pp} + G_{pq}]$。 \tag{5.9-13}

天线溢出因子通常被定义为：

$$\delta_p = 1 - \Lambda_p \tag{5.9-14}$$

可以通过测量同极化和交叉极化天线方向图得到。

交叉极化溢漏定义为：$\chi_p = \Lambda_p^{-1} \int_E G_{pq} d\Omega$ \tag{5.9-15}

结合式（5.9-11）和式（5.9-12），可以得到考虑了溢漏和交叉极化影响的对地观测天线亮温表达式：

$$T'_{Ap} = (1 - \chi_p) \overline{T}_{Bp} + \chi_p \overline{T}_{Bq} \tag{5.9-16}$$

式中，$\overline{T}_{Bp} = \Lambda_p^{-1} (1 - \chi_p)^{-1} \int_E G_{pp} T_{Bp} d\Omega$

对于式（5.9-13），令 p、q 分别为 V 和 H 极化，则有：

$$T'_{Av} = (1 - \chi_v) \overline{T}_{Bv} + \chi_v \overline{T}_{Bh} \tag{5.9-17}$$

$$T'_{Ah} = (1 - \chi_h) \overline{T}_{Bh} + \chi_h \overline{T}_{Bv} \tag{5.9-18}$$

联合式（5.9-14）和式（5.9-15）得到：

$$\overline{T}_{Bv} = T'_{Av} + \chi_v (1 - \chi_v - \chi_h)^{-1} (T'_{Av} - T'_{Ah}) \tag{5.9-19}$$

$$\overline{T}_{Bh} = T'_{Ah} + \chi_h (1 - \chi_h - \chi_v)^{-1} (T'_{Ah} - T'_{Av}) \tag{5.9-20}$$

在同极化和交叉极化天线增益方向图精确测量的情况下，假定总天线亮温可以表达为对地观测和冷空辐射两部分，则可以计算得到天线溢出因子 δ_p 和交叉极化泄漏因子 χ_p。首先通过式（5.9-12）对地观测天线冷空溢出部分进行订正，然后通过式（5.9-19）和式（5.9-20）对交叉极化泄漏进行订正。

5.9.2　定标结果分析

通过与国外同类传感器对同一地面目标观测结果的比较来进行微波成像仪定标精度评价（Jones et al.，2006；Yan and Weng，2008）。由以下几个步骤组成：

①首先确定微波辐射特性稳定（空间上和时间上）的陆表和海表区域作为定标目标区；

②对国外同类仪器观测进行时间和空间匹配，提取匹配数据；

③对匹配数据进行质量检验，剔除匹配数据当中受大气散射影响的像素，利用经过质量控制的匹配数据集进行 FY-3A 微波成像仪相对定标精度评价；

④利用亚马逊地区 TMI 观测亮温对微波成像仪热源辐射效率和热镜背瓣进行订正；

⑤利用印度洋、北大西洋、太平洋、南大西洋和撒哈拉沙漠地区时空匹配 TMI 数据进行非线性参数修正。

通过长时间序列 SSM/I 全球观测数据对全球微波辐射亮温进行稳定性分析，结合国外微波辐射计在轨替代定标选择的地面目标定标场，选取国内外 9 个地面区域作为定标目标。选取的定标区域和经纬度见表 5.9-1。

表 5.9-1　微波成像仪定标区域经纬度

定标区域	经度范围	纬度范围
云南雨林	100°00′00″E 102°00′00″E	22°00′00″N 24°00′00″N
中国南海	112°00′00″E 117°00′00″E	15°00′00″N 20°00′00″N
太平洋	122°30′00″W 158°30′00″W	10°30′00″N 21°30′00″N
南大西洋	41°30′00″W 38°30′00″W	27°30′00″S 11°30′00″S
北大西洋	60°30′00″W 24°30′00″W	31°30′00″N 17°30′00″N
印度洋	60°30′00″E 95°30′00″E	2°30′00″S 17°30′00″S
撒哈拉沙漠	6°30′00″W 29°30′00″E	31°30′00″N 16°30′00″N
亚马逊雨林	74°30′00″W 52°30′00″W	3°30′00″N 11°30′00″S
格陵兰	50°30′00″W 28°30′00″W	81°30′00″N 70°30′00″N
南极	18°30′00″E 72°30′00″E	73°30′00″S 84°30′00″S

利用交叉定标得到的热源订正系数与地面真空试验的非线性订正系数，选择时空匹配的低温（洋面）和高温（陆表）目标，计算微波成像仪观测亮温，将结果与 TMI 观测亮温进行比较，结果见表 5.9-2。

表 5.9-2　FY-3A/MWRI 与 TRMM/TMI 对应通道交叉比对结果

		10.65V	10.65H	18.7V	18.7H	23.8V	23.8H	36.5V	36.5H	89V	89H
平均亮温偏差（K）	高温目标	0.46	0.92	1.01	0.73	1.97		1.19	1.45	1.54	1.83
	低温目标	0.57	1.60	0.70	1.93	1.02		0.72	0.99	0.92	1.46

5.9.3　一级产品格式主要内容说明

微波成像仪一级（L1）产品是经过数据预处理生成的包含了定标、定位信息，能够用于定量产品计算和其他科学应用、标准 HDF5 格式的科学数据，数据文件以卫星绕地球运行半圈的观测数据量为单位按轨道记录存档。图 5.9-1 是 2008 年 9 月微波成像仪一级数据 23.8GHz，V 极化通道降轨全球多日影像镶嵌图。

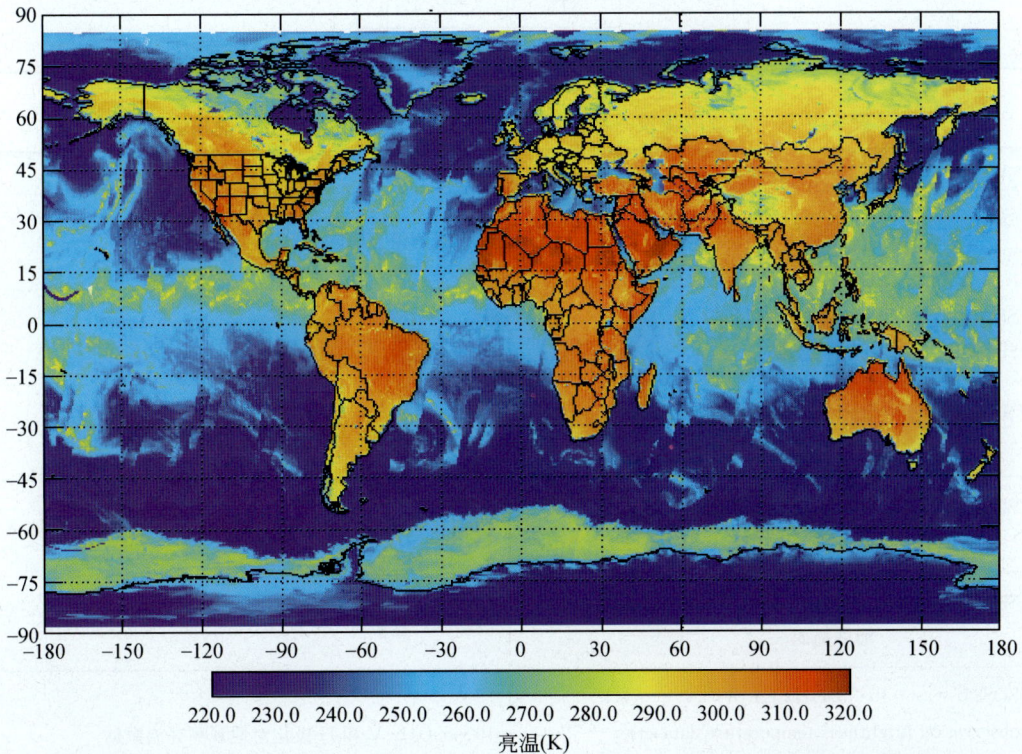

图 5.9-1　2008 年 9 月微波成像仪 23.8GHz V 极化通道全球多日合成亮度温度图象

微波成像仪一级数据由全局文件属性、私有文件属性、科学数据集（SDS）和表格数据组成。数据预处理过程中的关键基础静态参数记录在微波成像仪一级产品私有文件属性中；主要科学应用数据都以科学数据集的形式存于一级产品中，其中包括每个对地观测像元的地理经纬度、卫星天顶角、卫星方位角、太阳天顶角、太阳方位角、地表高程、海陆掩码、地表分类、通道亮温、观测位置角编码，以及每个扫描周期的定标系数、时间码等数据。微波成像仪一级产品规格说明见表 5.9-3，常用的 SDS 使用说明见表 5.9-4，详细格式见附录 3。

表 5.9-3　微波成像仪一级产品规格说明

产品名称	覆盖范围	星下点空间分辨率（km）		数据量（MB）	生成频次
微波成像仪 L1 产品	轨道	10.65V	44.9×74.5	28	每 102 分钟一次
		10.65H	44.9×74.5		
		18.7V	26.0×43.3		
		18.7H	26.0×43.3		
		23.8V	22.5×37.4		
		23.8H	21.9×36.4		
		36.5V	14.4×24.0		
		36.5H	14.0×23.3		
		89V	7.20×12.0		
		89H	7.20×12.0		

表 5.9-4　微波成像仪一级产品常用科学数据集（SDS）数据使用说明

SDS 名称	科学数据集名称	注释
SDS1. SDS	LATITUDE 纬度	对应观测像元纬度
SDS2. SDS	LONGITITUDE 经度	对应观测像元经度
SDS3.	Scan_Time_and_Period 扫描时间和扫描周期	每条扫描线 89GHz 通道的开始扫描时间
SDS14.	LandCover in 89GHz Resolution 89GHz 分辨率陆表覆盖	89GHz 频点分辨率水平的 IGBP 陆表覆盖分类数据
SDS15.	Land/sea Mask 海陆掩码	海陆掩码数据
SDS25.	10～89GHz Earth observation brightness temperature datasets 对地观测目标亮温	10～89GHz V 和 H 极化对地观测亮温数据

5.10
地球辐射探测仪（ERM）

地球辐射探测仪（ERM）辐射定标包括两个主要过程，仪器在轨辐射响应的校正和对地观测辐射计算，前者通过星上内定标观测，确定仪器辐射响应的变化；后者利用修正的仪器辐射定标系数将对地观测数据转换为地气系统反射及发射辐射通量密度。

5.10.1　辐射定标方法

ERM 在轨工作期间，通过星上内定标观测监测仪器辐射响应的变化；星上定标系统由黑体和钨灯源组成，黑体作为全波通道的定标源，通过温控实现发射辐射控制；钨灯为短波通道定标，通过恒流控制及硅光二极管监测实现辐射稳定性控制。ERM 每14 轨仪器对内定标源进行一组观测，分 4 轨进行，从第 11 轨开始观测，11～12 轨进行窄视场通道定标，13～14 轨进行宽视场通道定标。

在星上内定标观测时，黑体分别稳定温控在高、低两个温度点，仪器的全波通道则分别对其进行观测，黑体的温度由 PRT 测值确定，黑体的发射辐射值由地面真空试验确定，利用地面试验确定的黑体发射辐射和仪器对于定标源的观测输出量化计数，通过线性拟合，计算全波通道辐射响应的增益和截距，即辐射定标系数；对于短波通道的定标，将星上标准灯开和关两个状态作为辐射定标的两点，关灯状态作为零辐射点，开灯所发射的辐射作为高辐射值点，其辐射值由地面定标给出；卤钨灯状态稳定性监测则通过光敏二极管的光强监测实现。

5.10.1.1　在轨内定标观测数据质量控制

在 ERM 数据处理过程中，利用卫星下传数据中仪器状态信息，确定仪器工作状态是内定标观测或对地观测，在内定标观测时确定内定标观测的通道；然后，将内定标源数据和定标观测数据从数据流中提取出来，并进行数据质量控制，以确保仪器辐射校正的精度。

对于定标源状态，通过比较黑体温度、卤钨灯的输入电压、电流及输出光强与地面设定数值差异，是否超过偏差标准，并给出标识；对于定标观测数据，首先对于一个源包内的数据进行统计分析，剔除 3 倍的均方差之外的数据后进行进一步的统计分析。对于整个定标过程，分别对定标源状态和定标观测数据进行统计分析，保留 3 倍均方差之内数据，用于计算辐射定标系数。

5.10.1.2　辐射定标系数计算

ERM 辐射定标系数计算采用线性拟合的方法，利用通过质量控制的定标源及定标观测数据，计算仪器观测通道的辐射定标系数。方程如下：

$$Rad = Slope \times Dn + Interp \tag{5.10-1}$$

上式为 ERM 线性辐射定标方程，其中 Rad 为仪器观测辐亮度，单位为 $W/m^2 \cdot str$，Dn 是仪器观测输出的计数值，$Slope$ 和 $Interp$ 是仪器辐射响应的增益和截距，即辐射定标系数。

$$Slope = \frac{(Rad_h - Rad_l)}{(Dn_h - Dn_l)} \tag{5.10-2}$$

$$Interp = Rad_h - Slope \times Dn_h \tag{5.10-3}$$

其中 Rad_h 和 Rad_l 是定标源在高、低点定标观测时的发射辐射，由地面定标实验确定；Dn_h 和 Dn_l 时仪器在高、低点定标时观测的计数值。

对于 ERM 宽视场通道，由于采用了功率补偿腔式探测器，其定标方程为：

$$Rad = Slope \times Dn^2 + Interp \tag{5.10-4}$$

仪器响应的辐射与计数值的平方呈线性关系，在拟合之前需要计算计数值的平方。

5.10.1.3　对地观测的辐射定标

对于 ERM 对地观测数据，通过式（5.10-1）辐射定标过程，可以得到仪器观测地球反射及发射辐射数据。在 ERM 数据预处理过程，对于每次在轨定标观测之前的对地观测数据，利用前一次定标观测计算确定的定标系数进行辐射定标；内定标之后则利用新的定标系数计算。

对于短波通道，标准灯光强可能发生变化，如何监测灯的光强的变化以及修正这种变化，提高短波通道的辐射定标精度，需要进一步的研究来解决。

5.10.2　定标结果分析

在轨测试中对于 ERM 的定标精度的评估方法采用两种方式，一种是将仪器在轨定标观测与地面定标试验结果进行比较，分析仪器在轨工作期间相对地面定标试验的变化；另一种是将 ERM 生成的大气顶去滤波辐亮度产品与同时间的 Meterosat/GERB 同类产品进行比较，以评价仪器辐射定标的合理性。

5.10.2.1　星上定标观测与地面真空试验对比

利用 2008 年 7 月 18 日 ERM 星上定标观测数据与地面定标试验中数据中定标源参数、定标观测数据进行对比，结果如表 5.10-1 至表 5.10-4 所示。

表 5.10-1　扫描视场全波通道地面与在轨定标观测比较（2008 年 7 月 18 日）

	扫描视场内黑体温度（K）	冷源温度（K）	冷源辐射量	扫描视场全波输出	扣除冷源影响全波输出
地面定标	294.97	97.65	1.40	2060.2	2084
	325.67	96.15	1.32	3029.2	3054
在轨定标	294.92	4	0	2076.47	2076.47
	325.70	4	0	3046.61	3046.61

表 5.10-2　非扫描视场全波通道地面与在轨定标观测比较（2008 年 7 月 18 日）

	扫描视场内黑体温度（K）	扫描视场全波输出
地面定标	294.1	5029.7
	325.67	4623.3
在轨定标	294.01	5037.35
	325.11	4634.96

表 5.10-3　扫描视场短波通道地面与在轨定标观测比较（2008 年 7 月 18 日）

窄视场	光源光强（计数）	光源电压（计数）	光源电流（计数）	定标输出
地面	−2043.4	3830.6	3701.1	4486.8
星上定标	−2070.4334	3060.9	3705.5333	4595.8293

表 5.10-4　非扫描视场短波通道地面与在轨定标观测比较（2008 年 7 月 18 日）

宽视场	光源光强（计数）	光源电压（计数）	光源电流（计数）	定标输出
地面	−6719.1	4009.3	3684.7	3467.8
星上定标	−6768.4333	3090.0667	3703.7333	3436.5238

从扫描及非扫描视场的全波通道的地面及在轨观测数据的比较，可以看出全波黑体及定标观测与地面定标观测相比，比较接近，可以认为全波通道其辐射定标的精度与地面定标精度较为符合。对于短波通道，定标源参数与定标观测输出在轨发生大约 1‰～2‰ 的变化，初步认为是在轨光源变化带来的辐射响应的变化。

5.10.2.2　ERM 与 GERB 观测相对比较

为了分析 ERM 在轨辐射定标的可靠性，选择与 ERM 同时观测的欧洲 Meteosat-9 携带的静止卫星地球辐射探测仪（GERB-2）的数据进行比较，分析其偏差。图 5.10-1

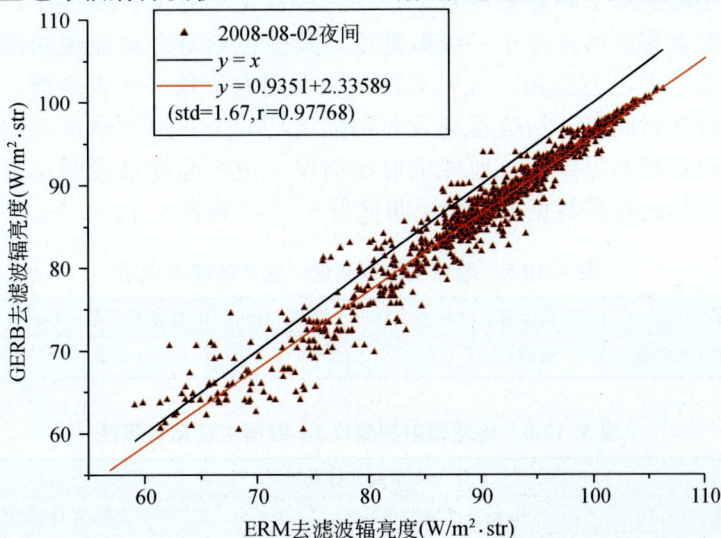

图 5.10-1　ERM 与 GERB 长波去滤波辐亮度产品比较（2008 年 8 月 2 日夜间）

是 2008 年 8 月 2 日夜间匹配 GERB 和 ERM 的去滤波长波辐亮度，ERM 产品与 GERB 观测辐射具有的较好一致性，相关系数 0.978，标准差 1.67W/m² · str，对比分析显示 ERM 在轨的辐射定标是合理，也是可靠的。

5.10.3 一级产品格式主要内容说明

地球辐射探测仪一级（L1）产品是经过数据预处理生成的含有定标、定位信息，能够用于计算定量产品的标准 HDF5 格式的科学数据，数据文件以卫星绕地球运行一圈的观测数据量为单位按轨道记录存档。图 5.10-2 是 2009 年 4 月 7 日地球辐射探测仪一级数据全波通道降轨（白天）全球影像镶嵌图。

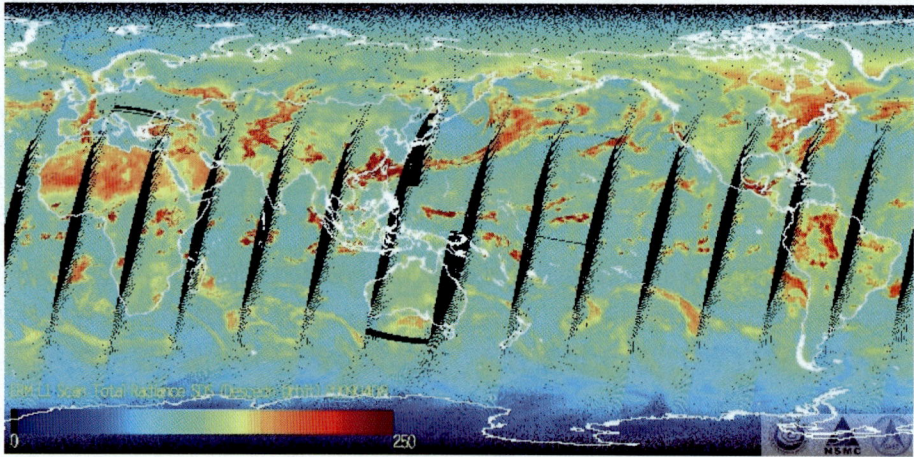

图 5.10-2　2009 年 4 月 7 日 ERM 全波通道的 L1 数据全球影像镶嵌图

地球辐射探测仪一级产品由全局文件属性、私有文件属性、科学数据集组成。数据预处理过程中的关键基础静态参数记录在一级数据私有文件属性中，主要科学应用数据都以科学数据集的形式存于一级数据中，其中包括每个对地观测像元的地理经纬度、卫星天顶角、卫星方位角、太阳天顶角、太阳方位角、地表高程、海陆掩码、地表分类、日计数和时间码、扫描视场及非扫描视场的全、短波通道观测计数值和辐亮度、定标源和仪器状态等数据。地球辐射探测仪一级产品规格说明见表 5.10-5，主要的私有属性及常用的科学数据集使用说明见表 5.10-6 和表 5.10-7。

表 5.10-5　地球辐射探测仪一级产品规格说明

产品名称	覆盖范围	星下点空间分辨率（km）	数据量（Mbyte）	生成频次
地球辐射探测仪 L1 产品	轨道	28	8.5	每 102 分钟一次

表 5.10-6　地球辐射探测仪 L1 数据主要私有属性

L1 全局文件属性		
私有文件属性	私有文件属性名	私有文件属性中文名
1	Calibration _ start _ time	探测通道定标开始时间

续表

L1 全局文件属性		
私有文件属性	私有文件属性名	私有文件属性中文名
2	Calibration _ end _ time	探测通道定标结束时间
3	Calibration _ Nscans	在轨定标观测的源包个数
4	Operational _ temp _ flag	仪器工作温度标识
5	Count _ to _ radiance _ coefficient _ precal	在轨定标前探测通道辐射标定系数
6	Count _ to _ radiance _ coefficient _ aftercal	在轨定标后探测通道辐射标定系数
7	Static _ analysis _ of _ enginerring _ data	工程遥测数据统计分析

表 5.10-7 地球辐射探测仪一级产品常用科学数据集使用说明

科学数据集	科学数据集中文名	参数单位	有效范围	缩放比例	偏移量
Scan Short Output	ERM 对地扫描视场短波通道计数值	无	$-8192\sim8192$	1.0	0.0
Scan Total Output	ERM 对地扫描视场全波通道计数值	无	$-8192\sim8192$	1.0	0.0
Latitude	扫描视场的纬度	度	$-90.0\sim90.0$	1.0	0.0
Longitude	扫描视场的经度	度	$-180.0\sim180.0$	1.0	0.0
SensorZenith	扫描视场的卫星天顶角	度	$0.0\sim90.0$	0.01	0.0
SensorAzimuth	扫描视场的卫星方位角	度	$-180.0\sim180.0$	0.01	0.0
SolarZenith	扫描视场的太阳天顶角	度	$0.0\sim180.0$	0.01	0.0
SolarAzimuth	扫描视场的太阳方位角	度	$-180.0\sim180.0$	0.01	0.0
LandSea Mask	扫描视场的海陆标识	无	$1\sim5$	1.0	0.0
Height	扫描视场的高程	米	$-1000\sim10000$	1.0	0.0
Landcover	扫描视场陆地覆盖分类	无	$0\sim16$	1.0	0.0
Scan Quality Flag	扫描视场数据质量标识	无	$0\sim1$	1.0	0.0
Scan Short Radiance	扫描视场短波通道辐亮度	$W/m^2/str$	$0\sim370$	1.0	0.0
ScanTotal adiance	扫描视场的全波通道辐亮度	$W/m^2/str$	$0\sim500$	1.0	0.0
NadirShort Output	非扫描视场短波通道计数值	无	$-8192\sim8192$	1.0	0.0
NadirTotal Output	非扫描视场全波通道计数值	无	$-8192\sim8192$	1.0	0.0
Nadir Latitude	非扫描视场中心纬度	度	$-90.0\sim90.0$	1.0	0.0
Nadir Longitude	非扫描视场中心经度	度	$-180.0\sim180.0$	1.0	0.0
Nadir Solar Zenith	非扫描视场中心太阳天顶角	度	$0.0\sim180.0$	0.01	0.0
NadirSolar Azimuth	非扫描视场中心太阳方位角	度	$-180.0\sim180.0$	0.01	0.0
Nadir Quality Flag	非扫描视场数据质量标识	无	$0\sim1$	1.0	0.0
Nadir Short Radiance	非扫描视场短波辐亮度	$W/m^2/str$	$0\sim370$	1.0	0.0
Nadir Total Radiance	非扫描视场全波辐亮度	$W/m^2/str$	$0\sim500$	1.0	0.0
Julian Time Index	源包观测起始时间	毫秒	$0\sim86400000$	1.0	0.0
Julian Day Index	源包起始儒略日计数	天	$0\sim5000$	1.0	0.0
Julian Time Quality Flag	源包观测时间质量标识	无	$0\sim1$	1.0	0.0

科学数据集	科学数据集中文名	参数单位	有效范围	缩放比例	偏移量
Engineering Data	工程遥测数据	无	−8192～8192	1.0	0.0
Engineering Data Flag	工程遥测数据质量标识	无	0～1	1.0	0.0
Engineering Temperature Analog	工程遥测数据模拟温度量	℃	−10～70	1.0	0.0
Engineering Volt Analog	工程遥测数据模拟电压量	V	−12～12	1.0	0.0
GPS Time	GPS 数据观测时间	毫秒	0～86400000	1.0	0.0
GPS Data	卫星 GPS 数据	米	−7300000～7300000	0.1	0.0
Attitude Time	卫星姿态测量时间	毫秒	0～86400000	1.0	0.0
Attitude Data	卫星姿态测量数据	度	−0.3～0.3	0.009	0.0
Source Data Qc	源包数据质量标识	无	0～255	1.0	0.0
Nadir Sensor Zenith	非扫描视场中心卫星天顶角	度	0.0～90.0	0.01	0.0
Nadir Sensor Azimuth	非扫描视场中心卫星方位角	度	−180.0～180.0	0.01	0.0
Scan Calibration	扫描视场定标观测数据	无	−8192～8192	1.0	0.0
Nadir Calibration	非扫描视场定标观测数据	无	−8192～8192	1.0	0.0
Calib ration Source	定标源数据	无	−8192～8192	1.0	0.0
Instrument Status	仪器状态数据	无	−8192～8192	1.0	0.0
Instrument Mode	仪器模式	无	0～18	1.0	0.0
Orbit Mode	轨道模式	无	0～1	1.0	0.0

5.11
太阳辐射监测仪（SIM）

5.11.1 辐射定标算法

太阳辐射监测仪（SIM）辐射定标是将太阳辐射监测仪原始遥感计数值转换成辐射物理量的处理过程。在轨观测中，因太阳辐射监测仪是不需任何标准而能够自定标的绝对辐射计组件，设计为通过一台仪器间断观测而对另外两台连续观测的仪器衰减进行标定；同时利用与同类仪器的交叉定标来对定标结果进行验证。针对每次观测的源包数据，需对数据进行有效性判识和质量控制，其后通过电定标跟踪修正将计数值转换为电压，再依据仪器的观测模式开展相应的辐射计算。

5.11.1.1 定标基础数据的质量控制

太阳辐射监测仪在轨观测获得的基础数据应满足仪器的预先设计，在辐射定标之前需要对基础数据的时间连续性以及观测数据的有效性进行判识。因太阳辐射监测仪采用非轨道连续观测，对源包数据的时间检验采用包内时间相关检验方法，公式如下：

$$dT_1 = T_1 - T_0 \tag{5.11-1}$$

$$dT_2 = T_2 - T_1 \tag{5.11-2}$$

其中 T_0 为状态一开始时间，T_1 为状态二开始时间，T_2 为状态二结束时间。数据满足时序检验和有效性判识之后，将数据进行分解，以便进行定位和辐射计算，否则中止计算，不进行后续定标处理。

5.11.1.2　辐射定标计算

辐射定标计算首先要按照式（5.11-3）和式（5.11-4）进行电定标跟踪修正，将计数值转换为电压值以及电功率值，再根据具体的观测模式，开展相应的计算处理。

$$V_J = \frac{D_J(V)}{D_S(V)} \cdot V_S \tag{5.11-3}$$

$$P_J = \frac{V_J{}^2}{R} \tag{5.11-4}$$

其中 $D_S(V)$ 是在标准电压 V_S 的计数值，$D_J(V)$ 是星上观测的电压计数值，V_J 是通过转换所得到的电压值；P_J 是转换后所得到的电功率值，R 为电阻，在计算中需考虑温度的影响，对其进行修订。

自测试观测模式是在仪器开机之后最先进行的测试，快门保持关闭状态，分别加低电压和高电压考察仪器性能，主要用于测量探测器响应度式（5.11-5）和时间常数式（5.11-6）。

$$S = \frac{P_H - P_L}{T_H(t_m) - T_L(t_m)} \tag{5.11-5}$$

$$\tau_i = \frac{(t_{i+1} - t_i)}{\ln\left(\dfrac{T_H(t_m) - T_H(t_{i+1})}{T_H(t_m) - T_H(t_i)}\right)} \quad i = 1, 2, \cdots, 9 \tag{5.11-6}$$

其中，P_H 和 P_L 分别是加高、低电压时的电功率；$T_L(t)$ 和 $T_H(t)$ 是 SIM 温度传感器在加高、低电压的采样数据，每 5s 采样一次，平衡时间大约为 $t_m = 180\sim300$ 秒，将不同时间的时间常数平均，得到仪器的时间常数 t_i。

冷空间观测模式用于观测空间背景辐射，以便对太阳观测模式的结果进行订正。在轨道背光面，先打开快门进行冷空观测，然后关闭快门进行电定标，综合二者信息可按式（5.11-7）计算得到冷空间辐射 E_c。

$$\begin{aligned}
E_c &= \left\{ \frac{P_e - P_K}{A} - \frac{1}{A}[T_e(t_m) - T_K(t_m)] \times S \right\} \Big/ \alpha \\
&= (T_K(t_m) \times S - P_K)/A/\alpha \\
&= \left(\frac{T_K(t_m)}{T_e(t_m)} \times P_e - P_K \right) \Big/ A/\alpha
\end{aligned} \tag{5.11-7}$$

其中 P 为电功率，下标 K 和 e 分别表示对冷空观测状态和电定标状态；A 为光栏面积，需考虑温度的影响进行订正；S 为仪器响应度，由电定标状态测得，计算公式为 $S=$

$P_e/T_e\ (t_m)$；α 为黑体吸收率。

太阳观测模式是太阳辐射监测仪的主要工作模式，当有太阳光射入视场时，打开快门进行太阳观测，然后关闭快门进行电定标，仪器观测到的辐照度可按下式计算：

$$
\begin{aligned}
E_S &= \left\{ \frac{P_e - P_B}{A} - \frac{1}{A}\left[T_e(t_m) - T_B(t_m) \right] \times S \right\} \Big/ \alpha \\
&= \left[T_B(t_m) \times S - P_B \right] \Big/ A / \alpha \\
&= \left[\frac{T_B(t_m)}{T_e(t_m)} P_e - P_B \right] \Big/ A / \alpha
\end{aligned}
\tag{5.11-8}
$$

其中 B 和 e 分别表示对太阳观测状态和电定标状态，其余同上。为得到太阳常数还需进行三项订正：冷空间订正以便得到太阳入射的绝对辐射能量；角度订正将结果修正到垂直入射情况（目前采用余弦订正，可进一步改进）；日地距离订正将大气顶太阳辐照度修正到日地平均距离处的太阳辐照度即太阳常数。根据仪器设计通道 2 间断工作来实现对通道 1、3 衰减的订正，当通道 2 打开时，与其同时观测的通道将通过二者的比例关系计算相对定标系数，以便进行相对定标订正。各个订正系数以及结果都将记录在太阳辐射监测仪一级数据中。

5.11.2　定标结果分析

太阳辐射监测仪定标结果分析以 SORCE/TIM 为参考载荷。两台仪器都是专门设计用于观测太阳辐照度的。SORCE/TIM 是跟踪式仪器，测量的精度很高；FY-3A/SIM 仪器是非跟踪式仪器，且视场较大，对定标的要求很高。由于二者都是长期观测同一目标，可通过时间序列来考察 FY-3A/SIM 与 SORCE/TIM 之间的相对定标偏差。

根据 FY-3A 卫星在轨测试时间，选取 2008 年 7 月 1 日至 2008 年 9 月 29 日 FY-3A/SIM L1 数据与 SORCE/TIM L3 数据为对比分析数据。FY-3A/SIM L1 为轨道产品，其结果如图 5.11-1 所示；而 SORCE/TIM L3 数据为日平均太阳辐射（常数）产品，需要对 FY-3A/SIM L1 数据做日平均处理，并对结果进行日滑动平均。二者的比较结果如图 5.11-2 所示。FY-3A/SIM 与 SORCE/TIM 的观测结果之间存在一定的系统偏差，SORCE/TIM 的太阳辐照度均值为 1361 Wm^{-2}，低于当前国际公认的均值 1367Wm^{-2}。这一原因还没有很好的解释，但对于 SORCE/TIM 的观测结果能够很好

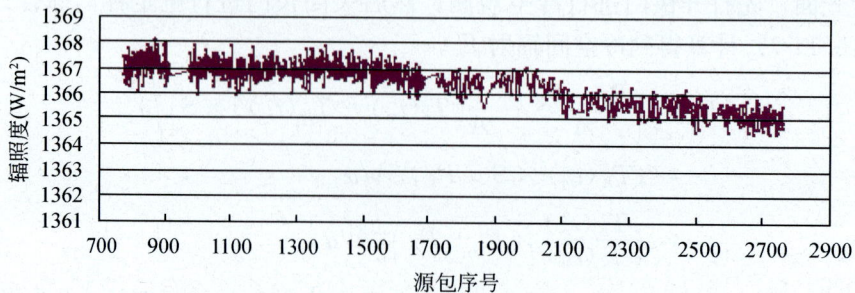

图 5.11-1　SIM 太阳辐射（常数）监测

的反映太阳辐射的变化趋势是得到认同的。因此，在去除系统偏差之后，得到的绝对偏差如图5.11-3所示。由图 5.11-3 可见，相对 TIM 发布的数据，SIM 太阳辐射值存在大约 $1.5 \mathrm{Wm}^{-2}$ 的变化。分析认为这种偏差可能与仪器的角度响应有关，可通过积累一个角度变化观测周期的数据完成对角度响应的订正和处理。

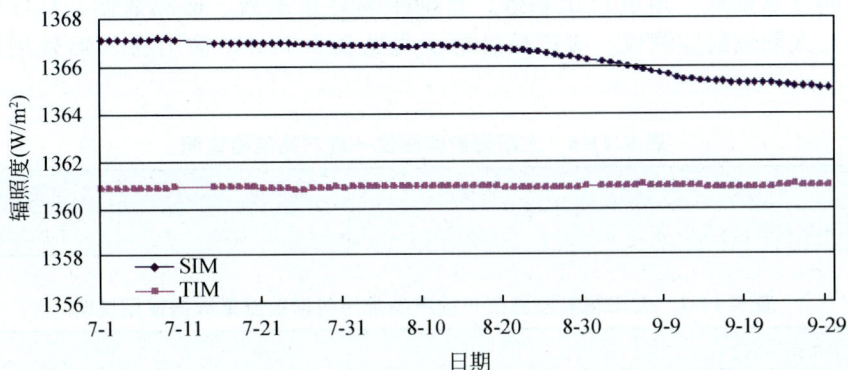

图 5.11-2 FY-3A/SIM 与 SORCE/TIM 的日平均太阳常数时间序列（2008 年）

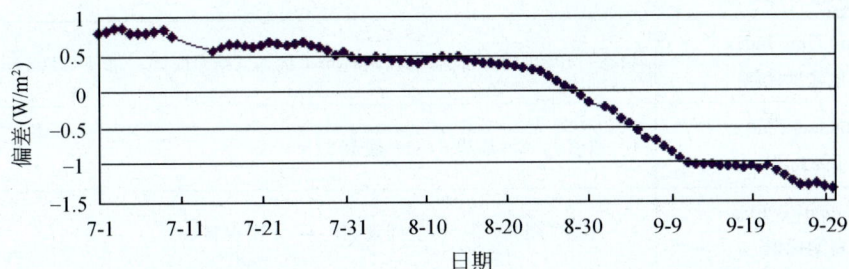

图 5.11-3 FY-3A/SIM 与 SORCE/TIM 去除系统偏差之后的绝对偏差（2008 年）

5.11.3 一级产品格式主要内容说明

太阳辐射监测仪一级（L1）产品是经过数据预处理生成的包含了定标、定位信息，能够用于定量产品计算、标准 HDF5 格式的科学数据，数据文件以卫星绕地球运行一圈的观测数据量为单位按轨道记录存档。图 5.11-4 是 2008 年 7 月 15 日至 8 月 15 日太阳辐射监测仪通道 1 观测的太阳常数序列图。

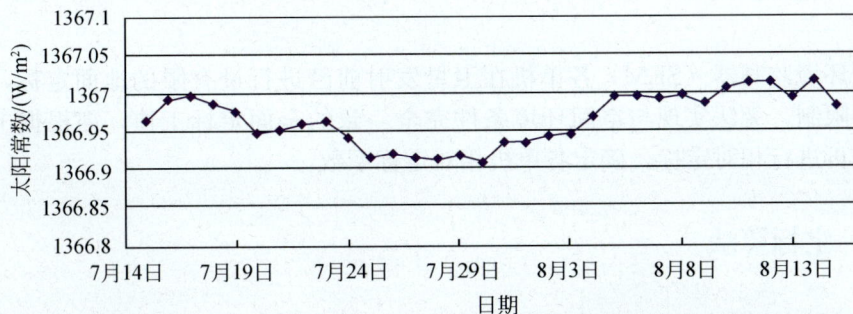

图 5.11-4 2008 年 7 月 15 日至 8 月 15 日 SIM 通道 1 观测结果

太阳辐射监测仪一级数据由全局文件属性、私有文件属性和科学数据集（SDS）组成。数据预处理过程中的关键基础静态参数记录在太阳辐射监测仪一级数据私有文件属性中；太阳辐射监测仪主要科学应用数据都以科学数据集的形式存于一级数据中，其中包括每次观测的观测标识、通道标识、太阳位置矢量、太阳常数、大气顶太阳辐照度、空间背景辐射、角度订正系数、日地距离订正系数、遥测数据、日计数和时间码等数据。太阳辐射监测仪一级产品规格说明见表 5.11-1，常用的 SDS 使用说明见表 5.11-2。

表 5.11-1　太阳辐射监测仪一级产品规格说明

产品名称	覆盖范围	数据量（Mbyte）	生成频次
太阳辐射监测仪 L1 产品	轨道	0.04	每 102 分钟一次

表 5.11-2　太阳辐射监测仪一级产品常用科学数据集数据使用说明

科学数据集名	注释
Julian Day Index 源包天计数	以 2000 年 1 月 1 日 UTC 时间 12：00 时为计时起始点
Julian Time Index 源包毫秒计数	状态一开始时间，状态二开始时间，状态二结束时间，每日 UTC12h 清零
Channel Flag 通道标识	1＝通道 1，2＝通道 2，3＝通道 3
Observation Flag 观测标识	1＝自测试观测，2＝冷空间观测，3＝太阳观测
Solar Angle 太阳光线夹角	太阳光线与卫星坐标系 X、Y、Z 轴的夹角，单位 0.01°
Solar Constant 太阳常数	日地平均距离处的太阳辐照度，单位 Wm^{-2}

5.12
空间环境监测器（SEM）

空间环境监测器（SEM）各单机在卫星发射前已进行过有限的地面定标，受地面试验条件限制，无法实现与空间环境条件完全一致的全面定标工作，需根据卫星在轨实测数据再进行相对定标，确定各单机相对定标系数。

5.12.1　定标算法

SEM 遥测数据输出 X_k 取值范围为 0～255，需要转化为电压值 V（0～5 V），具体公式如下：

$$V = \frac{X_k \times 5}{255} \tag{5.12-1}$$

5.12.1.1　高能离子探测器

1. 高能质子/氦离子处理方法

首先将电压 V 转化为通量计数值 N（单位：计数值/s）：

对于质子 P1～P4：

$$N = \begin{cases} 0, & 当 V < 0.1 \text{ 时} \\ 10^V, & 当 0.1 \leqslant V \leqslant 4 \text{ 时} \\ 0.970 \times 10^V + 3.022 \times 10^{-6} \times (10^V)^2, & 当 V > 4 \text{ 时} \end{cases} \tag{5.12-2}$$

对于质子 P5、P6 和 He：

$$N = 10^{\frac{V}{1.67}} \tag{5.12-3}$$

再将通量计数值 N 转化为通量 F（单位：粒子数 $\mathrm{cm}^{-2}\,\mathrm{s}^{-1}\,\mathrm{sr}^{-1}$）：

$$F = \frac{N}{G} \tag{5.12-4}$$

其中 $G = 0.222\ \mathrm{cm}^2 \cdot \mathrm{sr}$，为初定几何因子。

最后，根据相对定标结果对通量 F 进行在轨修正，得到最终的通量探测结果 F^*（单位：粒子数 $\mathrm{cm}^{-2}\,\mathrm{s}^{-1}\,\mathrm{sr}^{-1}$）：

$$F^* = F \times G^* \tag{5.12-5}$$

其中 G^* 为考虑最终几何因子和其他修正的系数，G^* 取值见表 5.12-1。

表 5.12-1　高能离子探测器相对定标系数

	P1	P2	P3	P4	P5	P6
G^*	0.29	0.29	0.33	2.086	0.406	0.196

2. 高能离子探测器（重离子 C、Ar 等）处理方法

首先将电压 V 转化为通量计数值 N（单位：计数/2s），设 V_k 为某一遥测帧遥测电压值，V_{k+1} 为下一遥测帧遥测电压值：

$$N = \begin{cases} \dfrac{V_{k+1} - V_k}{0.7} + 8, & 当 V_{k+1} - V_k < 0 \text{ 时} \\ 0, & 当 V_{k+1} - V_k = 0 \text{ 时} \\ \dfrac{V_{k+1} - V_k}{0.7}, & 当 V_{k+1} - V_k > 0 \text{ 时} \end{cases} \tag{5.12-6}$$

然后将通量计数值 N 转化为通量 F（单位：粒子数 $\mathrm{cm}^{-2}\,\mathrm{sr}^{-1}\,\mathrm{s}^{-1}$）：

$$F = \frac{N}{2 \times G^{**}} \tag{5.12-7}$$

其中 G^{**} 为考虑最终几何因子和其他修正的系数，$G^{**} = 2.5\ \mathrm{cm}^2 \cdot \mathrm{sr}$（对 Li 离子），

$G^{**}=0.8\ \mathrm{cm^2 \cdot sr}$（对 C 及其以上离子）。

5.12.1.2 高能电子探测器

首先用式（5.12-2）将电压 V 转化为通量计数值 N，再利用式（5.12-4）将通量计数值 N 转化为通量 F（单位：粒子数 $\mathrm{cm^{-2}\,s^{-1}\,sr^{-1}}$），其中初定几何因子 $G=0.021\ \mathrm{cm^2 \cdot sr}$，最后用式（5.12-5）进行在轨修正，得到通量探测结果 F^*（单位：粒子数 $\mathrm{cm^{-2}\,s^{-1}\,sr^{-1}}$），其中考虑最终几何因子和其他修正的系数 G^* 取值见表 5.12-2。

表 5.12-2　高能电子探测器相对定标系数

	E1	E2	E3	E4	E5
G^*	0.0929	2.3858	1.1686	0.6468	0.9796

5.12.1.3 辐射剂量仪

辐射剂量仪数据处理过程中需要先对遥测输出数据进行修正，从遥测输出数据中减去仪器本底（仪器在轨加电稳定工作后的短期数值），各通道仪器本底取值见表 5.12-3。

表 5.12-3　辐射计量仪各通道开机仪器本底

	剂量仪 1	剂量仪 2	剂量仪 3
D1 仪器本底	10	13	9
D2 仪器本底	13	23	18

将修正后的辐射剂量仪遥测输出数据 X_k 代入式（5.12-1），计算出电压 V，并除以放大倍数（表 5.12-4），得出修正后的电压值 V。

表 5.12-4　辐射剂量仪各通道放大倍数

	剂量仪 1	剂量仪 2	剂量仪 3
D1 放大倍数	1.51	1.42	1.44
D2 放大倍数	3.00	3.02	3.06

最后，计算各通道辐射剂量值：

$$Y=A_1\times X+A_2\times X^2+A_3\times X^3, \qquad (5.12\text{-}8)$$

其中系数 A_1、A_2 和 A_3 取值见表 5.12-5。

表 5.12-5　辐射剂量仪转换参数

	A_1	A_2	A_3
仪器输出 D1	2448.8	139.1	42.6
仪器输出 D2	1988.1	88.9	63.7

5.12.1.4 表面电位探测器

表面电位（单位：V）计算方法如下：

$$Y = a + bV \tag{5.12-9}$$

其中系数 a 和 b 取值见表 5.12-6。

表 5.12-6　辐射剂量仪转换参数

	a	b
电位探测器 1	300	−657
电位探测器 2	300	−657

最后，将处理好的数据结合定位信息（星下点地理经、纬度和高度）即可得到 SEM 综合探测结果。

5.12.2　定标结果分析

用交叉对比方法对 SEM 在轨相对定标结果进行分析。

在 FY-3A 卫星轨道高度开展空间粒子测量并进行业务监测的卫星主要是 NOAA 系列卫星（如 NOAA-17/NOAA-18）和 MetOp-02 卫星等，探测其轨道高度上的高能质子和电子，能量范围与 FY-3A 卫星接近。

考虑到轨道高度上高能粒子空间位置分布的差异性及其特征，以及随时间变化等因素，在选择比对数据时要尽量减少由于上述因素影响带来的偏差。对于高能质子，在选择比对数据时仅需挑选粒子对应空间位置（星下点地理经、纬度）和投掷角接近的点；而对高能电子，则要求观测时间尽量接近。另外由于两颗卫星高能粒子探测器的几何因子和能道设置等方面存在差异，需将比对数据归一化到相同的能段。

选取 2008 年 8 月 1～31 日 FY-3A 卫星和比对卫星观测点星下点经、纬度相差 1°以内，投掷角相差 4°以内，且观测时间相差 1 小时以内（仅对电子）的点进行比对。按照幂率谱 $y = ax^b$ 对粒子能谱进行拟合，将 FY-3A 卫星和比对卫星观测资料归一化到相同能段。

对于每一个比对点，分别以 FY-3A 卫星高能粒子通量和比对卫星高能粒子通量为横、纵坐标绘制散点图，并进行线性拟合。拟合得到的相关系数说明了两颗卫星数据变化的一致性，斜率表示两颗卫星观测结果之间倍数关系的统计平均，同时相关系数说明了斜率描述两颗卫星观测结果倍数关系的可靠程度。对于每组比对数据，将计算出的标准偏差除以比对卫星观测结果的平均值，即得出 FY-3A 卫星与比对卫星高能粒子观测结果的平均相对偏差。

以 NOAA-18 卫星质子观测数据为参照，为尽量减小观测时段、位置和投掷角等因素引起的质子通量差异，选取了两组具有可比性的数据点，分别将两颗卫星的观测结果归一化到相同能段进行比对。FY-3A 卫星和 NOAA-18 卫星质子探测结果变化趋势基本一致,计算出的 FY-3A 卫星和 NOAA-18 卫星质子探测结果平均相对偏差分别为 20.49%(3～5 MeV)和 12.97%(35～275 MeV),见表 5.12-7。

表 5.12-7 卫星高能质子与比对卫星平均相对偏差

比对卫星 \ 比对能道	3～5 MeV	35～275 MeV
NOAA-17	20.49%	12.97%

以 MetOp-02 卫星和 NOAA-17 卫星电子观测数据为参照,为尽量减小观测时间、位置和投掷角等因素引起的电子通量差异,分别选取了两组具有可比性的数据点,将不同卫星的观测结果归一化到相同能段进行比对。FY-3A 卫星和比对卫星电子探测结果变化趋势基本一致,计算出的 FY-3A 卫星和比对卫星电子探测结果相对偏差如表 5.12-8 所示:

表 5.12-8 卫星高能电子与比对卫星平均相对偏差

比对卫星 \ 比对能道	0.15～0.35 MeV	0.35～0.65 MeV	0.65～1.2 MeV
MetOp-02	17.30%	17.45%	22.86%
NOAA-17	14.00%	22.42%	16.56%

FY-3A 卫星与比对卫星高能粒子探测结果比对见图 5.12-1、图 5.12-2 和图 5.12-3。

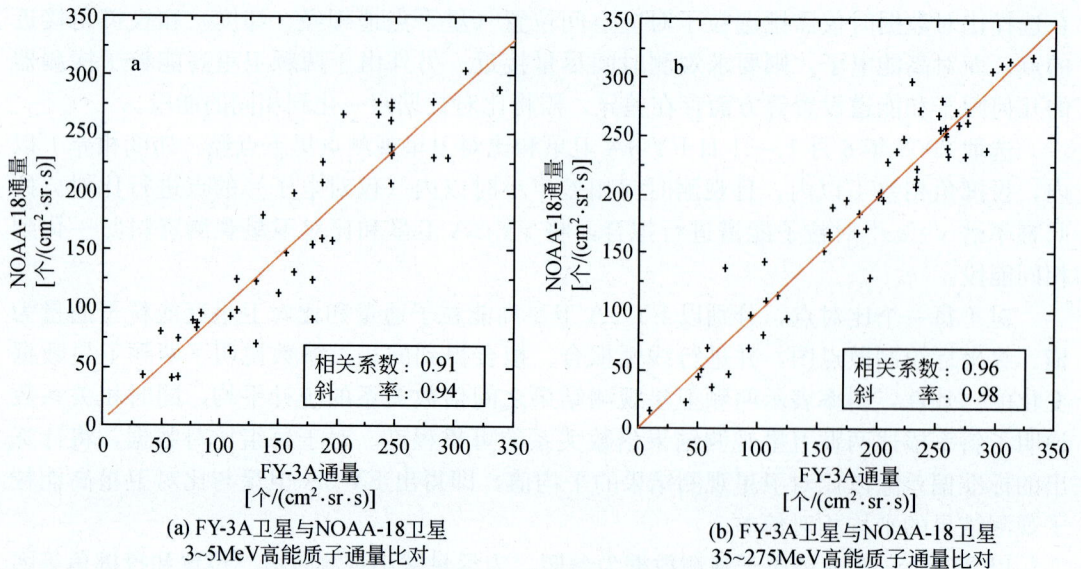

(a) FY-3A 卫星与 NOAA-18 卫星
3～5MeV 高能质子通量比对

(b) FY-3A 卫星与 NOAA-18 卫星
35～275MeV 高能质子通量比对

图 5.12-1 FY-3A 卫星与 NOAA-18 卫星高能质子观测结果比对

(a) FY-3A卫星与MetOp-02卫星
0.15~0.35 MeV电子探测结果比对

(b) FY-3A卫星与MetOp-02卫星
0.35~0.65 MeV电子探测结果比对

(c) FY-3A卫星与MetOp-02卫星
0.65~1.2 MeV电子探测结果比对

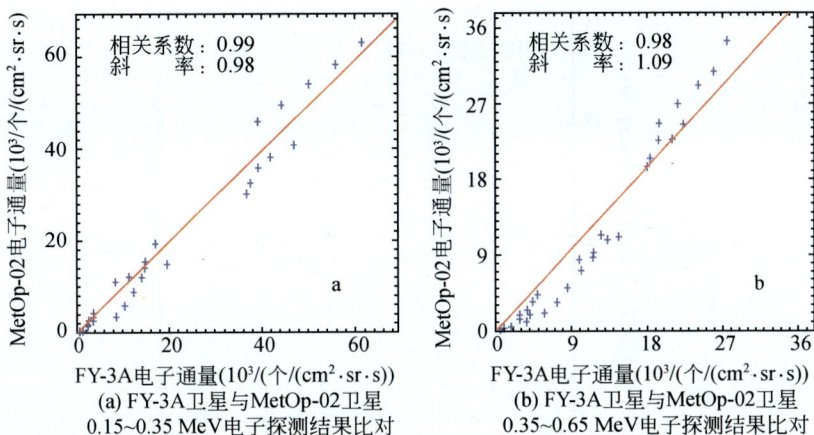

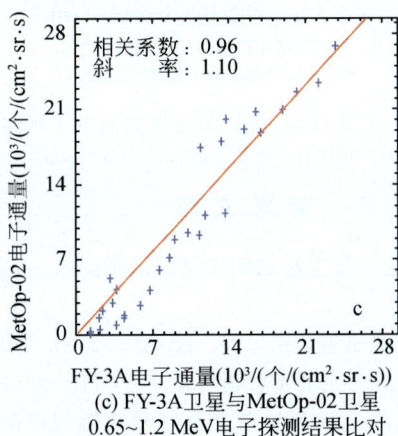

图 5.12-2　FY-3A 卫星与 MetOp-02 卫星高能电子观测结果比对

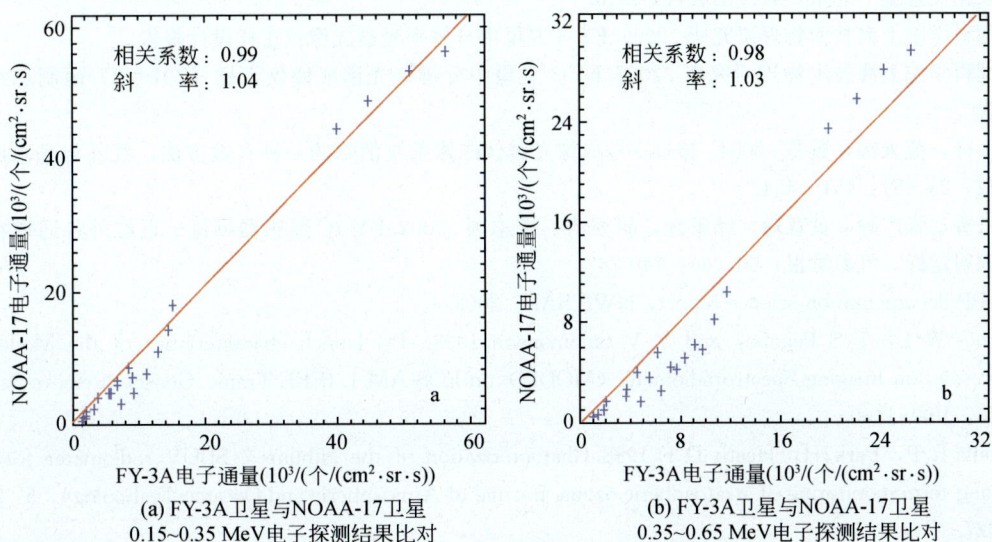

(a) FY-3A卫星与NOAA-17卫星
0.15~0.35 MeV电子探测结果比对

(b) FY-3A卫星与NOAA-17卫星
0.35~0.65 MeV电子探测结果比对

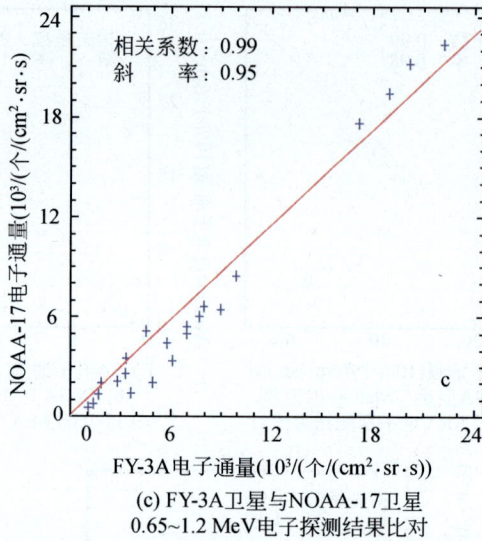

图 5.12-3 FY-3A 卫星与 NOAA-17 卫星高能电子观测结果比对

参 考 文 献

范天锡，郭俊如，潘钟跃 . 1989. 风云一号卫星 HRPT 资料的预处理 . 风云一号气象卫星资料接收处理系统文集：125－137

胡秀清，刘京晶，邱康睦，范天锡，张玉香，戎志国，张立军 . 2009. 神舟 3 号飞船中分辨率成像光谱仪场地替代定标新方法研究 . 光谱学与光谱分析，29（5）：1153-1159.

黄富祥，刘年庆，赵明现 . 2009. 风云三号卫星紫外臭氧垂直廓线产品反演试验 . 科学通报，54（17）：2556-2561.

邱康睦 . 2001. 中国卫星辐射校正场建设和科研成果及其应用前景 . 中国遥感卫星辐射校正场科研成果论文选编 . 北京：海洋出版社，2-10.

中国科学院上海技术物理研究所 . 2005. FY-3 卫星中分辨率光谱成像仪正样设计报告 .

中国科学院上海技术物理研究所 . 2007. FY-3 卫星中分辨率光谱成像仪正样（Z01－2）研制总结报告 .

朱小祥，范天锡，黄签 . 2004. 神舟三号成像光谱仪图像条纹消除的一种有效方法，红外与毫米波学报，23（6）：451－454.

张玉香，张广顺，黄意玢，邱康睦，胡秀清，戎志国 . 2002. FY-1C 遥感器可见—近红外各通道在轨辐射定标 . 气象学报，60（6）：740-747.

AAPP documentation science report，NWP SAF，2003. 4.

Barnes W L，T S Pagano, and V V Salomonson. 1998. Pre-launch characteristics of the Moderate Resolution Imaging Spectroradiometer (MODIS) on EOS AM-1. IEEE Trans. Geosci. Remote Sens.，36：1088-1100.

Cebula R P，Park H，Heath D F. 1988. Characterization of the Nibums-7 SBUV radiometer for the long-term monitoring of stratospheric ozone. Journal of Atmospheric and Oceanic Technology，5：215-227.

Cracknell A P. 1997. The Advanced Very High Resolution Radiometer. London：Taylor & Francis.

Ciren，Pubu，and Changyong Cao. 2003. First comparison of radiances measured by AIRS/AQUA and HIRS/NOAA-16/-17. Proceedings of International TOVS Study Conferences，Ste. Adele，Canada，29 October-4 November 2003.

Dong Chaohua，Liu Quanhua，Li Guangqing. Zhang Fengying. 1990. The study of In-Orbit calibration accuracy of NOAA satellite infrared sounder and its effect on temperature profile retrieval. Advances in Atmospheric Sciences，7（2）：89—97.

Guenther B W Barnes，E Knight，J Barker，J Harnden，G Godden，H Montgomery，and P Abel. 1996. MODIS Calibration：A Brief Review of the Strategy for the At-Launch Calibration Approach. J. Atmos. Ocean. Tech.，13，274-285.

Guenther，B.，G. D. Godden，X. Xiong，E. J. Knight，H. Montgomery，M. M. Hopkins，M. G. Khayat，and Z. Hao. 1998. Pre-launch algorithm and data format for the Level 1 calibration products for the EOS AM-1 Moderate Resolution Imaging Spectroradiometer（MODIS）. IEEE Trans. Geosci. Remote Sens.，36，1142-1151.

HOLLINGER J P，J L PEIRCE. 1990. SSM/I Instrument Evaluation. IEEE Transactions ongeoscience and remote sensing，28（5）：781-790.

Jack Xiong，Gary Toller，Vincent Chiang，Junqiang Sun，Joe Esposito，and William Barnes，2005. MODIS Level 1B Algorithm Theoretical Basis Document，MODIS Characterization Support Team.

Jones W L，J D Park. 2006. Deep-Space Calibration of the WindSat Radiometer. IEEE Transactions on geoscience and remote sensing，44（3）：476-495.

LabroaT，LavanantL，White K. 2003. AAPP Documentation Scientific Desceiption，NWP SAF，Document NWPSAF-MF-UD-001，Version 4. 1.

Liu J J，Z LI，Y L QIAO，Y J LIU，Y X ZHANG. 2004. A new method for cross-calibration of two satellite sensors. Int. J. Remote Sensing，25（23）：5267-5281.

NOAA KLM User's Guide（September 2000 revision），http：//www2. ncdc. noaa. gov/docs/klm/

Saunders Roger W，Timothy，J Hewison，J Stringer. 1995. The Radiometric Characterization of AMSU-B. IEEE Transactions on microwave and techniques，Vol. 43，No. 4：760—771.

Tsan Mo. 1996. Prelaunch Calibration of the Advanced Microwave Sounding Unit-A forNOAA-K. IEEE Trans. Microwave Theory and Techniques，44，1460-1469.

Tsan Mo. 1999. AMSU-A Antenna Pattern Corrections，IEEE Trans. Geoscience and Remote Sensing，37：103-112.

Thome K，J Czapla-Myers，and S Biggar. 2003. Vicarious calibration of Aqua and Terra MODIS. Proc. SPIE-Earth Observing Systems VIII，5151：395-405.

Twarog E M，W E Purdy. 2006. WindSat On-Orbit Warm Load Calibration. IEEE Transactions on geoscience and remote sensing，44（3）：516-529.

Yan B and F Weng. 2008. Intercalibration Between Special Sensor Microwave Imager/Sounder and Special Sensor Microwave Imager. IEEE Transactions on geoscience and remote sensing，46（4）：984-995.

第6章

风云三号卫星业务产品及应用

> 本章主要以星载遥感仪器为基本单元（节），逐个介绍了各仪器所生成的遥感产品及其科学算法，包括产品定义、规格、生成原理和产品应用示例等；在此基础上对数据空间匹配、综合大气探测和同化支撑产品进行了简要介绍。

6.1
可见光红外扫描辐射计（VIRR）产品及应用

6.1.1 VIRR云检测

6.1.1.1 产品定义

可见光红外扫描辐射计（VIRR）云检测产品（CLM）是指判识一个像元是否被云覆盖或者晴空，以及云和晴空判识的可信度。产品为无量纲。

6.1.1.2 产品规格

VIRR云检测产品为5分钟段（亦称块，下同）产品，空间分辨率为1km，具体规格见表6.1-1。

表 6.1-1 VIRR云检测产品规格表

产品类型	投影方式	覆盖范围	空间分辨率	数据量	生成频次
5分钟段产品	无投影	5分钟	1km	8.2MB	每5分钟一次

6.1.1.3　产品生成原理

FY-3A/VIRR 全球云检测算法采用多特征（单通道或通道组合）阈值方法，其中通道组合特征包括通道差和通道比值等。各个特征阈值的确定采用两种方法，直方图动态阈值方法或通过正演模拟确定的阈值表方法。阈值获取的方法将会在后面介绍。在单个特征云检测基础上，通过综合云检测方案确定最终的像元属性是"有云"还是"晴空"，最后输出结果是各个像元的云检测判识结果，以及云和晴空判识的可信度。

阈值法是一种易于实现，相对成熟的方法。它的思想是将被分析像元不同通道（组合）的亮度温度（简称"亮温"）、亮度温度差（简称亮温差）、反射率与设定的阈值比较，来判识该像元是否被云污染。ISCCP 法（Rossow W B et al.，1993）就是一种典型的阈值法，所用的阈值是晴空辐射与观测辐射之间的差。另一个比较成熟的阈值法是 CLAVR 法（Stowe L L et al.，1999）。当观测范围很大时，不同地域设定不同的阈值，因此阈值的确定就成为阈值法的关键。

Alan 等人提出了一种自动化的动态阈值法（DTCM 法）（Alan V et al.，2002），适用于白天陆地的 AVHRR 资料处理。对地表比较均匀的区域内所有像元进行直方图统计，会形成由晴空像元和有云像元形成的两个峰或多个峰（存在多层云情况），研究表明：在晴空像元和有云像元形成的两峰之间直方图曲线的最大变率处，作为云和晴空像元的阈值最为适合。

目前，许多业务化的云识别算法中，例如 CLAVR 算法，经验或半经验化的阈值常被应用在各通道数据的云判识中，然后将各通道云判识结果进行一系列的组合分析得到最终的云检测产品，因此单通道云判识的精度不可避免地影响云判识结果，而云判识的精度又受制于阈值。

VIRR 云检测算法中，选择 450×2048 像元块，进行直方图统计和阈值选择。

在这个块中我们考虑了地表类型不同带来的差异，对 IGBP 17 种类别进行了重新组合，最后保留的 7 种类型分别是：水体、森林、稀疏草地、湿地和草地、庄稼地和城镇、冰雪、沙地。对于红外通道数据，需考虑地理高程的影响，业务应用中将 DEM（高程）小于 1000m 和大于 1000m 两种情况分别进行直方图统计，再进行陆地地表分类，因此对于红外通道，共有 13 种类型。由于 450×2048 大小的块容易造成块间云检测结果的不连续性，在动态计算阈值时，进行了块之间的滑动平均处理。

理论上，在单峰直方图（全部为晴空，或者全部为云）情况下找不到阈值，实际上，当云和晴空像元点数相差悬殊时也找不到阈值，在这种情况下使用相邻块的阈值作为本块的阈值，进行云检测处理。有时某一块中由于某种原因获取的阈值是错误的，这样就会造成云检测结果错误，在云检测图像中表现为相邻块中云和地表的不连续。对于这种情况，通过阈值后处理来解决。即对 5 分钟段内所有动态阈值处理之后，再进行单通道云检测阈值后处理。阈值后处理包括以下处理：①当在本块中没有找到阈值时，可见光通道用本块最大反射率阈值代替，红外通道用本块最小亮温阈值代替；②对不同块阈值进行相互比较，用统计方法排除掉不合理的阈值，用前后相邻阈值平均值代替。

VIRR 云检测算法中获取阈值的第二种方法是事先利用大气廓线库进行正演计算，

建立云检测阈值查找表，在实际应用中，使用阈值查找表进行云检测。

利用全球 12245 条晴空大气廓线库，通过 RTTOV 快速辐射传输模式，针对 FY-3A/VIRR 短波红外波段 $T_{3.7}$（3.7μm）、长波红外大气分裂窗波段 T_{11}（11μm）和 T_{12}（12μm）光谱响应函数，正演得到不同下垫面类型、不同卫星观测视角（0°、10°、20°、30°、40°、50°、60°）下的短波红外波段和长波红外大气分裂窗波段晴空亮温数据集。

针对某种类型和某个卫星天顶角，分别绘制亮温差（$T_{3.7}-T_{11}$、$T_{3.7}-T_{12}$、$T_{11}-T_{12}$）与 T_{11} 亮温散点图，并拟合其上包罗线。然后，经过插值计算得到每种分析类别在某个 T_{11} 亮温和卫星观测视角条件下的红外亮温差云检测阈值查找表。

在单通道云检测基础上，针对不同的下垫面类型、季节、高程、边界、太阳耀斑、积雪、纬度等，给出综合云检测方案。

6.1.1.4 产品示例

云检测产品是许多定量产品反演所需要的重要输入数据，其质量对定量产品的反演精度有重要的影响。

利用地面台站人工观测云量中的两类情况，完全为云覆盖和完全为晴空，对 VIRR 云检测结果进行检验，云检测产品正确率在 80% 以上。

图 6.1-1 是 VIRR 2009 年 3 月 3 日 00 时 30 分（UTC）云检测结果，其中左上图为 6/2/1 三通道合成图，右上图为红外窗区通道图，下图为综合云检测产品快视图，

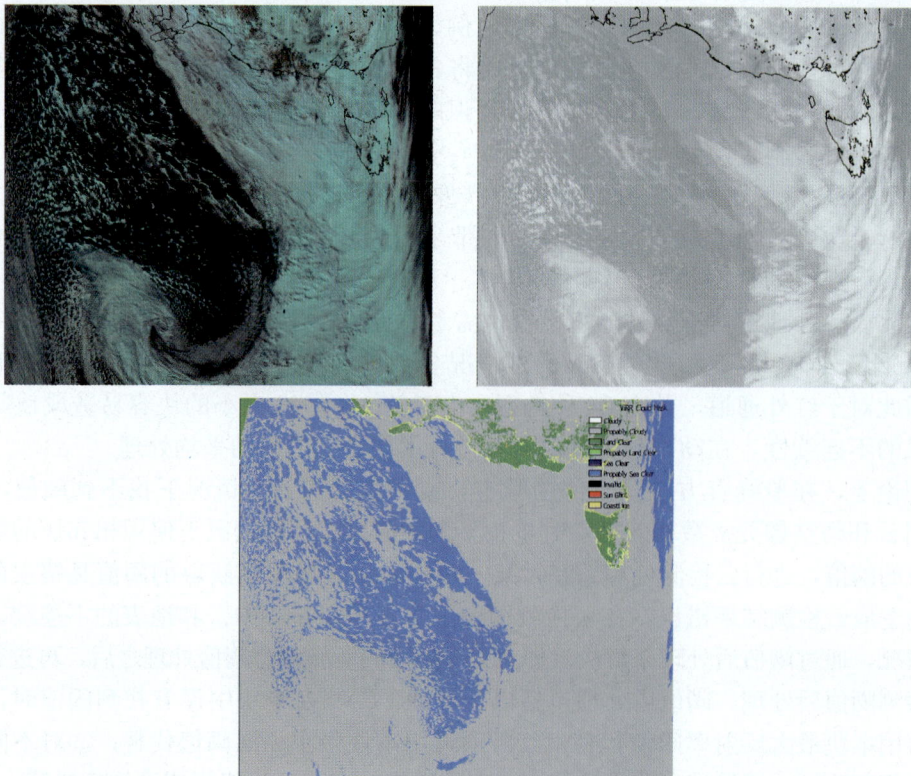

图 6.1-1 VIRR 2009 年 3 月 3 日 00 时 30 分（UTC）图像，左上图为可见光通道 6/2/1 合成图，右上图为红外窗区通道云图，下图为综合云检测产品快视图

图中白色和灰色为云，白色像元可信度较灰色高；深蓝和浅蓝色代表晴空水体，深蓝比浅蓝色可信度高；深绿和浅绿色代表晴空陆地，深绿比浅绿色可信度高；红色代表晴空太阳耀斑像元；黑色为未处理像元。

6.1.1.5 产品信息说明

VIRR 云检测产品以 HDF5 格式存储，HDF 结构见表 6.1-2，云检测产品物理量值以比特位存放，具体说明如表 6.1-3 所示。

表 6.1-2 VIRR 云检测产品 HDF 结构

科学数据集	科学数据集名（英文）	科学数据集中文名
CLM1 SDS	CLoud Mask 1	云检测 1
CLM2 SDS	CLoud Mask 2	云检测 2
CLM3 SDS	CLoud Mask 3	云检测 3
CLM4 SDS	CLoud Mask 4	云检测 4
CLM5 SDS	CLoud Mask 5	云检测 5

表 6.1-3 VIRR 云检测产品说明

bit 位	内容	具体意义
0	数据有效性标识	0＝无效；1＝有效
1～2	有效像元云检测可信度	00＝可信度高的云 01＝可信度低的云 10＝可信度低的晴空 11＝可信度高的晴空
云检测模式		
3	白天、夜间	0＝夜间/1＝白天
4	水陆边界	0＝是/1＝否
下垫面类型标识		
5～10	下垫面类型标识 （Surface Type Flag）	二进制 十进制 类型 000000（0）水体/无耀斑 000001（1）水体/耀斑 000010（2）水体/冰 000011（3）海拔高度低于 1000 米的森林 000100（4）海拔高度高于 1000 米的森林 000101（5）海拔高度低于 1000 米的陆地 000110（6）海拔高度高于 1000 米的陆地 000111（7）海拔高度低于 1000 米的草地 001000（8）海拔高度高于 1000 米的草地 001001（9）海拔高度低于 1000 米的沙地 001010（10）海拔高度高于 1000 米的沙地 001011（11）海拔高度低于 1000 米的永久冰雪 001100（12）海拔高度高于 1000 米的永久冰雪

bit 位	内容	具体意义
单通道云检测结果		
11～12	通道 1 检测（可见光）	00＝是 /01＝否/10＝不确定
13～14	通道 2 检测（可见光）	00＝是 /01＝否/10＝不确定
15～16	通道 3 云检测（3.7μm）	00＝是 /01＝否/10＝不确定
17～18	通道 4 云检测（11μm）	00＝是 /01＝否/10＝不确定
19～20	通道 5 云检测（12μm）	00＝是 /01＝否/10＝不确定
21～22	通道 6 云检测（1.6μm）	00＝是 /01＝否/10＝不确定
23～24	通道 10 云检测（卷云通道）	00＝是 /01＝否/10＝不确定
25～26	通道 R2/R1 云检测	00＝是 /01＝否/10＝不确定
27～28	通道 4－5 云检测	00＝是 /01＝否/10＝不确定
29～30	通道 3－4 云检测	00＝是 /01＝否/10＝不确定
31～32	通道 3－5 云检测	00＝是 /01＝否/10＝不确定
33～40	待用	

该产品的详细格式内容见附录 4。

6.1.2　VIRR-MERSI 积雪

6.1.2.1　产品定义

VIRR-MERSI 积雪产品（SNC/SNF），是融合 VIRR 与 MERSI 两种同平台光学遥感器的云雪判识结果后，得到的积雪覆盖（也称积雪分布）和云/雪覆盖率参数。具体定义如下：

积雪覆盖： 某陆地像元在特定时间段内，若曾被雪覆盖，则判断该像元为积雪；若不曾被雪覆盖，刚判断该像元是曾经出现晴空还是始终被云覆盖。

云/雪覆盖率： 在特定时间段内，设定的陆地区域中云/雪覆盖的陆地像元占该设定区域所有陆地像元的百分比。

6.1.2.2　产品规格

VIRR-MERSI 积雪产品在 VIRR 和 MERSI 两种光学遥感器反演的日合成积雪覆盖产品融合基础上生成，包括日/旬/月三个时间尺度的积雪覆盖和云/雪覆盖率产品。

产品采用等经纬度投影，分辨率有 $0.01°×0.01°$ 和 $0.05°×0.05°$ 两种形式，全球覆盖范围以 $10°×10°$ 分幅（亦称块，下同）组成。具体产品规格见表 6.1-4。

表 6.1-4　VIRR-MERSI 积雪产品规格表

产品类型	投影方式	覆盖范围	空间分辨率	数据量（MB）	生成频次
日积雪覆盖	等经纬度	全球 10°×10°分幅	$0.01°×0.01°$	1.91/幅	每日一次
日云/雪覆盖率	等经纬度	全球单幅	$0.05°×0.05°$	197	每日一次

续表

产品类型	投影方式	覆盖范围	空间分辨率	数据量（MB）	生成频次
旬积雪覆盖	等经纬度	全球 10°×10°分幅	0.01°×0.01°	1.91/幅	每旬一次
旬云/雪覆盖率	等经纬度	全球单幅	0.05°×0.05°	197	每旬一次
月积雪覆盖	等经纬度	全球 10°×10°分幅	0.01°×0.01°	1.91/幅	每月一次
月云/雪覆盖率	等经纬度	全球单幅	0.05°×0.05°	197	每月一次

6.1.2.3　产品生成原理

基于分类树阈值法（刘玉洁等，1992，2003；郑照军等，2004）得到的 VIRR 5 分钟段积雪覆盖判识结果和贝叶斯（Bayes）分类结合阈值判别法（李三妹等，2006，2007）得到的 MERSI 5 分钟段积雪覆盖判识结果，分别生成 VIRR 日积雪覆盖和 MERSI 日积雪覆盖，在此基础上，融合生成 VIRR-MERSI 日积雪覆盖产品，并统计生成 VIRR-MERSI 日云/雪覆盖率产品。VIRR-MERSI 旬/月积雪覆盖产品，是在 VIRR-MERSI 日/旬积雪覆盖产品基础上合成得到，相应的 VIRR-MERSI 旬/月云/雪覆盖率产品，则是通过统计 VIRR-MERSI 旬/月积雪覆盖产品得到。

VIRR-MERSI 积雪产品生成主要涉及四类处理方法：VIRR 和 MERSI 积雪覆盖判识、日积雪覆盖融合、旬/月积雪覆盖合成和日/旬/月云/雪覆盖率计算。

1. VIRR 和 MERSI 积雪覆盖判识

分别利用 VIRR 和 MERSI 多光谱数据、观测角度数据，并结合地理信息，利用云、雪、冰、裸地、水体、植被等不同目标物的光谱差异（刘玉洁等，2001，2003；李三妹等，2007；曹梅盛等，2006；Hall et al.,2002；Kidder et al.,1984），对每个卫星观测像元进行分类，实现积雪信息的提取。

VIRR 积雪覆盖判识。利用单通道阈值指标、多通道函数值指标，如可见光与近红外表观反射率、红外通道亮温，表观反射率差值、红外通道亮温差值，表观反射率比值，表观反射率归一化差分指数指标等（郑照军等，2004；李三妹等，2007；刘玉洁等，2001；Hall et al.,2002；Kidder et al.,1984），采用分类树判识流程，通过由理论和经验确定的雪、冰、云、裸地、水体、植被等不同目标物判别阈值与实际观测结果的对比来判断目标类别。对于阈值的设置，有的使用静态值，有的使用动态值。静态值包括统计值和模式计算得到的查找表，动态值则需要根据具体像元的综合信息进行动态计算。

算法中，输入数据为 VIRR 的 1、2、3、4、5、6、9、10 通道数据和卫星天顶角、太阳天顶角、卫星方位角、太阳方位角信息，时间、高程、土地利用类型、行政边界等地理信息数据，以及积雪判识查找表和积雪判识阈值表。主要考虑以下核心算法或处理技术：（a）数据质量控制处理；（b）常规云雪判识处理；（c）分裂窗亮温差薄卷云判识（Saunders et al.,1988）；（d）积雪点亮温随纬度、时间和高程的变化控制函数；（e）联合反射率、亮温、亮温差对覆盖有冰云的水云进行判识（Pavolonis et al.,

2004）；（f）湖冰和海冰判识；（g）利用亮温判断极冷卷云；（h）卷云通道反射率在高海拔荒漠区的异常变化处理；（i）归一化差分植被指数（NDVI）联合归一化差分积雪指数（NDSI）的林区积雪判识（Klein et al., 1998）；（j）应用历史累计距赤道最近的月雪线进行积雪再检测；（k）积雪错判点检测去除。

MERSI 积雪覆盖判识。利用单通道阈值、多通道函数值，如可见光与近红外表观反射率、红外亮温、表观反射率归一化差分指数等，综合考虑地理纬度、土地覆盖、高程、季节、雪线分布等因子对通道阈值的动态影响，并分析通道间的相关性，以贝叶斯（Bayes）分类和多通道阈值函数相结合的方法为主，建立云、雪和晴空地表的自动识别方法，实现 MERSI 积雪信息自动提取，生成积雪覆盖产品。阈值获取主要采用动态值算法，输入数据主要为 MERSI 的 3、4、5、19、20 通道数据和卫星天顶角、太阳天顶角、卫星方位角、太阳方位角信息，以及时间、高程、地理经纬度、土地利用类型、行政边界等地理信息数据。

2. 日积雪覆盖融合

针对一天内生成的全部白天 5 分钟段 VIRR 和 MERSI 轨道形式积雪覆盖判识结果，通过投影和去重复，采用比较法，即基于像元的每次分类结果标识的比较，进行大小取舍（参见表 6.1-5 中的融合取舍等级），分别生成 VIRR 日积雪覆盖和 MERSI 日积雪覆盖。对按照两种遥感器相同规格分幅投影的日积雪覆盖，以直接比较取舍等级大小为主，结合季节、地表类型、高程等信息取舍规则为辅的方式，融合生成 VIRR-MERSI 日积雪覆盖。

3. 旬/月积雪覆盖合成

根据日/旬积雪覆盖结果，判断像元在一旬/月内是否曾被积雪覆盖，周期内只要有一个日/旬次结果为积雪覆盖，则认为该像元在一旬/月内被积雪覆盖；如果像元不曾被积雪覆盖，则看像元在一旬/月内是否曾出现过晴空，只要统计周期内有一个日/旬次结果为晴空，则认为该像元在一旬/月内为晴空；否则，认为该像元被云覆盖。

4. 日/旬/月云/雪覆盖率计算

在日/旬/月积雪覆盖产品基础上，结合土地利用类型，在指定大小的格点内，采用统计求比值法，由日/旬/月积雪覆盖统计和计算该格点中被云/雪覆盖的陆地像元占格点内所有陆地像元的百分比，得到日/旬/月云/雪覆盖率。

6.1.2.4 产品示例

图 6.1-2、图 6.1-3 和图 6.1-4 分别是 2009 年 11 月 18 日的日积雪覆盖、2009 年 11 月 19 日的日雪覆盖率和日云覆盖率产品。图中各种颜色所代表的意义，参见 VIRR-MERSI 日/旬/月积雪覆盖产品中的分类结果及对应代码表（表 6.1-5）和 VIRR-MERSI 日/旬/月云/雪覆盖率产品结果说明表（表 6.1-6）。

图 **6.1-2**　VIRR-MERSI 日积雪覆盖 10°×10°分幅产品图（2009 年 11 月 18 日）

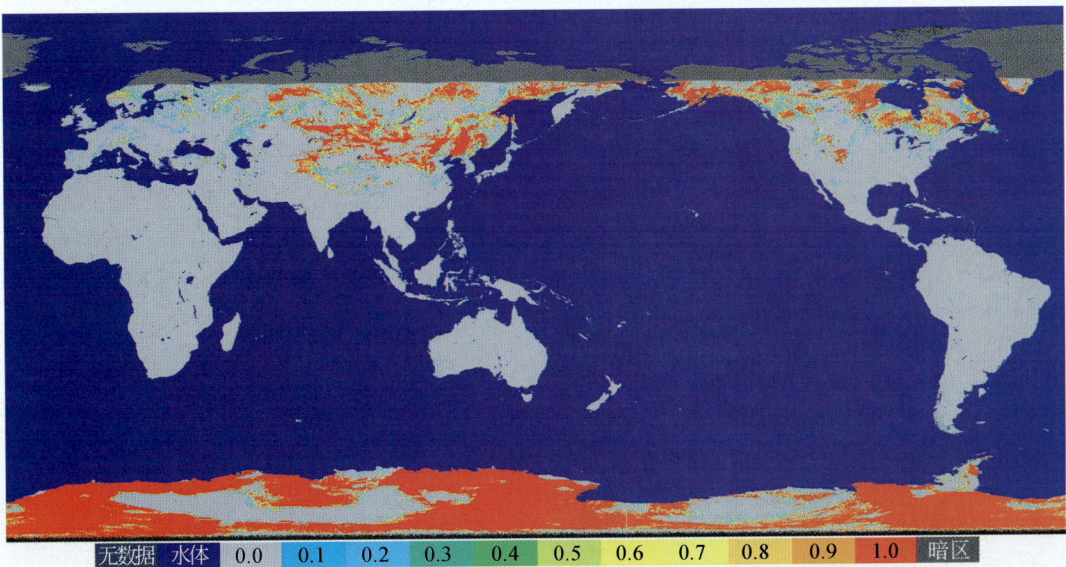

图 **6.1-3**　VIRR-MERSI 日雪覆盖率全球产品图（2009 年 11 月 19 日）

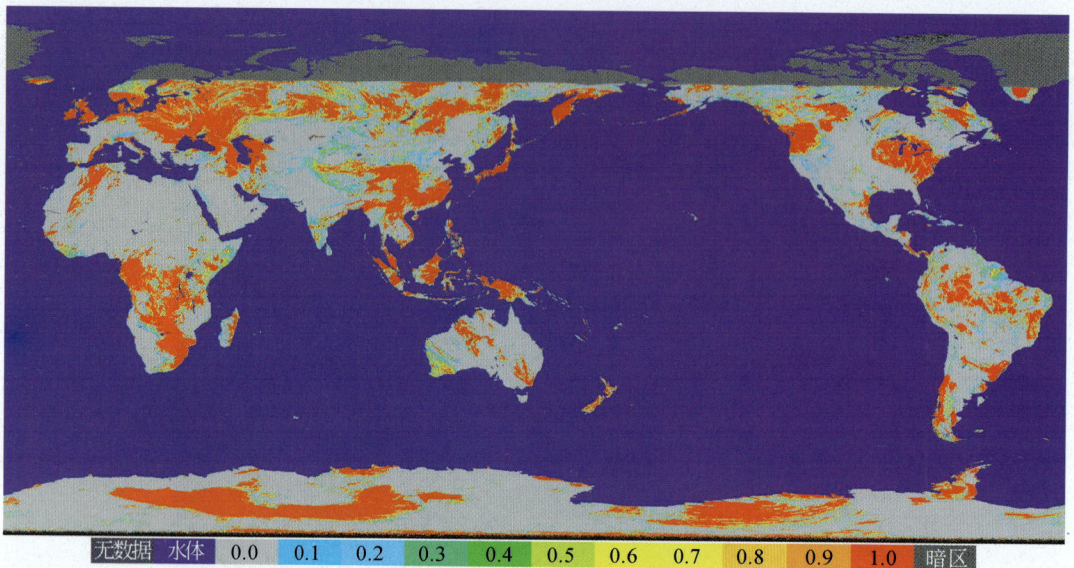

无数据 水体 0.0 0.1 0.2 0.3 0.4 0.5 0.6 0.7 0.8 0.9 1.0 暗区

图 6.1-4 VIRR-MERSI 日云覆盖率全球产品图（2009 年 11 月 19 日）

由图 6.1-2 可见，积雪覆盖区域较广，在图像下方，破碎的雪盖区沿地形分布明显。由图 6.1-3 和图 6.1-4 可见，11 月份积雪主要覆盖在北半球中高纬度地区、青藏高原和南极大陆。

表 6.1-5 VIRR-MERSI 日/旬/月积雪覆盖产品中的分类结果及对应代码表

序号	分类结果	对应代码（ASCII）	融合取舍等级	颜色
1	255	无数据区或者通道不全	0	黑色
2	254	太阳天顶角订正后饱和	3	红褐色
3	240	省界和海陆边界线	11	粉色
4	200	雪	10	蓝绿色
5	100	冰	9	青色
6	50	云	4	白色
7	39	海水	6	深蓝色
8	37	内陆水	7	蓝色
9	25	陆地	8	褐色
10	11	暗像元	2	淡粉色
11	1	不确定	5	黄色
12	0	丢线或者坏值点	1	灰色

表 6.1-6 VIRR-MERSI 日/旬/月云/雪覆盖率产品结果说明表

序号	产品类别	代表意义	数值范围	颜色
1	云覆盖率	无卫星观测数据	0	黑色
		暗区或卫星观测数据质量有问题	3	浅黑色
		水体	11	深蓝色
		晴空陆地	100	灰色
		陆地被云覆盖的百分比（1%～100%）	101～200	浅蓝色～红色
2	雪覆盖率	无卫星观测数据	0	黑色
		暗区或卫星观测数据质量有问题	3	浅黑色
		水体	11	深蓝色
		晴空陆地	100	灰色
		陆地被积雪覆盖的百分比（1%～100%）	101～200	浅蓝色～红色

VIRR-MERSI 积雪覆盖产品主要可用于监测全球积雪分布和积雪覆盖变化，为数值预报提供下垫面信息，监测雪灾的发生和发展，以及研究积雪变化的气候特征等（刘玉洁等，1992，2001，2003；曹梅盛等，2006）。

关于 VIRR-MERSI 积雪覆盖产品精度检验，目前主要采用积雪判识结果图像与相应的卫星遥感器（VIRR 或 MERSI）三通道彩色合成图像目视比对分析，以及与人机交互的 NOAA-17/AVHRR 积雪判识结果比对分析的方法。根据 2009 年 2 月 15 日到 3 月 15 日的验证结果，VIRR-MERSI 积雪覆盖产品准确度达 80% 以上。

6.1.2.5 产品信息说明

VIRR-MERSI 日/旬/月积雪产品以 HDF5 格式存储，主要物理参数特性见表 6.1-7。参数的物理数值通过如下公式转换而来：

$$Par = Slope \times Data + Intercept \tag{6.1-1}$$

其中 Par 为参数的物理数值，Data 为产品 HDF 文件中记录该参数的数据（8Bits 无符号整型），Slope 为缩放比例，Intercept 为偏移量。该产品的详细格式内容见附录 4。

表 6.1-7 VIRR-MERSI 日/旬/月积雪产品主要参数

SDS 英文名称	SDS 中文名称	单位	数据有效范围	填充值	缩放比例	偏移量
SNC_DAY	日积雪覆盖	无	0～254	255	1	0
SNC_DAY_QA	日积雪覆盖质量码	无	0～254	255	1	0
SNF_SDAY	日雪覆盖率	无	0～254	255	1	0
SNF_SDAY_QA	日雪覆盖率质量码	无	0～254	255	1	0
CLF_CDAY	日云覆盖率	无	0～254	255	1	0
CLF_CDAY_QA	日云覆盖率质量码	无	0～254	255	1	0

SDS英文名称	SDS中文名称	单位	数据有效范围	填充值	缩放比例	偏移量
SNC_10D	旬积雪覆盖	无	0～254	255	1	0
SNC_10D_QA	旬积雪覆盖质量码	无	0～254	255	1	0
SNF_S10D	旬雪覆盖率	无	0～254	255	1	0
SNF_S10D_QA	旬雪覆盖率质量码	无	0～254	255	1	0
CLF_C10D	旬云覆盖率	无	0～254	255	1	0
CLF_C10D_QA	旬云覆盖率质量码	无	0～254	255	1	0
SNC_30D	月积雪覆盖	无	0～254	255	1	0
SNC_30D_QA	月积雪覆盖质量码	无	0～254	255	1	0
SNF_S30D	月雪覆盖率	无	0～254	255	1	0
SNF_S30D_QA	月雪覆盖率质量码	无	0～254	255	1	0
CLF_C30D	月云覆盖率	无	0～254	255	1	0
CLF_C30D_QA	月云覆盖率质量码	无	0～254	255	1	0

6.1.3　VIRR云光学厚度和云顶温度/云高

6.1.3.1　产品定义

VIRR云光学厚度：定量表征了沿辐射传输路径，由云粒子的散射和吸收作用而造成的辐射衰减，是一个无量纲量。

VIRR云顶温度/云高：VIRR视场中云层顶部平均温度（单位：K）/云层顶部平均高度（单位：hPa）。

6.1.3.2　产品规格

VIRR云光学厚度、云顶温度/云高产品包括：0.05°×0.05°等经纬度投影的云光学厚度、云顶温度/云高日、旬、月产品。

VIRR云光学厚度、云顶温度/云高日产品：基于5分钟段的云光学厚度、云顶温度/云高反演结果，通过空间投影和去重复处理，生成0.05°×0.05°等经纬度均匀网格的日产品，覆盖范围为全球。

VIRR云光学厚度、云顶温度/云高旬、月产品：基于云光学厚度、云顶温度/云高日产品，通过质量判识和旬、月平均，生成0.05°×0.05°等经纬度均匀网格的气候产品，覆盖范围为全球。

VIRR云光学厚度、云顶温度/云高产品具体规格见表6.1-8。

表 6.1-8　VIRR 云光学厚度、云顶温度/云高产品规格表

产品类型	投影方式	覆盖范围	空间分辨率	数据量（MB）	生成频次
云光学厚度、云顶温度/云高日产品	等经纬度	全球	0.05°×0.05°	150	每日一次
云光学厚度、云顶温度/云高旬产品	等经纬度	全球	0.05°×0.05°	150	每旬一次
云光学厚度、云顶温度/云高月产品	等经纬度	全球	0.05°×0.05°	150	每月一次

6.1.3.3　产品生成原理

基于 VIRR　L1 数据和云检测产品，结合地表反照率数据，通过辐射过程的辐射传输方程计算，采用查找表方法得到云光学厚度。

基于 VIRR　L1 数据和云检测产品，利用红外窗区通道的辐射率，考虑地表温度及云光学厚度的影响，采用查找表方法得到云顶温度；利用求得的云顶温度值，结合数值模式预报的大气温度廓线数据，通过时空插值处理后得到相应位置处的云顶高度。

1. 云光学厚度

卫星遥感云光学厚度的基本原理是在非吸收的可见光波段，云反射主要依赖于云的光学厚度（Arking and Childs，1985；Curran and Wu，1982；Rossow et al.，1989；赵凤生等，2002）。由于可见光波段的辐射率同时受大气散射和吸收的影响，因此将计算分子吸收的 K 分布方法和计算散射大气辐射传输的离散纵标法结合起来，建立一个在散射、分子吸收和热辐射过程同时存在的辐射传输计算程序。

通过求解如下辐射传输方程：

$$\frac{dI(\mu,\Phi)}{d\tau_k} = -I(\mu,\Phi) + \frac{\bar{\omega}_k}{4\pi}\int P(\mu,\Phi,\mu',\Phi')I(\mu',\Phi')d\Omega$$

$$+ \frac{\bar{\omega}_k}{4\pi}P(\mu,\Phi,\mu_0,\Phi_0)\pi F e^{-\tau_k/\mu_0} + (1-\bar{\omega}_k)B(\tau_k) \qquad (6.1-2)$$

式中 μ，Φ 表示观测天顶角的余弦和方位角，μ_0，Φ_0 表示太阳天顶角的余弦和方位角；$I(\mu,\Phi)$ 为卫星接收到的辐射强度；$B(\tau_k)$ 为普朗克函数；πF 为太阳入射在大气层顶的辐射强度；τ_k 为大气光学厚度，表达为云光学厚度 τ_c、气溶胶光学厚度 τ_p、分子散射光学厚度 τ_m 和分子吸收光学厚度 τ_{ak} 之和；单次散射反照率表达为 $\bar{\omega}_k = (\tau_c\bar{\omega}_c + \tau_p\bar{\omega}_p + \tau_m)/\tau_k$，其中 $\bar{\omega}_c$ 和 $\bar{\omega}_p$ 分别为云和气溶胶的单次散射反照率；散射相函数 $P(\mu,\Phi,\mu',\Phi')$ 由云散射相函数、气溶胶散射相函数和分子散射相函数加权平均得到。由于气溶胶的光学厚度远小于云的光学厚度，计算中忽略了气溶胶的散射辐射。计算中大气廓线采用美国标准大气，共分为 17 层。云滴谱假设为单模对数正态分布：

$$n(r) = \frac{C}{(2\pi)^{1/2}rln\sigma}\exp\left[-\frac{(lnr-lnr_0)^2}{2ln^2\sigma}\right] \qquad (6.1-3)$$

式中 r 为云滴半径，$n(r)$ 为半径在 r 到 $r+dr$ 之间的云滴数密度，C 为云滴总数密

度，r_0 为模式半径，δ（＝1.48）为几何标准偏差。通常情况下，水云的散射相函数、单次散射反照率和消光、散射截面主要取决于云滴有效半径 $r_e = \dfrac{\int \pi r^2 m(r) dr}{\int \pi r^2 n(r) dr}$ 的大小。

图 6.1-5 为太阳天顶角余弦、观测天顶角余弦和观测方位角分别取 0.64、0.94、45°，地表温度取 293.5K 时，模拟计算的 $0.64\mu m$ 通道各种云光学厚度（τ_c）、云滴有效半径（r_e）对应的辐射率。其中横坐标表示云滴有效半径，纵坐标表示计算的通道辐射率。图中可看出，$0.64\mu m$ 通道辐射率对 τ_c 的变化比较敏感，随着 τ_c 的增加辐射率随之增大。

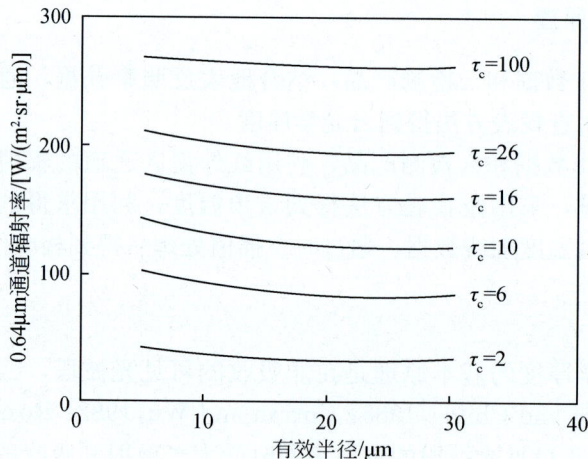

图 6.1-5 辐射率随云光学厚度、云滴有效半径的变化关系

2. 云顶温度/云高

通过对 $11\mu m$ 窗区通道的辐射传输计算，建立一个考虑地表温度和云光学厚度影响的云顶温度查找表数据库。反演算法中把计算分子吸收的 K 分布方法和计算散射大气辐射传输的离散纵标法结合起来，计算在散射、分子吸收和热辐射过程同时存在条件下的云辐射率大小。

图 6.1-6 为不同云光学厚度和云滴有效半径对应的 $11\mu m$ 通道辐射率随云顶温度的变化情况。从图中可以看出，除了云滴有效半径和云光学厚度都比较小的情况外（如 $r_c = 5\mu m$，$\tau_c = 6$），云光学厚度和云滴有效半径的不确定性引起的云顶温度估计误差一般小于 2K。此方法在辐射传输计算时考虑了地面温度及云光学厚度的影响，即考虑了地面热辐射及各种云状的作用，因此对视场中部分为云或半透明云的情况有一定的代表性。

云高的反演方法是把云顶温度和云高联系起来，利用卫星过境前后模式（T639）预报的大气温度廓线数据，经过对其进行时间、空间插值处理，得到卫星扫描时刻像元位置处的大气温度廓线，进而利用该处反演得到的云顶温度求得对应的云顶高度。

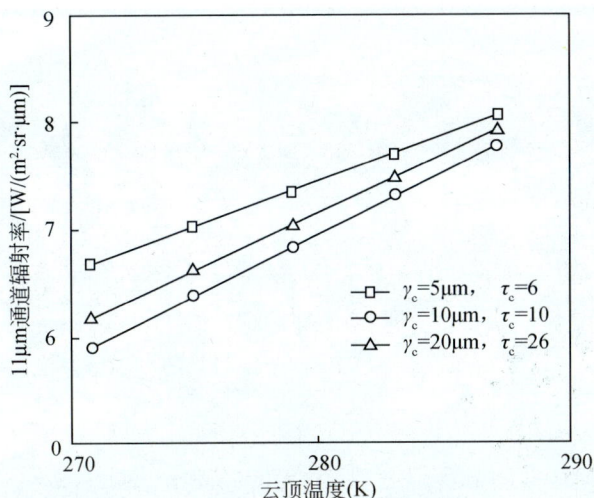

图 6.1-6　$11\mu m$ 通道辐射率随云顶温度的变化关系

6.1.3.4　产品示例

　　图 6.1-7 是 2009 年 8 月 28 日反演的 VIRR 云光学厚度、云顶温度/云高全球分布情况。从图 6.1-7a 中看出，地球表面覆盖着大范围的云系，其中中低纬度分布着一些光学厚度大于 20 的较厚云层。从图 6.1-7b 中看出，中、低纬度的云顶温度较高，但赤道附近有一些云顶温度很低的云系；由于此时太阳正处于北半球，北半球云层的云顶温度较南半球普遍偏高。从图 6.1-7c 中看出，对应赤道附近的云顶温度低值区，存在着一些发展较为强盛的热带对流云系（热带辐合带 ITCZ），此处的云顶高度很高。

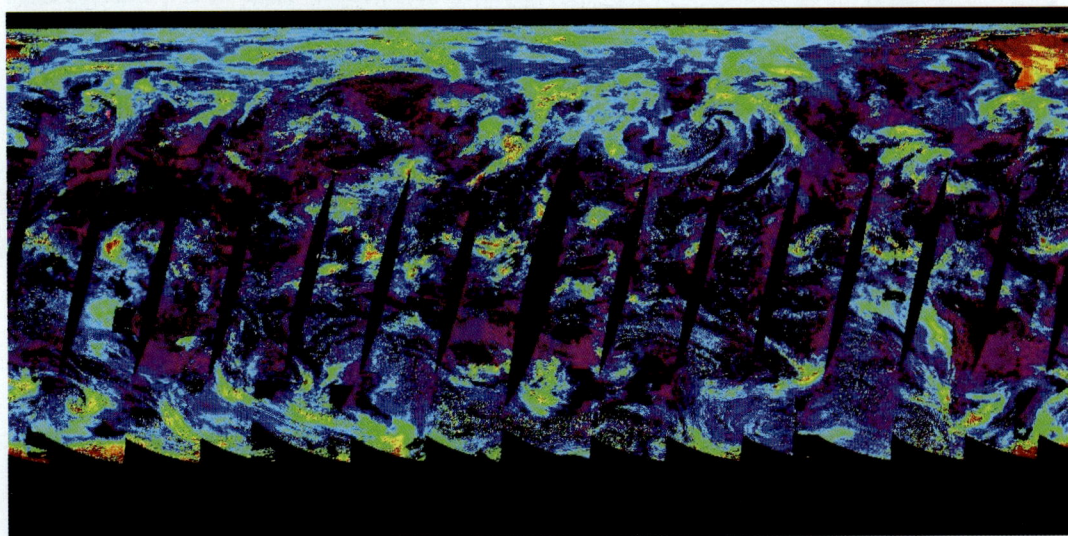

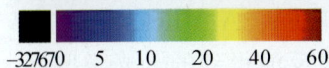

（a）VIRR 云光学厚度（2009 年 8 月 28 日）

−32767180 200 220 240 260 280 300 320

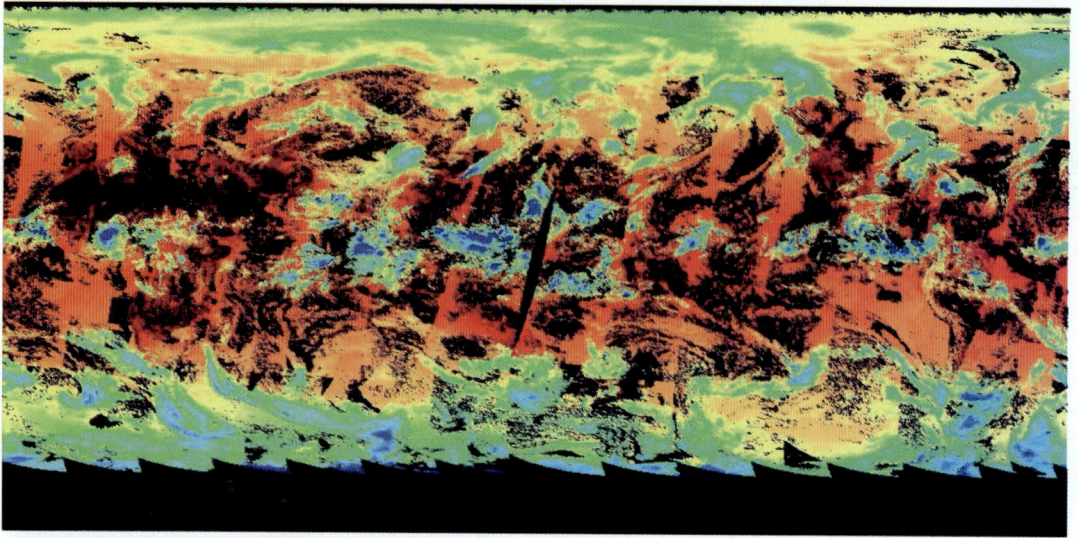

（b）VIRR 云顶温度（2009 年 8 月 28 日，单位：K）

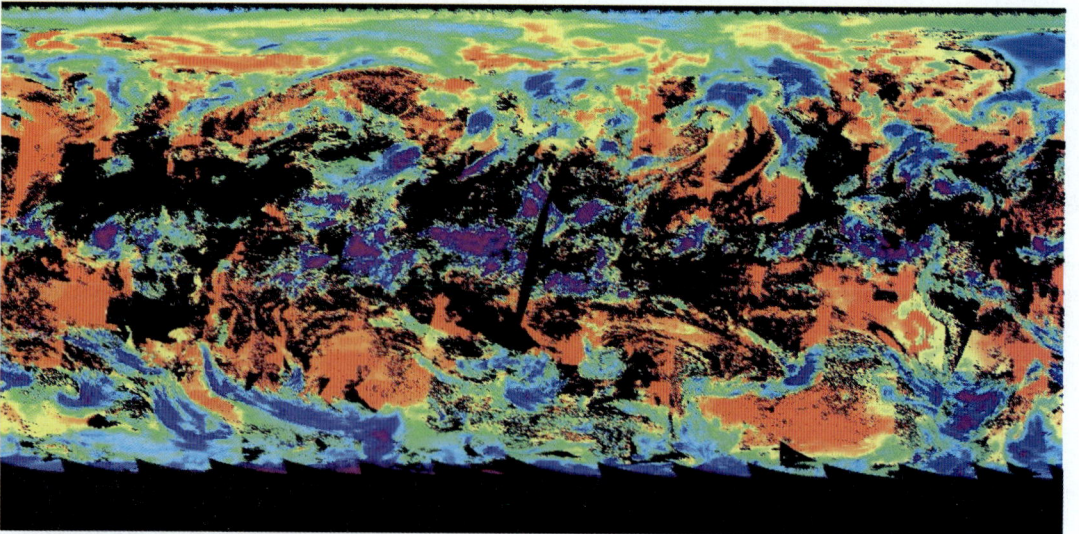

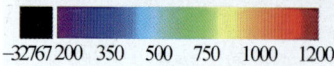

−32767 200 350   500   750 1000 1200

（c）VIRR 云顶高度（2009 年 8 月 28 日，单位：hPa）

图 6.1-7 VIRR 云光学厚度、云顶温度/云高全球分布产品示例

　　利用 VIRR 反演的全球云光学厚度、云顶温度/云高数据，可以进一步定量分析天气系统、地面降水量与云参数之间的关系等，为提高短期天气的预报水平提供一定的参考；同时反演产品也可用来检验数值预报模式的准确性。

　　通过采用 EOS/MODIS 第 4、31 通道的 L1B 数据，利用 FY-3A/VIRR 云光学厚度、云顶温度/云高的反演算法和处理流程进行反演试验，将反演得到的云光学厚度、云顶温度/云高与同类的 MODIS 业务产品进行比较。统计检验结果显示：云光学厚度的差异一般小于 20%，极地误差较大；云顶温度的差异一般小于 2K。

6.1.3.5 产品信息说明

VIRR 云光学厚度、云顶温度/云高产品以 HDF5 格式存储，主要物理参数特性如表 6.1-9 所示，参数的物理数值通过如下公式转换而来：

$$Par = Slope \times (Data - Intercept) \tag{6.1-4}$$

其中 Par 为参数的物理数值，Data 为产品 HDF 文件中记录该参数的数值，Slope 为缩放比例，Intercept 为偏移量。该产品的详细格式内容见附录 4。

表 6.1-9 VIRR 云光学厚度、云顶温度/云高产品的主要参数

SDS 英文名称	SDS 中文名称	单位	数据有效范围	数据填充值	缩放比例	偏移量
Cloud Optical Thickness	云光学厚度	none	0~10000	−32768	0.01	0
Cloud Top Temperature	云顶温度	K	0~20000	−32768	0.01	−15000
Cloud Top Height	云顶高度	hPa	10~11000	−32768	0.1	0

6.1.4 VIRR 全球云量和云分类

6.1.4.1 产品定义

VIRR 全球云量和云分类产品（CAT）包括：总云量、云相态、云分类和高云量。定义如下：

总云量：指在地球表面每一设定区域内，云像元发射辐射占区域中总发射辐射的百分比。值有效范围为 0~100，0 代表晴空，100 代表区域像元为全部云覆盖，无量纲。

云相态：根据云存在的形态将云分为冰云、水云和混合相态云三类，无量纲。

云分类：根据云的高度将云分为高云、中云、低云三类，无量纲。

高云量：指在地球表面每一设定区域内，高云发射辐射占区域中总发射辐射的百分比。值有效范围 0~100，无量纲。

6.1.4.2 产品规格

VIRR 云量和云分类产品包括：总云量日、旬、月产品，高云量日、旬、月产品，云相态日产品，云分类日产品。

总云量日产品：基于白天 5 分钟段总云量产品，通过空间投影和去重复处理，生成 0.05°×0.05°等经纬度均匀网格日产品，覆盖范围为全球。

高云量日产品：基于白天 5 分钟段高云量轨道产品，通过空间投影和去重复处理，生成 0.05°×0.05°等经纬度均匀网格日产品，覆盖范围为全球。

旬、月总云量产品：基于日总云量产品，进行质量判识和旬、月平均，生成 0.05°×0.05°等经纬度投影均匀网格旬、月产品，覆盖范围为全球。

旬、月高云量产品：基于日高云量产品，进行质量判识和旬、月平均，生成 0.05°×0.05°等经纬度投影均匀网格旬、月产品，覆盖范围为全球。

云相态日产品： 基于白天 5 分钟段云相态产品，通过空间投影和去重复处理，生成 0.05°×0.05°等经纬度均匀网格日产品，覆盖范围为全球。

云分类日产品： 基于白天 5 分钟段云分类产品，通过空间投影和去重复处理，生成 0.05°×0.05°等经纬度均匀网格日产品，覆盖范围为全球。

VIRR 云量和云分类产品具体规格见表 6.1-10。

表 6.1-10　VIRR 云分类和云量业务产品规格表

产品类型	投影方式	覆盖范围	空间分辨率	数据量（MB）	生成频次
总云量、云相态、云分类、高云量日产品	等经纬度	全球	0.05°×0.05°	200	每日一次
总云量、高云量旬产品	等经纬度	全球	0.05°×0.05°	100	每旬一次
总云量、高云量月产品	等经纬度	全球	0.05°×0.05°	100	每月一次

6.1.4.3　产品生成原理

1. 总云量

基于辐射定标和地理定位的白天 VIRR L1 数据和云检测产品，以辐射传输方程为理论计算依据，利用公式 6.1-5，计算得到总云量（Molnar G. and J. A. Coakley Jr.，1985）。

$$A_c = (I - I_{clr})/(I_{cld} - I_{clr}) \tag{6.1-5}$$

其中 A_c 为总云量，I_{cld} 为有云像元辐射量，I_{clr} 为晴空像元辐射量，I 为卫星观测辐射量。计算中假定为单层云、平行大气且各向均匀。

2. 云相态

基于辐射定标和地理定位的 VIRR L1 数据和云检测产品，结合使用地表类型数据，利用可见光、红外、近红外通道的光谱和纹理特性，采用阈值方法对有云像元进行相态识别，得到云相态产品。主要算法包括：薄卷云识别、破碎云识别、近红外通道冰水相态识别、破碎云滤除。

薄卷云识别

利用 VIRR L1 数据、云检测产品、地表分类数据，采用快速辐射传输模式模拟和经验阈值相结合的方法，确定不同季节、不同下垫面薄卷云判识阈值，建立查算表，将薄卷云识别出来，定义为冰云（Keith D. Hutchison，1999）。

破碎云识别

利用 VIRR L1 数据，采用经验阈值的方法，确定破碎云阈值，同时计算方差识别云边缘纹理，判识得到破碎云。

近红外通道冰水相态识别

利用 VIRR 近红外通道数据，采用快速辐射传输模式模拟和统计阈值相结合的方法，确定不同季节、不同下垫面冰云和水云识别阈值，从而判识云相态（Michael J. Pavolonis et al.，2004）。

破碎云滤除

将破碎云合并入周围最占优势的云类型。

3. 云分类

基于辐射定标和地理定位的 VIRR L1 数据和云检测产品，结合地表类型数据，利用可见光、红外、近红外通道的光谱和纹理特性，采用阈值方法对有云像元进行高、中、低云识别，得到云分类产品（METEO－FRANCE/CMS，2000）。主要算法包括：薄卷云识别、破碎云识别、云类型识别、破碎云滤除。

1）薄卷云识别、破碎云识别、破碎云滤除原理同云相态产品。

2）高中低云识别

利用 VIRR 红外通道数据，采用统计阈值方法，确定不同季节、不同下垫面高中低云阈值，判识出高、中、低云。

4. 高云量

利用云分类产品和 VIRR L1 数据，计算区域内高云像元发射辐射占区域总发射辐射的百分比，生成高云量。

6.1.4.4　产品示例

图 6.1-8 是 2009 年 3 月 11 日总云量、云相态、云分类、高云量的日产品。可以看到，全球总体来看云量较多，在赤道辐合带由于对流旺盛，高云较多，且多为冰云相态。

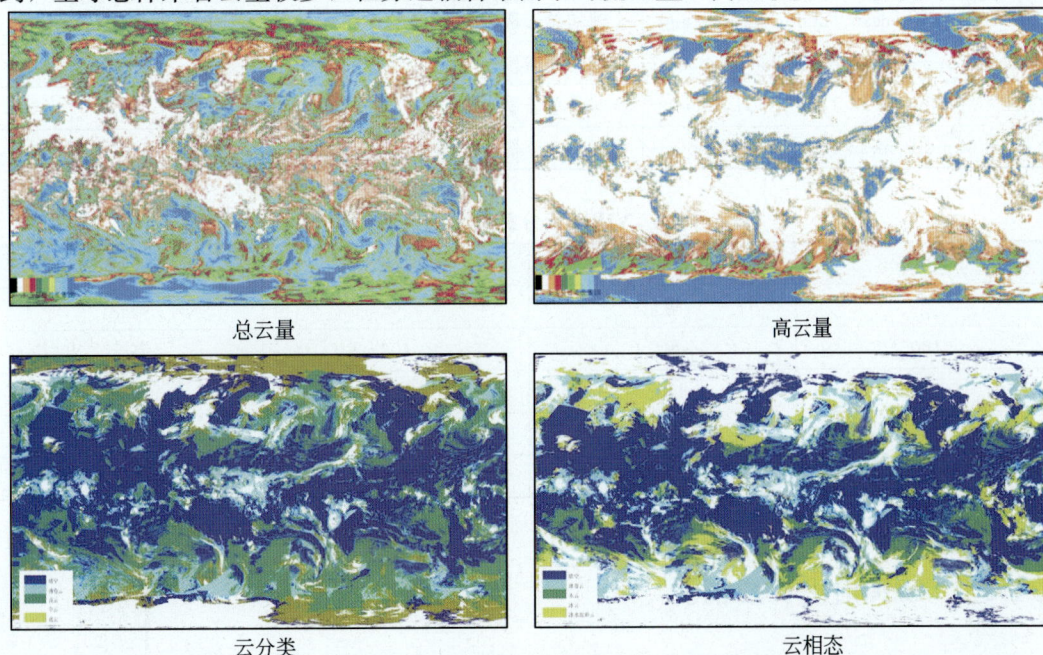

总云量　　　　　　　　　　　　　　　　　高云量

云分类　　　　　　　　　　　　　　　　　云相态

图 6.1-8　2009 年 3 月 11 日 VIRR 云量、云分类和云相态产品

（总云量、高云量图中：白色～蓝色对应云量为 0～100；云相态图中：白色为冰云、浅蓝色为薄卷云、棕黄色为混合相态云、绿色为水云；云分类图中：白色为高云、浅蓝色为薄卷云、棕黄色为中云、绿色为低云）

VIRR 云分类和云量产品可以用于天气诊断，分析天气形势，也可以用于气候学分析诊断，研究全球气候变化。

用地面观测数据与 VIRR 云量数据进行定量比对分析得到，云量误差在 20％以内；将计算得到的云相态、云分类产品与红外、可见光原始云图相比较、分析得到，云相态、云分类产品误差在 20％以内，极地误差较大。

6.1.4.5　产品信息说明

VIRR 云分类和云量产品以 HDF5 格式存储，主要物理参数特性如表 6.1-11 所示，参数的物理数值通过如下公式转换而来：

$$Par＝Slope×Data＋Intercept$$

其中 Par 为参数的物理数值，Data 为 HDF 文件中记录该参数的数据，Slope 为缩放比例，Intercept 为偏移量。关于产品中各参数的详细内容参见附件中的 VIRR 云分类和云量产品数据格式。云相态、云分类产品物理值代表意义如表 6.1-12。该产品的详细格式内容见附录 4。

表 6.1-11　VIRR 云分类和云量产品主要参数

SDS英文名称	SDS中文名称	单位	数据有效范围	数据填充值	缩放比例	偏移量
Global Total Cloud Amount	全球日总云量	无	0～100	−999	0.01	0
Global Cloud Phase	全球日云相态	无	0～104	−999	1	0
Global Cloud Type	全球日云分类	无	0～104	−999	1	0
Global High Cloud Amount	全球日高云量	无	0～100	−999	0.01	0
Global Ten-day mean Total Cloud Amount	全球旬总云量	无	0～100	−999	0.01	0
Global Ten-day mean High Cloud Amount	全球旬高云量	无	0～100	−999	1	0
Global Monthly mean Total Cloud Amount	全球月总云量	无	0～100	−999	0.01	0
Global Monthly mean High Cloud Amount	全球月高云量	无	0～100	−999	0.01	0

表 6.1-12　VIRR 云分类和云相态物理值表

云相态	类型	云分类	类型
0	晴空	0	晴空
100	水云	103	高云
101	冰云	104	高云
104	冰云	102	中云
102	混合相态云	101	低云

6.1.5　VIRR 射出长波辐射

6.1.5.1　产品定义

射出长波辐射（OLR）是利用 VIRR 红外长波通道 5（中心波数：857.77cm^{-1}）

数据计算得到的观测目标在地球大气顶单位时间内向外空辐射出去的所有波长的热辐射通量，单位为 W/m²。

6.1.5.2 产品规格

VIRR OLR 产品包括：日、候、旬、月全球 OLR 产品，具体如下：

日 OLR 产品：基于 VIRR 5 分钟段 OLR 产品，通过投影变换、去重复、日平均计算，生成的日等经纬度投影产品，覆盖范围为全球，空间分辨率为 0.01°×0.01°。

候、旬、月 OLR 产品：在 OLR 日产品基础上，进行候、旬、月平均处理，生成候、旬、月 OLR 产品，覆盖范围为全球，空间分辨率为 0.01°×0.01°。

OLR 产品规格见表 6.1-13。

表 6.1-13　VIRR OLR 产品规格表

产品类型	投影方式	覆盖范围	空间分辨率	数据量（MB）	生成频次
OLR 日产品	等经纬度	全球 10°×10°分幅	0.01°×0.01°	1.9×648	每日 1 次
OLR 候产品	等经纬度	全球 10°×10°分幅	0.01°×0.01°	1.9×648	每候 1 次
OLR 旬产品	等经纬度	全球 10°×10°分幅	0.01°×0.01°	1.9×648	每旬 1 次
OLR 月产品	等经纬度	全球 10°×10°分幅	0.01°×0.01°	1.9×648	每月 1 次

6.1.5.3 产品生成原理

VIRR 的 OLR 产品是通过读入 VIRR L1 数据文件，提取通道 5 计数值，做定标处理、OLR 计算、等经纬度投影等而生成输出的数据文件。

OLR 产品的生成原理主要是：利用 VIRR 通道 5 辐射率数据，基于模式（Ohring et al.,1984；Gruber et al.,1983）$T_F=A+B \cdot T_{B5}+C \cdot T_{B5}^2$ 计算 OLR，再对观测点做等经纬度投影，生成白天、夜间全球 OLR 格点场，做日平均计算，生成日平均全球 OLR 格点场，对全球日平均 OLR 格点场做 10°×10° 截取，生成全球 648 个日平均分幅 OLR 格点场产品，具体计算过程如下：

1. 通道辐射率计算

读取 FY-3A VIRR 5 分钟段 L1 数据，对通道 5 计数值做定标处理，得到测点的通道 5 辐射率，

$$R_{line} = S \times I_5 + D \tag{6.1-6}$$

式中 S、D 分别是通道 5 定标系数的斜率和截距，I_5 是通道 5 计数值，R_{line} 是线性定标后的通道辐射率。

$$R(\theta) = b_0 + (1+b_1) \times R_{line} + b_2 \times R_{line}^2 \tag{6.1-7}$$

式中 b_0、b_1、b_2 是二次项定标系数，$R(\theta)$ 是二次项定标处理后的通道 5 辐射率。

2. 临边变暗订正

把卫星在天顶角 θ 测得的通道 5 辐射率订正到天顶时的辐射率 $R(0)$，则

$$R(0) = \left[1 + a_2(\sec\theta - 1) + \beta_2(\sec\theta - 1)^2\right]R(\theta) + a_1(\sec\theta - 1) + \beta_1(\sec\theta - 1)^2$$

$$(6.1\text{-}8)$$

式中 a_1、a_2、β_1、β_2 是回归系数，$R(0)$ 单位为：$\text{mW}/(\text{m}^2 \cdot \text{sr} \cdot \text{cm}^{-1})$，$a_1 = -5.62987$，$\beta_1 = 0.31874$，$a_2 = 0.08599$，$\beta_2 = -0.00447$。

3. 等效亮度温度计算

用普朗克公式的反函数计算通道 5 等效亮度温度 T_{B5}，

$$T_{B5} = \frac{c_2 \gamma_0}{\ln\left(c_1 \gamma_0^3 / R(0) + 1.0\right)}$$

$$(6.1\text{-}9)$$

式中 c_1、c_2 是普朗克常数，$c_1 = 1.191065 \times 10^{-5}$，$c_2 = 1.438681$，$\gamma_0 = 857.77\,\text{cm}^{-1}$ 是通道 5 中心波数，T_{B5} 的单位是 K。

4. 通量等效亮度温度（即通量等效黑体辐射温度）计算

用回归公式计算通量等效亮度温度 T_F，

$$T_F = A + B \times T_{B5} + C \times T_{B5}^2$$

$$(6.1\text{-}10)$$

式中 A、B、C 是回归系数，$A = 10.50007$，$B = 1.13333$，$C = -0.000917$

5. 射出长波辐射通量密度（OLR）计算

用黑体辐射定律计算 OLR，

$$\text{OLR} = \sigma \times T_F^4$$

$$(6.1\text{-}11)$$

式中 σ 是斯蒂芬—玻尔兹曼常数，$\sigma = 5.6693 \times 10^{-8}$，OLR 的单位是：$\text{W}/\text{m}^2$。

6. 日平均 OLR 计算

对白天、夜间卫星过境时刻的 OLR 格点值，作平均计算，得到日平均值 OLR_M，

$$\text{OLR}_M = \frac{\text{OLR}_D + \text{OLR}_N}{2}$$

$$(6.1\text{-}12)$$

式中 OLR_D、OLR_N 分别是白天和夜间 OLR 数据。

6.1.5.4 产品示例

图 6.1-9 和图 6.1-10 是用 2008 年 11 月 25 日 VIRR 数据生成的两个 OLR 分区图 $10° \times 10°$，由图可看出，由于 OLR 主要由发射下垫面的温度决定，图中暗值区域是地气系统能量高值区，表示温度高；亮值区域对应地气系统能量低值区，表示温度低。图像能较完整地显示当天的云和晴空的天气状况，可用于干旱、洪涝、寒潮等天气过程的分析。另外，OLR 也是气候诊断分析、气候模式及其验证的重要参量。

VIRR OLR 产品精度验证，主要采用与过境时间相接近的 NOAA-17 OLR 产品比较，在 2008 年 12 月 10 日至 2009 年 1 月 12 日的时间段内 VIRR OLR 产品误差统计结果为：RMS 在 $5.59 \sim 11.90\,\text{W}/\text{m}^2$ 之间，相关系数 γ 在 $0.9471 \sim 0.9890$ 之间。

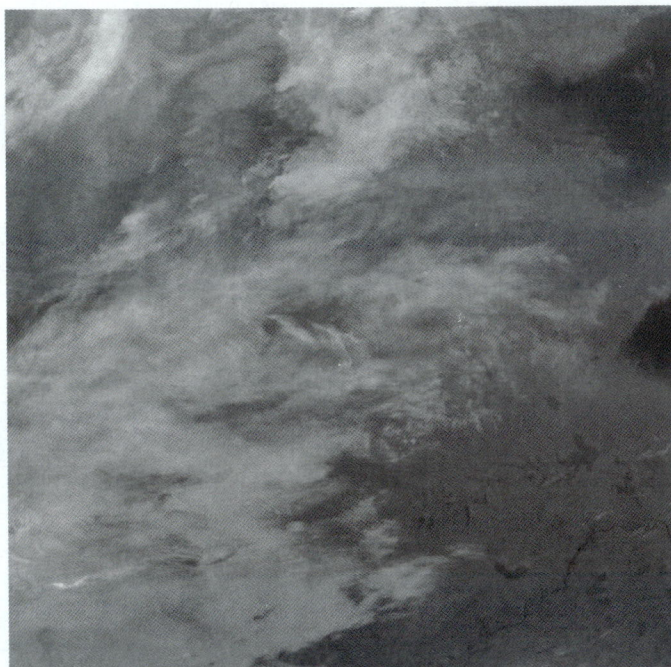

2008年11月25日，空间分辨率=0.01°×0.01°

图 6.1-9　2008 年 11 月 25 日 VIRR 的日平均 OLR 分幅产品灰度图（30°N～40°N，110°E～120°E）

2008年11月25日，空间分辨率=0.01°×0.01°

图 6.1-10　2008 年 11 月 25 日 VIRR 日平均 OLR 分幅产品灰度图（30°N～40°N，120°E～130°E）

6.1.5.5　产品信息说明

VIRR OLR 产品以 HDF5 格式存储，主要物理参数特性如表 6.1-14 所示，参数的物理数值通过如下公式转换而来：

$$Par = Slope \times Data + Intercept$$

其中 Par 为参数的物理数值，Data 为产品 HDF 文件中记录的该参数的数据，Slope 为缩放比例，Intercept 为偏移量，由于 OLR 产品缩放比例为 1，偏移量为 0，因此 OLR 物理量就是 HDF 文件中记录的数据。

表 6.1-14　VIRR OLR 产品的主要参数

SDS 英文名称	SDS 中文名称	单位	数据有效范围	数据填充值	缩放比例	偏移量
OLR	日平均射出长波辐射	W/m²	40～400	65535	1	0
OLR _ FIVE	候平均射出长波辐射	W/m²	40～400	65535	1	0
OLR _ TEN	旬平均射出长波辐射	W/m²	40～400	65535	1	0
OLR _ MONTH	月平均射出长波辐射	W/m²	40～400	65535	1	0

该产品的详细格式内容见附录 4。

6.1.6　VIRR 海上气溶胶

6.1.6.1　产品定义

VIRR 海上气溶胶产品（ASO）是指晴空、无明显耀斑影响的水体上空气溶胶光学厚度（τ_a）和 Ångström 波长指数（α）两类参数。产品参数分别定义如下：

气溶胶光学厚度：VIRR 通道 9、1、2 和 6（中心波长分别为 558、621、869 和 1599nm）的大气气溶胶垂直消光（散射＋吸收）光学厚度，无量纲。

Ångström 波长指数：气溶胶粒子尺度分布为 Junge 谱（此时，$\tau_a = \beta\lambda^{-\alpha}$，$\beta$ 为大气混浊度，λ 是波长）时的尺度参数，α 越大，表示粒子越小，无量纲。

6.1.6.2　产品规格

VIRR 海上气溶胶产品包括全球 10°×10°分幅（亦称块，下同）的 0.01°×0.01°等经纬度投影日产品，以及全球拼图的 0.05°×0.05°等经纬度投影旬、月产品。

VIRR 海上气溶胶日产品：基于一天（白天）的 144 个 VIRR 海上气溶胶 5 分钟段产品，通过空间投影和去重复处理，生成 10°×10°分幅的 0.01°×0.01°分辨率等经纬度投影日产品，覆盖范围为全球。

VIRR 海上气溶胶旬/月气候产品：基于 VIRR 海上气溶胶日产品，分别在旬/月时段进行时间平均，生成 0.05°×0.05°分辨率等经纬度投影全球拼图旬/月气候产品。

VIRR 海上气溶胶产品具体规格见表 6.1-15。

表 6.1-15　VIRR 海上气溶胶产品规格表

产品类型	投影方式	覆盖范围	空间分辨率	数据量（MB）	生成频次
日产品	等经纬度	全球 10°×10°分幅	0.01°×0.01°	21/幅	每日一次
旬产品	等经纬度	全球	0.05°×0.05°	247	每旬一次
月产品	等经纬度	全球	0.05°×0.05°	247	每月一次

6.1.6.3　产品生成原理

VIRR 海上气溶胶产品生成采用了双通道的暗像元算法。基于 VIRR L1 数据以及 CLM 云检测产品，结合全球数值预报分析场、全球臭氧和水汽总量气候数据等，假设用于气溶胶动态模型确定的两个波段（目前采用通道 2 和通道 6）无离水辐射影响，通过非气溶胶辐射订正，采用查找表方法确定气溶胶模型并进行参数估算，得到海面上空的气溶胶光学厚度和 Ångström 指数（孙凌，2008）。

在 VIRR 海上气溶胶 5 分钟段产品的基础上，通过投影插值、拼接去重复、多天平均等处理生成表 6.1-15 所列产品。

VIRR 海上气溶胶产品算法主要包括：气体吸收订正、洋面白帽和耀斑反射订正、气溶胶模型动态确定与参数估算等过程。

1. 气体吸收修正

采用基于辐射传输模拟的解析公式进行气体吸收透过率的计算。给定波长下的臭氧吸收透过率和水汽吸收透过率表示为大气质量和气体含量的函数关系，其他气体假定在大气中均匀混和且含量恒定，给定波长下的气体吸收透过率表示为大气质量的多项式函数（Sun et al.，2008）。

2. 洋面白帽和耀斑反射订正

白帽反射：利用表面风速进行白帽影响的判识，对于中高强度影响的白帽采用基于风速的解析模型（Koepke，1984；Gordon，1997）进行海表面白帽反射率的计算，进而推算大气顶的白帽贡献，并从总信号中去除。

耀斑反射：根据耀斑散射角的大小、耀斑反射系数（Fo＝1 时的表面耀斑辐亮度，Fo 为大气层顶辐照度）的大小，以及耀斑反射率与气溶胶＋耀斑反射率的比值高低进行耀斑强弱的标识。对于中等强度的耀斑，基于 Cox&Munk 模型（Cox and Munk，1954），利用风矢量以及观测几何信息进行海表面耀斑反射率的估算，进而推算大气顶的耀斑贡献，并从总信号中去除。

3. 气溶胶模型动态确定与光学厚度估算

假定实际气溶胶模型可近似成任意两个备选模型按照某种比例的混合。利用去除了气体吸收和洋面反射影响的通道 2 和 6 的数据，基于 τ_a 和 $\gamma = \rho_{atm}/\rho_r$（$\gamma$ 是光谱参量，

ρ_{atm} 是混合大气反射率，ρ_r 是分子反射率）的关系查找表，由卫星观测的 $\gamma(\lambda_6)$ 计算不同气溶胶模型下的气溶胶光谱参量估计值 $\gamma(\lambda_2)$，并通过模型估计值与实际卫星观测值的比较，确定两个最相近的气溶胶模型和混合比例，进而得到对应波段的气溶胶光学厚度，再利用选定的气溶胶模型外推得到其他可见光波段的气溶胶光学厚度（Sun and Guo，2006）。选定气溶胶模型的 Ångström 指数加权平均值即为反演的 Ångström 指数。

VIRR 海上气溶胶产品的有效处理只针对晴空、耀斑角大于 35°、天顶角小于 70°、无冰雪覆盖的海上观测数据。

6.1.6.4　产品示例

图 6.1-11 是 2010 年 2 月 VIRR 558nm 通道的海上气溶胶光学厚度分布图。图中，冷色调区域为低光学厚度，暖色调区域为高光学厚度，白色为无效反演区域。可以看出孟加拉湾、阿拉伯半岛、非洲西海岸等存在气溶胶光学厚度的高值区，但是，由于残留的云干扰，部分地区的值偏高。图 6.1-12 是 2008 年 3 月 6 日 06 时（UTC）的阿拉伯海地区 VIRR 海上气溶胶 5 分钟块产品示例。由图可见阿拉伯半岛东部沿海的气溶胶光学厚度明显较高，阿拉伯海西北部存在带状分布的气溶胶光学厚度高值区域。

利用海上气溶胶产品，可进行大气污染监测分析、辐射强迫和气候变化研究等。

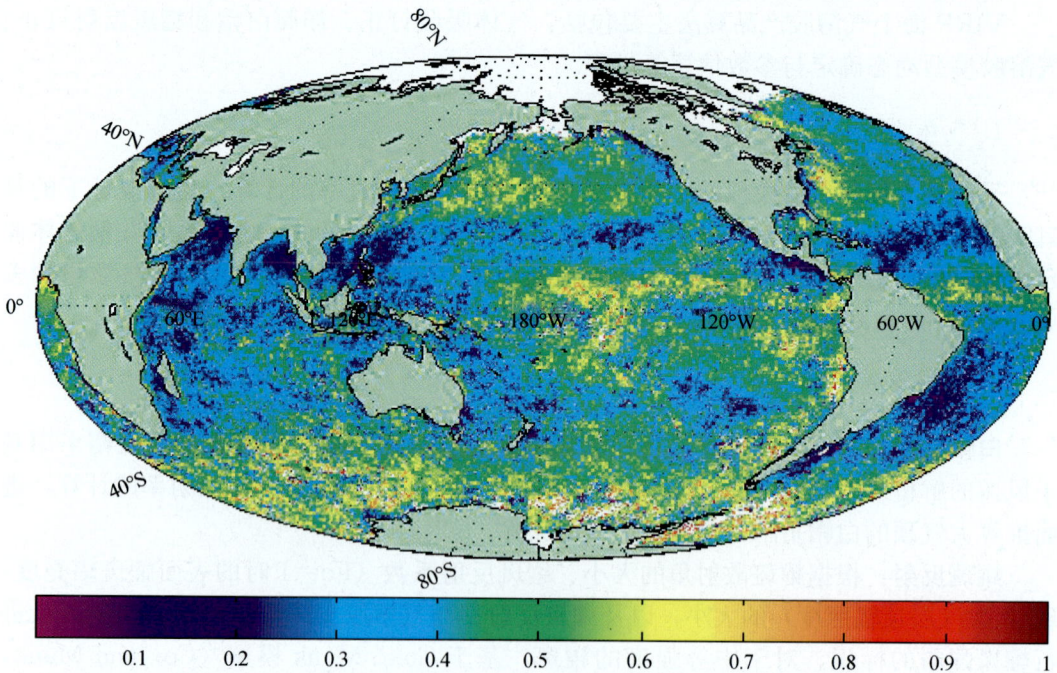

图 6.1-11　2010 年 2 月 VIRR 558nm 海上气溶胶光学厚度全球分布

利用辐射传输正向模拟数据所进行的反演试验表明，Ångström 波长指数反演误差在 ±5％ 之内，气溶胶光学厚度反演误差在 ±5％ 之内。

采用 2008 年 10 月 7 日～15 日全球数据与 AERONET 产品进行比较，558nm 气溶胶光学厚度比 AERONET 结果（月平均）偏高，但趋势一致，RMS 偏差约为 0.03，RMS 相对偏差约为 12.85％。

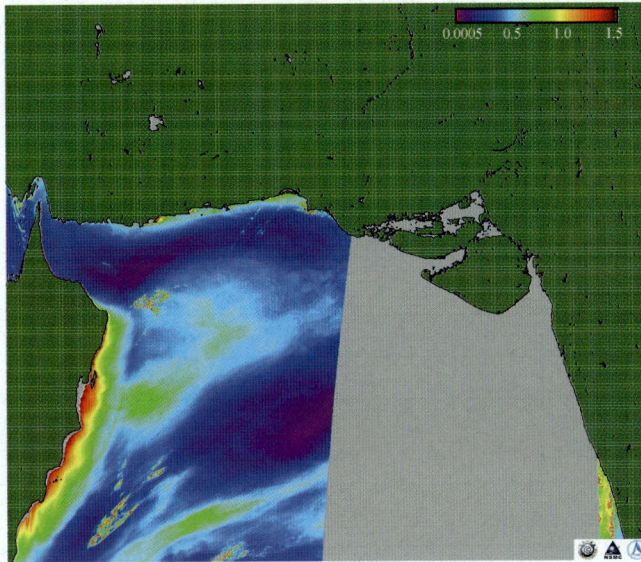

图 6.1-12　2008 年 3 月 6 日 06 时（UTC）阿拉伯海上空气溶胶光学厚度图

6.1.6.5　产品信息说明

　　VIRR 海上气溶胶产品以 HDF5 格式存储，主要物理参数特性如表 6.1-16 所示，参数的物理数值通过如下公式转换而来：

$$Par = Slope \times Data + Intercept$$

其中 Par 为参数的物理数值，Data 为产品 HDF 文件中记录该参数的数据，Slope 为缩放比例，Intercept 为偏移量。日产品处理标识的比特位（bit）说明见表 6.1-17。关于产品中各参数的详细内容参见附件中的 VIRR 海上气溶胶（日、旬、月）产品的数据格式。

表 6.1-16　VIRR 海上气溶胶产品的主要参数

SDS 英文名称	SDS 中文名称	单位	数据有效范围	数据填充值	缩放比例	偏移量
AOT _ 558SDS	VIRR CH9（558nm）的气溶胶光学厚度	无	1～32767	0	0.0001	0
AOT _ 621SDS	VIRR CH1（621nm）的气溶胶光学厚度	无	1～32767	0	0.0001	0
AOT _ 869SDS	VIRR CH2（869nm）的气溶胶光学厚度	无	1～32767	0	0.0001	0
AOT _ 1599SDS	VIRR CH6（1599nm）的气溶胶光学厚度	无	1～32767	0	0.0001	0
AngstromSDS	气溶胶 Angstrom 指数	无	−5000～32767	−32767	0.0002	0
L2 _ FlagsSDS	2 级产品处理标识	无	0～2147483647	−32767	1	0

表 6.1-17 VIRR 海上气溶胶日产品处理标识的比特位（bit）说明

比特位	内容
32	空
31	F_Land 陆地
30	F_Cloud 水体上空云
29	F_HiSunzSenz 天顶角＞70°
28	F_UnCGlint 耀斑角≤35°
27	F_Water 处理的水体像元
26	F_AeroRetrFail 反演失败
25	F_InvaildLt TOA 辐亮度≤0
24	F_MeWhiteCaps 风速＜8m/s
23	F_HiWhiteCaps 风速≥8m/s
22	F_GlintCor 耀斑反射系数＞0.0001，有耀斑修正
21	F_LoMeGlint 耀斑反射系数≤0.0001，无耀斑修正
20	F_MeGlint 中等耀斑修正
19	F_HiGlint 高耀斑修正

该产品的详细格式内容见附录 4。

6.1.7 VIRR 晴空大气可降水

6.1.7.1 产品定义

晴空大气可降水（TPW）指晴空条件下大气柱中水汽总含量，单位 mm。

6.1.7.2 产品规格

VIRR 晴空大气可降水产品包括：晴空大气可降水日、旬和月产品。

大气可降水日产品：在通过物理分裂窗法利用 VIRR 遥感数据和数值预报产品获取固定区域大气可降水产品的基础上，基于 VIRR 的 5 分钟段大气可降水产品，通过去重复处理获取均匀网格的等经纬度投影日产品，空间分辨率为 $0.05° \times 0.05°$，覆盖范围为全球。在去重复、合成过程中采用以下规则：判断 5 分钟段产品数据投影到日产品输出区域各像元的重复率，对于没有重复的像元直接投影到固定的产品输出区域，对于有重复的像元，根据反演值的质量标识和重复率给出 5 分钟段平均大气可降水产品的统计加权平均系数，获得加权平均的大气可降水产品。

大气可降水旬产品：基于晴空大气可降水日产品，通过重采样，统计一旬内大气可降水反演有效值的频次，对其作平均获得一旬内大气可降水的统计平均值。

大气可降水月产品：基于晴空大气可降水旬产品，通过重采样，统计一月内大气可降水反演有效值的频次，对其作平均获得一月内大气可降水的统计平均值。

VIRR 大气可降水业务产品规格参见表 6.1-18。

表 6.1-18　VIRR 大气可降水业务产品规格表

产品类型	投影方式	覆盖范围	空间分辨率	数据量（MB）	生成时效
VIRR 大气可降水日产品	等经纬度	全球	0.05°×0.05°	148	每日一次
VIRR 大气可降水旬产品	等经纬度	全球	0.05°×0.05°	148	每旬一次
VIRR 大气可降水月产品	等经纬度	全球	0.05°×0.05°	148	每月一次

6.1.7.3　产品生成原理

VIRR 晴空大气可降水反演过程是：针对在 VIRR 红外窗区由于水汽存在而产生透过率差异的光谱特性，基于 VIRR L1 数据和数值预报产品数据，通过数值预报产品数据预处理、地表发射率计算、辐射传输正演计算和晴空大气可降水反演等四个过程，最后实现 VIRR 晴空大气可降水的反演。其中输入的数据包括：VIRR 5 分钟段 L1 数据、VIRR 5 分钟段云检测产品、IGBP 陆地覆盖分类数据和数值预报产品（这里采用 T213 数值预报产品，包括地表气压、地表气温、近地表气温与湿度、逐层大气的温度与湿度等）。

反演晴空大气可降水的基本思路是：在没有水汽时，$11\mu m$ 和 $12\mu m$ 处的大气透过率基本一致，由于水汽的存在，使得 $11\mu m$ 和 $12\mu m$ 处的大气透过率有差别。透过率不同引起仪器在两个通道的探测辐射值不同。利用水汽在 VIRR 两个相邻通道的红外窗区的吸收差异，寻找出两个通道亮温与大气可降水的直接关系，达到反演大气可降水的目的，这就是采用分裂窗方法反演大气水汽柱总量的基本思路。值得注意的是，在有云的情况下，卫星红外探测器探测到的是云顶及以上大气发射的辐射，它基本上不包括云中及其下的大气及地表的辐射，因而云检测的精度对大气可降水反演结果有重要的影响。如果云检测过于严格，将会把晴空像素认为是云，这样会丢掉许多有用的信息；反之如果云检测不够严格，则会把一些云像元或被云污染的像元作为晴空像元，这些像元会严重影响反演的精度。因此利用红外分裂窗反演大气可降水的方法只适合在晴空条件下使用。反演算法如下：

该方法直接从大气辐射传输方程入手，利用数学上的小扰动理论，将辐射传输方程化为容易求解的线性方程，然后通过求解二元线性方程组，得到相对于初始值的偏移量（Jedlovec，1987；Guillory et al.，1993；师春香等，2005）。

假设平面平行大气在红外波长 λ 处的非散射传输方程可写为：

$$I = \varepsilon B_\lambda(T_s)\tau_s + (1-\varepsilon)\tau_s \int_{p_s}^{0} B_\lambda(T_p)\frac{d\tau}{dp}dp - \int_{0}^{p_s} B_\lambda(T_p)\frac{d\tau}{dp}dp \qquad (6.1\text{-}13)$$

式中 I 表示在大气层顶地气系统向外的红外辐射值，即卫星测得的波长 λ 的通道辐射率；T 表示温度，ε 表示地表发射率，B_λ 表示在波长 λ 处的红外辐射，τ 表示大气透过率，p 表示气压，下标 s 表示地面，B 为 Planck 函数；式（6.1-13）右边第一项表示到达大气层顶的地表向外长波辐射，第二项表示大气向下的长波辐射经地表反射后返回大气层顶的长波辐射，第三项（连同负号）表示大气向上长波辐射直接到达大气层顶的部分。

假定在红外波段地表发射率 $\varepsilon \approx 1$，式（6.1-13）变为：

$$I = B_\lambda(T_s)\tau_s - \int_0^{p_s} B_\lambda(T_p)\frac{d\tau}{dp}dp \qquad (6.1\text{-}14)$$

经过一系列变换得到

$$\delta T_\lambda = \delta T_s\left\{\tau_s\frac{[\partial B_\lambda(T_\lambda)/\partial T_s]}{[\partial B_\lambda(T_\lambda)/\partial T_\lambda]}\right\} - \frac{\delta U}{U_0}\cdot\int_0^{p_s} U_0\left\{\left[\frac{\partial\tau}{\partial U}\right]\left[\frac{\partial B_\lambda(T_\lambda)}{\partial T_\lambda}\right]^{-1}\left[\frac{dB_\lambda(T_p)}{dp}\right]\right\}dp \qquad (6.1\text{-}15)$$

上式中 U_0 和 T_s 代表初始猜测的大气可降水和地表温度，由数值预报产品得到。未知数 δU 和 δT_s 分别是在 U_0 和 T_s 基础上的扰动量。将上式分别应用于分裂窗通道 $11\mu m$ 和 $12\mu m$，即 VIRR 通道 4 和 5，最后得到：

$$\delta T_{11} = \delta T_s C_{11} + \delta U/U_0 D_{11} \qquad (6.1\text{-}16)$$

$$\delta T_{12} = \delta T_s C_{12} + \delta U/U_0 D_{12} \qquad (6.1\text{-}17)$$

式中

$$C_{11} = \tau_{s11}[\partial B_{11}(T_{11})/\partial T_s][\partial B_{11}(T_{11})/\partial T_{11}]^{-1} \qquad (6.1\text{-}18)$$

$$C_{12} = \tau_{s12}[\partial B_{12}(T_{12})/\partial T_s][\partial B_{12}(T_{12})/\partial T_{12}]^{-1} \qquad (6.1\text{-}19)$$

$$D_{11} = \int_0^{p_s} U_0[\partial\tau_{11}/\partial U][\partial B_{11}(T_{11})/\partial T_{11}]^{-1}dB_{11}(T_p) \qquad (6.1\text{-}20)$$

$$D_{12} = \int_0^{p_s} U_0[\partial\tau_{12}/\partial U][\partial B_{12}(T_{12})/\partial T_{12}]^{-1}dB_{12}(T_p) \qquad (6.1\text{-}21)$$

上述各式中的下标 11 和 12 分别代表 $11\mu m$ 波段和 $12\mu m$ 波段。

利用数值预报产品（这里采用 T213 数值产品），结合辐射传输正演过程（这里采用 RTTOV7 辐射传输模式），可以得到大气温度廓线、大气透过率 τ、初始的地表温度 T_s 和大气可降水 U_0；利用式（6.1-18）至式（6.1-21）求出系数 C_{11}、C_{12}、D_{11} 和 D_{12}；然后分别计算出两个通道的正演亮温和卫星实测亮温之差 δT_{11} 与 δT_{12}，并将其代入式（6.1-16）和式（6.1-17）组成的方程组，可以求得未知量 δU 和 δT_s，最后得到：

$$U = U_0 + \delta U \qquad (6.1\text{-}22)$$

其中 U 即为最终反演得到的晴空大气可降水，单位 mm。

6.1.7.4　产品示例

由于 VIRR 晴空大气可降水日、旬、月产品的形式具有一致性，这里仅给出 2009 年 8 月 30 日的晴空大气可降水日产品示例，即图 6.1-13。

由图 6.1-13 可见，晴空大气可降水具有从低纬地区向两极递减的合理空间分布趋势，部分区域受到云污染的影响。VIRR 晴空大气可降水（VPW）可以用于天气诊断，也可以用于天气和气候模式同化，以及卫星遥感大气订正。

通过对比中国地区 2009 年 8 月 30 日 00 时和 12 时陆面探空资料进行检验分析表明，大部分站点得到的 VIRR 晴空大气可降水产品相对偏差在 30% 以内。此外，通过对 2009 年 11 月 11 日至 2009 年 12 月 31 日期间东亚地区晴空大气可降水产品的验证表明，该产品用于分析东亚地区水汽的时间与空间分布具有一定的优势（Zheng et al.，2010）

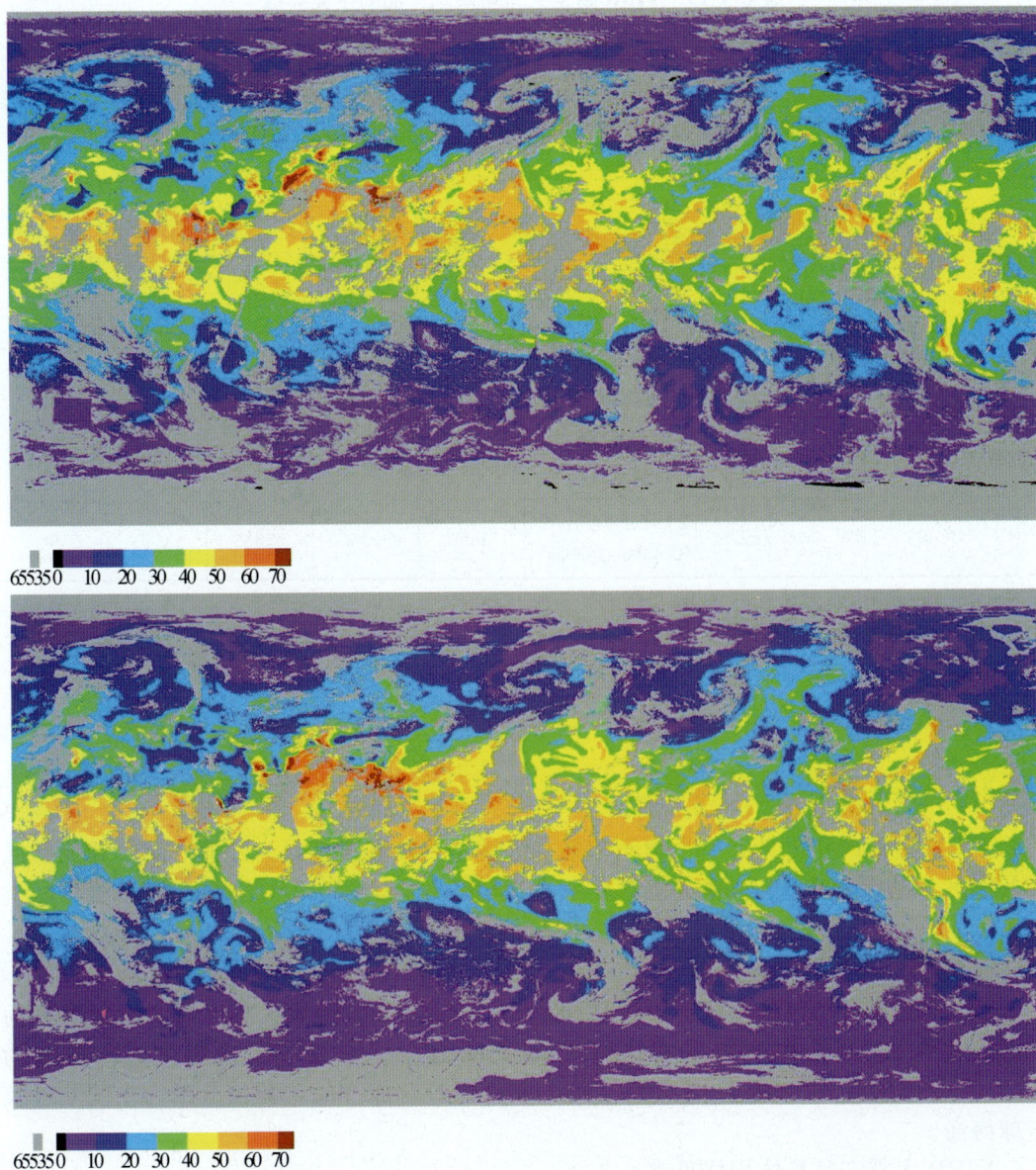

图 6.1-13　2009 年 8 月 30 日 VIRR 白天（上图）与夜间（下图）
晴空大气可降水日产品 0.05°×0.05°等经纬度投影图（单位：mm）

6.1.7.5　产品信息说明

　　VIRR 晴空大气可降水产品以 HDF5 格式存储。主要物理参数特性如表 6.1-19 所示，参数的物理数值通过如下公式转换而来：

$$Par = Slope \times Data + Intercept$$

其中 Par 为参数的物理数值，此处即为晴空大气可降水。Data 为 HDF5 产品文件中记录该参数的数据，Slope 为缩放比例，Intercept 为偏移量。该产品主要的信息说明见表 6.1-19。

表 6.1-19 VIRR 晴空大气可降水产品的主要参数

SDS 名称	SDS 中文名称	单位	数据有效范围	数据填充值	缩放比例	偏移量
VIRR _ DAY _ TPWSDS	全球白天晴空大气可降水日产品	mm	0～2000	65535	0.1	0
VIRR _ NIGHT _ TPWSDS	全球夜间晴空大气可降水日产品	mm	0～2000	65535	0.1	0
VIRR _ DAY _ TPW _ 10DaySDS	全球白天晴空大气可降水旬产品	mm	0～2000	65535	0.1	0
VIRR _ NIGHT _ TPW _ 10DaySDS	全球夜间晴空大气可降水旬产品	mm	0～2000	65535	0.1	0
VIRR _ DAY _ TPW _ MonthSDS	全球白天晴空大气可降水月产品	mm	0～2000	65535	0.1	0
VIRR _ NIGHT _ TPW _ MonthSDS	全球夜间晴空大气可降水月产品	mm	0～2000	65535	0.1	0

该产品的详细格式内容见附录 4。

6.1.8 VIRR 大雾监测

6.1.8.1 产品定义

VIRR 大雾产品定义为一个像元和某一区域是否被雾覆盖，为二值产品，即大雾区和非雾区，其中大雾区以 1 表示，0 表示为非雾区。

6.1.8.2 产品规格

VIRR 大雾产品包括 5 分钟段产品和全球日产品。5 分钟段大雾产品空间分辨率为 1km；大雾日产品是在 5 分钟段大雾产品基础上，经等经纬度投影生成，规格为 10°×10° 分幅的 0.01°×0.01° 等经纬度均匀网格的日合成产品，覆盖范围为中国陆地及全球海洋。

VIRR 大雾产品具体规格见表 6.1-20。

表 6.1-20 VIRR 大雾产品规格表

产品类型	投影方式	覆盖范围	空间分辨率	数据量（MB）	生成频次
VIRR 大雾产品	无投影	5 分钟段	1km	3.6	每 5 分钟一次
VIRR 大雾日产品	等经纬度	全球	0.01°×0.01°	640	每日一次

6.1.8.3 产品生成原理

利用 VIRR L1 多通道数据，并结合陆表温度产品，以及数值预报产品、海温气候数据资料、高程、地理信息等辅助数据，经通道光谱特性判识，生成能反映区域大雾特征的产品，例如中国陆地区域大雾产品及全球海洋大雾监测产品。大雾监测的关键是大雾和低云、大雾和冰雪的区分。通常采用多光谱和多参数的综合比较分析，例如，利用 VIRR（T_{11}-$T_{3.7}$）亮温差（Eyre et al.,1987；Ellrod,1995），并结合太阳光谱反射通道和短波红外窗通道、归一化积雪指数等判别出高云、太阳耀斑、碎积云，滤除水体和植被等地表像元，最后确定雾像元（NOAA/NESDIS，2004）。

6.1.8.4　产品示例

图 6.1-14 是 5 分钟段大雾产品图像，图 6.1-15 是全球大雾日产品。图中白色是大雾，黑色和蓝色表示无雾。产品的监测范围是中国陆地和全球海洋。

由于雾监测算法复杂，又有明显的区域特征，因此，在大雾产品中难免有低云信息存在。

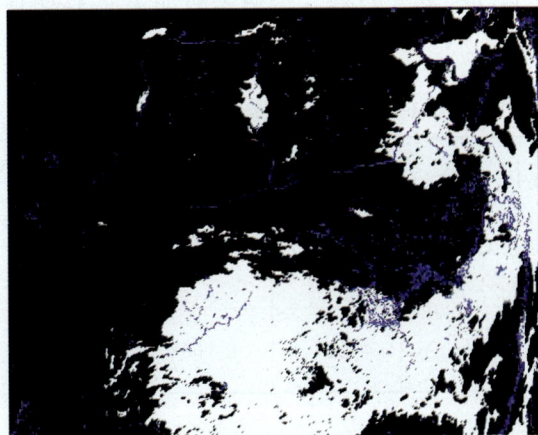

图 6.1-14　VIRR 5 分钟段大雾产品（2009 年 11 月 30 日 11：20）

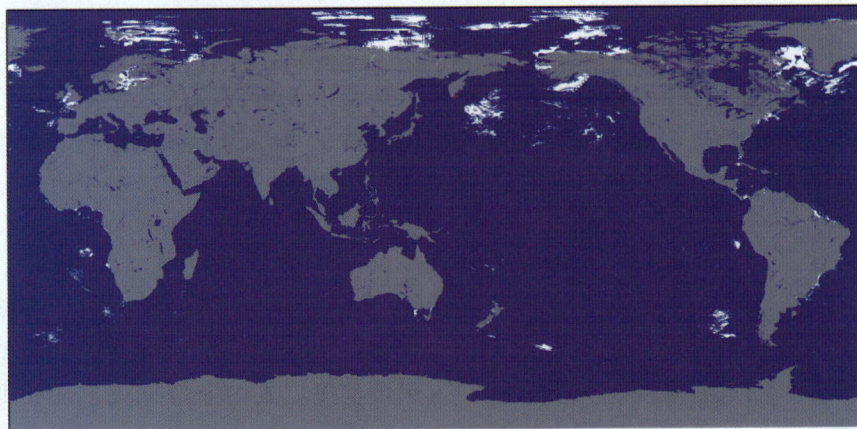

图 6.1-15　VIRR 全球大雾日产品（2009 年 6 月 10 日）

对大雾产品进行检验分析，结果表明，在没有云系覆盖，大雾光学厚度达到一定程度的情况下，即雾的垂直能见度达到 1km 以内，并有足够的厚度时，大雾漏判情况几乎不存在。如果与地面观测数据对比，两者差异较大，主要原因是用现有遥感手段来区分低云和雾有相当大的困难，雾是空气中水汽凝结（或凝华）的产物，雾升高离开地面就成为云，而云降低到地面或云移动到高山时就称其为雾。遥感判识云雾主要基于其对红外波段的发射和可见光波段的反射辐射不同，因此，利用卫星观测资料区分云顶温度和地表温度接近的云雾十分困难。

与地面观测对比，卫星大雾产品判识率达 70%～80%。当南方大范围低层云存在的情况下，判识率将降低。如果将大雾/层云作为一类与观测对比，判识率在 90% 以上。

6.1.8.5 产品信息说明

VIRR 大雾产品以 HDF5 格式存储，主要参数如表 6.1-21 所示。该产品的详细格式内容见附录 4。

表 6.1-21 VIRR 大雾产品的主要参数

SDS 名称	SDS 中文名称	单位	数据有效范围	数据填充值	缩放比例	偏移量
VIRR fog cover	5 分钟段无投影大雾覆盖信息	无	0～50	65535	无	无
Daily fog Cover	10°×10°大雾覆盖信息	无	0～50	65535	无	无

6.1.9 VIRR 火点判识

6.1.9.1 产品定义

火点判识产品（GFR）是指利用 VIRR 全球轨道 5 分钟段资料，依据中红外通道对高温热源敏感的特点，提取全球陆地火点信息并估算亚像元火点面积和温度，生成白天和夜间全球火点分布和火点强度表，分辨率为 1km。

6.1.9.2 产品规格

火点判识产品为列表产品，文件格式为 HDF5，每日生成一次。产品表中列出当日利用 VIRR 资料监测得到的火点像元信息，包括火点像元的观测时间、经纬度、亚像元火点面积、明火区温度、火点强度和火点可信度。其中亚像元火点面积即火点像元中实际明火区的估算面积。明火区温度为实际明火区平均温度。火点强度反映火点像元中明火程度，根据亚像元火点面积大小分为 6 级。火点可信度表示火点像元判识的可信程度，分为火点、可能火点、可能噪声和云区火点四种情况。

VIRR 火点判识产品的具体规格见表 6.1-22。

表 6.1-22　VIRR 火点判识业务产品规格表

产品类型	投影方式	覆盖范围	空间分辨率	数据量（MB）	生成时效
火点像元信息列表产品	等经纬度	全球	$0.01° \times 0.01°$	随机	每日一次

6.1.9.3　产品生成原理

利用 VIRR/L1 5 分钟段数据和云检测产品，根据分区火点判识阈值，对局域图像进行火点判识，提取火点像元信息（包括亚像元火点面积、火点像元强度、可信度等），生成局域图像的火点像元信息列表，在此基础上生成 5 分钟段数据的火点像元信息表。每日定时将当日所有 5 分钟段的火点像元信息表合并，生成日全球火点像元信息列表产品。产品生成原理如下：

1. 火点判识

利用 VIRR 中红外通道（CH3）对高温热源敏感的特点以及云区、水体、植被等目标在 VIRR 不同通道的光谱特性，判识全球范围内陆地区的火点信息。判识条件主要根据中红外通道的亮温增量，以及中红外通道与远红外通道（CH4）亮温差异的增量：

$$T_3 > T_{3b} + 4\delta T_{3b}, \quad \text{且} \ \Delta T_{34} > \Delta T_{34b} + 4\delta T_{34b} \qquad (6.1\text{-}23)$$

式中 T_3 为 VIRR 中红外通道（CH3）亮温。T_{3b} 为背景像元中红外通道亮温，ΔT_{34b} 为背景像元中红外与远红外通道（CH4）亮温差异，均取自周边 7×7 像元平均值。ΔT_{34} 为被监测像元中红外与远红外亮温差异。δT_{3b} 为背景像元中红外通道亮温标准偏差，δT_{34b} 为背景像元中红外与远红外通道亮温差异的标准偏差。

$$\delta T_{3b} = (\sum_{i=1}^{n} (T_{3i} - T_{3b})^2)/n,$$

$$\delta T_{34b} = (\sum_{i=1}^{n} (T_{3i} - T_{4i} - \Delta T_{34b})^2)/n \qquad (6.1\text{-}24)$$

式中，T_{3i} 和 T_{4i} 分别为用于计算背景温度的周边像元的中红外通道和远红外通道的亮温。当 δT_{3b} 或 δT_{34b} 小于 2K 时，将其置为 2K。

背景亮温的计算还需要去除云区、水体、高温像元的影响，云区的判识依据云检测数据，水体判识根据近红外通道（CH2），以及近红外通道与可见光通道（CH1）反射率的差异，高温像元根据不同季节和地区选取，一般在 315K。

太阳耀斑对中红外通道有较严重影响，在判识中需要考虑。根据 5 分钟段的太阳天顶角和卫星天顶角数据计算出太阳耀斑角，在太阳耀斑区内一般不再进行火点判识。

为提高判识速度，在每个局域图像火点自动扫描中，仅对该图像中红外通道处于 4% 高温区的像元进行火点判识。考虑不同区域、不同季节地物光谱特性的变化，将全

球区域分为 $5°×5°$ 的区域，建立对每个区域的判识阈值，包括中红外亮温增量等。在初步判识基础上，再次对初步判识的火点像元进行云区影响的判识。

2. 亚像元火点面积计算

亚像元火点面积 S（即像元中实际明火区面积）的估算公式为：

$$S = S_{\lambda,\varphi} \times P \tag{6.1-25}$$

其中 $S_{\lambda,\varphi}$ 为像元面积。P 为明火区面积占像元面积百分比。

$$P = (N_{imix} - N_{ibg})/(N_{ihi} - N_{ibg}) \tag{6.1-26}$$

式中 N_{imix} 为混合像元（即被监测像元）中红外或远红外通道辐亮度，N_{ibg} 为背景像元辐亮度，N_{ihi} 为实际明火区的辐亮度（刘诚等，2004），此处明火区温度设为 750K。在计算时首先确定中红外是否饱和，即是否达到上限：$T_3 > T_{3max}$，其中 T_{3max} 为通道3亮温上限。当中红外通道未饱和时，利用中红外通道资料计算；否则，利用远红外通道资料计算。

3. 亚像元明火区温度计算

亚像元明火区温度即像元内明火区的平均温度，根据野火燃烧的一般规律，在卫星观测时火场内的燃烧情况主要分为三类：刚刚起燃区，燃烧旺盛区，炭火区。三类情况的温度有较大不同，但都属于明火区。根据人工火场实验数据和国外有关资料，这里将明火区平均温度设为 750K。

4. 火点强度估计

根据像元明火区的等效黑体全波段放射能力 FN 对火点像元进行强度分级。

$$FN = S \times N \tag{6.1-27}$$

式中 S 为亚像元火点面积，$N = \sigma T^4$，为根据斯蒂芬—波尔兹曼定律计算温度为 T（此处设为 750K）的单位面积黑体全波段热辐射放射能力。FN 为像元明火区的等效黑体全波段放射能力，单位为 W，由于 FN 值较大，在火点强度分级中以兆瓦（10^6W）为单位。火点强度分级如表 6.1-23。

表 6.1-23　火点强度分级列表

序号	火点强度等级	分级范围（单位：10^6W）
1	1级	＜2
2	2级	2～10
3	3级	10～20
4	4级	20～40
5	5级	40～60
6	6级	＞60

5. 火点可信度

可信度赋值有 4 种，分别为 200，100，50，20，其中 200 表示为火点，100 表示为云区火点，50 表示可能是火点，20 表示可能是噪声。各种可信度阈值条件为：

火点：$T_3-T_{3bg}>10K$ 且 $T_{34}-T_{34bg}>10K$ 且 CH1≤15％；

云区火点：当火点像元周边相距 2 个像元以内有云区像元（包括两个像元），为云区火点。

可能火点：$T_3-T_{3bg}<10K$ 且 $T_{34}-T_{34bg}<10K$ 且 CH1>15％时。

可能噪声：单个孤立火点像元，即在像元周边的 8 个像元均不是火点像元，且 $T_3-T_{3bg}>20K$。

6.1.9.4　产品示例

以 2009 年 3 月 12 日的全球火点产品为例进行说明。首先，读取全球火点产品文件中全局变量的行数（即 data lines），了解当日共监测到多少个火点像元，如图 6.1-16 显示出该日全球火点产品文件中全局变量中的行数，即当日监测的火点像元总数为 5034，表示当日共监测到 5034 个像元内有火点。

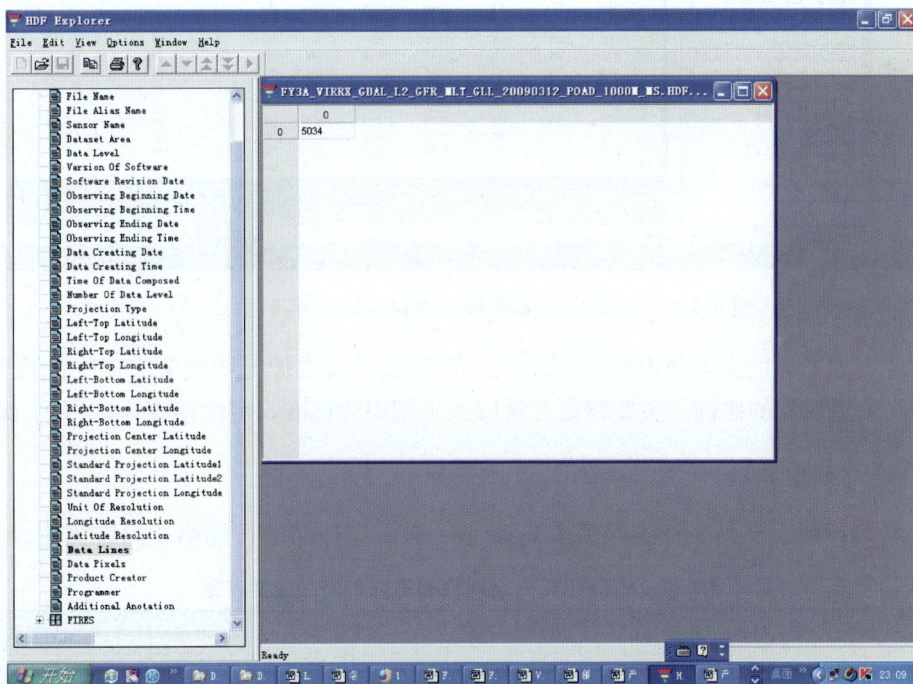

图 6.1-16　全球火点全局变量行数显示（2009 年 3 月 12 日）

然后，读入全球火点产品文件中的表格数据，如图 6.1-17 显示出 2009 年 3 月 12 日全球火点产品文件中表格数据的部分内容。表格中每一行表示一个火点像元的有关信息，其中第 0 列为该像元的观测年数，第 1 列为该像元的观测月和日（当月数为一位数时，前面不补充 0）。第 2 列为观测的时分（当小时为一位数时，前面不补充 0，当小时为 0 时，前面亦不补充 0）。第 3、4 列分别为经纬度，精确到小数点后 2 位，当经度为负值时，表示为西经，当纬度为负值时，表示为南纬。第 5 列为亚像元火点面积，以公顷为单位，本例中显示的亚像元火点面积均在 10^{-2} 公顷量级。第 6 列为估计明火区平均温度，本产品中均设为 750K。第 7 列为火点强度等级，本例中显示的均为 1～3 级，均为小火点。第 8 列为可信度。

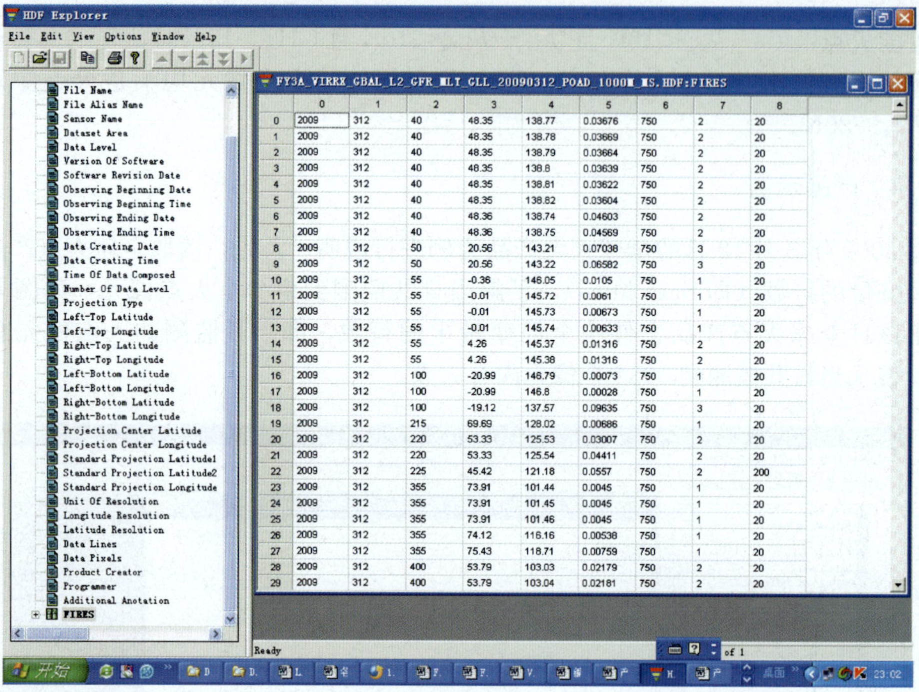

图 6.1-17　全球火点表格部分内容（2009 年 3 月 12 日）

全球火点产品的火点判识精度为 95％，即判识的火点像元中实际有明火的像元占全部判识为火点像元的比例。主要验证方法以人工判识为标准，定位精度为 1～2 个像元。

6.1.9.5　产品信息说明

火点判识列表产品文件参数说明见表 6.1-24。该产品的详细格式内容见附录 4。

表 6.1-24　VIRR 火点判识列表文件产品主要参数

SDS 英文名称	SDS 中文名称	数据类型	单位	数据有效范围
Observation Date	观测日期	string	无	
Observation Time	观测时间	string	无	
Latitude	纬度	float	度	$-90\sim90$
Longitude	经度	float	度	$-180\sim180$
Sub Pixel Hot Spot Size	亚像元火点面积	float	公顷	>0
Sub Pixel Hot Spot Temperature	亚像元火点温度	float	K	$>400K$
Fire Intensity	火点强度	unsigned int	无	1～6
Reliability	可信度	unsigned int	无	20、50、100、200

6.1.10　VIRR 海冰监测

6.1.10.1　产品定义

VIRR 海冰监测产品（SIC）定义为观测像元在一段时间内是否被冰覆盖，以及设定时间、设定海域内海冰覆盖像元占该海域总像元的百分比，称为海冰覆盖度。海冰覆盖度旬产品反映海冰在指定海域内的密集程度。

6.1.10.2　产品规格

VIRR 海冰监测产品为旬产品，包括海冰覆盖产品和海冰覆盖度产品。

VIRR 海冰覆盖产品：基于旬内十天的日海冰覆盖信息合成，若旬内该像元至少有1日有冰，则该像元为海冰覆盖像元，因而海冰覆盖旬产品反映旬内最大海冰覆盖范围。以 30°N 和 30°S 为界分为北半球海冰覆盖图和南半球海冰覆盖图，采用极射投影，在标准纬度处（40°）分辨率为 1km，产品图像尺寸为 12000 像素×12000 像素，数据规格见表 6.1-25。

VIRR 海冰覆盖度产品：基于旬内十天的全球范围海冰覆盖信息合成，格点大小为 0.1°×0.1°，表示格点内海冰面积占海域面积的百分比。产品图像尺寸为 1800 像素×3600 像素，产品规格见表 6.1-25。

表 6.1-25　全球海冰覆盖旬产品和海冰覆盖度旬产品规格

产品类型	投影方式	覆盖范围	数据量（MB）	生成频次
旬反射特性法判识海冰信息（北极）	极射投影	北半球	137	10 天一次
旬反射特性法判识海冰信息（南极）	极射投影	南半球	137	10 天一次
旬冰面温度法判识海冰信息（北极）	极射投影	北半球	137	10 天一次
旬冰面温度法判识海冰信息（南极）	极射投影	南半球	137	10 天一次
旬反射特性法与冰面温度法判识海冰信息合成（北极）	极射投影	北半球	137	10 天一次
旬反射特性法与冰面温度法判识海冰信息合成（南极）	极射投影	南半球	137	10 天一次
旬海冰格点覆盖度	等面积投影	全球	6.2	10 天一次

6.1.10.3　产品生成原理

利用经过预处理的 VIRR L1 数据和云检测产品，依据海冰与海水在可见光通道及近红外通道反射率有较明显差异，以及海冰与海水在红外通道亮温有差异的特点，剔除云信息，并借助海陆标识数据屏蔽陆地，判识海冰信息。

1. 利用反射特性的海冰判识算法

覆盖有积雪的海冰判识算法：覆有积雪的海冰与积雪的反射特性相似，因此可以利用判识积雪的归一化积雪指数方法（NDSI＝Normalized Difference Snow Index）识别被雪覆盖的海冰（刘玉洁等，2001）。具体方法可参见 VIRR 积雪产品一节。

无积雪覆盖海冰及薄冰的判识方法：海冰上雪融化时，雪表面反射率将减小，对于无雪海冰，冰的反射率也较小，此时使用积雪指数有可能达不到判识阈值，但冰的反射率仍高于海水，其温度低于海水，因此可用反射率和温度条件区分海冰和海水，即

$$CH1 > CH1_{TH} \quad 且 \ CH4 < CH4_{TH} \tag{6.1-28}$$

式中 CH1 和 CH4 为 VIRR 可见光反射率和红外通道亮温温度，$CH1_{TH}$ 和 $CH4_{TH}$ 分别为 VIRR 可见光通道和红外通道反射率和亮温的海冰判识阈值。

低云和海冰的区分：低云在 VIRR 可见光通道反射率和红外通道温度与海冰表面相近，可以依据冰雪在短波红外通道的较强吸收和水云在短波红外通道的高反射特性，使用短波红外通道有效区分海冰和低云。对一些薄卷云，短波红外通道也有较强吸收，而其温度与海冰相似。对这一情况，可用云检测产品将云区屏蔽。

浑浊水体和薄海冰的区分：浑浊水体对可见光的反射率较高，与薄海冰相近，其NDSI 值有可能达到海冰判识阈值，因此对满足 NDSI 阈值的像元还应判识是否为水体。可利用水体在近红外通道吸收较强的特性区分浑浊水体和海冰，即

$$CH2 < CH2_{TH} \tag{6.1-29}$$

式中 CH2 为 VIRR 通道 2（近红外通道）反射率，$CH2_{TH}$ 为区分水体与海冰的近红外通道反射率阈值，当阈值条件满足时为水体。

2. 利用海冰/水表面温度的海冰判识算法

极地冬季没有可见光信息，此时间段内海冰判识只能利用海表面（包括海冰和海水）温度信息。利用海表面温度的海冰判识算法为冰面温度算法（IST＝Ice Surface Temperature）（刘玉洁等，2001），公式为：

$$IST = a + bT_{11} + c(T_{11} - T_{12}) + d[(T_{11} - T_{12})(\sec(q) - 1)] \tag{6.1-30}$$

式中 IST 为海冰/水表面温度，T_{11}、T_{12} 分别为 VIRR 红外分裂窗通道 CH4（10.3～11.3μm）和 CH5（11.5～12.5μm）亮温，q 为卫星扫描角，a，b，c，d 是回归系数。

当 $IST_{MIN} < IST < IST_{MAX}$ 时为海冰 $\qquad$ (6.1-31)

式中 IST_{MIN} 和 IST_{MAX} 分别为海冰判识的温度上下限阈值，上限是海水的结冰点温度。

6.1.10.4 产品示例

图 6.1-18 是 2009 年 5 月下旬 VIRR 全球海冰旬覆盖度图，该图为 1800 像素×3600 像素，格点分辨率为 0.1°×0.1°，图中黑色为无冰，白色反映海冰覆盖度，灰度范围从 1 至 100，代表 1 至 100 的格点海冰覆盖度百分比。

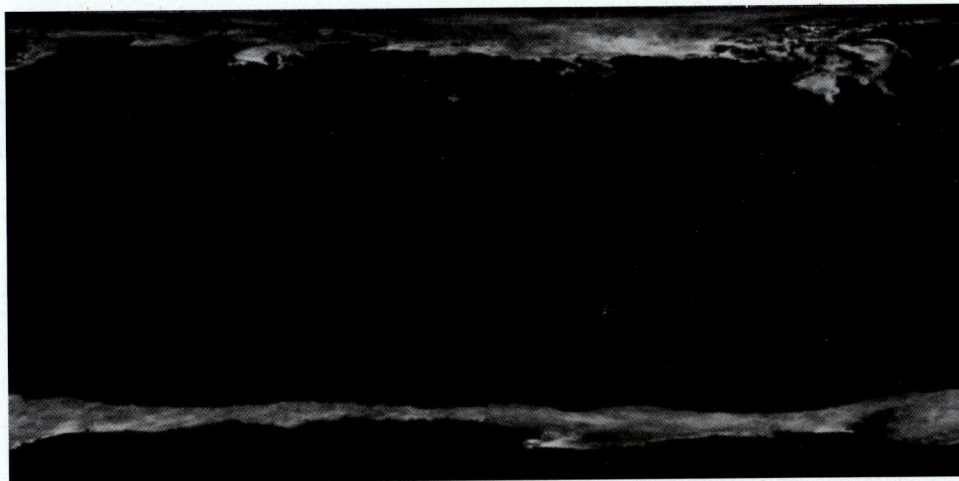

图 6.1-18　2009 年 5 月下旬 VIRR 全球海冰覆盖度图

图 6.1-19 和图 6.1-20 是 2009 年 7 月 27 日 VIRR 南、北半球海冰覆盖图。该图为极射投影，分辨率为 1km。图中白色为海冰，深蓝色为水体，灰色为陆地，青色为云。

VIRR 海冰监测产品可用于海洋环境研究，也可用于气候分析和全球气候变化研究等。通过与国外同一时期相关业务产品的对比分析，在选择区域晴空海域内海冰覆盖吻合率达到 95% 左右。

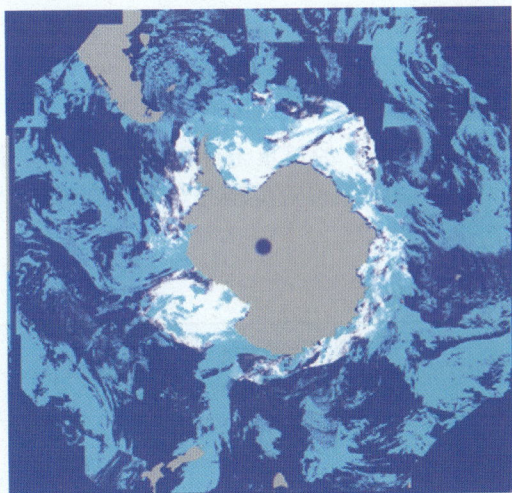

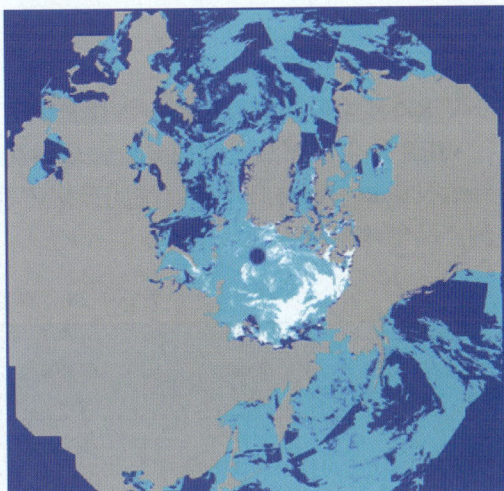

图 6.1-19　2009 年 7 月下旬 VIRR
南半球海冰覆盖图

图 6.1-20　2009 年 7 月下旬 VIRR
北半球海冰覆盖图

6.1.10.5　产品信息说明

VIRR 海冰监测产品以 HDF5 格式存储，海冰覆盖产品数值 0～255，反映海冰、陆地、水、云。海冰覆盖度产品数值为 0～100，反映海冰占格点内海域的百分比。具体说明见表 6.1-26 和表 6.1-27。

表 6.1-26　全球海冰监测产品信息

SDS 英文名称	SDS 中文名称	单位	数据有效范围	说明
VIRR 10 days Sea Ice Cover Image Product	旬海冰覆盖产品	无	0～255	分南半球和北半球

表 6.1-27　全球海冰覆盖度旬产品信息

SDS 英文名称	SDS 中文名称	单位	数据有效范围	说明
VIRR 10days _ Sea Ice Coverage Grid	旬海冰覆盖度产品	无	0～100	全球

该产品的详细格式内容见附录 4。

6.1.11　VIRR 沙尘监测

6.1.11.1　产品定义

VIRR 沙尘监测产品（DST）提供全球范围的沙尘识别结果和沙尘强度指数，产品以零值和非零值来标识非沙尘区和沙尘区，沙尘区用根据遥感反演得到的沙尘强度指数表示，其定义为代表沙尘强度分布信息的无量纲数值。

6.1.11.2　产品规格

VIRR 沙尘监测产品包括：沙尘监测日产品。

VIRR 沙尘日产品：利用 5 分钟段沙尘强度指数产品，经过重采样投影处理生成等经纬度投影均匀网格日产品，空间分辨率为 0.01°×0.01°，覆盖范围为全球。全球沙尘监测产品的规格参见表 6.1-28。

表 6.1-28　沙尘监测产品规格表

产品类型	投影方式	覆盖范围	空间分辨率	数据量（MB/幅）	生成频次
VIRR 沙尘日产品	等经纬度	全球 10°×10° 分幅	0.01°×0.01°	1	每日一次

6.1.11.3　产品生成原理

沙尘监测产品是基于 VIRR L1 数据，使用其可见光、近红外、中红外和热红外波段，依据沙尘遥感物理原理，进行自动的动态沙尘信息提取，得到沙尘识别结果，并计算沙尘区内的沙尘强度指数，主要算法包括：沙尘信息动态提取、沙尘强度指数计算、识别结果处理与订正。

由于沙尘的存在会对可见光和红外辐射产生明显的影响，因此，通过卫星的可见光红外观测就可以监测到沙尘的存在。

沙尘监测处理的基本原理是，利用 VIRR 的多波段数据，将沙尘区从云和下垫面的陆面、海面分离出来。由于下垫面组成成分复杂多样，导致光谱特性也复杂多样，给沙尘信息的提取增加了难度。地物在卫星图像上的反映并非与地面观测所得数据一一对应。一方面由于卫星分辨率的限制带来信息的融合，另一方面由于地物的电磁辐射在传输中受大气影响，而产生了畸变。在沙尘监测处理中需要选择对沙尘敏感的光谱波段，通过多通道组合方法实现沙尘信息的准确提取（郑新江等，2001）。

1. 沙尘信息提取

在 VIRR 的多波段数据中，可见光和近红外通道可用来测算下垫面的反射率。在可见光通道，大气沙尘对它的影响往往要高于对近红外通道的影响，尤其在地表植被覆盖度较高时更为明显（范一大等，2003）。热红外通道可以用来测算下垫面的亮度温度。由于沙尘与云系、地表在反射率和温度上均有差异，利用这些特征可以从遥感数据中将沙尘信息分离出来。通过实测数据分析下垫面、云和沙尘区的光谱特征，在每一光谱波段沙尘信息都有明显反应，但在各单波段图像上沙尘区与云、下垫面分界不是非常清晰，因此在沙尘区的识别过程中，并不能简单的在各单波段取相应的阈值，必须利用多波段综合技术动态地获取沙尘区信息。在这里将使用可见光通道、近红外通道（$1.6\mu m$ 附近）、中红外通道（$3.7\mu m$ 附近）和热红外分裂窗通道作为主要的沙尘信息提取波段，实现沙尘信息的自动提取。

2. 沙尘强度指数计算

对于不同的研究领域和不同的观测方法，沙尘强度的定义是有差异的，普遍使用的是基于风速和能见度指标的气象学沙尘强度定义。随着沙尘直接观测和遥感反演技术的进步，可以获取更多的物理特征参数来表示沙尘的强度，同时可以给出更准确的定量指标。沙尘强度的概念包括沙尘天气的持续影响强度、风沙动力学强度、灾害影响强度和社会经济影响强度等。

在这里将采用一种新的方法来获取可以描述沙尘强度的定量指标，即通过遥感获取的辐射值和反射值来计算可以代表沙尘强度的定量沙尘强度指数。同时在选取计算沙尘指数波段时要考虑多颗卫星、多种探测器之间的差异，建立一种统一化的沙尘监测标准和可比强度计算模型。

沙尘强度指数计算包括两个步骤，首先使用近红外通道（$1.6\mu m$ 附近）计算得到可比强度沙尘指数（罗敬宁等，2003，2004）；其次，以可比强度沙尘指数为主，引入红外分裂窗比值作为弱沙尘区的强度指标，将二者综合考虑，最终计算得到沙尘强度指数。

设 I_{csd} 为可比强度沙尘指数，其计算公式如下：

$$I_{csd} = \alpha(e^{\beta R_{1.6}} - 1) \qquad (6.1\text{-}32)$$

式中 $R_{1.6}$ 为 $1.6\mu m$ 波段测得的反射率（对于可见光红外扫描辐射计 5 分钟段数据为通道 6 测值），α 和 β 为调节因子，当前经验取值为 10 和 1。

沙尘强度指数的计算公式如下：

$$I_{DSI} = I_{csd}\, e^{(\frac{T_{12}-1.0}{T_{11}}-1.0)\times 10.0} \times 10.0 \qquad (6.1\text{-}33)$$

式中 I_{DSI} 表示沙尘指数，I_{csd} 表示强度可比沙尘指数，T_{12} 和 T_{11} 为红外分裂窗通道亮温。沙尘强度指数的计算结果是一个 $1\sim100$ 之间的无量纲数值，值越大表示沙尘强度越强。

3. 结果处理与订正

在沙尘监测处理结果中会出现一些非连续的弧立点或小区域，这可能是噪声或误判，由于沙尘在遥感图像上的特征是一种连续性的区域分布，对于最后的结果需要去除这些小区域。在算法模型上主要采用盐椒噪声和小成分去除方法，定义一个结构元矩阵与每个像元进行运算，从而判识弧立的小区域，并在结果中去除。

同时基于沙尘在遥感图像中的连续分布特性，计算得到的沙尘指数应该是连续分布的，但由于云、地形或其他因素的影响，其识别结果在一个判识区域的内部会出现一些小孔区域，由此需要设计一个基于图像形态学的算法模型，即使用合理的结构元矩阵与识别结果图像进行形态运算，去除这些小孔区域，并保证沙尘强度指数的连续分布特性。

6.1.11.4 产品示例

沙尘天气尤其是沙尘暴主要出现在北非、中东、中亚（包括中国北方）及南亚、澳大利亚和北美洲。世界上只有欧洲本土没有严重的沙尘天气发生，但可受非洲传输来的沙尘所影响。南美虽有干旱、半干旱地区，但缺乏关于那里是否有沙尘天气的资料。这里以 2009 年发生在中东地区的一次强沙尘暴过程为例。2009 年 3 月 10 日，沙特阿拉伯首都利雅得遭遇沙尘暴天气，到处都是滚滚黄尘。沙特气象部门称，这次沙尘暴的强度达到了 20 年来的顶峰。这里给出利用上述算法，使用 VIRR 数据的沙尘监测结果，图 6.1-21 为沙尘暴监测图像，图 6.1-22 为沙尘识别结果，图 6.1-23 为沙尘强度指数分布图，沙特阿拉伯首都利雅得附近的强度指数达到 $70\sim90$，为强沙尘暴，图 6.1-24 为局部放大图。

沙尘监测产品可以使用地面常规观测数据进行精度检验，以地面观测作为真实性检验的标准。由于两种数据的空间形态是有差异的，地面观测数据是以站点为单位的点分布数据，遥感数据得到的沙尘识别结果是栅格形式的面分布数据，在结果验证中必须将两种数据转换为同一种空间分布形态。这里通过选取相近时次的遥感数据和地面观测数据，以地面观测站点的地理位置为中心，对应选取围绕此中心 5×5 像素的区域，如果此区域中识别出沙尘信息，即认为识别结果正确。

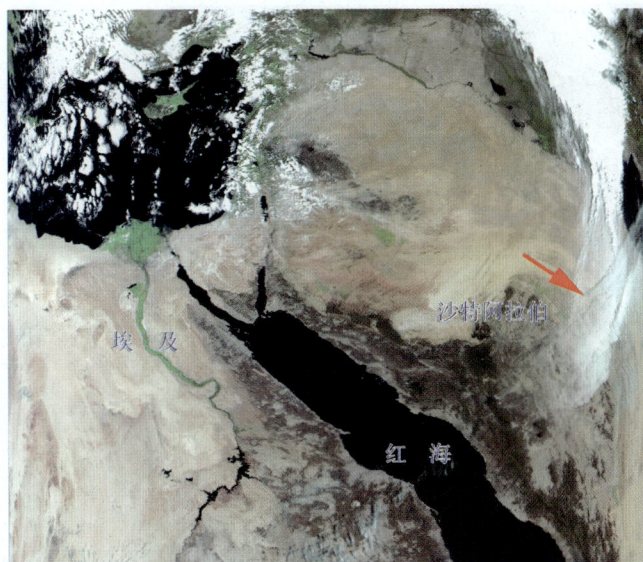

图 6.1-21　2009 年 3 月 10 日 08:05（世界时）VIRR 沙尘遥感监测图像

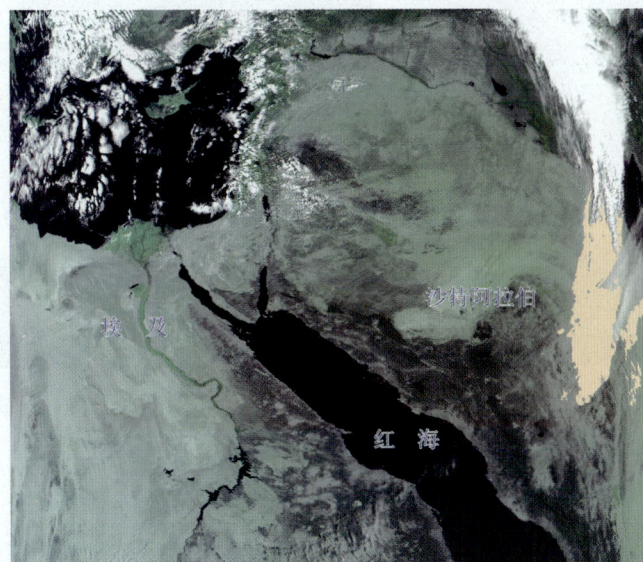

图 6.1-22　2009 年 3 月 10 日 08:05（世界时）VIRR 遥感沙尘区识别图像

　　通过对比分析可以发现，利用卫星遥感数据进行沙尘信息提取，具有很高的准确率。对于包括浮尘、扬沙和沙尘暴的沙尘天气，识别的准确率可以达到 83％，而仅就较强的沙尘暴天气来说，其识别的准确率可以达到 90％以上。准确率的验证结果表明，沙尘信息综合提取方法可以满足不同强度沙尘天气的监测需求。

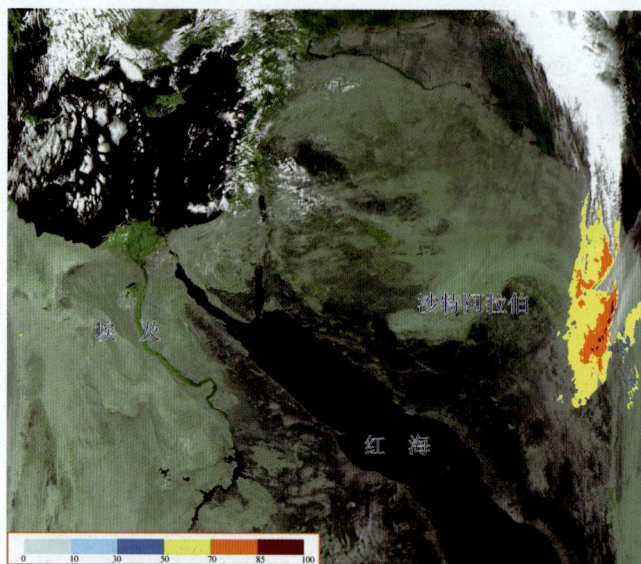

图 6.1-23　2009 年 3 月 10 日 08：05（世界时）VIRR 沙尘强度指数分布图

图 6.1-24　2009 年 3 月 10 日 08：05（世界时）VIRR 沙尘监测局部放大图

6.1.11.5　产品信息说明

　　VIRR 沙尘监测产品以 HDF5 格式存储，主要物理参数特性如表 6.1-29 所示，参数的物理数值通过如下公式转换而来：

$$Par = Slope \times Data + Intercept$$

式中 Par 为参数的物理数值，Data 为产品 HDF 文件中记录该参数的数据，Slope 为缩放比例，Intercept 为偏移量。该产品的详细格式内容见附录 4。

表 6.1-29　VIRR 沙尘监测产品主要参数

SDS 名称	SDS 中文名称	单位	数据有效范围	数据填充值	缩放比例	偏移量
Daily Dust Strength Index	日沙尘强度指数	无	1～100	0	1	0

6.1.12　VIRR 陆表反射比

6.1.12.1　产品定义

反射比（Reflectance Factor）定义为在给定的入射辐射和反射辐射几何分布条件下（入射和反射辐射的方向 θ, ϕ, 以及辐射的立体角范围 Ω），一个表面的反射辐射通量与在完全相同辐照度和观测几何条件下，理想（无损失的）、完全漫反射（朗伯的）表面的反射通量之比。单位：无（无量纲）。反射比在某些情况下（例如在冰雪、海洋等光滑平整表面的镜面反射方向）可以大于 1（Nicodemus et al.,1977；Martonchik et al.,2000；Schaepman et al.,2006）。

6.1.12.2　产品规格

VIRR 陆表反射比产品（LSR）为 5 分钟轨道块数据，星下点分辨率 1km，见表 6.1-30。

表 6.1-30　VIRR 陆表反射比产品规格表

产品类型	投影方式	覆盖范围	空间分辨率	数据量（MB）	生成频次
5 分钟段产品	无投影	5 分钟轨道	1km	42.1	每 5 分钟一次

6.1.12.3　产品生成原理

VIRR 陆表反射比（VLR）产品为利用 VIRR 通道 1、2、7、8 和通道 9 的 L1 数据反演得到的晴空陆地表面半球入射、锥形立体角测量的反射比（HCRF）。由于 VIRR 的瞬时视场（IFOV）很小（<0.05°），VIRR 陆表反射比可以近似为半球入射、方向观测的反射比（HDRF）。

假定下垫面为反射率 ρ_s 的均匀朗伯面，卫星遥感器在大气顶测得的表观反射率可表示为：

$$\rho_{TOA}(\theta_s,\theta_v,\varphi_r) = \rho_{atm}(\theta_s,\theta_v,\varphi_r) + T^{\downarrow}(\theta_s)T^{\uparrow}(\theta_v)\frac{\rho_s}{1-S\rho_s} \qquad (6.1\text{-}34)$$

式中 $\rho_{TOA}(\theta_s,\theta_v,\varphi_r) = \dfrac{\pi L_0(\theta_s,\theta_v,\varphi_r)}{F_0\cos(\theta_s)}$，是卫星遥感器在大气顶测得的表观反射率，$\rho_{atm}(\theta_s,\theta_v,\varphi_r)$ 是由大气分子瑞利散射和气溶胶散射产生的大气程辐射，S 为大气球面反照率，F_0 为大气顶太阳辐照度，L_0 为卫星观测辐亮度，$T^{\downarrow}(\theta_s)$ 和 $T^{\uparrow}(\theta_v)$ 分别为大气下行和上行透过率，可以表示为

$$T(\theta) = \exp(-(\tau_R+\tau_a)/\cos(\theta)) + T_{dif}(\theta,\tau_R,\tau_a) \qquad (6.1\text{-}35)$$

式中第一项为直射透过率，第二项为漫射透过率。τ_R 和 τ_a 分别为瑞利光学厚度和气溶胶光学厚度，θ 为太阳方向或观测方向的天顶角。

考虑到水汽、臭氧和其他主要大气分子的吸收作用以及水汽分子吸收和气溶胶的耦合作用对辐射传输的影响，式（6.1-34）修正为：

$$\rho_{TOA} = T_g(M)\left[\rho_R + \rho_a T_g^{H_2O}(M, U_{H_2O}/2) + T^{\downarrow}(\theta_s)T^{\uparrow}(\theta_v)\frac{\rho_s}{1-S\rho_s}T_g^{H_2O}(M, U_{H_2O})\right]$$

$$(6.1-36)$$

式中

$$M = \frac{1}{\cos(\theta_s)} + \frac{1}{\cos(\theta_v)}$$

$T_g(M)$ 为除了水汽分子以外的其他大气分子吸收的透过率，U_{H_2O} 为大气水汽含量，$T_g^{H_2O}(M, U_{H_2O})$ 为水汽分子吸收透过率。

由式（6.1-36）可得：

$$\rho_s = \frac{\Delta\rho}{T^{\downarrow}(\theta_s)T^{\uparrow}(\theta_v)T_g^{H_2O}(M, U_{H_2O}) + S\Delta\rho}$$

$$(6.1-37)$$

式中 $\Delta\rho = \dfrac{\rho_{TOA}}{T_g(M)}(\rho_R + \rho_a T_g^{H_2O}(M, U_{H_2O}/2))$

式（6.1-37）中右侧的诸参数均可以在给定大气参数和观测几何条件下由辐射传输模式精确计算。然而，在由卫星观测数据计算全球陆面反射比的实际工作中，出于计算时间的考虑，逐点运行辐射传输模式计算上述参数是不现实的。通常的方法是，在对大气状态参数进行必要的归并简化的前提下，利用辐射传输模型预先建立查找表，再依据大气和观测几何参数由查找表内插得到上述参数（Vermote et al.，1997；Vermote et al.，1999）；气体分子吸收透过率则采用大气水汽含量、臭氧含量和表面高程（近似的表面压力）作为输入，采用等效宽带模型计算（Liou，2004；Barry et al.，1999；Vermote et al.，1992）。

需要说明的是，目前的 VIRR 反射比产品反演过程中，未进行临近像元、BRDF 效应和薄卷云修正。

6.1.12.4 产品示例

图 6.1-25 是 2009 年 1 月 10 日 10：10（UTC）VIRR 陆表反射比产品通道 1、9、7 合成的假彩色图像示例。上部图像为 5 分钟段产品，下部为苏伊士运河地区 1km 分辨率图像。图中的白色区域为云，蓝色为海洋，黑色为太阳天顶角＞75°或观测天顶角＞50°的未进行反演区域。

VIRR 陆表反射比产品包括 VIRR 的通道 1、2、7、8 和通道 9 五个通道，主要用于陆表 BRDF（双向反射分布函数）和反照率产品的生成，也可以直接用于陆地环境、生态监测。产品每两日可以覆盖全球大部分晴空区域。

VIRR 陆面反射比产品与敦煌辐射校正场地面同步观测光谱反射比对比，相对偏差＜7%。

6.1.12.5 产品信息说明

VIRR 陆地表面反射比产品以 HDF5 格式存储，主要物理参数特性如表 6.1-31 所示，参数的物理数值通过如下公式转换而来：

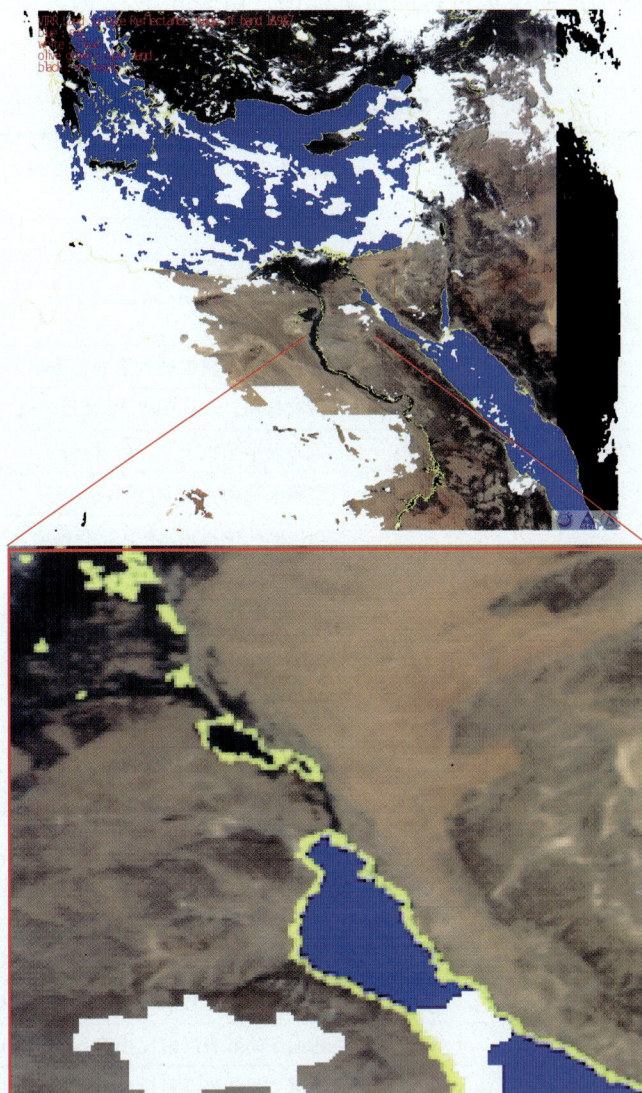

图 6.1-25　2009 年 1 月 10 日 10:10（UTC）VIRR 反演得到的陆表反射比

$$Par = Slope \times Data + Intercept$$

其中 Par 为参数的物理数值，Data 为产品 HDF 文件中记录该参数的数据，Slope 为缩放比例，Intercept 为偏移量。

表 6.1-31　VIRR 陆表反射比产品主要参数

SDS 英文名称	SDS 中文名称	单位	数据有效范围	数据填充值	缩放比例	偏移量
VIRR_LSR_SDS	VIRR 通道 1、2、7、8、9 陆表反射比	无	0~10000	65535	0.0001	0

L2_FlagsSDS 为产品生成过程的质量标识，由表 6.1-32 内各项转化为二进制按位"与"操作生成。

表 6.1-32　陆表反射比产品质量标识位定义

质量标识位定义	值	含义
CLOUDY	0x0000	云
UNCERTAIN	0x0001	不确定
PROBABLY_CLEAR	0x0002	可能的晴空
CONFIDENT_CLEAR	0x0003	确信的晴空
CLOUD_AFTERDE	0x0004	经过膨胀与腐蚀处理后的云标识，1 表示云，0 表示晴空
SEAMASK	0x0008	海陆标识，1 表示海，0 表示陆地
INVALID_SOLAR_ZENITH	0x0010	太阳天顶角大于 75 度，标识 1
INVALID_SENSOR_ZENITH	0x0020	观测天顶角大于 50 度，标识 1
GET_AOT_PRD_FAILED	0x0030	由于经纬度超出 MERSI 分钟段投影查找表的经纬度范围，无法获取 AOT 产品数据
INVALID_AOT_PRD	0x0040	AOT 产品数据为无效值，由气候模型数据代替
INVALID_AOT_MDL	0x0050	AOT 气候模型数据为无效值
GET_AOT_MDL_FAILED	0x0060	获取 AOT 气候模型数据失败
INVALID_AOT_MORE	0x0070	550nm 气溶胶光学厚度大于 0.8，标识 1
GET_WV_FOR_FAILED	0x0080	获取大气可降水数值预报数据失败
GET_OZONE_FAILED	0x0100	获取臭氧总量数据失败
GET_SP_FOR_FAILED	0x0180	获取表面气压数值预报数据失败
INVALID_WV_MASK	0x0200	大气可降水产品或数值预报数据无效，标识 1
INVALID_OZONE_MASK	0x0400	臭氧总量产品或气候模型数据无效，标识 1
INVALID_SP_MASK	0x0800	全球表面气压数值预报数据无效，标识 1
CH1_LSR_LESSTHAN0	0x1000	通道 1 的陆表反射比小于 0，标识 1
CH2_LSR_LESSTHAN0	0x2000	通道 2 的陆表反射比小于 0，标识 1
CH1_LSR_MORETHAN1	0x4000	通道 1 的陆表反射比大于 1，标识 1
CH2_LSR_MORETHAN1	0x8000	通道 2 的陆表反射比大于 1，标识 1

该产品的详细格式内容见附录 4。

6.1.13　VIRR 陆表温度

6.1.13.1　产品定义

VIRR 陆表温度产品（LST）是指依据普朗克黑体辐射定律，利用 VIRR 热红外通道亮温数据反演的晴空条件下地球陆地表面温度状况的卫星遥感产品，包括白天与夜间温度产品，空间分辨率为 1km×1km，单位为 K。

6.1.13.2 产品规格

VIRR 陆表温度产品包括：VIRR 陆表温度 5 分钟段产品、10°×10°分幅 Hammer 投影陆表温度日、旬、月产品。

VIRR 陆表温度 5 分钟段产品：基于 VIRR /L1 的 5 分钟段产品，生成等经纬度投影的陆表温度产品，空间分辨率为 1km，覆盖范围为卫星观测的一条轨道每 5 分钟段。

VIRR 陆表温度 10°×10°分幅日产品：基于扫描视场陆表温度 5 分钟段产品，通过空间投影、拼接和去重复处理，生成 10°×10°分幅 Hammer 投影全球均匀网格的日产品，分为日、夜，覆盖范围为全球。

VIRR 陆表温度旬、月产品：基于 VIRR 陆表温度日产品，进行质量判识、10 天和月平均，生成 Hammer 投影的陆表温度产品，覆盖范围为全球。

VIRR 陆表温度产品具体规格见表 6.1-33。

表 6.1-33　VIRR 陆表温度产品规格表

产品类型	投影方式	覆盖范围	空间分辨率	数据量（MB）	生成频次
5 分钟段产品	无投影	5 分钟段	1km×1km	50.418	每 5 分钟一次
日产品	Hammer	全球 10°×10°分幅	1km×1km	19.56	每日两次（昼、夜）
旬产品	Hammer	全球 10°×10°分幅	1km×1km	7.83	每旬一次
月产品	Hammer	全球 10°×10°分幅	1km×1km	7.83	每月一次

6.1.13.3 产品生成原理

基于经过辐射定标的 VIRR 4、5 通道亮温数据，结合地表发射率数据库资料，通过辐射传输模拟计算地表热辐射特性，改进局地分裂窗算法进行陆表温度反演，并经过去云处理和质量检验，最后反演得到陆表温度产品，同时输出地表发射率、质量控制码、日计数等辅助数据。

1. 基本原理

在晴空无云大气状况下，热红外传感器接收某一通道地表辐射量值可由下式表示：

$$R_i(\theta,\phi) = \int f_i(\lambda)\varepsilon_\lambda(\theta,\phi)B_\lambda(T_s)\tau_\lambda(\theta,\phi)d\lambda$$

$$+ \iint f_i(\lambda)B_\lambda(T_p)\frac{\partial\tau_\lambda(\theta,\phi,p)}{\partial p}dpd\lambda$$

$$+ \int f_i(\lambda)\iint \rho_{b\lambda}(\theta,\theta',\phi')L_{s\lambda}(\theta')\tau_\lambda(\theta,\phi)\cos\theta'\sin\theta'd\theta'd\phi'd\lambda \quad (6.1-38)$$

上式中，$R_i(\theta,\phi)$ 为传感器以某一观测方向 (θ,ϕ) 在通道 i 接收的地表总辐射量；右边第一项为地表辐射量，第二项为大气上行辐射量，第三项为大气下行辐射量被地表反射部分。$f_i(\lambda)$ 为传感器通道响应函数，与具体传感器特性有关；$\varepsilon_\lambda(\theta, \phi)$ 为地物的 (θ, ϕ) 方向发射率；$\tau_\lambda(\theta, \phi)$ 为大气透过率；$B_\lambda(T_s)$ 表示温度为 T_s 时的普朗克函数；$L_{si} = \int B_\lambda(T_p) \dfrac{\partial \tau_\lambda'(\theta, p)}{\partial p} dp$ 为大气下行辐射量；$\rho_{b\lambda}(\theta, \theta', \phi')$ 为双向反射分布函数（BRDF）；T_s 即为待求的陆地表面温度。

2. 局地裂窗算法

分裂窗算法先前用于海面温度反演。对于陆面温度遥感而言，地表发射率未知，大气效应消除更为复杂，分裂窗算法反演效果不理想。Price（1984）在分裂窗算法中加入改正项，减小了因陆表发射率引起的误差。Becker 等则通过利用辐射传输方程 Lowtran 程序对式（6.1-38）进行地表辐射亮温计算，结合地表实测数据，分析了不同大气状况下，地表发射率、地表温度对 NOAA-9 的 4、5 通道辐射亮温的影响，最后提出一个局地分裂窗算法（Becker and Li, 1990）：

$$T_s = A_0 + P \cdot (T_4 + T_5)/2 + M \cdot (T_4 - T_5)/2 \qquad (6.1\text{-}39)$$

上式中，A_0 为定常数；T_4 和 T_5 分别为通道 4、5 的亮温；P, M 为地表发射率的函数。

其中：

$$P = 1 + \alpha \cdot (1 - \varepsilon)/\varepsilon + \beta \cdot \Delta\varepsilon/\varepsilon^2$$
$$M = \gamma' + \alpha' \cdot (1 - \varepsilon)/\varepsilon + \beta' \cdot \Delta\varepsilon/\varepsilon^2 \qquad (6.1\text{-}40)$$

定义平均地表发射率 ε 为仪器通道 4、5 的地表发射率的平均，即 $(\varepsilon_4 + \varepsilon_5)/2$，地表发射率差 $\Delta\varepsilon$ 为 $(\varepsilon_4 - \varepsilon_5)$。$\alpha$、$\beta$、$\alpha'$、$\beta'$、$\gamma'$ 均为系数，通过模拟数据对上述方程进行回归，得到各待求参数。

Becker 算法是通过理论模型模拟得到的一个半经验局地裂窗算法，由于考虑了大多数大气和地表状况，适用范围广，且简单易行。但对于不同传感器来说，由于传感器通道响应函数不尽相同，Becker 算法不能适用，必须对模型参数进行改进。

3. Becker 算法改进与陆表温度反演

在 Becker 算法的基础上，针对 FY-3A/VIRR 热红外通道光谱响应函数特性，选择四种大气模式（中纬度夏季大气、中纬度冬季大气、副极地夏季大气、1972 美国标准大气），每种大气模式分别对应 3 个地表温度（294.2K 及 294.2±5K；272.2K 及 272.2±5K；287.2K 及 287.2±5K；288.2K 及 288.2±5K），地表发射率取值 0.90～1 的地球物理条件下，用 MODTRAN 程序对地表热红外辐射特性进行了模拟，生成 4、5 通道地表亮温模拟数据，重新得到 Becker 算法中模型参数（Yang et al., 2006）。

在地表温度反演中，地表发射率是影响辐射亮温的一个重要地表参数。地表发射率的计算采用植被覆盖度方法（Caselles et al., 1997），即每一个像元范围内，某一通道的地表有效比辐射率由植被辐射率和非植被覆盖区地表比辐射率通过一个线性模型得到：

$$\varepsilon_{i, pixel} = \varepsilon_{i, v} FVC + \varepsilon_{i, g}(1 - FVC) + d\varepsilon_i \qquad (6.1\text{-}41)$$

上式中，$\varepsilon_{i,v}$ 为某一类型纯植被覆盖像元 i 通道地表发射率；$\varepsilon_{i,g}$ 为相应纯裸露地表像元发射率；$d\varepsilon_i$ 为某一通道由植被和下垫面地表的多次反射产生的地表发射率项，为简化计算，假设地表平坦，没有地表发射率的多次反射项，即 $d\varepsilon_i=0$。FVC 为植被覆盖度，可由下式计算：

$$FVC = \frac{NDVI - NDVI_S}{NDVI_V - NDVI_S} \qquad (6.1\text{-}42)$$

其中 $NDVI_S$ 为纯裸土像元典型 $NDVI$（归一化植被指数）值，取固定值 0.05；$NDVI_V$ 为纯植被覆盖像元某一植被类型的典型 $NDVI$ 值；植被覆盖类型由 IGBP 地表分类结果，对 IGBP 每一种地表类型，4、5 通道 $\varepsilon_{i,v}$，$\varepsilon_{i,g}$ 及 $NDVI_V$，$NDVI_S$ 由发表的文献数据得到（Rubio et al.，1997；Zeng et al.，2000）。

在得到 Becker 算法模型参数及地表比辐射率 ε 后，带入式（6.1-46），即可得到地表温度，最后经过去云处理和质量检验最终生成地表温度产品。

6.1.13.4 产品示例

图 6.1-26 为 VIRR 陆表温度全球日产品示例，Hammer 投影，空间分辨率为 1km，陆表温度单位为 K。从图中可以看出，晴空条件下地表温度空间分布比较合理，其值呈现从赤道向两极逐渐减小的分布状况。

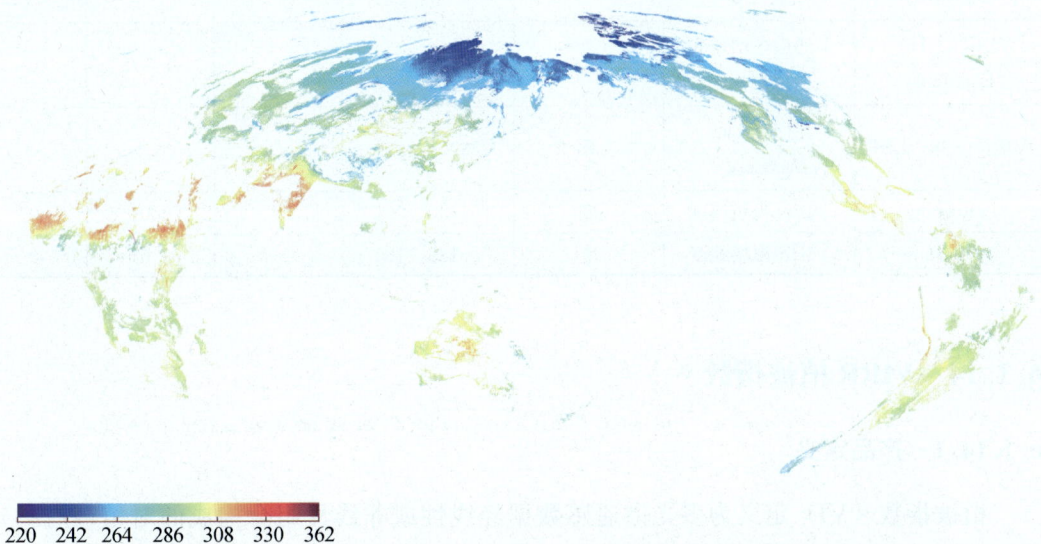

220 242 264 286 308 330 362

图 6.1-26 2009 年 4 月 12 日 VIRR 全球陆表温度分布（单位：K）

VIRR LST 精度验证方法，主要采用与同类卫星 MODIS LST 产品进行对比评估。中国陆地区域 LST 产品与 MODIS LST 产品的空间分布基本一致。为进行定量分析，在整个区域内进行随机采样分析，结果显示，两者相关性为 0.95，均方根为 1.73K。

本产品可与其他气象、生态、环境因子联合使用，用于干旱监测、生态环境评估等研究与业务领域。

6.1.13.5 产品信息说明

VIRR LST 产品为 HDF5 数据格式，主要物理参数特性如表 6.1-34 所示，参数的物理数值通过如下公式转换而来：

$$LST = Slope \times Data + Intercept \tag{6.1-43}$$

式中 LST 为参数的物理数值，Data 为产品 HDF 文件中记录该参数的数据，Slope 为缩放比例，Intercept 为偏移量。该产品的详细格式内容见附录 4。

表 6.1-34　VIRR 陆表温度产品信息格式

SDS 英文名称	SDS 中文名称	单位	数据有效范围	填充值	缩放比例	偏移量
Observing Beginning /Ending Data	VIRR 扫描开始/结束日期	天	0～31	无	无	无
Observing Beginning /Ending Time	VIRR 扫描开始/结束时间	毫秒	0～60	无	无	无
QC_Flag	质量检验标志	无量纲	−128～127	−99	1	0
VIRR_NDVI	植被指数	无量纲	−10000～10000	−999	0.001	0
VIRR_CH4_Emissivity	4 通道平均地表发射率	K	0～17000	0	0.001	0
VIRR_CH5_Emissivity	5 通道平均地表发射率	K	0～17000	0	0.001	0
VIRR_obt_LST	白天/夜间地表温度	K	2200～3520	0	0.1	0
Latitude	VIRR 视场纬度	度	−90～90	0	0.01	0
Longitude	VIRR 视场经度	度	−180～180	0	0.01	0

6.1.14　VIRR 植被指数

6.1.14.1　产品定义

植被指数（VI）定义为多光谱遥感数据经线性或非线性组合构成的对植被有一定指示意义的各种数值，植被指数是无量纲量，是对地表植被活动的简单、有效和经验的度量。VIRR 植被指数产品仅生成归一化植被指数（NDVI）。

6.1.14.2　产品规格

VIRR 植被指数产品包括：全球 10°×10°分幅的 1km 均匀网格 HAMMER 投影旬、月产品。

VIRR 植被指数旬产品：基于 VIRR 植被指数日产品，进行 10 天合成，生成 10°×10°分幅的 1km 均匀网格 HAMMER 投影旬产品，覆盖范围为全球。

VIRR 植被指数月产品：基于 VIRR 植被指数旬产品，进行月合成，生成 10°×10° 分幅的 1km 均匀网格 HAMMER 投影月产品，覆盖范围为全球。

VIRR 植被指数产品具体规格见表 6.1-35。

表 6.1-35 VIRR 植被指数产品规格表

产品类型	投影方式	覆盖范围	空间分辨率	数据量（MB）	生成频次
旬产品	HAMMER	全球 10°×10°分幅	1km	23.5/幅	每旬一次
月产品	HAMMER	全球 10°×10°分幅	1km	23.5/幅	每月一次

6.1.14.3 产品生成原理

经验性的植被指数是根据叶子的典型光谱反射率特征得到的。由于色素吸收在蓝色（470nm）和红色（670nm）波段最敏感，可见光波段的反射能量很低，而几乎所有的近红外（NIR）辐射都被散射掉了（反射和传输），很少吸收，而且散射程度因叶冠的光学和结构特性而异，因此红色和近红外波段的反差（对比）是对植物量很敏感的度量。无植被或少植被区反差最小，中等植被区反差是红光和近红外波段的变化结果，而高植被区则只有近红外波段对反差有贡献，红光波段趋于饱和，不再变化。这种对比可以用比值（NIR/red）、差分（NIR-red）、线性组合（$x_1 \cdot red + x_2 \cdot NIR$）或上述三者的组合来增强（刘玉洁等，2001；田庆久等，1998）。

VIRR 所生成的植被指数是一种标准的归一化差分植被指数（NDVI），它可以将比值限定在［-1，1］范围内，由于利用了植被冠层对电磁波谱红色和近红外两个波谱段反射能量的光谱对比特性，NDVI 对植被测量很敏感。目前，在已有的 40 多种植被指数定义中，只有 NDVI 得到了广泛应用。这里，部分原因是"比值"的特有属性，通过比值可以消除大部分与太阳角、地形、云/暗影和大气条件有关的辐照度条件的变化，增强了 NDVI 对植被的响应能力（Richardson et al.，1977）。

卫星传感器进行观测时，太阳光照角度和观测视角以及云的条件的变化都很大，因此得到的是来自地表的双向反射率信息。要构造植被指数（VI）的季节性的时间曲线，需要把给定时间段内的几张 VI 图像合成为一张晴空的 VI 图像，并且要使大气效应和角度效应的影响最小。目前为人们所接受的 NDVI 合成产品处理方法是最大值合成方法（MVC）：该方法通过云检测、质量检查等步骤后，逐像元地比较几张 NDVI 图像并选取最大的 NDVI 值为合成后的 NDVI 值。一般人们认为 MVC 倾向于选择最"晴空"的（最小光学路径）、最接近于星下点和太阳天顶角最小的像元（Leeuwen et al.，1999；Huete et al.，2002）。在 VIRR 植被指数合成算法中我们采用一种优化的最大值合成方法。

VIRR 归一化差分植被指数计算公式如下：

$$NDVI = (\rho_{NIR} - \rho_{red})/(\rho_{NIR} + \rho_{red}) \tag{6.1-44}$$

其中 ρ_{red} 和 ρ_{NIR} 分别为经过大气校正的红光和近红外通道的光谱反射率值，分别对应于 VIRR 的通道 1 和通道 2。

根据 FY-3A 卫星回归周期约为 6 天的特点，植被指数基本合成周期定为 10 天，这样与以前的 NOAA/NDVI 和 FY-1/NDVI 的合成周期具有较好的一致性，便于与历史数据相比较。VIRR 植被指数的合成是在像元基准上进行的。根据输入数据的质量，按照优先次序采用以下 4 种合成方法中的一种：

（1）BRDF 合成：在合成时段内有 5 天以上资料是晴天的话，就对各通道的双向反射率应用 BRDF 模式，将反射率值订正到星下点视角，然后计算太阳在天顶时的植被指数。5 天是保证 BRDF 模式逆变换稳定性的最低要求。当 BRDF 模式订正后的反射率为负值，或者植被指数高于或远小于 MVC 方法得到的 NDVI 则该点被舍去（$NDVI_{MVC}-0.3 \leqslant NDVI_{BRDF} \leqslant NDVI_{MVC}+0.05$）。上述阈值是为保证 BRDF 模式订正不受残存云的影响。当合成时段内观测点的视角分布不均匀或受不理想的大气条件（烟、云）影响时，订正后的反射率值可能为负值。气溶胶光学厚度等大气参数不精确时，也可能导致负值。基于 Walthall 模式的 BRDF 模式订正公式如下：

$$\rho_\lambda(\theta_v,\phi_s,\phi_v) = a_\lambda\theta_v^2 + b_\lambda\theta_v\cos(\phi_v-\phi_s) + c_\lambda \tag{6.1-45}$$

式中 ρ_λ 为大气订正的反射率，θ_v 为卫星天顶角，ϕ_s 为太阳方位角，ϕ_v 为卫星方位角，模式参数 a，b 和 c 用最小二乘法拟合得到，c 就是所需要的星下点反射率；

（2）约束视角最大值合成（CV-MVC）：如果合成时段内无云像元数小于 5 天且大于 1 天，选择其中视角最小的 2 天资料，计算植被指数，取二者中最大值；

（3）直接计算植被指数：如果只有一天无云，则直接使用这天数据计算植被指数；

（4）最大值合成（MVC）：若合成时段内的资料都有云，则逐日计算植被指数，用植被指数合成 MVC 方法选择最佳像元。

6.1.14.4 产品示例

图 6.1-27 为 2009 年 8 月上旬 VIRR 全球归一化差分植被指数（NDVI）合成产品，植被指数有效范围在 −1 至 +1 之间，图中由白色至深绿色植被指数值逐渐升高。植被

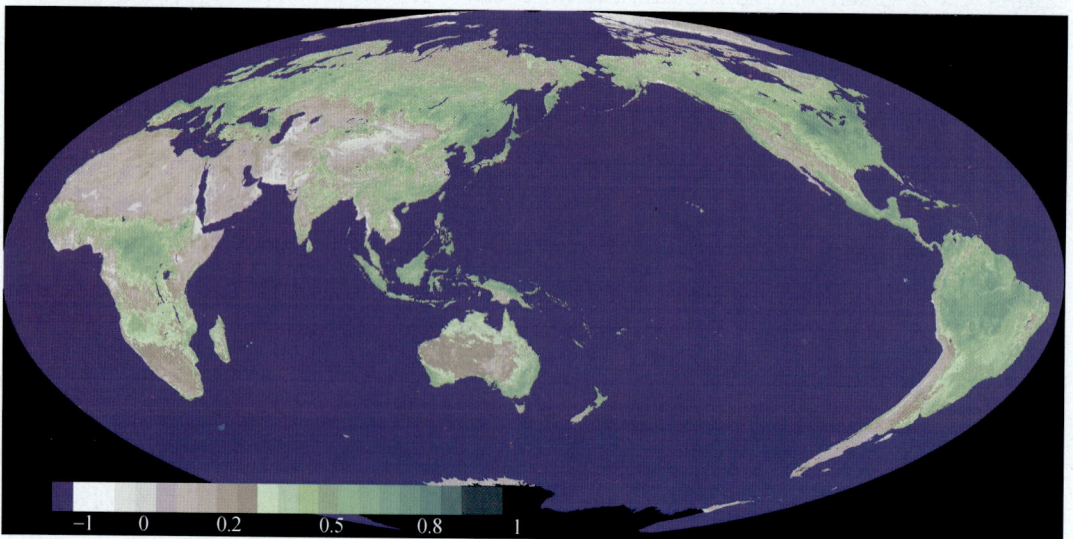

图 6.1-27 VIRR 植被指数旬产品（2009 年 8 月上旬）

指数与地表类型有较好的对应关系，沙漠、雪地偏低，草原较高，森林最高。

目前卫星得到的植被指数已经作为全球气候模式的一部分被集成到交互式生物圈模式和生产效率模式中，它也被广泛地用于诸如"饥荒早期警告系统"等方面的陆地应用。植被指数的定量测量可表明植被活力，而且植被指数比单波段用来探测生物量有更好的敏感性和抗干扰性。既可用来诊断植被一系列生物物理参量，如叶面积指数（LAI）、植被覆盖率、生物量、光合有效辐射吸收系数（APAR）等，又可以用来分析植被生长过程、净初级生产力（NPP）和蒸散（蒸腾）等。

6.1.14.5 产品信息说明

VIRR 植被指数产品以 HDF5 格式存储，主要物理参数特性如表 6.1-36 所示，参数的物理数值通过如下公式转换而来：

$$Par = Slope \times Data + Intercept$$

其中 Par 为参数的物理数值，Data 为产品 HDF 文件中记录该参数的数据，Slope 为缩放比例，Intercept 为偏移量。该产品的详细格式内容见附录4。

表 6.1-36 VIRR 植被指数产品主要参数

SDS 英文名称	SDS 中文名称	单位	数据有效范围	数据填充值	缩放比例	偏移量
1KM 10 days NDVI	1KM 分辨率旬合成归一化植被指数	无	−10000～10000	−32768	0.0001	0
1KM 10 days reflectivity of VIRR CH1	1KM 分辨率旬合成通道 1 反射率	无	0～10000	65535	0.0001	0
1KM 10 days reflectivity of VIRR CH2	1KM 分辨率旬合成通道 2 反射率	无	0～10000	65535	0.0001	0
1KM 10 days TBB of VIRR CH3	1KM 分辨率旬合成通道 3 亮温	Kelvin	18000～35000	65535	0.01	0
1KM 10 days TBB of VIRR CH4	1KM 分辨率旬合成通道 4 亮温	Kelvin	18000～35000	65535	0.01	0
1KM 10 days TBB of VIRR CH5	1KM 分辨率旬合成通道 5 亮温	Kelvin	18000～35000	65535	0.01	0
1KM 10 days reflectivity of VIRR CH6	1KM 分辨率旬合成通道 6 反射率	无	0～10000	65535	0.0001	0
1KM 10 days Solar Zenith Angle	1KM 分辨率旬合成太阳天顶角	Degree	0～9000	65535	0.01	0
1KM 10 days Sensor Zenith Angle	1KM 分辨率旬合成卫星天顶角	Degree	0～9000	65535	0.01	0
1KM 10 days Solar Azimuth Angle	1KM 分辨率旬合成太阳方位角	Degree	0～36000	65535	0.01	0
1KM 10 days Sensor Azimuth Angle	1KM 分辨率旬合成卫星方位角	Degree	0～36000	65535	0.01	0
1KM 10 days VI Quality	1KM 分辨率旬合成植被指数质量码	无	0～65535	0	1	0

6.1.15　VIRR 海表温度

6.1.15.1　产品定义

VIRR 海表温度（SST）产品，是利用 VIRR 对地球海洋地区进行探测时获得的红外窗光谱通道辐射率，通过一系列的计算，而得到的海表温度。

6.1.15.2　产品规格

可见光红外扫描辐射计海表温度产品包括：全球的海洋地区 0.01°×0.01°等经纬度海表温度的日、候、旬、月产品。

VIRR 海表温度日产品：基于每天的 VIRR L1 数据，通过空间投影和去重复处理，生成 0.01°×0.01°等经纬度日产品，覆盖范围为全球。

VIRR 海表温度候、旬、月产品：基于 VIRR 海表温度日产品，进行质量判识和 5、10 天和月的分别平均，生成等经纬度投影的全球范围海表温度产品。

VIRR 海表温度产品具体规格见表 6.1-37。

表 6.1-37　VIRR 海表温度产品规格表

产品类型	投影方式	覆盖范围	空间分辨率	数据量（MB）	生成频次
5 分钟段轨道产品	无投影	轨道	1km	7.4M/段×288 段	每 5 分钟一次
日产品	等经纬度	全球 10°×10°分幅	0.01°×0.01°	2M/幅×648 幅	每日一次
候产品	等经纬度	全球 10°×10°分幅	0.01°×0.01°	2M/幅×648 幅	每候一次
旬产品	等经纬度	全球 10°×10°分幅	0.01°×0.01°	2M/幅×648 幅	每旬一次
月产品	等经纬度	全球 10°×10°分幅	0.01°×0.01°	2M/幅×648 幅	每月一次

6.1.15.3　产品生成原理

可见光红外扫描辐射计海表温度产品是以 VIRR L1 5 分钟段数据为基础，通过 MCSST 模式计算的海表温度。反演包括 3×3 反演块构建、太阳高度角订正、临边变暗订正、高湿度情况排除、云检测等处理，计算生成 5 分钟段的 SST 数据块。

在全天大约 144（白天）个 5 分钟段 SST 产品生成之后，经投影处理，生成全球的 SST 数据，经 10°×10°分块处理后，生成 648 幅 0.01°×0.01°等经纬度 SST 日产品。

1. 基本原理

卫星辐射计探测到的总辐射大致可以分为如下 4 个部分：①海表面发射的辐射；②沿观测方向的大气上行发射的辐射；③大气下行辐射经海面反射的辐射；④太阳直射辐射经海面反射的辐射。在波数 ν，可以用下面的公式（Otis et al.，1999；刘良明，2005）表示：

$$L(\theta) = t \cdot [e(\theta, U)L_s + (1 - e(\theta, U))L^\downarrow(\bar\theta_r) + \rho t L_{sun}] + L^\uparrow(\theta) \qquad (6.1\text{-}46)$$

式中 L_s 是与海面温度相同的黑体发射的辐射度，θ 是观测角，$\bar{\theta}_r$ 是观测角邻近的反射辐射的有效入射角，U 是海面风速，ρ 是海面反射率，t 为大气透射比，e 是海面的发射率，L 是与大气温度相同的黑体发射的辐射。

从卫星平台通过被动遥感仪器观测海洋时，海洋信息经过复杂的海洋-大气系统而被接收。因此，热红外遥感的反演问题，主要是消除海洋信息在传输过程中海-气系统的影响。云检测是海表温度反演的第一步，另一项重要工作，即海表温度反演统计模型的建立。

海表面温度的反演依据是 Plank 黑体辐射定律。由于海面的反射率非常小，也就是说，海面在红外大气窗区波段可以近似地被认为是黑体，即海水的发射率在热红外波段可以假定为1。

为了克服大气影响，选择多通道统计模型海温遥感反演方法。因为大气对不同波长不同时间的红外遥感有不同的影响效应，根据大气对不同波段的电磁辐射的影响不同，用不同波段测量的线性组合来消除大气的影响，从而得到海表温度。

VIRR 仪器通道 4 和 5 的波段范围分别是 $10.3\sim11.3\mu m$ 和 $11.5\sim12.5\mu m$，位于大气窗区波段内。假定①海水近似为黑体，比辐射率等于1；②大气窗区的水汽吸收很弱，大气的水汽吸收系数可以看做常数；③大气温度与海表温度相差不大，黑体辐射公式可以采用线性近似。采用多通道回归算法（MCSST）（Otis et al.，1999）来反演海表温度，公式如下：

$$T_s = a_1 + a_2 \times T_4 + a_3 \times (T_4 - T_5) + a_4 \times (T_4 - T_5) \times (\sec\theta - 1.0)$$

$$(6.1\text{-}47)$$

式中 a_1，a_2，a_3，a_4 均为回归系数，θ 为卫星天顶角。

2. 计算方法

通常为避免水汽垂直分布的不确定性，采用非线性回归法（NLSST）（Walton et al.，1990），公式如下：

$$T_s = a_1 + a_2 \times T_4 + a_3 \times T_{env} \times (T_4 - T_5) + a_4 \times (T_4 - T_5) \times (\sec\theta - 1.0)$$

$$(6.1\text{-}48)$$

其中 a_1，a_2，a_3，a_4 为回归系数，由多元线性回归方程计算获得，θ 为卫星天顶角，T_{env} 为海表温度的预先估计值（或者称为环境温度），业务上也可以先通过 MCSST 算法计算获得。

由于在建立 MCSST 匹配和反演模式时，已经考虑了水汽的影响，即保证卫星探测点 $(T_4 - T_5)>0$。经过对这两种方法的试验，发现结果几乎没有区别，为了加快计算速度，选择 MCSST 模式作为 SST 业务海表温度反演模式。

根据经验，把全球划分为 4 个纬度带（70°N～50°N；50°N～20°N；20°N～35°S；35°S～70°S），分别计算回归系数。

由于 MCSST 计算模式要求匹配样本尽量多地有代表性，因此匹配数据的时间跨度必须是连续 1 个月以上。而全球资料的长时间的匹配，非常耗费计算时间，考虑全球 SST 的业务模式包括 1KM 数据，所以确定业务流程分为三个相互独立又有关联的计算模式：①数据匹配和系数回归模式，每月滑动计算一次跨度为三个月的各个纬度带的回归系数（获取匹配样本）；②SST 反演模式，把回归系数带入反演模式并生成反演产品；③质量评价和误差统计模式，把反演的 SST 与常规资料进行匹配，获得质量评价和误差统计。具体计算步骤如下：

1）数据匹配

利用 VIRR L1 数据与全球浮标资料在一定时空分辨率下进行匹配样本的多次筛选后，再进行回归系数的计算。主要包括：独立的匹配数据集，建立 3×3 的匹配块，排除奇异或错误的浮标数据；排除匹配块内大于 1 个标准差的点，保证块内探测值的均匀性；把海温分成 38 个等级（−2℃～35℃）进行样本再筛选，使每个等级内的采样权重均匀分布。

2）SST 反演

计算回归系数，利用 MCSST 模式和 VIRR L1 数据计算海表温度。主要包括：严格的云检测、临边变暗订正、独立的回归系数计算等。

3）质量评价

把 SST 反演结果与全球浮标资料进行匹配，获得质量评价和误差统计。

6.1.15.4　产品示例

图 6.1-28 是 2009 年 11 月 21 日 VIRR 日全球海表温度的分布图。可以看到，由于是日海表温度，在赤道附近，轨道之间有缝隙，存在探测盲区。海面上有许多云没有被滤掉，云边缘地区的海表温度可能因云阴影而造成温度偏低。

图 6.1-28　VIRR 全球日海表温度（单位：℃，2009 年 11 月 21 日）

图 6.1-29 是 2009 年 11 月 1 日～2009 年 11 月 5 日的全球候平均海表温度的分布情况。可以看到，由于是候海表温度，海面上的云比逐日的情况要少，海面比逐日的要干净，使得海表温度比较完整。

图 6.1-29　VIRR 全球候平均海表温度（单位：℃，2009 年 11 月 1～5 日）

　　图 6.1-30 是 2009 年 11 月 1 日～2009 年 11 月 10 日的全球旬平均海表温度的分布情况。可以看到，由于是旬海表温度，海面上的云比较少，使得海表温度比较完整。

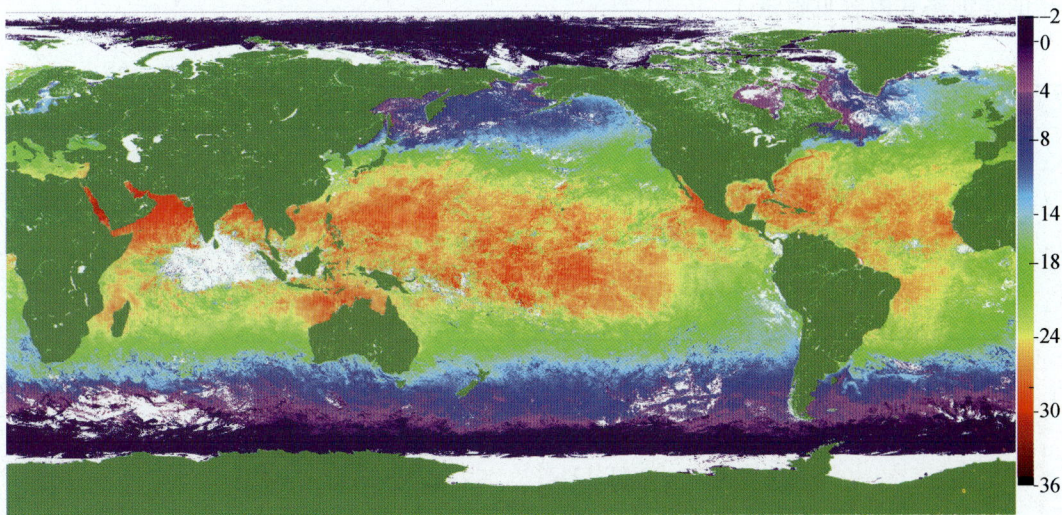

图 6.1-30　VIRR 全球旬平均海表温度（单位：℃，2009 年 11 月 1～10 日）

　　图 6.1-31 是 2009 年 11 月 1 日～2009 年 11 月 30 日的全球月平均海表温度的分布情况。可以看到，由于是月海表温度，整月被云覆盖的几率小，使得海表温度趋于完整。

6.1.15.5　产品信息说明

　　海表温度 SST 产品以 HDF5 格式存储，主要物理参数特性如表 6.1-38 所示，参数的物理数值通过如下公式转换而来：

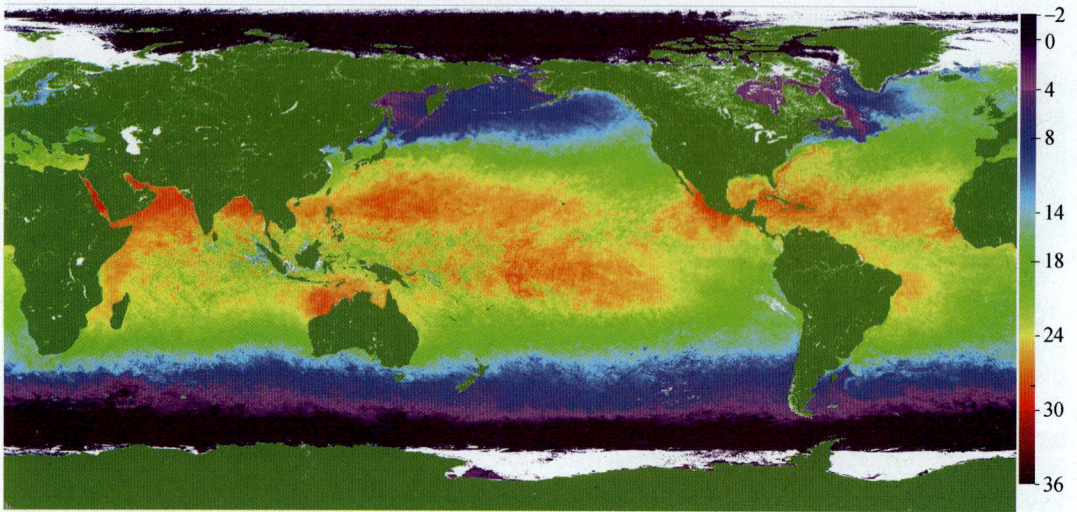

图 6.1-31　VIRR 全球月平均海表温度（单位：℃，2009 年 11 月 1～30 日）

$$SST = Data/10 \tag{6.1-49}$$

其中 SST 为海表温度的物理数值，Data 为产品 HDF 文件中记录该参数的数据。该产品的详细格式内容见附录 4。

表 6.1-38　VIRR 海表温度 SST 产品的主要参数

SDS 英文名称	SDS 中文名称	单位	数据有效范围	数据填充值	缩放比例	偏移量
VIRR_SST	FY3/VIRR 海表温度	摄氏度	−20～350	−888 云 −1001～993： 海陆模板原值减去 1000	无	无

6.2
中分辨率光谱成像仪（MERSI）产品及应用

6.2.1　MERSI 云检测

6.2.1.1　产品定义

MERSI 云检测产品（CLM）是指判识一个像元是否被云覆盖或者晴空，并给出云和晴空判识的可信度。

6.2.1.2　产品规格

MERSI 云检测产品为 5 分钟段产品，空间分辨率为 1km。具体规格见表 6.2-1。

表 6.2-1 MERSI 云检测产品规格表

产品类型	投影方式	覆盖范围	空间分辨率	数据量（MB）	生成频次
5分钟段产品	无投影	5分钟轨道	1km	97.6	每5分钟一次

6.2.1.3 产品生成原理

MERSI 云检测产品算法原理基于 Ackerman 等人（1997）云检测算法，以白天单一像元为检测对象，基于该仪器 L1 数据，考虑太阳耀斑的影响，根据多光谱云检测原理和可信度等级计算方法生成基于像元的云检测产品。

1. 多光谱云检测

云检测的关键是阈值的确定，需要经过大量的光谱通道测值和试验。由于云光谱特性随云类型及下垫面的不同而不同，因此云检测常常利用多光谱的云检测方法。

11μm 红外窗区通道检测（Koffler et al. ,1973；Lee et al. ,2001）：利用 MERSI 红外窗区（通道 5）亮温（BT_{11}）阈值检测洋面云的存在。

可见光和近红外反射率检测（Vermote et al. ,1997）：根据不同下垫面条件、生态环境，利用可见光和近红外通道的反射率进行检测。例如，利用 MERSI 通道 3（0.65μm）检测陆地上的云，通道 4（0.86μm）进行海洋云检测，通道 6（1.64μm）进行海洋和雪/冰下垫面情况下的云检测，通道 7（2.13μm）进行雪/冰上的云检测。

反射率比值检测（Saunders and Kriebel，1988；Pinty and Verstraete，1992）：利用可见光或近红外两通道间的反射率比值（如：R0.86/R0.65）进行云检测。因为云在这两个光谱的反射率相近，而水体或植被在这两个光谱通道上的反射率有较大差异。在太阳耀斑区需要考虑太阳耀斑对阈值的影响。

长波红外（LWIR）空间均一性检验（Coakley and Bretherton，1982；Olesen and Grassl，1985）：在很多情况，云与有规则的晴空地表相比长波红外具有明显的空间变化特征，因此，该检测是以像元为中心的 3×3 像元通道亮度温度标准差等量作为检测指标来实现云检测。该方法主要用于海洋及冰雪下垫面的云检测，但在海岸或温度梯度较大（如湾流）的区域，红外辐射云检测的可信度较差。

2. 可信度估计

用 [0，1] 之间任意一个值代表 MERSI 云检测结果的可信度水平，值越大说明晴空像元的检测结果越可信，值小到一定程度或等于 0 时，表明晴空不可信。云检测可信度分为 4 类：0.99，0.95，0.66 和小于 0.66，对应实际应用中四个等级的云检测结果：晴空、可能晴空、可能云和云。以上的云检测结果均以可信度为返回值，把单一的可信度水平 G_i 加以综合形成最终的晴空或云判别的可信度 Q。在这些检测中，检测方法之间并不相互独立。第 i 个检测结果的可信度为 G_i，经过 N 个检测方法检测后，最终云检测结果可信度为：

$$Q = \sqrt[N]{\prod_{i=1}^{N} G_i} \tag{6.2-1}$$

3. 晴空修复（CSR）检测

MERSI 云检测方法是一种保守的晴空检测方法，为了提高云检测准确度，需要在单个检测方法的基础上，综合考虑其检测结果权重因子，以纠正对陆地、水陆混合区、浅水区及太阳耀斑区等区域的晴空误判，并直接给出可信度。

6.2.1.4　产品示例

图 6.2-1 为云检测产品示例（图中白色表示云；灰色表示可能云；黄色表示可能晴

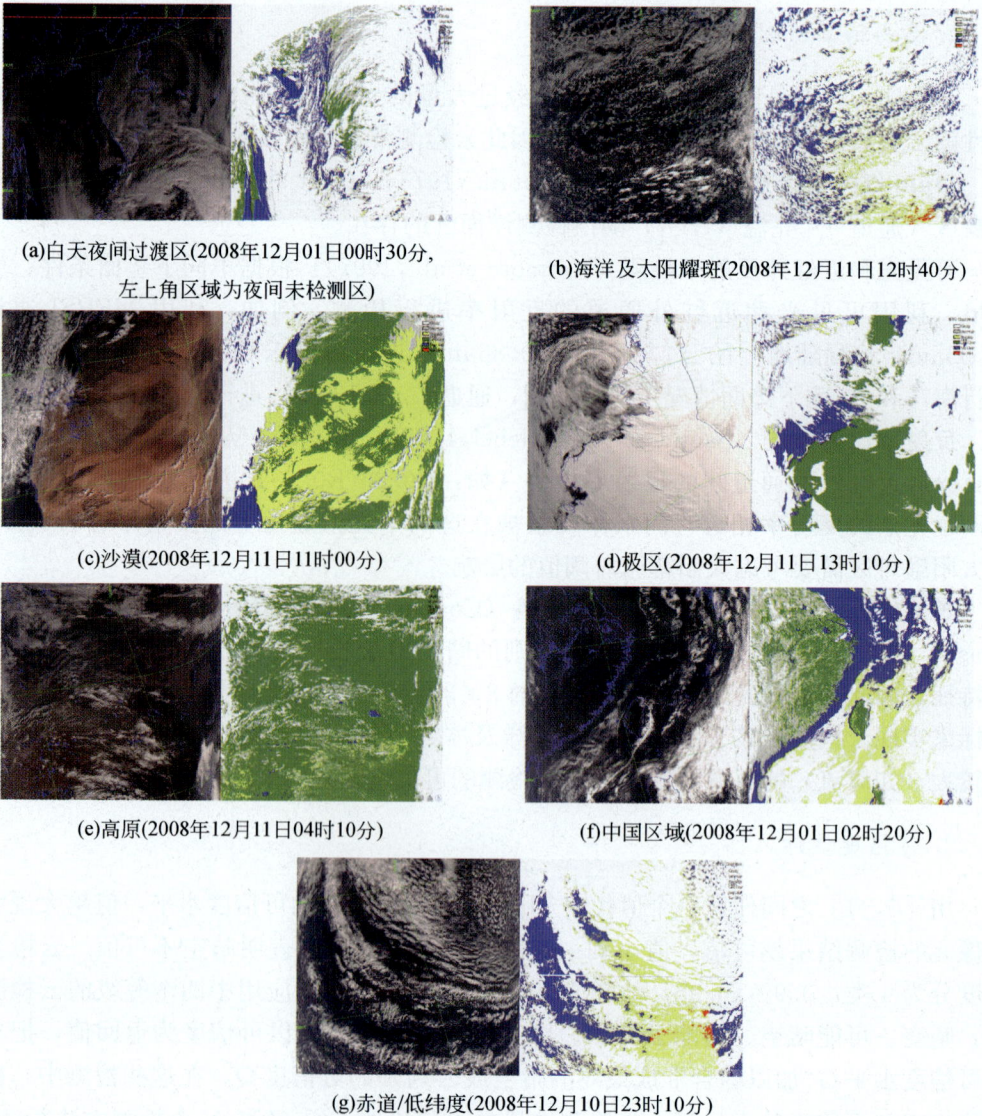

(a)白天夜间过渡区(2008年12月01日00时30分，
左上角区域为夜间未检测区)

(b)海洋及太阳耀斑(2008年12月11日12时40分)

(c)沙漠(2008年12月11日11时00分)

(d)极区(2008年12月11日13时10分)

(e)高原(2008年12月11日04时10分)

(f)中国区域(2008年12月01日02时20分)

(g)赤道/低纬度(2008年12月10日23时10分)

图 6.2-1　MERSI 云检测示例（每幅图的左侧为原始云图，右侧为云检测结果）

空；蓝色表示晴空海洋；绿色表示晴空陆地）。MERSI 云检测产品可为其他云参数（如相态和高度）提供辅助数据。

6.2.1.5　产品信息说明

MERSI 云检测产品以 HDF5 格式存储，主要物理参数特性如表 6.2-2 所示，参数的物理数值通过如下公式转换而来：

$$Par = Slope \times Data + Intercept \tag{6.2-2}$$

其中 Par 为参数的物理数值，Data 为产品 HDF 文件中记录该参数的数据，Slope 为缩放比例，Intercept 为偏移量。

该产品的详细格式内容见附录 4。

表 6.2-2　MERSI 云检测产品的主要参数

SDS 英文名称	SDS 中文名称	单位	数据有效范围	数据填充值	缩放比例	偏移量
Cloud Mask	MERSI 云检测标识	无	0～255	0	1	0

其中输出的云检测数据以 48bits 代表一个像元，见表 6.2-3。其中 Bit0 表示是否经过云检测，Bit1～2 表示云检测可信度等级，Bit3～7 中，Bit4 为太阳耀斑标识，Bit5 为冰雪判识结果，Bit6～7 为输入的水陆标识数据。Bit8～16 和 Bit24～28 记录各检测方法的云检测结果。Bit17～23 和 Bit29～47 为备用。

表 6.2-3　MERSI 云检测数组 bit 位存放内容的具体说明

比特位	存储内容意义描述	结果说明
0	云检测标识	0＝未经检测 1＝已检测
1～2	可信度标识	00＝云 01＝可能云 10＝可能晴空 11＝晴空
算法处理方式标识		
3	白天/夜间标识	0＝夜间/ 1＝白天
4	太阳耀斑标识	0＝是 / 1＝否
5	下垫面冰/雪标识	0＝是/ 1＝否
6～7	水陆标识	00＝水体 01＝海岸线 10＝沙漠 11＝陆地
云检测结果（1km 分辨率）		
8	海洋 11μm 亮温阈值检测	0＝是 / 1＝否
9	陆地 0.65μm 反射率阈值检测	0＝是 / 1＝否

比特位	存储内容意义描述	结果说明
云检测结果（1km 分辨率）		
10	海洋 $0.86\mu m$ 反射率阈值检测	0=是 / 1=否
11	海洋和雪/冰 $1.64\mu m$ 反射率阈值检测	0=是 / 1=否
12	雪/冰 $2.13\mu m$ 反射率阈值检测	0=是 / 1=否
13	海洋/陆地的 $0.86/0.65\mu m$ 反射率比值检测	0=是 / 1=否
14	陆地 $0.905/0.940\mu m$ 反射率比值	0=是 / 1=否
15	海洋 $11\mu m$ 亮温空间均一性检测	0=是 / 1=否
16	雪/冰 $11\mu m$ BT 亮温空间非均一性检测	0=是 / 1=否
17—23	备用	
晴空修复检测标识		
24	海岸线/浅水区的 NDVI 阈值检测	0=是 / 1=否
25	海洋 $11\mu m$ 亮温空间均一性检测	0=是 / 1=否
26	太阳耀斑区 $0.905/0.940\mu m$ 反射率比值检测	0=是 / 1=否
27	太阳耀斑区 $0.86\mu m$ 空间非均一性检测	0=是 / 1=否
28	陆地 $11\mu m$ 亮温阈值检测	0=是 / 1=否
29~47	备用	

6.2.2 MERSI 海上气溶胶

6.2.2.1 产品定义

MERSI 海上气溶胶产品（ASO）是指晴空、无明显耀斑影响的水体上空气溶胶光学厚度（τ_a）和 Ångström 波长指数（α）两类参数。产品参数分别定义如下：

气溶胶光学厚度：MERSI 通道 8~16、20、6 和 7（中心波长分别为 412、443、490、520、565、650、685、765、865、1030、1640 和 2130nm）大气气溶胶垂直消光（散射＋吸收）光学厚度，无量纲。

Ångström 波长指数：气溶胶粒子尺度分布为 Junge 谱（此时，$\tau_a(\lambda)=\beta\lambda^{-\alpha}$）时的尺度参数，$\alpha$ 越大，表示粒子越小，无量纲。

6.2.2.2 产品规格

MERSI 海上气溶胶产品包括：全球 $10°×10°$ 分幅的 $0.01°×0.01°$ 分辨率等经纬度投影日产品，以及全球拼图的 $0.05°×0.05°$ 分辨率等经纬度投影旬、月产品。

MERSI 海上气溶胶日产品：基于一天（白天）的 144 个 MERSI 海上气溶胶 5 分钟段产品，通过空间投影和去重复处理，生成 $10°×10°$ 分幅的 $0.01°×0.01°$ 分辨率等经纬度投影日产品，覆盖范围为全球。

MERSI 海上气溶胶旬/月气候产品：基于 MERSI 海上气溶胶日产品，分别在旬/

月时段进行多天平均，生成 $0.05°×0.05°$ 分辨率等经纬度投影全球拼图旬/月气候产品。

MERSI 海上气溶胶产品具体规格见表 6.2-4

表 6.2-4 MERSI 海上气溶胶产品规格表

产品类型	投影方式	覆盖范围	空间分辨率	数据量（MB）	生成频次
日产品	等经纬度	全球 10°×10° 分幅	0.01°×0.01°	38/幅	每日一次
旬产品	等经纬度	全球	0.05°×0.05°	642	每旬一次
月产品	等经纬度	全球	0.05°×0.05°	642	每月一次

6.2.2.3 产品生成原理

与 VIRR 海上气溶胶产品类似，MERSI 海上气溶胶产品生成依然采用了双通道的暗像元算法。基于 MERSI L1 数据以及 CLM 云检测产品，结合全球数值预报分析场、全球臭氧和水汽总量气候数据等，假设用于气溶胶动态模型确定的 2 个波段（目前采用通道 15 和通道 16）无离水辐射影响，通过非气溶胶辐射修正，采用查找表方法进行气溶胶模型确定与参数估算，得到洋面上空的气溶胶光学厚度和 Ångström 指数（孙凌，2008）。

在 MERSI 海上气溶胶 5 分钟段产品的基础上，通过投影插值、拼接去重复、多天平均等处理生成表 6.2-4 所列产品。

MERSI 海上气溶胶产品算法主要包括：气体吸收订正、洋面白帽和耀斑反射订正、气溶胶模型动态确定与参数估算等过程。所采用的具体方法与 VIRR 海上气溶胶一致。

MERSI 海上气溶胶产品的有效处理只针对晴空、耀斑角大于 35°、太阳天顶角小于 70°、无冰雪覆盖的海上观测数据。

6.2.2.4 产品示例

图 6.2-2 是 2010 年 3 月 MERSI 565nm 通道的平均海上气溶胶光学厚度分布图。图中，冷色调区域为低光学厚度，暖色调区域为高光学厚度，白色为无有效反演区域。可以看出中国沿海、孟加拉湾、阿拉伯半岛、非洲西海岸等存在气溶胶光学厚度的高值区。

利用海上气溶胶产品，可进行大气污染监测、辐射强迫和气候变化研究等。

利用辐射传输正向模拟数据所进行的反演试验表明，对于 Ångström 波长指数，反演误差在 $±15\%$ 之内；对于 565nm 气溶胶光学厚度 $τ_a(565)$，反演误差在 $±5\%$ 之内。

通过将 2008 年 9 月～2009 年 4 月的 MERSI 海上气溶胶产品与青岛沿海地区地基观测数据进行比较（图 6.2-3），发现 565nm 气溶胶光学厚度有系统偏低，RMS 相对偏差为 21%，RMSE 为 0.13，865nm 气溶胶光学厚度有系统偏高，RMS 相对偏差为 21%，RMSE 为 0.10，剔除系统偏差后，误差基本可以保证在 $Δτ＝±5\%τ±0.05$；Angstrom 波长指数为 $0.82±0.29$，比实测值（$1.42±0.22$）偏低。

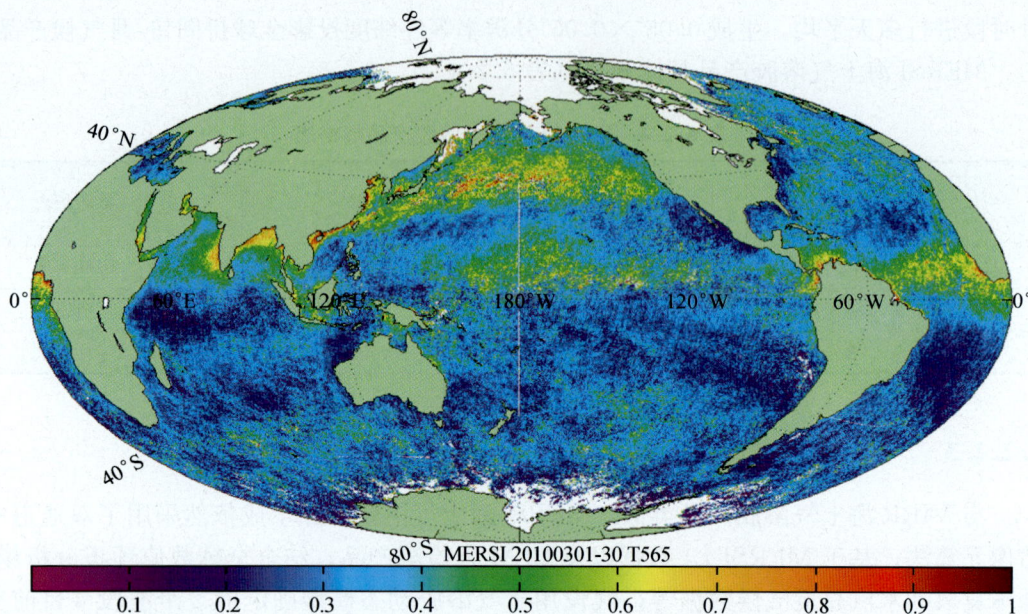

图 6.2-2 2010 年 3 月 MERSI 565nm 海上气溶胶光学厚度全球分布

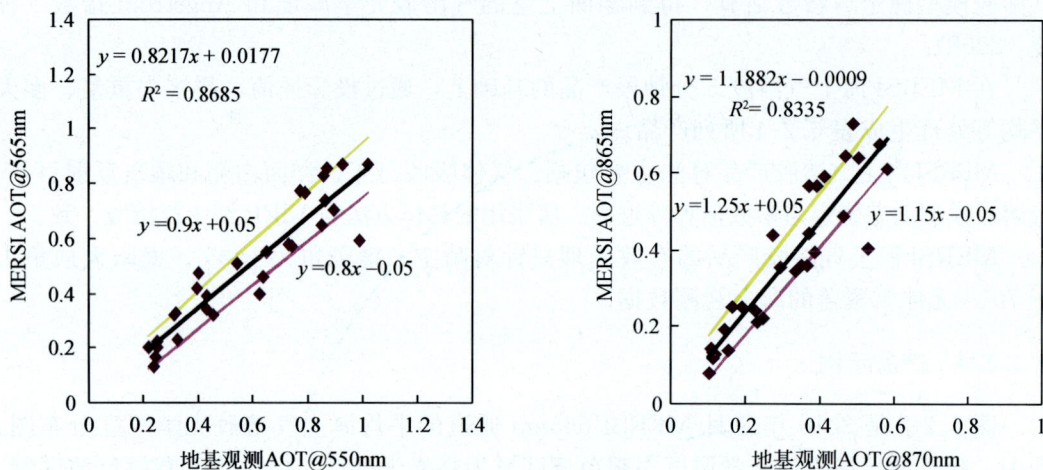

图 6.2-3 2008 年 9 月～2009 年 4 月的 MERSI 海上气溶胶产品检验散点图

6.2.2.5 产品信息说明

MERSI 海上气溶胶产品以 HDF5 格式存储，主要物理参数特性如表 6.2-5 所示，参数的物理数值通过如下公式转换而来：

$$Par = Slope \times Data + Intercept$$

其中 Par 为参数的物理数值，Data 为产品 HDF 文件中记录该参数的数据，Slope 为缩放比例，Intercept 为偏移量。MERSI 海上气溶胶日产品处理标识的比特位（bit）说明见表 6.2-6。关于产品中各参数的详细内容参见附件中的 MERSI 海上气溶胶（日、旬、月）产品的数据格式（详见附录 4）。

表 6.2-5　MERSI 海上气溶胶产品的主要参数

SDS 英文名称	SDS 中文名称	单位	数据有效范围	数据填充值	缩放比例	偏移量
AOT_412SDS	MERSI CH8（412nm）的气溶胶光学厚度	无	1～32767	0	0.0001	0
AOT_443SDS	MERSI CH9（443nm）的气溶胶光学厚度	无	1～32767	0	0.0001	0
AOT_490SDS	MERSI CH10（490nm）的气溶胶光学厚度	无	1～32767	0	0.0001	0
AOT_520SDS	MERSI CH11（520nm）的气溶胶光学厚度	无	1～32767	0	0.0001	0
AOT_565SDS	MERSI CH12（565nm）的气溶胶光学厚度	无	1～32767	0	0.0001	0
AOT_650SDS	MERSI CH13（650nm）的气溶胶光学厚度	无	1～32767	0	0.0001	0
AOT_685SDS	MERSI CH14（685nm）的气溶胶光学厚度	无	1～32767	0	0.0001	0
AOT_765SDS	MERSI CH15（765nm）的气溶胶光学厚度	无	1～32767	0	0.0001	0
AOT_865SDS	MERSI CH16（865nm）的气溶胶光学厚度	无	1～32767	0	0.0001	0
AOT_1030SDS	MERSI CH20（1030nm）的气溶胶光学厚度	无	1～32767	0	0.0001	0
AOT_1640SDS	MERSI CH6（1640nm）的气溶胶光学厚度	无	1～32767	0	0.0001	0
AOT_2130SDS	MERSI CH7（2130nm）的气溶胶光学厚度	无	1～32767	0	0.0001	0
AngstromSDS	气溶胶 Angstrom 指数	无	−5000～32767	−32767	0.0002	0
L2_FlagsSDS	2 级产品处理标识	无	0～2147483647	−32767	1	0

表 6.2-6　MERSI 海上气溶胶日产品处理标识的比特位（bit）说明

比特位	内容
31	空
30	F_Land 陆地
29	F_Ice 冰雪
28	F_Cloud 云

比特位	内容
27	F _ HiSunzSenz 天顶角＞70°
26	F _ UnCGlint 耀斑角≤35°
25	F _ InvaildLt TOA 辐亮度≤0
24	F _ InvaildAngle 角度数据无效
23	F _ InvaildNWP 辅助气象数据无效
22	F _ InvaildO3 臭氧数据无效
21	F _ InvaildCloud 云掩码数据无效
20	F _ InvaildLSMask 海陆掩码数据无效
19	F _ Fill 直接填充
18	F _ Water 处理水体像元
17	F _ AeroRetrFail 反演失败
16	F _ AeroCalFail 气溶胶计算失败
15	F _ MeWhiteCaps 中白帽（风速＜8m/s）
14	F _ HiWhiteCaps 高白帽（风速≥8m/s）
13	F _ GlintCor 耀斑修正
12	F _ LoMeGlint 低耀斑（不修正）
11	F _ MeGlint 中等耀斑修正
10	F _ HiGlint 高耀斑修正
0	F _ NoData 未投影

6.2.3　MERSI 海洋水色

6.2.3.1　产品定义

MERSI 海洋水色产品（OCC）是指晴空、无明显耀斑影响的水体离水反射率（ρ_w）和水色因子浓度两类参数。分别定义如下：

离水反射率：MERSI 通道 8～16（中心波长分别为 412、443、490、520、565、650、685、765 和 865nm）离水辐亮度与刚好在水面上的下行辐亮度的比值，无量纲。

水色因子浓度：共 5 个，包括一类水体叶绿素 a 浓度 CHL1（单位为 mg/m³，采用一类水体叶绿素 a 反演算法得到）、一类水体色素浓度 PIG1（指叶绿素 a 和褐色素浓度之和，单位为 mg/m³，采用一类水体色素反演算法得到）、二类水体叶绿素 a 浓度 CHL2（单位为 mg/m³，采用中国近海二类水体叶绿素 a 反演算法得到）、二类水体总悬浮物浓度 TSM（单位为 g/m³，采用中国近海二类水体总悬浮物反演算法得到）和二类水体黄色物质浓度 YS443（指黄色物质和非色素颗粒物的 443nm 吸收系数之和，单位为 m⁻¹，采用中国近海二类水体黄色物质反演算法得到）。

6.2.3.2　产品规格

MERSI 海洋水色产品包括：全球 $10°×10°$ 分幅的 $0.01°×0.01°$ 分辨率等经纬度投影日产品，以及全球拼图的 $0.05°×0.05°$ 分辨率等经纬度投影旬、月产品。

MERSI 海洋水色日产品：基于一天（白天）内生成的 144 个 MERSI 海洋水色 5 分钟段（中间）产品，通过空间投影和去重复处理，生成 $10°×10°$ 分幅的 $0.01°×0.01°$ 分辨率等经纬度投影日产品，覆盖范围为全球。

MERSI 海洋水色旬/月气候产品：基于 MERSI 海洋水色日产品，分别在旬/月时段进行时间平均，生成 $0.05°×0.05°$ 分辨率等经纬度投影全球拼图旬/月气候产品。

MERSI 海洋水色产品具体规格见表 6.2-7。

表 6.2-7　MERSI 海洋水色产品规格表

产品类型	投影方式	覆盖范围	空间分辨率	数据量（MB）	生成频次
日产品	等经纬度	全球 $10°×10°$ 分幅	$0.01°×0.01°$	38/幅	每日一次
旬产品	等经纬度	全球	$0.05°×0.05°$	692	每旬一次
月产品	等经纬度	全球	$0.05°×0.05°$	692	每月一次

6.2.3.3　产品生成原理

MERSI 海洋水色产品是基于 MERSI L1 数据以及 MCM 云检测产品，结合全球数值预报分析场、全球臭氧和水汽总量气候数据等，经过基于查找表的海上大气修正和基于统计模型的水色因子浓度反演两个主要处理步骤，反演得到两类海洋水色产品参数：离水反射率和水色因子浓度。

1. MERSI 海洋大气修正算法

卫星在大气顶测量的信号是水体和大气的组合信息，进行海洋大气修正，即从卫星测量值中去除大气等因素的干扰，得到海面的离水辐射量。在 MERSI 海洋大气修正算法中，假设用于气溶胶动态模型确定和气溶胶贡献估计的 2 个波段（目前采用通道 15 和通道 16）无离水辐射的影响。整个算法包括：气体吸收修正、白帽和耀斑反射修正、瑞利散射修正、气溶胶修正、散射透过率计算和离水辐射计算等过程。

与 MERSI 海上气溶胶产品一样，MERSI 海洋水色产品生成中的气体吸收修正采用基于辐射传输模拟的解析公式（Sun et al.，2008）进行，白帽反射修正采用基于风速的解析模型（Koepke，1984；Gordon，1997）进行，耀斑反射修正采用 Cox&Munk 模型（Cox and Munk，1954）进行。

瑞利散射修正：采用查找表进行瑞利散射反射率的计算（孙凌等，2006），将瑞利反射率表示为给定波长、太阳天顶和观测天顶角条件下，相对方位角的 m 阶傅里叶展开，并利用实际表面大气压进行反射率修正。

气溶胶修正：假定实际气溶胶模型可近似成任意两个备选模型按照某种比例的混合。利用去除了气体吸收和洋面反射影响的通道 15 和 16 的数据，基于归一化的气溶胶光学厚度，以及 $\tau_a \leftrightarrow \gamma = \rho_{atm}/\rho_r$ 的关系查找表，由卫星观测值 $\gamma(\lambda_{16})$ 计算不同气溶胶模型下的气溶胶光谱参量估计值 $\gamma^{mod}(\lambda_{15})$，并通过模型估计值与实际卫星观测值 $\gamma(\lambda_{15})$ 的比较，确定两个最相近的气溶胶模型和混合比例，进而将近红外的气溶胶贡献 $\gamma(\lambda_{16})$ 外推到可见光，得到可见光波段的气溶胶贡献（Sun and Guo，2006）。

散射透过率计算：采用查找表进行大气散射透过率的计算，将散射透过率表示为给定波长、气溶胶模型、天顶角下，气溶胶光学厚度的指数函数（孙凌，2005）。

2. 水色因子浓度反演算法

不同的水体物质组成致使水体的固有光学特性存在差异，其表观的离水辐射光谱也具有不同的特征。进行水色因子浓度反演，即从大气修正后得到的离水辐射量估算影响水色的三种重要因子（叶绿素、悬浮物和黄色物质）的浓度。MERSI 水色因子反演算法是基于实测数据集的统计反演模型，分别针对两种类型的水体：全球一类水体和我国近海二类水体（孙凌等，2008）。

一类水体叶绿素和色素浓度估算：叶绿素浓度采用 MODIS OC3 算法。色素浓度采用基于 SeaBAM 实测数据和蓝/绿波段比值建立的统计反演模型。

二类水体三组分浓度估算：二类水体叶绿素浓度、总悬浮物浓度和黄色物质浓度采用基于 2003 年黄东海实测数据（Tang et al.，2004）建立的统计反演模型。

6.2.3.4　产品示例

图 6.2-4 是 2010 年 2 月 MERSI 海洋水色 CHL1、TSM 参数在全球和中国周边海域分布图。图中，冷色调区域为低值，暖色调区域为高值，陆地和无有效反演区域为白色。

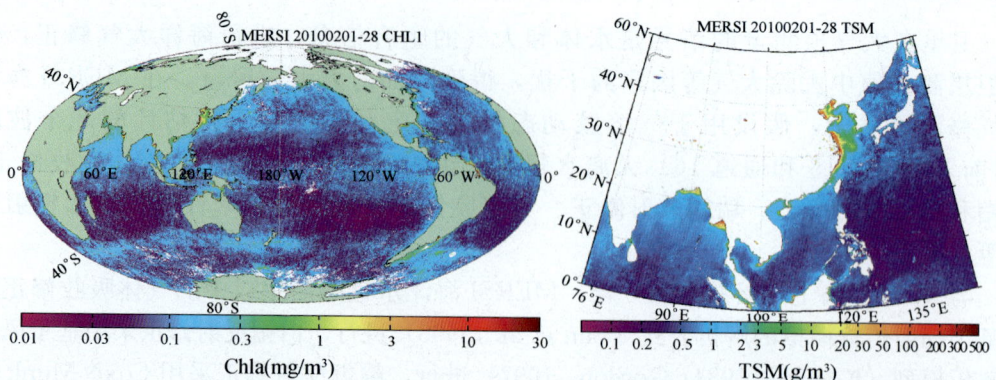

图 6.2-4　2010 年 2 月 MERSI 平均海洋水色全球（左）和中国周边海域（右）分布图

海洋水色产品可用于海洋初级生产力、海洋水质、赤潮、悬浮物输移等海洋生态监测和动力环境研究。2008 年底，一次严重的赤潮（HAB）袭击中美洲太平洋沿岸地区，图 6.2-5 是利用 MERSI 叶绿素浓度产品监测的此次赤潮发展过程。2009 年 4 月 15 日凌晨，一次大的风暴潮突袭渤海，迅速引起了海洋沉积物的再悬浮，改变了悬浮物的浓度分布。图 6.2-6 为利用 MERSI 悬浮物浓度产品监测的此次过程。

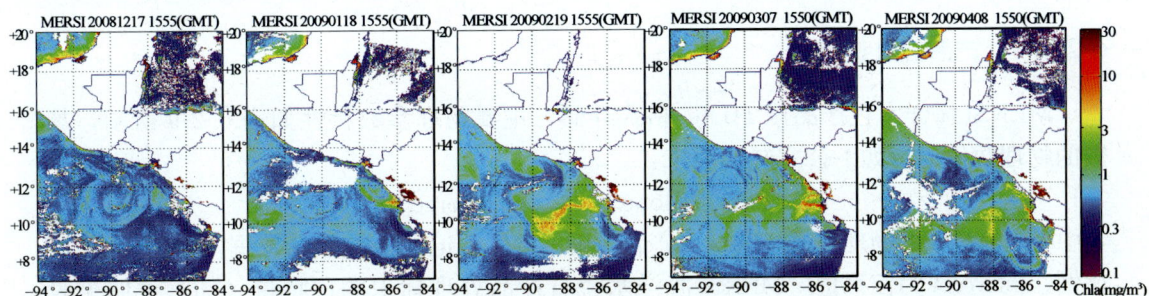

图 6.2-5　中美洲赤潮过程监测

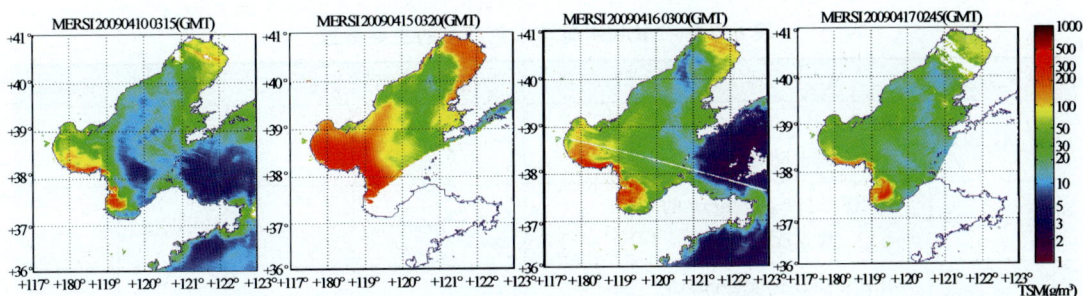

图 6.2-6　风暴潮引起的渤海悬浮物浓度变化

利用辐射传输正向模拟数据所进行的反演试验表明，$t\rho_w$（443）的反演误差在 ± 0.002 之内。采用 SeaBAM 实测数据进行的一类水体叶绿素和色素浓度反演算法试验结果表明，叶绿素和色素浓度反演的绝对误差在 0.1mg/m^3 以内；叶绿素浓度和色素浓度反演的相对误差在 30％ 以内。采用 2003 年黄海、东海航次实测数据进行的 CHL2、TSM、YS（443）反演算法试验结果表明，反演的平均相对误差均小于 30％，CHL2 反演的均方根误差为 0.104mg/m^3，TSM 为 0.144g/m^3，YS（443）为 0.098m^{-1}。

利用 2008 年 12 月 17 日 02 时 20 分（GMT）的黄海、东海区域产品与 NASA MODIS Aqua 产品进行比对，ρ_w（490）的平均偏差为 −0.008179，RMS 偏差为 0.011758，比值中值为 0.824732；CHL1 的平均偏差为 −1.100541mg/m^3，RMS 偏差为 3.544453mg/m^3，比值中值为 0.862811。

表 6.2-8 列出了 MERSI 海洋水色产品与 2009 年 2 月南海实测数据（N＝2）的对比结果，443、520 和 565nm 的 ρ_w 存在系统的高估，而 490nm ρ_w 被低估。

表 6.2-8　MERSI 海洋水色产品初步检验结果 *

	$\rho_w(412)$	$\rho_w(443)$	$\rho_w(490)$	$\rho_w(520)$	$\rho_w(565)$	Chla	TSM
RMSE	0.005	0.004	0.004	0.003	0.003	0.023	0.095
RMS％E	21.3	18.9	20.9	30.2	48.2	9.4	10.1

＊采用与 MODIS 的交叉定标结果

6.2.3.5　产品信息说明

　　MERSI 海洋水色产品以 HDF5 格式存储，主要物理参数特性如表 6.2-9 所示，参数的物理数值通过如下公式转换而来：

$$Par = Slope \times Data + Intercept$$

其中 Par 为参数的物理数值，Data 为产品 HDF 文件中记录该参数的数据，Slope 为缩放比例，Intercept 为偏移量。MERSI 海洋水色日产品处理标识的比特位（bit）说明见表 6.2-10。关于产品中各参数的详细内容参见附件中的 MERSI 海洋水色（日、旬、月）产品的数据格式（详见附录 4）。

表 6.2-9　MERSI 海洋水色产品的主要参数

SDS 英文名称	SDS 中文名称	单位	数据有效范围	数据填充值	缩放比例	偏移量
Rw_412SDS	MERSI CH8（412nm）的离水反射率	无	1～10000	0	0.0001	0
Rw_443SDS	MERSI CH9（443nm）的离水反射率	无	1～10000	0	0.0001	0
Rw_490SDS	MERSI CH10（490nm）的离水反射率	无	1～10000	0	0.0001	0
Rw_520SDS	MERSI CH11（520nm）的离水反射率	无	1～10000	0	0.0001	0
Rw_565SDS	MERSI CH12（565nm）的离水反射率	无	1～10000	0	0.0001	0
Rw_650SDS	MERSI CH13（650nm）的离水反射率	无	1～10000	0	0.0001	0
Rw_685SDS	MERSI CH14（685nm）的离水反射率	无	1～10000	0	0.0001	0
Rw_765SDS	MERSI CH15（765nm）的离水反射率	无	1～10000	0	0.0001	0
Rw_865SDS	MERSI CH16（865nm）的离水反射率	无	1～10000	0	0.0001	0
CHL1SDS	一类水体叶绿素 a 浓度	mg/m³	1～32767	0	0.01	0
PIG1SDS	一类水体色素浓度	mg/m³	1～32767	0	0.01	0
CHL2SDS	二类水体叶绿素 a 浓度	mg/m³	1～32767	0	0.01	0
TSMSDS	二类水体总悬浮物浓度	g/m³	1～32767	0	0.05	0

续表

SDS 英文名称	SDS 中文名称	单位	数据有效范围	数据填充值	缩放比例	偏移量
YS443SDS	二类水体黄色物质和非色素颗粒物 443nm（CH9）吸收系数	m^{-1}	1～32767	0	0.01	0
L2＿FlagsSDS	2 级产品处理标识	无	0～2147483647	−32767	1	0

表 6. 2-10　MERSI 海洋水色日产品处理标识的比特位（bit）说明

比特位	内容
31	空
30	F＿Land 陆地
29	F＿Ice 冰雪
28	F＿Cloud 云
27	F＿HiSunzSenz 天顶角＞70°
26	F＿UnCGlint 耀斑角≤35°
25	F＿InvaildLt TOA 辐亮度≤0
24	F＿InvaildAngle 角度数据无效
23	F＿InvaildNWP 辅助气象数据无效
22	F＿InvaildO3 臭氧数据无效
21	F＿InvaildCloud 云掩码数据无效
20	F＿InvaildLSMask 海陆掩码数据无效
19	F＿Fill 直接填充
18	F＿Water 处理水体像元
17	F＿ACFail 大气修正失败
16	F＿AeroCalFail 气溶胶计算失败
15	F＿MeWhiteCaps 中白帽（风速＜8m/s）
14	F＿HiWhiteCaps 高白帽（风速≥8m/s）
13	F＿GlintCor 耀斑修正
12	F＿LoMeGlint 低耀斑（不修正）
11	F＿MeGlint 中等耀斑修正
10	F＿HiGlint 高耀斑修正
9	F＿RwAbove1 离水反射率＞1
8	F＿CHL2Excellent CHL2 结果优
7	F＿CHL2Good CHL2 结果良
6	F＿CHL2Poor CHL2 结果差
0	F＿NoData 未投影

6.2.4 MERSI 陆上大气可降水

6.2.4.1 产品定义

MERSI 陆上大气可降水产品（PWV）是指利用近红外 940nm 水汽吸收带附近通道组反演的白天晴空陆地和海洋（耀斑区），以及陆地和海洋上空云层以上的单位截面大气柱内所含水汽总量。该产品表征的是空气中气态水汽含量，不包括液态和固态的云和降水，单位为 g/cm^2。

6.2.4.2 产品规格

MERSI 陆上大气可降水产品包括：全球 5 分钟段产品和全球日、旬、月产品。其中，日产品包括全球产品和中国区域产品。

MERSI 陆上大气可降水 5 分钟段产品：利用 MERSI 近红外水汽吸收通道和附近的窗区通道数据反演得到该产品，输入 MERSI L1 的 5 分钟段数据，输出对应 5 分钟段大气可降水产品。产品的空间分辨率与 L1 产品一致，产品中标明地理经纬度和质量信息，但不进行投影变换。

MERSI 陆上大气可降水日产品：基于 5 分钟段陆上大气可降水产品，经过轨道拼图和投影处理，生成等经纬度的大气可降水日产品。全球产品空间分辨率为 0.05 度，格点数为 7200×3600；中国区域产品空间分辨率为 0.01 度，格点数为 7000×5000，经纬度范围：5°N～55°N，70°E～140°E。

MERSI 陆上大气可降水旬月产品：陆上大气可降水日产品作为输入，生成旬或月平均水汽总量，即陆上大气可降水旬产品或月产品。这两种产品覆盖全球，空间分辨率为 0.05 度，格点数为 7200×3600。

大气可降水产品规格祥见表 6.2-11。

表 6.2-11　MERSI 陆上大气可降水产品规格表

产品类型	投影方式	覆盖范围	空间分辨率	数据量（MB）	生成频次
5 分钟段产品	无投影	5 分钟轨道	1km	59	5 分钟 1 次
陆上大气可降水日产品	等经纬度	全球	0.05°×0.05°	74.1	每日一次
陆上大气可降水中国地区日产品	等经纬度	5°N～55°N，70°E～140°E	0.01°×0.01°	300	每日一次
陆上大气可降水旬产品	等经纬度	全球	0.05°×0.05°	74.1	每旬一次
陆上大气可降水月产品	等经纬度	全球	0.05°×0.05°	74.1	每月一次

6.2.4.3 产品生成原理

近红外通道探测整层大气水汽含量采用差分吸收法，即选用一个近红外水汽吸收通道与相近的一个或两个窗区通道进行水汽总量计算。在窗区通道上，忽略大气吸收影响，穿行于其中的光线只受到散射的削弱；在水汽吸收通道除受散射影响外主要受水汽的吸收而削弱。差分吸收法就是从卫星测值中能把这两个通道在吸收上的差异提取出来，然后再采用合适的吸收模式将水汽吸收的信息转换为水汽含量（Gao，1990；Gao，2003；King，1992；Kaufman，1992；黄意玢和董超华，2002a）。

从卫星上观测地球，遥感器近红外光谱通道接收的是地表、大气反射和散射的太阳辐射，记为 $L_{\text{sensor}}(\lambda)$：

$$L_{\text{sensor}}(\lambda) = L_{\text{sun}}(\lambda)T(\lambda)\rho(\lambda) + L_{\text{path}}(\lambda) \tag{6.2-3}$$

式中 λ 代表通道中心波长，$L_{\text{sun}}(\lambda)$ 是大气上界的太阳辐射，$T(\lambda)$ 是从太阳到下垫面，再从下垫面到遥感器这一大气路径的透射率；$\rho(\lambda)$ 是下垫面反射率。$L_{\text{path}}(\lambda)$ 是在光路上产生的散射辐射，叫做程辐射。式（6.2-3）右侧第1项描述地表反射的直射太阳辐射，其中的 $L_{\text{Sun}}(\lambda)$ 和 $\rho(\lambda)$ 与大气中的水汽含量无关。水汽含量信息只包含在透过率 $T(\lambda)$ 中。程辐射主要由气溶胶散射和大气与地表间往返多次的反射产生，这些散射和反射过程基本发生在低层大气，并含有水汽信息。因此式（6.2-3）表明，为了从观测的辐射值 $L_{\text{sensor}}(\lambda)$ 推算水汽含量要解决以下三方面的问题：一是如何知道吸收通道上的地表反射率，或者说如何将地表反射与水汽的信号分离开；二是如何计算程辐射；三是如何把程辐射中水汽的作用分离出来。

选取 MERSI 通道 18（940nm）和与之相近的窗区通道 1～2 个，则有

$$L_{\text{wv}} = L_{\text{Swv}}\,\rho_{\text{wv}}\,T_a\,T_{\text{wv}} + L_{\text{Pwv}} \tag{6.2-4}$$

$$L_0 = L_{\text{S0}}\,\rho_0\,T_a + L_{\text{p0}} \tag{6.2-5}$$

式（6.2-4）和式（6.2-5）分别用于水汽通道和窗区通道，左侧代表卫星测值，L_s、ρ、T 和 L_P 的含义与前相同，下标 wv、0 和 a 分别表示水汽通道、窗区通道和气溶胶。在晴朗干洁的大气状态下，例如地面能见度超过 20km 时，气溶胶含量小，散射辐射以单次散射为主，可以忽略多次散射的贡献，假定 L_p 与等式右侧第一项成比例，则式（6.2-4）和式（6.2-5）可写成：

$$L_{\text{wv}} = C\,L_{\text{Swv}}\,\rho_{\text{wv}}\,T_a\,T_{\text{wv}} \tag{6.2-6}$$

$$L_0 = C\,L_{\text{S0}}\,\rho_0\,T_a \tag{6.2-7}$$

若卫星测值为表观反射率 $\rho^* = L/L_S$，则上式变为

$$\rho_{\text{wv}}{}^* = C\rho_{\text{wv}}\,T_{\text{wv}} \tag{6.2-8}$$

$$\rho_0{}^* = C\rho_0 \tag{6.2-9}$$

式（6.2-8）与式（6.2-9）相除得到

$$\rho_{\text{wv}}^*/\rho_0^* = (\rho_{\text{wv}}/\rho_0)\,T_{\text{wv}} \tag{6.2-10}$$

式（6.2-10）左侧是卫星测值，为已知量。右侧可看作两部分：括号内是两个通道的地表反射率之比，基本不随大气水汽变化，另一部分则是通道的水汽透过率，水汽含量与透过率关系可利用合适的辐射传输模型计算出来。通过以上推理和近似，基本消除了气溶胶的影响，地表反射率的影响只需知道它在不同通道上的相对值就够了。

MERSI 陆上大气可降水算法依赖于 MERSI 近红外通道反射太阳辐射的水汽衰减观测，因此仅仅在近红外有较大反射信号时才能计算水汽总含量。该算法的优点是可以探测到低层水汽，局限性是晴朗天气时的产品精度高，雾霾天气结果偏差较大，并且只适用于陆地上空和海面耀斑区。

6.2.4.4 产品示例

图 6.2-7 是 2009 年 11 月 29 日 MERSI 陆地大气可降水 5 分钟段产品（左图为真彩色图像，右图为大气可降水），图中黑色区域为反演无效区，灰色为云覆盖区，其他为大气可降水反演有效值，颜色由蓝至红表示大气可降水量的增加，大气可降水大于 5g/cm² 全部用深红色表示。图 6.2-8 和图 6.2-9 为 MERSI 陆地大气可降水的日产品，分别是中国地区和全球区域，两图中显示纬度较高且太阳天顶角大于 72 度区域为无效反演区域，图 6.2-9 全球海洋赤道附近有多个椭圆形的耀斑有效反演区域。

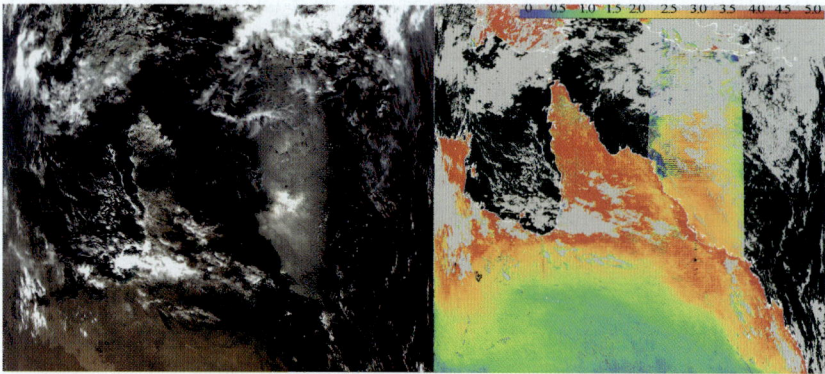

图 6.2-7 MERSI 陆地大气可降水 5 分钟段产品（2009 年 11 月 29 日 00：30UTC）

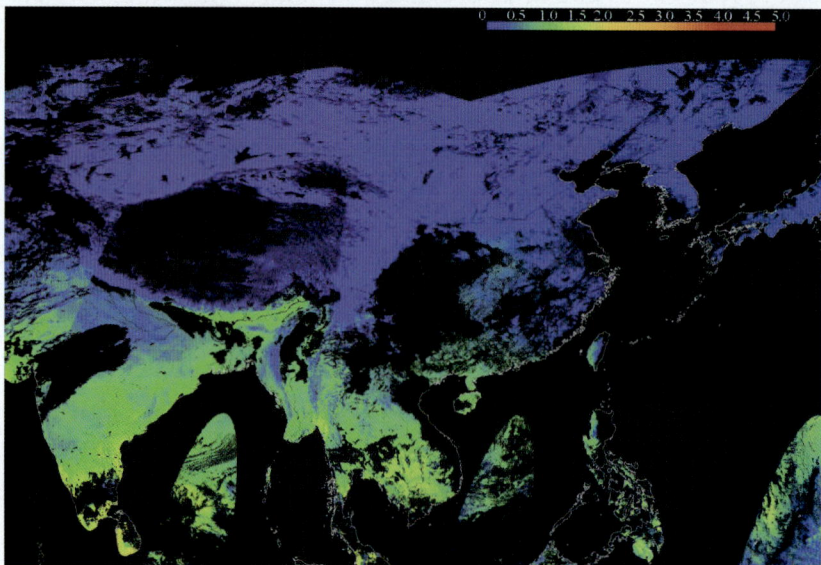

图 6.2-8 MERSI 陆地大气可降水中国地区日产品（2008 年 12 月 15 日）

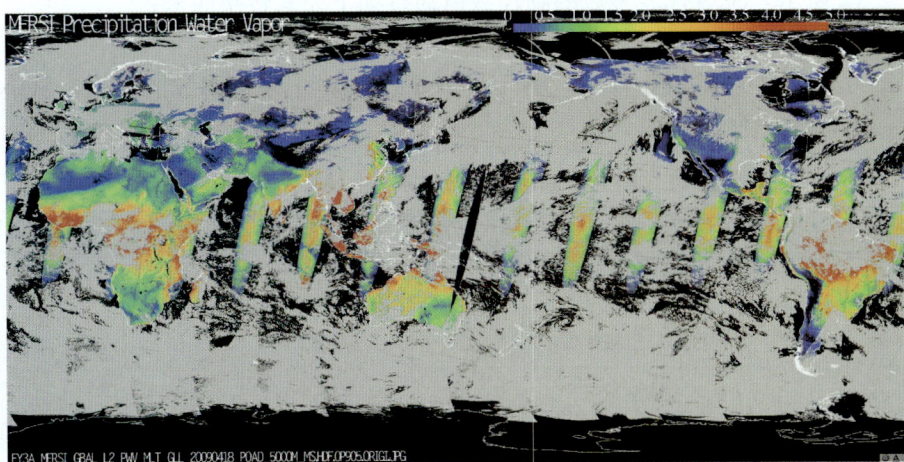

图 6.2-9　MERSI 陆地大气可降水全球日产品（2009 年 4 月 18 日）

图 6.2-10 是 MERSI 陆地大气可降水的多天合成旬产品（2009 年 7 月 11 日～20 日），图中的有效反演区域包括中低纬度的陆地区域和赤道两侧的海上耀斑区域，图中表明赤道附近是高值区，陆地区域高值区包括南美的亚马逊雨林，南亚和中国东南部，东南亚岛屿以及中南部非洲，洋面上空只有耀斑区域有反演结果，因此多天合成结果海上难以获取完整覆盖。

该产品可用于天气模式预报和气候研究等。MERSI 陆地大气可降水精度与MODIS 同类产品相当，和地面探空观测比，相对偏差在 20% 以内（黄意玢和董超华，2002b；黄意玢等，2006；张弓，2003）。

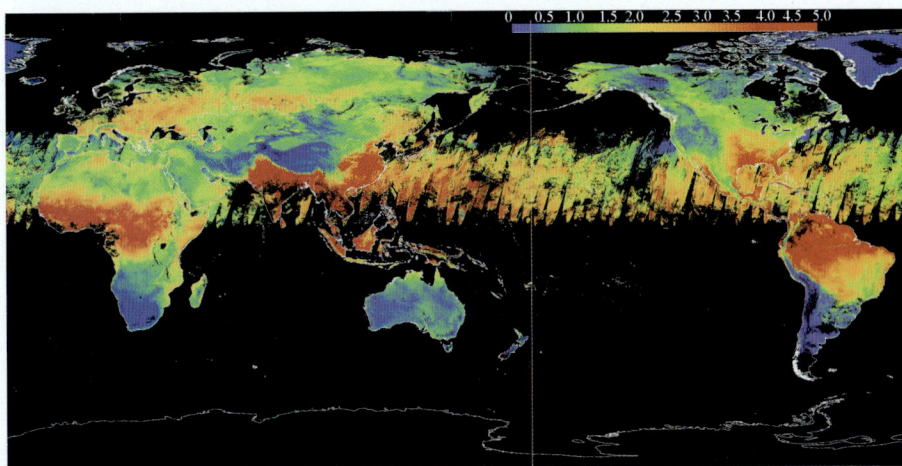

图 6.2-10　MERSI 陆地大气可降水多天合成旬月平均产品（2009 年 7 月 11 日～20 日）

6.2.4.5　产品信息说明

MERSI 陆上大气可降水产品以 HDF5 格式存储，每一个产品所包含的科学数据集如表 6.2-12 所示，SDS 代表参数的物理数值通过如下公式转换而来：

$$Par = Slope \times Data + Intercept$$

其中 Par 为参数的物理数值，Data 为产品 HDF 文件中记录该参数的数据，Slope 为缩放比例，Intercept 为偏移量。

表 6.2-12　MERSI 陆地大气可降水 5 分钟段产品 HDF 结构

科学数据集	科学数据集中文名	单位	数据有效范围	数据填充值	缩放比例	偏移量
Cloud_Mask	云掩码数据	无	0～255	0	1	0
LandSea_Mask	海陆模板数据	无	0～255	0	1	0
Latitude	纬度数据	度	−9000～9000	32767	0.01	0
Longitude	经度数据	度	−18000～18000	32767	0.01	0
MERSI_PWV	MERSI 陆地大气可降水	g/cm²	0～10000	−1	0.001	0
MERSI_PWV_0p905	0.905 通道大气可降水量	g/cm²	0～10000	−1	0.001	0
MERSI_PWV_0p940	0.940 通道大气可降水量	g/cm²	0～10000	−1	0.001	0
MERSI_PWV_0p980	0.980 通道大气可降水量	g/cm²	0～10000	−1	0.001	0
MERSI_PWV_QAF	产品处理质量标识	无	0～255	0	1	0

该产品的详细格式内容见附录 4。

6.2.5　MERSI 陆上气溶胶

6.2.5.1　产品定义

MERSI 陆上气溶胶产品（ASL）是指白天晴空条件下植被暗地表区域上空的大气气溶胶光学厚度和 Ångström 波长指数。其中，气溶胶光学厚度是利用 MERSI $0.47\mu m$ 和 $0.65\mu m$、$2.1\mu m$ 通道观测资料反演的 470nm、550nm、650nm 波长大气整层气溶胶垂直消光（散射＋吸收）光学厚度，参数无量纲。Ångström 波长指数（表征气溶胶粒子尺度特征）由 470nm 和 650nm 波长气溶胶光学厚度计算。

6.2.5.2　产品规格

MERSI 陆上气溶胶产品包括：5 分钟段反演产品、全球 $10°\times10°$ 分幅的 $0.01°\times0.01°$ 等经纬度投影网格陆上气溶胶日产品和 $0.05°\times0.05°$ 等经纬度投影网格旬、月产品。

5 分钟段反演产品：由 5 分钟段的 MERSI L1 和其他辅助数据根据陆上气溶胶反演算法实现陆地植被区上空 470nm、550nm、650nm 波段的气溶胶光学厚度反演，并计算气溶胶 Ångström 波长指数。产品记录气溶胶光学厚度信息、气溶胶小粒子比率和 Ångström 波长指数参数，以及纬度、经度等参数信息。产品空间分辨率为 1

公里。

MERSI 陆上气溶胶日产品：在陆上气溶胶 5 分钟分段轨道产品的基础上进行投影、插值和去重复等处理生成陆上气溶胶日产品。本产品为全球 10°×10°分幅的等经纬度均匀网格投影产品，空间分辨率 0.01°×0.01°，提供全球陆地植被区上空 470nm、550nm、650nm 波长的气溶胶光学厚度，以及气溶胶 Ångström 波长指数参数。

MERSI 陆上气溶胶旬/月产品：在陆上气溶胶日产品的基础上，分别在旬/月时段对 470nm、550nm、650nm 波段的气溶胶光学厚度、气溶胶 Ångström 波长指数作统计平均值，生成 0.05°×0.05°空间分辨率的等经纬度投影全球旬/月产品。

各产品规格参见表 6.2-13。

表 6.2-13　MERSI 陆上气溶胶产品规格表

产品类型	投影方式	覆盖范围	空间分辨率	数据量（MB）	生成频次
MERSI 陆上气溶胶 5 分钟段产品	无	逐轨中国区域	1km	104	每 5 分钟一次
MERSI 陆上气溶胶日产品	等经纬度	全球	0.01°×0.01°	22	每日一次
MERSI 陆上气溶胶旬产品	等经纬度	全球	0.05°×0.05°	304	每旬一次
MERSI 陆上气溶胶月产品	等经纬度	全球	0.05°×0.05°	304	每月一次

6.2.5.3　产品生成原理

陆上气溶胶反演选择暗像元算法，该算法由 Kaufman 发展而成。在植被地区，利用 2.1μm 通道卫星观测表观反射率建立的统计经验公式确定可见光红通道和蓝通道地表反射率，地表反射率与晴空大气可见光－近红外辐射传输模式计算的透过率等参数共同用于计算反演通道的模拟观测值，进而实现模拟卫星观测与实际红通道和蓝通道卫星观测的最优匹配，进行多波长植被区上空气溶胶光学厚度反演（Kaufman et al.，1998）。

MERSI 陆上气溶胶产品就是利用 MERSI 蓝通道（0.47μm），红通道（0.65μm）和短波红外通道（2.1μm）数据和地理定位等数据，在云检测产品、水汽总量和臭氧总量等辅助数据支持下实现暗像元算法，反演晴空、无冰/雪/水体覆盖的陆地植被区上空 470nm、550nm、650nm 波长气溶胶光学厚度，然后用 470nm 和 650nm 波长气溶胶光学厚度计算 Ångström 波长指数。

反演过程中对 MERSI 陆地区域的观测数据进行质量控制，在太阳天顶角大于 70°时，云区、冰雪覆盖区、水体区域和非植被区不进行气溶胶反演计算。

6.2.5.4 产品示例

图 6.2-11 为 5 分钟段反演产品快视图，显示 2008 年 12 月 15 日 02：55（UTC）5 分钟轨道段反演产品中的参数值，包括 470nm，550nm，650nm 气溶胶光学厚度和 Ångström 波长指数。对反演无效区作分类标识，标识信息见表 6.2-14。此产品为临时存储文件。

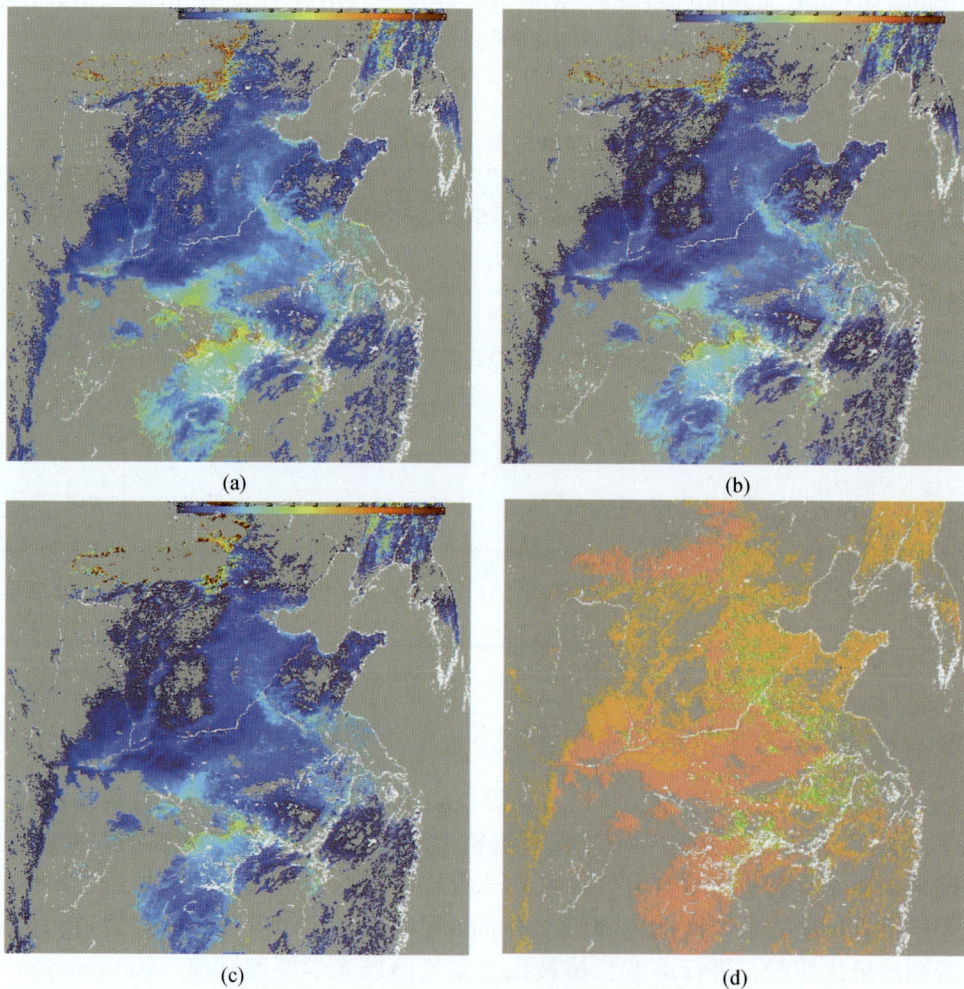

(a)　　　　　　　　　　　　　(b)

(c)　　　　　　　　　　　　　(d)

图 6.2-11　MERSI 陆上气溶胶光学厚度 5 分钟段产品
［2008 年 12 月 15 日 02：55（UTC），未投影］
（a）470nm AOT；（b）550nm AOT；（c）650nm AOT；（d）Ångström 指数

图 6.2-12 是 1 公里空间分辨率的全球 10°×10°投影分幅日产品，显示 550nm 气溶胶光学厚度，并对反演无效区作分类标识，标识信息见表 6.2-14。

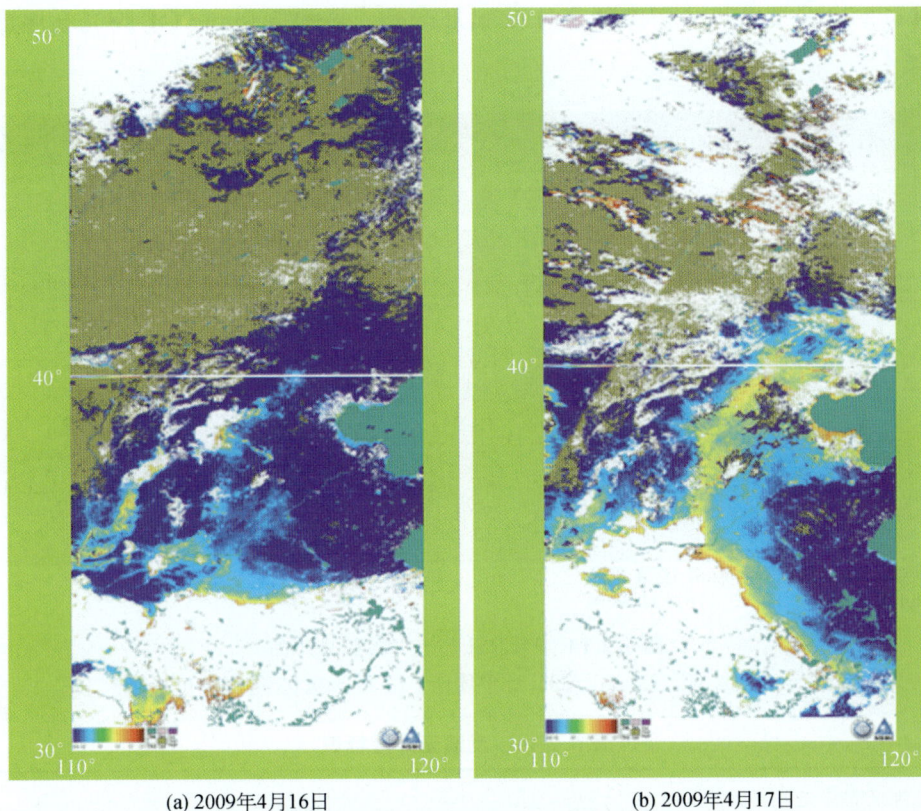

(a) 2009年4月16日　　　　　　　(b) 2009年4月17日

图 6.2-12　MERSI 陆上气溶胶日产品

（550nm AOT 值，0.01°×0.01°等经纬度投影）

图 6.2-13 是 5 公里分辨率的全球投影旬产品，显示 550nm 气溶胶光学厚度旬平均值。

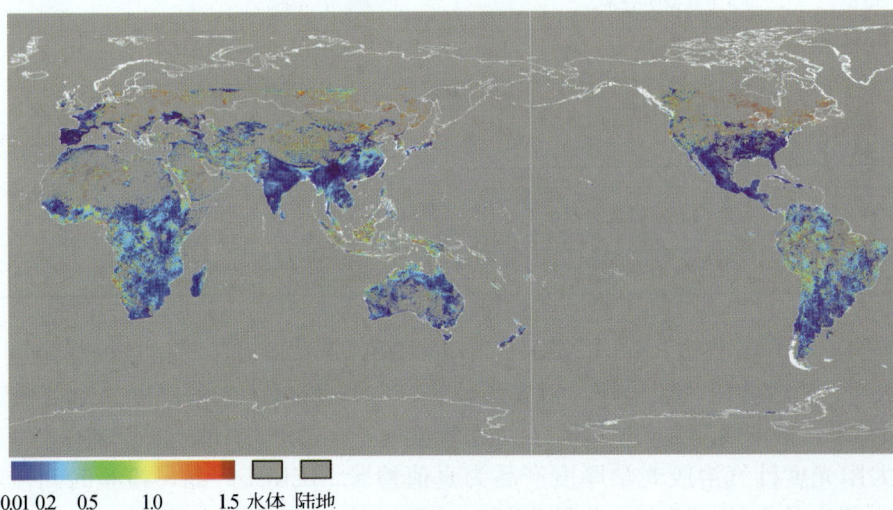

0.01 0.2　0.5　　1.0　　1.5 水体 陆地

图 6.2-13　MERSI 陆上气溶胶旬产品

（2009 年 2 月中旬，550nm AOT 旬平均值，0.05°×0.05°等经纬度投影）

图 6.2-14 是 5 公里分辨率的全球投影月产品，显示 550nm 气溶胶光学厚度月平均值。

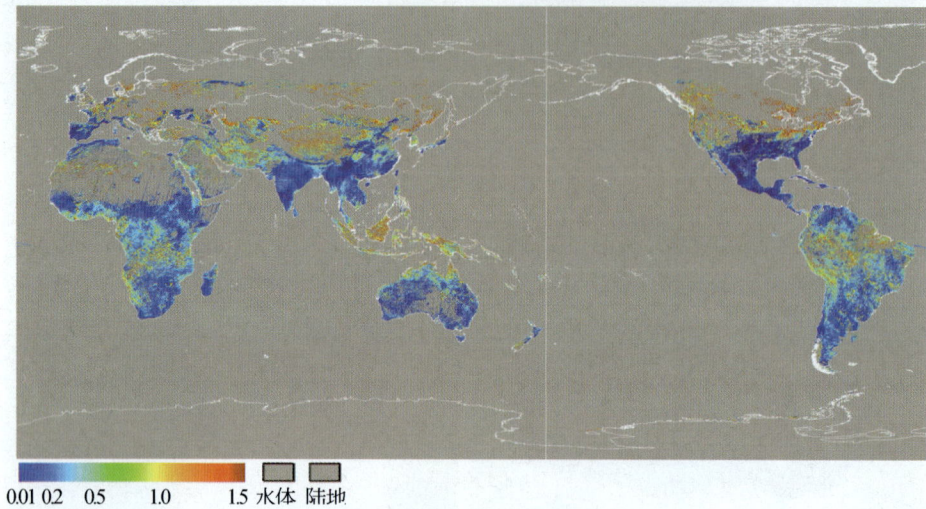

图 6.2-14　MERSI 陆上气溶胶月产品

（2009 年 2 月，550nm AOT 月平均值，0.05°×0.05°等经纬度投影）

表 6.2-14　反演无效区标识

陆上气溶胶产品中光学厚度数据集数据	物理意义	快视图像色标	快视图像色表中灰度值
—10	内陆水体	■ 01780E	254
—9	海洋	■ 1F8B80	251
—8	L1 数据不合理	■ 7C0ED9	253
—7	太阳天顶角＞70 度	■ 7C0ED9	253
—6	云	□ FDFDFD	252
—5	雪	■ E1A9D1	248
—4	2.1μm 通道观测值小于 0.01	■ C315A8	250
—3	2.1μm 通道观测值大于 0.25	■ 989732	249

2008 年 12 月 15 日的 FY-3A MERSI 与 TERRA MODIS 陆上气溶胶光学厚度产品进行比较表明，两者的相关性较好，相关系数 86.75％；550nm 光学厚度绝对值低于 MODIS 产品结果，平均偏差为—0.14173，为系统性偏差。选取 CARSNET 网的大气成分站 CE318 太阳光度计气溶胶光学厚度产品为真值检验 MERSI 产品，检验时间段和区域为：2009 年 3 月 1 日～15 日，中国区域。结果显示：MERSI 产品 550nm 气溶胶光学厚度均方根误差平均值为 0.24（61 个样本平均）；产品精度存在地域差异，中国东部

地区较好。

MERSI 陆上气溶胶产品可以用于大气成分变化监测，环境分析和评价研究；经过数据同化输入大气化学传输模式参与大气污染预报，为灰霾天气预报提供大气气溶胶含量参考信息（徐祥德等，2004，2005a，2005b；李成才等，2005；吴永红等，2009；吴兑，2008）。此产品一天可提供 1 次全球陆上气溶胶监测信息，未来积累的长时间序列资料可以为气溶胶气候学研究提供信息。5 分钟段反演产品生成的时效最高，在观测后两小时内可以实现产品发布，适合大气质量监测和大气质量模式同化预报业务应用；表 6.2-13 中所列日/旬/月的投影产品会滞后生成并发布，可用于时效性不强的业务工作和科学研究。

在大气环境质量评价中，可以利用气溶胶光学厚度直接参与评价，因为它与地面 PM_{10} 质量浓度有很好的相关性；如果希望得到更加接近地面观测的评价量，还可以利用气溶胶光学厚度值通过高度订正和湿度订正计算出"干"气溶胶消光系数（李成才等，2005；吴永红等，2009），此衍生计算量与地面 PM_{10} 质量浓度有更高的相关性。此外，Ångström 波长指数表征粒子尺度。

6.2.5.5 产品信息说明

MERSI 陆上气溶胶产品以 HDF5 格式存储，主要物理参数特性如表 6.2-15 所示，参数的物理数值通过如下公式转换而来：

$$Par = Slope \times Data + Intercept$$

式中 Par 为参数的物理数值，Data 为产品 HDF 文件中记录该参数的数据，Slope 为缩放比例，Intercept 为偏移量，关于产品中各参数的详细内容参见附录 4 中的 MERSI 陆上气溶胶日、旬、月产品的数据格式。

表 6.2-15 MERSI 陆上气溶胶产品的主要参数

SDS 英文名称	SDS 中文名称	单位	数据有效范围	数据填充值	缩放比例	偏移量
Aerosol _ Optical _ Thickness _ of _ MERSI _ 470nm	MERSI 470nm 的气溶胶光学厚度	无	0～32767	−32767	0.0001	0
Aerosol _ Optical _ Thickness _ of _ MERSI _ 550nm	MERSI 550nm 的气溶胶光学厚度	无	0～32767	−32767	0.0001	0
Aerosol _ Optical _ Thickness _ of _ MERSI _ 650nm	MERSI 650nm 的气溶胶光学厚度	无	0～32767	−32767	0.0001	0
Aerosol _ Angstrom _ coefficient	气溶胶 Ångström 指数	无	−32766～32767	−32767	0.0002	0
Aerosol _ Small _ Particle _ Ratio	气溶胶小粒子比率	无	−32766～32767	−32767	0.01	0

6.2.6 MERSI 250 米分辨率陆表反射比

6.2.6.1 产品定义

反射比（Reflectance Factor）定义为在给定的入射辐射和反射辐射几何分布条件下（入射和反射辐射的方向 θ，ϕ，以及辐射的立体角范围 Ω），一个表面的反射辐射通量与在完全相同辐照度和观测几何条件下，理想（无损失的）、完全漫反射（朗伯的）表面的反射通量之比。单位：无（无量纲）。反射比在某些情况下（例如在冰雪、海洋等光滑平整表面的镜面反射方向）可以大于 1（Nicodemus et al.，1977；Martonchik et al.，2000；Schaepman et al.，2006）。

6.2.6.2 产品规格

MERSI 250 米陆表反射比产品（LSR）为 5 分钟段数据，星下点分辨率 250 米（祥见表 6.2-16）。

表 6.2-16　MERSI 250 米分辨率陆表反射比产品规格表

产品类型	投影方式	覆盖范围	空间分辨率	数据量	生成频次
5 分钟段产品	无投影	5 分钟轨道	250m	640MB	每 5 分钟 1 次

6.2.6.3 产品生成原理

MERSI 250 米陆表反射比产品为利用 MERSI 通道 1、2、3 和通道 4 的 L1 数据反演得到的晴空陆地表面半球入射、锥形立体角测量的反射比（HCRF）。由于 MERSI 的瞬时视场（IFOV）很小（<0.05°），250 米陆面反射比可以近似为半球入射、方向观测的反射比（HDRF）。

假定下垫面为反射率 ρ_s 的均匀朗伯面，卫星遥感器在大气顶测得的表观反射率可表示为：

$$\rho_{TOA}(\theta_s,\theta_v,\theta_r) = \rho_{atm}(\theta_s,\theta_v,\varphi_r) + T^{\downarrow}(\theta_s)T^{\uparrow}(\theta_v)\frac{\rho_s}{1-S\rho_s} \tag{6.2-11}$$

式中 $\rho_{TOA}(\theta_s,\ \theta_v,\ \varphi_r) = \dfrac{\pi L_0(\theta_s,\ \theta_v,\ \varphi_r)}{F_0\cos(\theta_s)}$，是卫星遥感器在大气顶测得的表观反射率，$\rho_{atm}(\theta_s,\ \theta_v,\ \varphi_r)$ 是由大气分子瑞利散射和气溶胶散射产生的大气程辐射，S 为大气球面反照率，F_0 为大气顶太阳辐照度，L_0 为卫星观测辐亮度，$T^{\downarrow}(\theta_s)$ 和 $T^{\uparrow}(\theta_v)$ 分别为大气下行和上行透过率，可以表示为

$$T(\theta) = \exp(-(\tau_R+\tau_a)/\cos(\theta)) + T_{diff}(\theta,\tau_R,\tau_a) \tag{6.2-12}$$

式中第一项为直射透过率，第二项为漫射透过率。τ_R 和 τ_a 分别为瑞利光学厚度和气溶胶光学厚度，θ 为太阳方向或观测方向的天顶角。

考虑到水汽、臭氧和其他主要大气分子的吸收作用以及水汽分子吸收和气溶胶的耦合作用对辐射传输的影响，式（6.2-11）修正为：

$$\rho_{TOA} = T_g(M)\left[\rho_R + \rho_a T_g^{H_2O}(M,U_{H_2O}/2) + T^{\downarrow}(\theta_s)T^{\uparrow}(\theta_v)\frac{\rho_s}{1-S\rho_s}T_g^{H_2O}(M,U_{H_2O})\right]$$

$$\tag{6.2-13}$$

式中 $M = \dfrac{1}{\cos(\theta_s)} + \dfrac{1}{\cos(\theta_v)}$

$T_g(M)$ 为除了水汽分子以外的其他大气分子吸收的透过率，U_{H_2O} 为大气水汽含量，$T_g^{H_2O}(M, U_{H_2O})$ 为水汽分子吸收透过率。

由式（6.2-13）可得：

$$\rho_s = \frac{\Delta\rho}{T^{\downarrow}(\theta_s) T^{\uparrow}(\theta_v) T_g^{H_2O}(M, U_{H_2O}) + S\Delta\rho} \tag{6.2-14}$$

其中

$$\Delta\rho = \frac{\rho_{TOA}}{T_g(M)} - \left(\rho_R + \rho_a T_g^{H_2O}(M, U_{H_2O}/2) \right)$$

上式中右侧的诸参数均可以在给定大气参数和观测几何条件下，由辐射传输模式精确计算。然而，在由卫星观测数据计算全球陆面反射比的实际工作中，出于计算时间的考虑，逐点运行辐射传输模式计算上述参数是不现实的。通常的方法是，在对大气状态参数进行必要的归并简化的前提下，利用辐射传输模型预先建立查找表，再依据大气和观测几何参数由查找表内插得到上述参数（Vermote et al.，1997；Vermote et al.，1999）；气体分子吸收透过率则采用大气水汽含量、臭氧含量和表面高程（近似的表面压力）作为输入，采用等效宽带模型计算（Liou，2004；Barry et al.，1999；Vermote et al.，1992）。

需要说明的是，目前的 FY-3A MERSI 反射比产品反演过程中，未进行临近像元、BRDF 效应和薄卷云修正。

6.2.6.4　产品示例

图 6.2-15 是 2009 年 1 月 10 日 10:10（UTC）250 米陆表反射比产品通道 1、2、3 合成的真彩色图像示例。上部图像为 5 分钟段产品，下部为苏伊士运河地区 250m 分辨率图像。途中的白色区域为云标识，蓝色为海洋标识，黑色为太阳天顶角＞75°或观测天顶角＞50°的未进行反演区域。与图 6.1-25 比，该图提供的地表特征更清晰。

MERSI 250 米陆表反射比产品包括 MERSI 的通道 1、2、3 和通道 4 四个通道，主要用于陆面 BRDF 和反照率产品的生成，也可以直接用于陆地环境、生态监测。产品每两日可以覆盖全球大部分晴空区域。

MERSI 250 米陆表反射比产品与敦煌辐射校正场地面同步观测光谱反射比对比，相对偏差＜7％。

6.2.6.5　产品信息说明

250 米陆地表面反射比产品以 HDF5 格式存储，主要物理参数特性如表 6.2-17 所示，参数的物理数值通过如下公式转换而来：

$$Par = Slope \times Data + Intercept$$

其中 Par 为参数的物理数值，Data 为产品 HDF 文件中记录该参数的数据，Slope 为缩放比例，Intercept 为偏移量。

图 6.2-15　2009 年 1 月 10 日 10：10（UTC）MERSI 250 米分辨率陆表反射比产品

表 6.2-17　MERSI 250 米分辨率陆地表面反射比产品的主要参数

SDS 英文名称	SDS 中文名称	单位	数据有效范围	数据填充值	缩放比例	偏移量
MERSI _ LSR _ QKMSDS1	MERSI 1 通道 250m 陆表反射比	无	0～10000	65535	0.0001	0
MERSI _ LSR _ QKMSDS2	MERSI 2 通道 250m 陆表反射比	无	0～10000	65535	0.0001	0
MERSI _ LSR _ QKMSDS3	MERSI 3 通道 250m 陆表反射比	无	0～10000	65535	0.0001	0
MERSI _ LSR _ QKMSDS4	MERSI 4 通道 250m 陆表反射比	无	0～10000	65535	0.0001	0

L2 _ FlagsSDS 为产品质量标识，由表 6.2-18 内各项转化为二进制通过按位"与"操作生成。

表 6.2-18　MERSI 250 米分辨率陆地表面反射比产品质量标识位定义

质量标识位定义	值	含义
CLOUDY	0x00000000	云
UNCERTAIN	0x00000001	不确定
PROBABLY _ CLEAR	0x00000002	可能的晴空
CONFIDENT _ CLEAR	0x00000003	确信的晴空
CLOUD _ AFTERDE	0x00000004	经过膨胀与腐蚀处理后的云标识，1 表示云，0 表示晴空
SEAMASK	0x00000008	海陆标识，1 表示海，0 表示陆地
INVALID _ SOLAR _ ZENITH	0x00000010	太阳天顶角大于 75°，标识 1
INVALID _ SENSOR _ ZENITH	0x00000020	观测天顶角大于 50°，标识 1
GET _ AOT _ PRD _ FAILED	0x0030	由于经纬度超出 MERSI 分钟段投影查找表的经纬度范围，无法获取 AOT 产品数据
INVALID _ AOT _ PRD	0x00000040	AOT 产品数据为无效值，由气候模型数据代替
INVALID _ AOT _ MDL	0x00000050	AOT 气候模型数据为无效值
GET _ AOT _ MDL _ FAILED	0x00000060	获取 AOT 气候模型数据失败
INVALID _ AOT _ MORE	0x00000070	550nm 气溶胶光学厚度大于 0.8，标识 1
GET _ WV _ FOR _ FAILED	0x00000080	获取大气可降水数值预报数据失败
GET _ OZONE _ FAILED	0x00000100	获取臭氧总量数据失败
GET _ SP _ FOR _ FAILED	0x00000180	获取表面气压数值预报数据失败
INVALID _ WV _ MASK	0x00000200	大气可降水产品或数值预报数据无效，标识 1
INVALID _ OZONE _ MASK	0x00000400	臭氧总量产品或气候模型数据无效，标识 1
INVALID _ SP _ MASK	0x00000800	全球表面气压数值预报数据无效，标识 1
CH1 _ LSR _ LESSTHAN0	0x00001000	通道 1 的陆表反射比小于 0，标识 1
CH2 _ LSR _ LESSTHAN0	0x00002000	通道 2 的陆表反射比小于 0，标识 1
CH3 _ LSR _ LESSTHAN0	0x00004000	通道 3 的陆表反射比小于 0，标识 1
CH4 _ LSR _ LESSTHAN0	0x00008000	通道 4 的陆表反射比小于 0，标识 1
CH1 _ LSR _ MORETHAN1	0x00010000	通道 1 的陆表反射比大于 1，标识 1
CH2 _ LSR _ MORETHAN1	0x00020000	通道 2 的陆表反射比大于 1，标识 1
CH3 _ LSR _ MORETHAN1	0x00040000	通道 3 的陆表反射比大于 1，标识 1
CH4 _ LSR _ MORETHAN1	0x00080000	通道 4 的陆表反射比大于 1，标识 1

该产品的详细格式内容见附录 4。

6.2.7　MERSI 250 米分辨率植被指数

6.2.7.1　产品定义

MERSI 的多光谱遥感数据经线性和非线性组合构成的对植被状态有一定指示意义

的参数，叫植被指数（VI），是对地表植被活动的简单、有效和经验的度量。产品包含归一化植被指数（NDVI）和增强植被指数（EVI），是无量纲量，

6.2.7.2　产品规格

MERSI 250 米植被指数产品包括全球 10°×10°分幅的 250 米 HAMMER 投影均匀网格旬、月产品。

MERSI 250 米植被指数旬产品：基于 MERSI 250 米植被指数日产品，进行 10 天合成，生成 10°×10°分幅的 250 米 HAMMER 投影均匀网格旬产品，覆盖范围为全球。

MERSI 250 米植被指数月产品：基于 MERSI 250 米植被指数旬产品，进行月合成，生成 10°×10°分幅的 250 米 HAMMER 投影均匀网格月产品，覆盖范围为全球。

MERSI 250 米植被指数产品具体规格见表 6.2-19。

表 6.2-19　MERSI 250 米分辨率植被指数产品规格表

产品类型	投影方式	覆盖范围	空间分辨率	数据量（MB）	生成频次
旬产品	HAMMER	全球 10°×10°分幅	0.25km	375/幅	每旬一次
月产品	HAMMER	全球 10°×10°分幅	0.25km	375/幅	每月一次

6.2.7.3　产品生成原理

MERSI 植被指数产品是在已有的植被指数的基础上改进设计的，以便使其适用于全球范围，并增强其对植被的敏感度，减少外部影响因素（如大气、观测视角和太阳角、云等）和内在的非植被因素（如叶冠背景，垃圾等）的影响（刘玉洁等，2001；Huete et al.，1999）。本产品提供两种全球陆地植被指数：一种是标准归一化植被指数（NDVI），是现有 NOAA/AVHRR NDVI 的延续。另一种是增强植被指数（EVI）（Liu et al.，1995），它综合了抗大气植被指数（ARVI）（Kaufman et al.，1992）和土壤调节植被指数（SAVI）（Huete et al.，1988）的优点，可以提高对高生物量区的敏感度，通过削弱叶冠背景信号和降低大气的影响来改善对植被的监测。MERSI 植被指数使用新的合成算法，数据减小了随观测角度的变化和太阳—目标—传感器观测几何因素引起的变化（Huete et al.，2002）。在生成植被指数格点数据时，应用了分子散射、臭氧吸收和气溶胶订正算法，用 BRDF 模式把观测量订正到天顶角（Leeuwen et al.，1999）。

卫星传感器进行观测时，太阳光照角度和卫星观测视角以及云的变化都很大，因此得到的是来自地表的双向反射率信息。要构造植被指数（VI）的季节性的时间曲线，需要把给定时间段内的几幅 VI 图像合成为一张晴空的 VI 图像，并且要使大气效应和角度效应的影响最小。目前为人们所接受的 VI 合成产品处理方法是最大值合成方法（MVC），该方法通过云检测和质量检查后，再逐像元地比较多幅 VI 图像，并选取最大的 VI 值为合成后的 VI 值。一般人们认为 MVC 倾向于选择最"晴空"的（最小光学路径）、最接近于星下点和太阳天顶角最小的像元。在 MERSI 植被指数合成算法中

我们采用一种优化的最大值合成方法。

MERSI 归一化差分植被指数计算公式如下：

$$NDVI = (\rho_{NIR} - \rho_{red}) / (\rho_{NIR} + \rho_{red}) \qquad (6.2\text{-}15)$$

MERSI 增强植被指数计算公式如下

$$EVI = G \times (\rho_{NIR} - \rho_{red}) / (\rho_{NIR} + C1 \times \rho_{red} - C2 \times \rho_{blue} + L) \qquad (6.2\text{-}16)$$

式中 ρ_{red}、ρ_{NIR} 和 ρ_{blue} 分别为经过大气校正的红光、近红外和蓝光通道的反射率值，分别对应于 MERSI 的通道 3、4、1，系数 L＝1，C1＝6，C2＝7.5，G＝2.5。

植被指数基本合成周期定为 10 天，便于与历史数据相比较。MERSI 植被指数的合成是在像元基准上进行的。根据输入数据的质量，按照优先次序采用以下 4 种合成方法中的一种：

1. BRDF 合成

在合成时段内有 5 天以上资料是晴天的话，就对各通道的双向反射率应用 BRDF 模式，将反射率值订正到星下点视角，然后计算太阳在天顶时的植被指数。5 天是保证 BRDF 模式逆变换稳定性的最低要求。当 BRDF 模式订正后的反射率为负值，或者植被指数高于或远小于 MVC 方法得到的 VI 则该点被舍去（$VI_{MVC} - 0.3 \leqslant VI_{BRDF} \leqslant VI_{MVC} + 0.05$），以保证 BRDF 模式订正不受残存云的影响。当合成时段内观测点的视角分布不均匀或受不理想的大气条件（烟、云）影响时，订正后的反射率值可能为负值。气溶胶光学厚度等大气参数不精确时，也可能导致负值。基于 Walthall 模式的 BRDF 模式订正公式如下：

$$\rho_\lambda(\theta_v, \phi_s, \phi_v) = a_\lambda \theta_v^2 + b_\lambda \theta_v \cos(\phi_v - \phi_s) + c_\lambda \qquad (6.2\text{-}17)$$

式中 ρ_λ 为大气订正的反射率，θ_v 为卫星天顶角，ϕ_s 为太阳方位角，ϕ_v 为卫星方位角，模式参数 a，b 和 c 用最小二乘法拟合得到，c 就是所需要的星下点反射率。

2. 约束视角最大值合成（CV-MVC）

如果合成时段内无云像元数小于 5 天且大于 1 天，选择其中视角最小的 2 天资料，计算植被指数，取二者中最大值。

3. 直接计算植被指数

如果只有一天无云，则直接使用这天数据计算植被指数。

4. 最大值合成（MVC）

若合成时段内的资料都有云，则逐日计算植被指数，用植被指数合成 MVC 方法选择最佳像元。

6.2.7.4 产品示例

图 6.2-16 为 2009 年 6 月中旬 MERSI 250 米全球归一化差分植被指数（NDVI）合成产品，植被指数有效范围在 −1 至 ＋1 之间，图中由白色至深绿色植被指数值逐渐升

高。植被指数与地表类型有较好的对应关系，沙漠、雪地偏低，草原较高，森林最高。

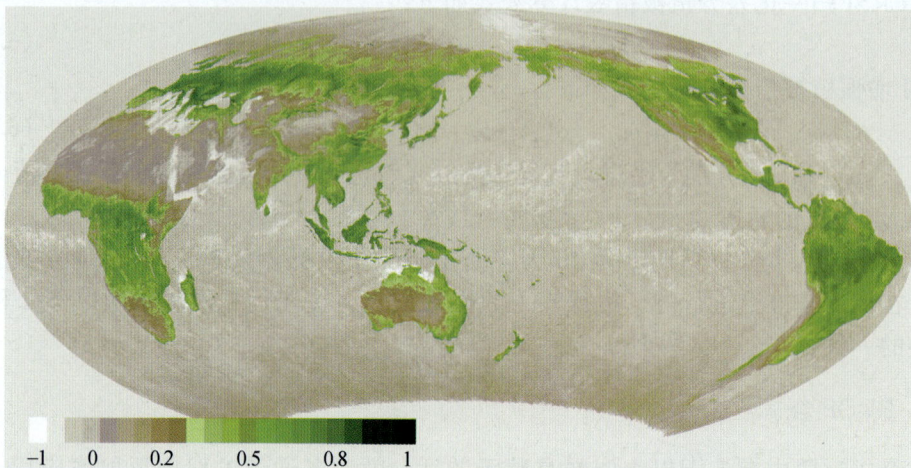

−1　0　0.2　0.5　0.8　1

图 6.2-16 MERSI 250 米分辨率植被指数旬合成产品（2009 年 6 月中旬）

目前卫星得到的植被指数已经作为全球气候模式的一部分，被集成到交互式生物圈模式和生产效率模式中，也被广泛地用于诸如"饥荒早期警告系统"等方面的陆地应用。植被指数的定量测量可表明植被活力，而且植被指数比单波段用来探测生物量有更好的敏感性和抗干扰性。既可用来诊断植被一系列生物物理参量：叶面积指数（LAI）、植被覆盖率、生物量、光合有效辐射吸收系数（APAR）等；又可以用来分析植被生长过程、净初级生产力（NPP）和蒸散（蒸腾）等。

6.2.7.5　产品信息说明

MERSI 250 米植被指数产品以 HDF5 格式存储，主要物理参数特性如表 6.2-20 所示，参数的物理数值通过如下公式转换而来：

$$Par = Slope \times Data + Intercept$$

其中 Par 为参数的物理数值，Data 为产品 HDF 文件中记录该参数的数据，Slope 为缩放比例，Intercept 为偏移量。该产品的详细格式内容见附录 4。

表 6.2-20　MERSI 250 米分辨率植被指数产品主要参数

SDS 英文名称	SDS 中文名称	单位	数据有效范围	数据填充值	缩放比例	偏移量
250m 10 days NDVI	旬合成 250m 分辨率 NDVI	无	−10000～10000	−32768	0.0001	0
250m 10 days EVI	旬合成 250m 分辨率 EVI	无	−10000～10000	−32768	0.0001	0
250m 10 days reflectivity of MERSI CH1	旬合成通道 1 250m 分辨率反射率	无	0～10000	65535	0.0001	0

SDS英文名称	SDS中文名称	单位	数据有效范围	数据填充值	缩放比例	偏移量
250m 10 days reflectivity of MERSI CH2	旬合成通道2 250m 分辨率反射率	无	0～10000	65535	0.0001	0
250m 10 days reflectivity of MERSI CH3	旬合成通道3 250m 分辨率反射率	无	0～10000	65535	0.0001	0
250m 10 days reflectivity of MERSI CH4	旬合成通道4 250m 分辨率反射率	无	0～10000	65535	0.0001	0
250m 10 days TBB of MERSI CH5	旬合成通道5 250m 分辨率亮温	K	18000～35000	65535	0.01	0
250m 10 days Solar Zenith Angle	旬合成250m分辨率太阳天顶角	Degree	0～9000	65535	0.01	0
250m 10 days Sensor Zenith Angle	旬合成250m分辨率卫星天顶角	Degree	0～9000	65535	0.01	0
250m 10 days Solar Azimuth Angle	旬合成250m分辨率太阳方位角	Degree	0～36000	65535	0.01	0
250m 10 days Sensor Azimuth Angle	旬合成250m分辨率卫星方位角	Degree	0～36000	65535	0.01	0
250m 10 days VI Quality	旬合成250m分辨率植被指数质量码	无	0～65535	0	1	0

6.2.8 MERSI土地覆盖

6.2.8.1 产品定义

MERSI土地覆盖产品（LCV）是在植被指数、陆表温度等多个MERSI和VIRR L2/L3陆表产品的基础上，利用这些产品中的陆表特征信息，按照IGBP分类体系，通过决策树分类算法，实现不同陆表覆盖类型分类的陆表产品。

6.2.8.2 产品规格

MERSI土地覆盖产品空间分辨率1km，Hammer等积投影，10°×10°分幅，覆盖范围为全球。产品内容包括IGBP 17种类别的土地覆盖类型编码、产品处理标识等。产品在积累一年卫星资料后开始生产，生产周期3个月，设计为年产品。

MERSI土地覆盖产品具体规格见表6.2-21。

表 6.2-21   MERSI 土地覆盖产品规格表

产品类型	投影方式	覆盖范围	空间分辨率	数据量	生成频次
年产品	HAMMER	全球 10°×10°分幅	1km	2M/幅×648 幅	每年一次

6.2.8.3   产品生成原理

MERSI 土地覆盖产品，利用 VIRR/MERSI 陆表产品等输入参数，以及涵盖多个区域的训练样本，按照 IGBP 分类系统的 17 个类别（Loveland et al. ,2000；Strahler et al. ,1999），通过水陆掩膜、样本特征提取、CART 决策树分类、分类后处理和质量控制等计算过程，实现土地覆盖分类，生成土地覆盖产品（潘耀忠等，2000；Liu 2002；延昊，2002；刘正军，2003；刘勇洪等，2005a，2005b，2006；Yan et al. ,2005；王长耀等，2005；http://landcover.usgs.gov/natllandcover.asp）。

用于 MERSI 土地覆盖分类的 VIRR/MERSI L2/L3 级陆表产品和辅助参数包括：MERSI 250 米 EVI 月产品（重采样至 1km）；MERSI/1-4 通道 250m 陆表反射比月产品（重采样至 1km）；VIRR/LST 月产品（1km）；VIRR-MERSI 积雪覆盖（VSC）月产品；全球 1km-DEM 和全球 1km 水陆掩码（Loveland et al. ,2000；Strahler et al. ,1999）。

MERSI 土地覆盖产品生成过程包括：

1. 水陆掩膜和数据筛选

利用水陆掩码数据，区分陆地和水体。利用水陆掩码数据（0、1）对分类输入参数进行逻辑判断掩膜，即对多维分类输入参数直接进行乘积运算，得到掩膜后的陆地数据。后边的分类算法只针对陆地区域像元进行。

数据筛选是对输入分类参数的质量控制，依据该输入参数的质量标识码进行判别，各参数的质量标识码参照相应产品的约定。对非合理值域像元值进行统一的判别和赋值，以保证只有合理的输入像元值能够进行分类训练和分类预测。

2. 样本特征提取

从参与分类的输入参数中，结合植被图等辅助数据建立训练样本，利用训练样本在分类输入参数中提取分类特征（吴征镒，1980；中国科学院地理研究所资源环境信息国家重点实验室，1996；中国科学院中国植被图编辑委员会，2001）。根据训练样本地理坐标对应的像元行列值，读取分类参数中相应的像元值。读取的样本分类参数特征值用于进行 CART 决策树分类训练。

3. 样本分类训练

利用训练和验证样本，进行样本学习和分类算法训练。利用 CART（Classification and Regression Trees）决策树工具集和相应函数，输入上一步骤获取的样本特征数据，进行 CART 决策树分类训练；依据试验确定的最高迭代次数和决策树层数，通过多次迭代训练，确定最佳决策树层数和迭代次数，得到确定最佳决策树层数和迭代次数的CART 决策树分类器。

4. CART 决策树分类

利用 CART 决策树分类算法，通过对输入参数的处理和分类计算，实现土地覆盖分类（Hansen et al.，2000；Friedman et al.，2000）。

CART 分类与回归树是分类数据挖掘算法的一种。它是描述给定预测向量值 X 后，变量 Y 条件分布的一个灵活方法。该模型使用了二叉树将预测空间递归划分为若干子集，Y 在这些子集上的分布是连续均匀的。树中的叶节点对应着划分的不同区域，划分是由与每个内部节点相关的分支规则（Splitting Rules）确定的。通过从树根到叶节点移动，一个预测样本被赋予一个惟一的叶节点，Y 在该节点上的条件分布也被确定。

CART 是一种监督学习算法，即用户在使用 CART 进行预测之前，必须首先提供一个学习样本集（Learning samples）对 CART 进行构建和评估，然后才能使用。CART 使用如下结构的学习样本集：

$$L:= \{X_1, X_2, \ldots, X_m, Y\}$$
$$X_1:= (x_{11}, x_{12}, \ldots, x_{1t_1}), \ldots, X_m:= (x_{m1}, x_{m2}, \ldots, x_{mt_n})$$
$$Y:= (y_1, y_2, \ldots, y_k) \tag{6.2-18}$$

其中 $X_1 \sim X_m$ 称为属性向量（Attribute Vectors），其属性可以是有序的也可以是离散的；Y 称为标签向量（Label Vectors），其属性可以是有序的也可以是离散的。当 Y 是有序的数量值时，称为回归树；当 Y 是离散值时，称为分类树。

5. 分类后处理

分类后处理是分类结果信息合并的过程。基于像元的分类，分类结果中存在许多"噪声"。原因是原始分类输入参数存在噪声，类型过渡区域类型交错或镶嵌，像元邻近效应造成错分，分类算法错分等。这种情况下，后处理可以减少"噪声"，保证分类结果更合理。或者，分类结果正确，但某种类别个别像元零星分布于其他类别中，对于区域甚至全球尺度的土地覆盖分类，对大面积类型感兴趣，因此需要通过后处理进行个别类型点的类别归并。

本产品采用邻区处理法进行分类后处理。选取 3×3 像元平滑窗口进行逻辑运算处理。平滑时中心像元值取周围占多数的类别，即所谓"多数平滑"。将窗口在分类图上逐列逐行地推移运算，完成整幅分类结果数据的平滑。

6. 质量控制

对分类结果的质量进行判断，并添加质量标识。

IGBP 的 17 类分类系统已得到广泛应用，并可与多种陆面模式、生物地理模式、生物地球化学模式中采用的分类系统兼容（Loveland et al.，2000）。基于 IGBP 分类系统应用广泛、兼容性强的特点，本产品采用 IGBP17 类类别划分标准作为本产品的分类系统。

表 6.2-22 为 IGBP 分类系统编码，表 6.2-23 IGBP 土地覆盖类型定义。

表 6.2-22　IGBP 分类系统编码 *

值	含义	英文
1	常绿针叶林	Evergreen Needleleaf Forest
2	常绿阔叶林	Evergreen Broadleaf Forest
3	落叶针叶林	Deciduous Needleleaf Forest
4	落叶阔叶林	Deciduous Broadleaf Forest
5	混交林	Mixed Forest
6	密闭灌丛	Closed Shrublands
7	稀疏灌丛	Open Shrublands
8	木质稀树草原	Woody Savannas
9	稀树草原	Savannas
10	草地	Grasslands
11	永久湿地	Permanent Wetlands
12	农田	Croplands
13	城市用地	Urban and Built-Up
14	农田自然植被混合	Cropland/Natural Vegetation Mosaic
15	冰雪	Snow and Ice
16	裸地和稀疏植被	Barren or Sparsely Vegetated
17	水体	Water Bodies
99	间断区域	Interrupted Areas
100	缺失数据	Missing Data

* Loveland et al. ,2000；Strahler et al. ,1999.

表 6.2-23　IGBP 土地覆盖类型

IGBP 土地覆盖类型	
自然植被	
常绿针叶林	针叶林，郁闭度大于 60%，高度不低于 2 米，四季常绿
常绿阔叶林	阔叶林，郁闭度大于 60%，高度不低于 2 米，四季常绿
落叶针叶林	针叶林，郁闭度大于 60%，高度不低于 2 米，季节落叶
落叶阔叶林	阔叶林，郁闭度大于 60%，高度不低于 2 米，季节落叶
混交林	混交林，郁闭度大于 60%，高度不低于 2 米，由上述四种森林类型种任意两种/或以上类型组成，任何一种类型覆盖度不超过 60%
密闭灌丛	木质植被，高度低于 2 米，郁闭度大于 60%，常绿或落叶
稀疏灌丛	木质植被，高度低于 2 米，郁闭度大于 10%~60%，常绿或落叶
木质稀树草原	草本或其他下层植被系统，森林覆盖 30%~60%，森林高度超过 2 米
稀树草原	草本或其他下层植被系统，森林覆盖 10%~30%，森林高度超过 2 米
草地	草本植被覆盖地表，树与灌丛覆盖低于 10%

IGBP 土地覆盖类型	
自然植被	
永久湿地	草本或木本植被和水体的永久混合类型，其中有耐盐碱植被或淡水植被
混合土地类别	
农田	一季或多季农作物覆盖，注意，多年生木本作物可能被分做森林或灌丛
城市用地	建筑和其他人工建筑地
农田自然植被混合	农田、森林、灌丛、草地等混合的区域，其中每种类别不超过 60%
非植被区	
冰雪	终年为冰雪覆盖的土地
裸地	常年植被覆盖不超过 10% 的裸露土壤、沙地、岩石、雪等
水体	海洋、湖泊、水库、河流等、淡水或者咸水水体

6.2.8.4 产品示例

MERSI 土地覆盖产品（LCV）需要在积累一年卫星资料后开始生产，这里以算法预研结果作为示例，分析其分类精度。

算法预研中，采用 IGBP 分类系统，以 2001 年 32 天合成的 MODIS/NDVI 为主要试验数据进行分类。分类算法采用 CART 决策树，通过监督分类实现。按照 IGBP 分类系统建立了 17 类有效样本 8952 个，实现了 1KM 空间分辨率的土地覆盖分类算法，获得了按照 IGBP 分类系统的中国区域分类测试结果。五交叉检验显示，算法分类误差为 12.5%。图 6.2-17 是 MERSI 土地覆盖模拟分类结果。

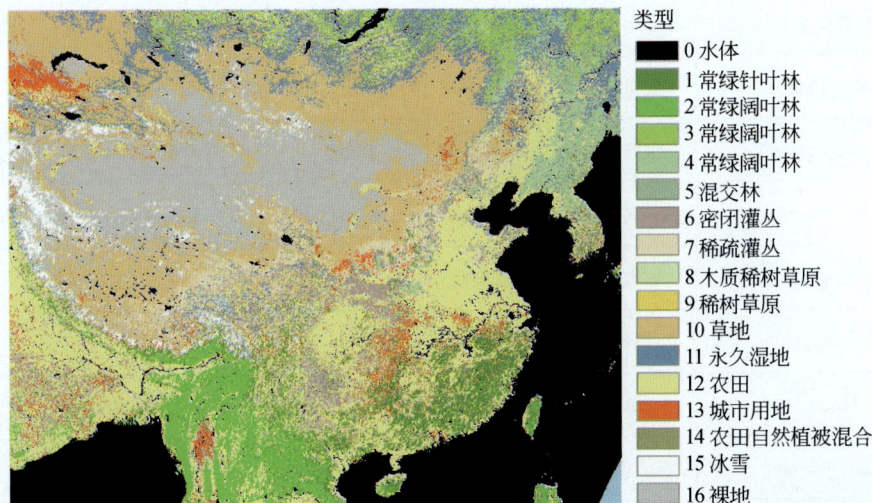

图 6.2-17 MERSI 土地覆盖算法试验分类结果（数据源：2001 年 MODIS/NDVI 等）

6.2.8.5 产品信息说明

MERSI 土地覆盖产品（LCV）以 HDF5 格式存储，主要物理参数特性如表 6.2-24 所示，参数的物理数值通过如下公式转换而来：

$$Par = Slope \times Data + Intercept$$

其中 Par 为参数的物理数值，Data 为产品 HDF 文件中记录该参数的数据，Slope 为缩放比例，Intercept 为偏移量。该产品的详细格式内容见附录 4。

表 6.2-24　MERSI 土地覆盖年产品主要参数表

SDS 英文名称	SDS 中文名称	数据类型	维数	数据量（byte）	说明
MERSI _ 1KM _ LCV _ YEAR	MERSI 土地覆盖年产品	Int8	[1000，1000]	1000×1000×1	10°×10°分块
SDS Atrribute	SDS 属性	数据类型	数量	值	
Long _ Name	名称	string	1	Land Cover of MERSI	
Slope	缩放比例	float	1	—	
Intercept	偏移量	float	1	—	
Units	单位	string	1	Dimensionless	
Valid _ Range	有效值范围	short	1	0，255	
Fill _ Value	填充值	short	1	255	
SDS 英文名称	SDS 中文名称	数据类型	维数	数据量（byte）	说明
QC _ Flag	质量标识	Int8	[1000，1000]	1000×1000×1	10°×10°分块
SDS Atrribute	SDS 属性	数据类型	数量	值	
Long _ Name	名称	string	1	Level-3 Processing Flags	
Slope	缩放比例	float	1	—	
Intercept	偏移量	float	1	—	
Units	单位	string	1	Dimensionless	
Valid _ Range	有效值范围	float	1	0，255	
Fill _ Value	填充值	float	1	0	

6.3
微波成像仪（MWRI）产品及应用

6.3.1　MWRI 通道空间分辨率匹配数据集

6.3.1.1　产品定义

微波成像仪（MWRI）通道空间分辨率匹配数据集（CRM）是 MWRI L1 轨道亮温数据经过通道空间分辨率匹配处理后生成的 L2 通道空间分辨率匹配轨道亮温数据，以及其他相关科学数据的数据集合，它是其他 MWRI L2 产品的输入数据。

6.3.1.2　产品规格

MWRI 通道空间分辨率（亦即地面分辨率/水平分辨率）匹配数据集包括：各频点匹配到 10.65GHz 地面分辨率（45×75km）通道亮温数据和匹配到 36.5GHz 地面分辨率（15×24km）通道亮温数据，以及各通道原始分辨率观测亮温数据。

MWRI 各通道双极化的空间分辨率匹配情况见表 6.3-1。

表 6.3-1　MWRI 通道空间分辨率匹配结果

有无匹配数据　　分辨率 通道频率	Res. 1	Res. 2	Res. 3	Res. 4
10.65GHz（V/H）	★		★	
18.7GHz（V/H）	★	★	★	
23.8GHz（V/H）	★	★	★	
36.5GHz（V/H）	★	★	★	
89GHz（V/H）	★	★	★	★

表中 Res.1～Res.4 表示四种空间分辨率，★表示某通道在匹配数据集中有此空间分辨率数据，例如：10.65GHz 双极化通道有 Res1 和 Res3 两种空间分辨率亮温匹配结果。

Res.1～Res.4 分别为：

Res.1 第 1 种分辨率，即 10.65GHz 对应地面分辨率（45km×75km）

Res.2 第 2 种分辨率，即 18.7GHz 及 23.8GHz 对应地面分辨率，两者近似相等（25km×40km）

Res.3 第 3 种分辨率，即 36.5GHz 对应地面分辨率（15km×24km）

Res.4 第 4 种分辨率，即 89GHz 对应地面分辨率（7km×12km）

MWRI 通道空间分辨率匹配数据集产品具体规格见表 6.3-2。

表 6.3-2　MWRI 通道空间分辨率匹配数据集产品规格表

产品类型	投影方式	覆盖范围	空间分辨率	数据量（MB）	生成频次
通道空间分辨率匹配数据集	无	轨道	45km×75km、25km×40km、15km×24km、7km×12km	65.7	每 102 分钟一次

6.3.1.3　产品生成原理

MWRI 通道空间分辨率匹配数据集产品以 Bakus-Gilbert 算法（BG 算法）为基础（Stogryn，1978；Gene A. Poe，1990；Wayne D. Robinson，1992；Long David G.，1998）。该算法适合于低分辨率向高分辨率匹配或高分辨率向低分辨率数据匹配。在天线波束地表观测点 ρ_0 处，天线亮温 $\overline{T}_B$ 可以表示为地表某一像素观测亮温和该观测像素内天线缩放比例的卷积：

$$\overline{T}_B = \int T_B(\rho)G_i(\rho)dA \tag{6.3-1}$$

上式中，$T_B(\rho)$ 为地表某一位置处的辐射亮温，$G_i(\rho)$ 为该观测像素内第 i 个位置的天线缩放比例，则该位置处构造的亮温定义为实际观测亮温的权重和：

$$TB = \sum_{i=1}^{n} a_i \overline{T}_B = \int T_B(\rho) \sum_{i=1}^{n} a_i G_i(\rho)dA \tag{6.3-2}$$

根据上式，B-G 算法可用下式表示：

$$Q = Q_0 + e^2 w\beta \tag{6.3-3}$$

其中，$Q_0 = \int \left[\sum_{i=1}^{n} a_i G_i(\rho) - F(\rho) \right]^2 J(\rho)dA$，$J(\rho)$ 为代价函数，e^2 为天线亮温误差造成的构造观测亮温值的误差，$F(\rho)$ 为目标缩放比例。β 为平滑参数，w 为尺度因子。

BG 算法的关键是在上式中找到一组系数 a_i，使构造的天线缩放比例 $\sum_{i=1}^{n} a_i G_i(\rho)$ 尽可能接近真实天线缩放比例，同时使噪声最小化。通道分辨率匹配算法包括以下两个步骤：

1. 圆锥扫描波束天线方向图地面足迹模拟

在微波成像仪扫描几何和轨道特性已知的情况下（传感器观测角、圆锥扫描每个地面足迹方位角、卫星高度、波束宽度、中心频率），通过建立地心坐标系—平面大地坐标系—传感器观测坐标系（天线口面坐标系）之间的关系，将不同频率和极化三维天线方向图按要求分辨率投影到同一大地坐标系下，生成不同频率和极化天线方向图地面投影格点数据集，在此基础上进行 BG 算法系数计算，从而达到通道分辨率匹配/增强的目的。

2. 基于 BG 算法的通道匹配系数计算

利用生成的天线方向图地面足迹模拟数据，由 BG 算法对各通道每个扫描位置

（240 个不同扫描位置）生成两套权重系数：匹配到 10.65GHz 分辨率的降分辨率匹配权重系数和匹配到 36.5GHz 频率的分辨率增强匹配系数（除 89GHz 频点）。降分辨率匹配数据可以作为其他微波成像仪 L2 产品的输入数据使用，分辨率增强能够在一定程度上弥补被动微波成像仪仪器观测在分辨率方面的不足，但是同时也会引进一定的噪声。

MWRI 通道空间分辨率匹配数据集产品的生成过程为：输入 MWRI L1 轨道亮温数据，导入离线计算得到的通道空间分辨率匹配权重系数，对通过质量检验的像元针对各个频点进行相应分辨率匹配处理，最终得到各个通道在 10.65 和 36.5GHz 分辨率水平上的空间分辨率匹配结果。

6.3.1.4　产品示例

图 6.3-1 是 2008 年 10 月 19 日 00 时 30 分（世界时）获取的 FY-3 MWRI 降轨 36.5GHz V 极化通道亮温数据经过通道空间分辨率匹配并经过裁剪后得到的结果。图 6.3-1（a）为 Res.1，图 6.3-1（b）为 Res.2，图 6.3-1（c）为 Res.3。其中 Res.3 为 36.5GHz 双极化通道对应的地面分辨率，Res.1 和 Res.2 分别为向更低分辨率通道上匹配的结果。

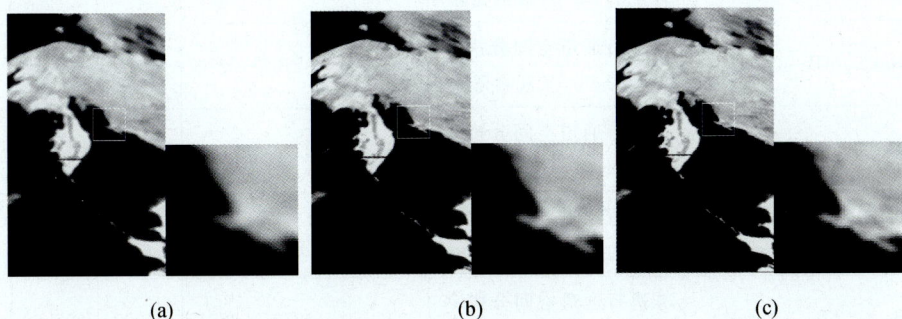

(a)　　　　　　　　　(b)　　　　　　　　　(c)

图 6.3-1　MWRI 通道空间分辨率匹配产品（2008 年 10 月 19 日 00 时 30 分，降轨，36.5GHz V 极化）

通道空间分辨率匹配数据集是 FY-3A/MWRI 其他所有科学产品的输入数据。

6.3.1.5　产品信息说明

MWRI 通道空间分辨率匹配数据集产品以 HDF5 格式存储，主要物理参数特性如表 6.3-3 所示，参数的物理数值通过如下公式转换而来：

$$Par = Slope \times Data + Intercept$$

其中，Par 为参数的物理数值，Data 为产品 HDF 文件中记录该参数的数据，Slope 为缩放比例，Intercept 为偏移量，关于产品中各参数的详细内容参见附录 4 的 MWRI 通道空间分辨率匹配数据集产品的数据格式。

表 6.3-3　MWRI 通道空间分辨率匹配产品的主要参数

SDS 英文名称	SDS 中文名称	单位	数据有效范围	数据填充值	缩放比例	偏移量
LATITUDE SDS	纬度	Degree	−90～90	−999	1.0	0.0
LONGITUDE SDS	经度	Degree	−180～180	−999	1.0	0.0
10.7V_Res.1_TB_（Level1）	未进行通道空间分辨率匹配的 10.7V 观测亮温	K	−32767～32767	−999	327.68	0.01
10.7H_Res.1_TB_（Level1）	未进行通道空间分辨率匹配的 10.7H 观测亮温	K	−32767～32767	−999	327.68	0.01
18.7V_Res.2_TB_（Level1）	未进行通道空间分辨率匹配的 18.7V 观测亮温	K	−32767～32767	−999	327.68	0.01
18.7H_Res.2_TB_（Level1）	未进行通道空间分辨率匹配的 18.7H 观测亮温	K	−32767～32767	−999	327.68	0.01
23.8V_Approx._Res.2_TB_（Level1）	未进行通道空间分辨率匹配的 23.8V 观测亮温	K	−32767～32767	−999	327.68	0.01
23.8H_Approx._Res.2_TB_（Level1）	未进行通道空间分辨率匹配的 23.8H 观测亮温	K	−32767～32767	−999	327.68	0.01
36.5V_Res.3_TB_（Level1）	未进行通道空间分辨率匹配的 36.5V 观测亮温	K	−32767～32767	−999	327.68	0.01
36.5H_Res.3_TB_（Level1）	未进行通道空间分辨率匹配的 36.5H 观测亮温	K	−32767～32767	−999	327.68	0.01
89V_Res.4_TB_（Level1）	未进行通道空间分辨率匹配的 89V 观测亮温	K	−32767～32767	−999	327.68	0.01
89H_Res.4_TB_（Level1）	未进行通道空间分辨率匹配的 89H 观测亮温	K	−32767～32767	−999	327.68	0.01
10.7V_Res.1_TB	经过通道空间分辨率匹配的 10.7V 观测亮温（第 1 种分辨率）	K	−32767～32767	−999	327.68	0.01
10.7H_Res.1_TB	经过通道空间分辨率匹配的 10.7H 观测亮温（第 1 种分辨率）	K	−32767～32767	−999	327.68	0.01
10.7V_Res.3_TB	经过通道空间分辨率匹配的 10.7V 观测亮温（第 3 种分辨率）	K	−32767～32767	−999	327.68	0.01
10.7H_Res.3_TB	经过通道空间分辨率匹配的 10.7H 观测亮温（第 3 种分辨率）	K	−32767～32767	−999	327.68	0.01

SDS 英文名称	SDS 中文名称	单位	数据有效范围	数据填充值	缩放比例	偏移量
18.7V_Res.1_TB	经过通道空间分辨率匹配的 18.7V 观测亮温（第 1 种分辨率）	K	−32767~32767	−999	327.68	0.01
18.7H_Res.1_TB	经过通道空间分辨率匹配的 18.7H 观测亮温（第 1 种分辨率）	K	−32767~32767	−999	327.68	0.01
18.7V_Res.2_TB	经过通道空间分辨率匹配的 18.7V 观测亮温（第 2 种分辨率）	K	−32767~32767	−999	327.68	0.01
18.7H_Res.2_TB	经过通道空间分辨率匹配的 18.7H 观测亮温（第 2 种分辨率）	K	−32767~32767	−999	327.68	0.01
18.7V_Res.3_TB	经过通道空间分辨率匹配的 18.7V 观测亮温（第 3 种分辨率）	K	−32767~32767	−999	327.68	0.01
18.7H_Res.3_TB	经过通道空间分辨率匹配的 18.7H 观测亮温（第 3 种分辨率）	K	−32767~32767	−999	327.68	0.01
23.8V_Res.1_TB	经过通道空间分辨率匹配的 23.8V 观测亮温（第 1 种分辨率）	K	−32767~32767	−999	327.68	0.01
23.8H_Res.1_TB	经过通道空间分辨率匹配的 23.8H 观测亮温（第 1 种分辨率）	K	−32767~32767	−999	327.68	0.01
23.8V_Res.2_TB	经过通道空间分辨率匹配的 23.8V 观测亮温（第 2 种分辨率）	K	−32767~32767	−999	327.68	0.01
23.8H_Res.2_TB	经过通道空间分辨率匹配的 23.8H 观测亮温（第 2 种分辨率）	K	−32767~32767	−999	327.68	0.01
23.8V_Res.3_TB	经过通道空间分辨率匹配的 23.8V 观测亮温（第 3 种分辨率）	K	−32767~32767	−999	327.68	0.01

SDS英文名称	SDS中文名称	单位	数据有效范围	数据填充值	缩放比例	偏移量
23.8H_Res.3_TB	经过通道空间分辨率匹配的23.8H观测亮温（第3种分辨率）	K	-32767~32767	-999	327.68	0.01
36.5V_Res.1_TB	经过通道空间分辨率匹配的36.5V观测亮温（第1种分辨率）	K	-32767~32767	-999	327.68	0.01
36.5H_Res.1_TB	经过通道空间分辨率匹配的36.5H观测亮温（第1种分辨率）	K	-32767~32767	-999	327.68	0.01
36.5V_Res.2_TB	经过通道空间分辨率匹配的36.5V观测亮温（第2种分辨率）	K	-32767~32767	-999	327.68	0.01
36.5H_Res.2_TB	经过通道空间分辨率匹配的36.5H观测亮温（第2种分辨率）	K	-32767~32767	-999	327.68	0.01
36.5V_Res.3_TB	经过通道空间分辨率匹配的36.5V观测亮温（第3种分辨率）	K	-32767~32767	-999	327.68	0.01
36.5H_Res.3_TB	经过通道空间分辨率匹配的36.5H观测亮温（第3种分辨率）	K	-32767~32767	-999	327.68	0.01
89V_Res.1_TB	经过通道空间分辨率匹配的89V观测亮温（第1种分辨率）	K	-32767~32767	-999	327.68	0.01
89H_Res.1_TB	经过通道空间分辨率匹配的89H观测亮温（第1种分辨率）	K	-32767~32767	-999	327.68	0.01
89V_Res.2_TB	经过通道空间分辨率匹配的89V观测亮温（第2种分辨率）	K	-32767~32767	-999	327.68	0.01
89H_Res.2_TB	经过通道空间分辨率匹配的89H观测亮温（第2种分辨率）	K	-32767~32767	-999	327.68	0.01

SDS 英文名称	SDS 中文名称	单位	数据有效范围	数据填充值	缩放比例	偏移量
89V_Res.3_TB	经过通道空间分辨率匹配的 89V 观测亮温（第 3 种分辨率）	K	−32767～32767	−999	327.68	0.01
89H_Res.3_TB	经过通道空间分辨率匹配的 89H 观测亮温（第 3 种分辨率）	K	−32767～32767	−999	327.68	0.01
89V_Res.4_TB	经过通道空间分辨率匹配的 89V 观测亮温（第 4 种分辨率）	K	−32767～32767	−999	327.68	0.01
89H_Res.4_TB	经过通道空间分辨率匹配的 89H 观测亮温（第 4 种分辨率）	K	−32767～32767	−999	327.68	0.01

该产品的详细格式内容见附录 4。

6.3.2　MWRI 极区海冰覆盖度

6.3.2.1　产品定义

MWRI 极区海冰覆盖度产品（SIC）是指在 12.5km 分辨率通用横球面投影网格内，海冰面积在该网格总面积之中所占比例。用 0～100 表示 0%～100% 的海冰覆盖度，无量纲。

6.3.2.2　产品规格

MWRI 极区海冰覆盖度产品包括：12.5km 分辨率通用横球面投影极区海冰覆盖度日产品。覆盖范围为南北半球高纬区域。

MWRI 极区海冰覆盖度日产品分白天（降轨）/夜间（升轨）分别处理，每个日产品文件包括南/北极日平均海冰覆盖度两个数据集。

MWRI 极区海冰覆盖度产品具体规格见表 6.3-4。

表 6.3-4　MWRI 极区海冰覆盖度产品规格表

产品类型	投影方式	覆盖范围	空间分辨率	数据量（MB）	生成频次
极区海冰覆盖度日产品	通用横球面投影	全球中高纬地区	12.5km	5.7	每日一次

6.3.2.3 产品生成原理

基于 MWRI 的 L1 轨道数据，针对对应通道亮温分别计算不同通道组合的旋转极化梯度比、频率梯度比差，随后针对上述计算结果建立与各种典型海冰模拟旋转极化梯度比、频率梯度比差之间的代价函数，经过迭代后得到每个像元内不同海冰类型覆盖度的最佳组合，将每种海冰类型覆盖度相加后得到该像元内的总海冰覆盖度，从而得到海冰覆盖度产品（Comiso and Steffen，2000；Comiso et al.，2003）。

MWRI 极区海冰覆盖度定量处理算法主要涉及以下概念：微波极化梯度比（PR）、微波频率梯度比（GR）、南北极海冰覆盖度反演旋转角（phi）、旋转极化梯度比（PRr）、频率梯度比差（dGR）、天气过滤模板，结合所涉及的频率分别介绍如下：

微波极化梯度比（PR）：以 19GHz 为例，可表示为：

$$PR19 = \frac{19V - 19H}{19V + 19H} \tag{6.3-4}$$

微波频率梯度比（GR）：以 37GHz，19GHz 为例，可表示为：

$$GR37V19V = \frac{37V - 19V}{37V + 19V} \tag{6.3-5}$$

其中 $37V$ 为 37GHz，垂直极化通道亮温值；$19V$ 为 19GHz，垂直极化通道亮温值；$19H$ 为 19GHz，水平极化通道亮温值。

南北极海冰覆盖度反演旋转角（φ）：某频率下 PR 的旋转角度。

旋转极化梯度比（PRr）：以南极，19GHz 为例，可表示为：

$$PRr19 = -GR37V19V \times \sin\varphi19 + PR19 \times \cos\varphi19 \tag{6.3-6}$$

频率梯度比差（dGR）：可表示为：

$$dGR = GR89H19H - GR89V19V \tag{6.3-7}$$

天气过滤器：对不适合用于海冰计算的像元进行过滤，即为：

同时满足

$GR37V19V < 0.05$ 和 $GR22V19V < 0.045$ 两个条件时不进行像元定量计算。

在上述定义的基础上，针对北极海水、南极海水、北极一年海冰、南极一年海冰、北极具备强烈表面散射特性海冰、南极具备强烈表面散射特性海冰、薄海冰等 7 种表面、7 个参与产品计算的通道（18.7H，18.7V，23.8H，23.8V，36.5V，89H，89V）、10 种特征大气廓线给出亮温查找表。在此查找表基础上按照 0%～100% 的两类海冰建立各通道亮温及各种比值（PRr，dGR 等）查找表。最后通过观测值与模拟值之间的迭代找到各种表面的最佳组合，将其中的海冰部分进行累加，得到总海冰覆盖度。

MWRI 极区海冰覆盖度日产品生成包含以下五个步骤：

1. 12.5km 重采样

对升、降轨数据分别进行重采样，即将所有海冰反演结果投入通用横球面投影网格，分别记录每个格点内部的计数值及累加值，计算每个格点内的海冰覆盖度均值。

2. 海陆模板掩膜

使用通用横球面投影的 12.5km 分辨率海陆模板文件，对南北极升、降轨海冰覆盖度产品分别进行掩膜。

3. 空间插值

针对反演计算中出现的空值点，利用以空值点为中心的 3×3 像元窗口进行空间插值，计算该窗口内平均海冰覆盖度即为空值点的海冰覆盖度。

4. 海岸线掩膜

使用通用横球面投影的 12.5km 分辨率海岸线数据，对南北极海冰覆盖度产品进行掩膜。

5. 海温掩膜

使用通用横球面投影 12.5km 分辨率 1～12 月平均海温数据，对南北极海冰覆盖度产品进行掩膜，对于海温高于阈值（278K）的网格点，海冰覆盖度重设为 0。

6.3.2.4 产品示例

图 6.3-2 是 2008 年 10 月 19 日南极海冰覆盖度情况。图中蓝色为海水，黑色为无效值，白色到蓝色之间的过渡颜色为不同覆盖度的海冰。从图中可以看到，海冰围绕南极洲有较大范围的分布，但从月际变化上看，此时南极海冰已从最大覆盖范围开始减少。

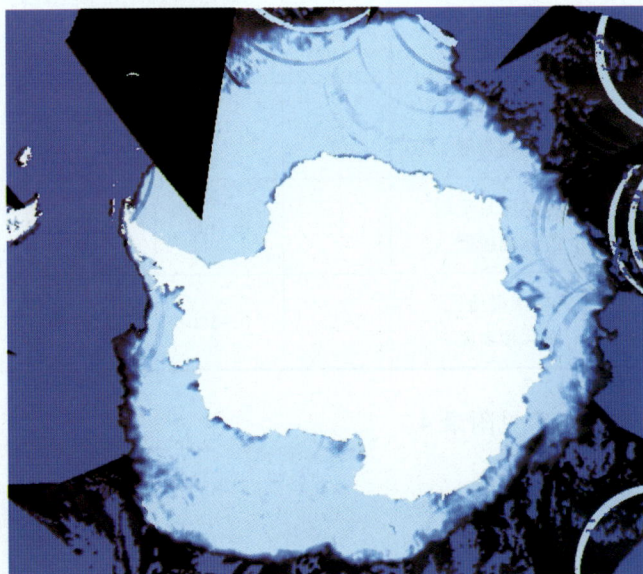

图 6.3-2 MWRI 南极海冰覆盖度产品（2008 年 10 月 19 日）

全球极区海冰覆盖度产品，可服务于渔业、航运等。利用长时间序列的全球极区海冰覆盖度产品，结合全球陆表温度产品、降水产品、海表温度产品等，能够对全球气候变化做出更加合理的解释和预测。

极区海冰覆盖度产品精度验证方法，主要是与同类卫星产品进行比较，以 AMSR-E 海冰产品为参照的对比结果显示，在同一天得到的极区海冰覆盖度结果吻合程度在 80% 以上。

6.3.2.5　产品信息说明

MWRI 极区海冰覆盖度产品以 HDF5 格式存储，主要物理参数特性如表 6.3-5 所示，参数的物理数值通过如下公式转换而来：

$$Par = Slope \times Data + Intercept$$

其中 Par 为参数的物理数值，Data 为产品 HDF 文件中记录该参数的数据，Slope 为缩放比例，Intercept 为偏移量，关于产品中各参数的详细内容参见附录 4 MWRI 极区海冰覆盖度产品的数据格式。

表 6.3-5　MWRI 极区海冰覆盖度日产品的主要参数

SDS 英文名称	SDS 中文名称	单位	数据有效范围	数据填充值	缩放比例	偏移量
icecon_north_asc	升轨北极地区海冰覆盖度	%	0~100	110，120	1.0	0.0
icecon_north_avg	北极地区日平均海冰覆盖度	%	0~100	110，120	1.0	0.0
icecon_north_des	降轨北极地区海冰覆盖度	%	0~100	110，120	1.0	0.0
icecon_south_asc	升轨南极地区海冰覆盖度	%	0~100	110，120	1.0	0.0
icecon_south_avg	南极地区日平均海冰覆盖度	%	0~100	110，120	1.0	0.0
icecon_south_des	降轨南极地区海冰覆盖度	%	0~100	110，120	1.0	0.0

该产品的详细格式内容见附录 4。

6.3.3　MWRI 降水和云水

6.3.3.1　产品定义

MWRI 降水和云水产品（MRR）包括地面降水率和云水含量。分别定义如下：

地面降水率：亦名降水强度，是单位时间或某一时段内从天空降落到地面上的液态或固态（经融化后）水（如雨、雪、霰、雹），未经蒸发、渗透、流失，而在水平面上积聚的深度。通常以 mm/h 为单位。降水不包括露、霜、淞、雾等，因为它们不是从大气中"降落"下来的；也不包括云、雨幡等，因为它们没有到达地面（大气科学辞典，1994）。

云水含量：云水的全称是云中液态水含量，是指卫星观测像元内整个大气柱中所包含的云中液态水的含量，单位为 mm。

6.3.3.2　产品规格

MWRI 降水和云水产品包括轨道产品、0.25°×0.25°降水和云水的日产品、2.5°×2.5°降水和云水的月产品。

MWRI 降水和云水轨道产品：基于 MWRI 轨道数据，生成未经投影变换处理的降水和云水产品，空间分辨率为 25km，覆盖范围为卫星观测的一条轨道。

MWRI 降水和云水日产品：基于 MWRI 降水和云水轨道产品，通过空间投影和去重复处理，生成 0.25°×0.25°降水和云水的升轨和降轨日产品，覆盖范围为全球。

MWRI 降水和云水月产品：基于 MWRI 降水和云水轨道产品，通过空间投影和去重复处理、累加等计算，生成 2.5°×2.5°降水和云水月产品，覆盖范围为全球。

MWRI 降水和云水产品具体规格见表 6.3-6。

表 6.3-6　MWRI 降水和云水产品规格表

产品类型	投影方式	覆盖范围	空间分辨率	数据量（MB）	生成频次
降水和云水轨道产品	无投影	轨道	25km×40km	4.65	每 102 分钟一次
降水和云水日产品	等经纬度	全球	0.25°×0.25°	8	每日 2 次
降水和云水月产品	等经纬度	全球	2.5°×2.5°	0.02	每月一次

6.3.3.3　产品生成原理

MWRI 降水和云水轨道产品是根据 MWRI L1 微波辐射数据，通过质量控制（剔除质量有问题或太阳耀斑角太小的像元）、像元降水筛选（分陆地、洋面、冰面和海陆边界四种情况），判别出降水和非降水区域后，再利用统计和物理相结合的方法进行降水和云水反演。

1. 降水筛选方法

微波降水判识在不同的地表类型基础上进行，包括陆地、水体、海岸、冰。通过扫描像元的经纬度信息来查找该像元对应的地面类型，即给定像元一个初始的下垫面信息。由于在陆面上降水产生的散射信息与一些散射较强的下垫面散射的信息极为相似，因此在反演降水之前，根据 MWRI 微波辐射亮温对这些散射信息进行区分，并确定降水像元是非常必要的。

下垫面检测的信息主要依据 Grody（1991）提出的"吸收类物质"与"散射类物

质"区分的理论以及 Ferraro（1994，1998）对"散射类物质"的具体划分方法。

Grody（1991）根据下垫面的微波辐射特性将下垫面划分为"吸收类物质"与"散射类物质"。由于 85GHz 对散射类物质非常敏感，而非散射类物质的 85GHz 亮温可以用 19GHz 与 22GHz 低频通道亮温来近似估算，因此用 85GHz 实际观测与估算的亮温差，即 85GHz 的散射指数来区分下垫面，定义如下：

$$SI_{85V} = F - T_{B85V} \qquad (6.3-8)$$

其中

$$F = a + bT_{B19V} + cT_{B22V} + dT_{B22V}^2 \qquad (6.3-9)$$

式中 T_{B19V}、T_{B22V}、T_{B85V} 分别表示 19、22 和 85GHz 的垂直极化亮温，下标 V 表示垂直极化（以下出现类似符号意义相同），参数 a、b、c、d 通过对 SSM/I 全球数据集进行统计获得。Ferraro（1994）对其进行了订正。

如果 SI＞10K，则下垫面为散射类物质。这类物质除了降水之外，还有陆地上的积雪、沙漠、半干旱土地等，以及海洋上的海冰、海面风速、非降水云、冷洋面，这些都会对降水信息造成干扰。Grody 通过对积雪、沙漠与洋面等地区观测资料的统计分析，推导出判识冰雪和沙漠信息的方法，从而得到提取出海陆降水的方法。Ferraro（1998）对分类进行了更为详细的统计和订正。

根据各类下垫面不同频率的亮温信息，对像元的降水状态进行判识。其中陆地包括对沙漠、半干旱土地和积雪（分为三种状态：干雪、湿雪/融雪、冻雪）三种下垫面的检测，海洋包括对海冰、非降水云、海面风速和冷洋面四种下垫面降水情况的检测。

2. 降水反演方法

微波遥感降水算法概括起来可分为两大类：统计反演法和物理反演法（Kummerow，1996）。统计算法不考虑微波亮温和降水间复杂的物理机制，仅用统计方法建立两者之间的经验关系。其优点是回避了许多微波遥感中不确定的因素，简单易行，直观地显示亮温与降水之间的关系。该方法有助于直接认识、探索遥感和降水之间的关系；不足之处是由于统计样本的差异及其分析区域的不同，统计算法的效果差异较大，具有一定的局限性。

物理反演算法相对而言是比较复杂的方法。反演方案首先需要一个云模式提供反映降水云微物理廓线分布的数据库，然后结合微波辐射传输模式模拟微波通道亮温，通过模拟和观测亮温的逼近反演降水。由于实际降水云，尤其是对流性降水云的垂直结构十分复杂，因此在早先研究中，主要将辐射传输模式和假想的降雨云结构相结合。近年来，随着计算机的发展和应用，描述降水云的物理动力过程的数值模式发展很快，特别是二维、三维对流云模式都能较好的描绘降水云中各种复杂的微物理过程。从这些模式中能够得到所需的云水、雨水、冰晶、霰粒、雪粒等降水微物理含量的垂直分布，结合微波辐射传输模式，对研究微波辐射与降水云参数的关系有重要意义（卢乃锰和游然，2004）。

MWRI 降水计算采用的是统计回归方法。通过用 TRMM 卫星上微波降水雷达 PR、微波辐射计 TMI 资料和小时自记降水记录，在数据匹配的基础上，采用了 TMI

各通道的亮温以及相关文献中提到的 8 种组合因子作为进行统计反演的回归因子，并参考国际上成熟的统计算式，形成了中国地区的降水反演算法。

6.3.3.4　产品示例

图 6.3-3 是 2008 年 12 月 19 日 FY-3/MWRI 资料用统计反演方法反演的降水（上图）和 AQUA/AMSR-E 资料用 GPROF 方法（Kummerow，1996）（下图）反演的降水。从两幅图的结果比较可以看出，较强降水区在 MWRI 反演的结果里都有体现，能反映总体的降水趋势。

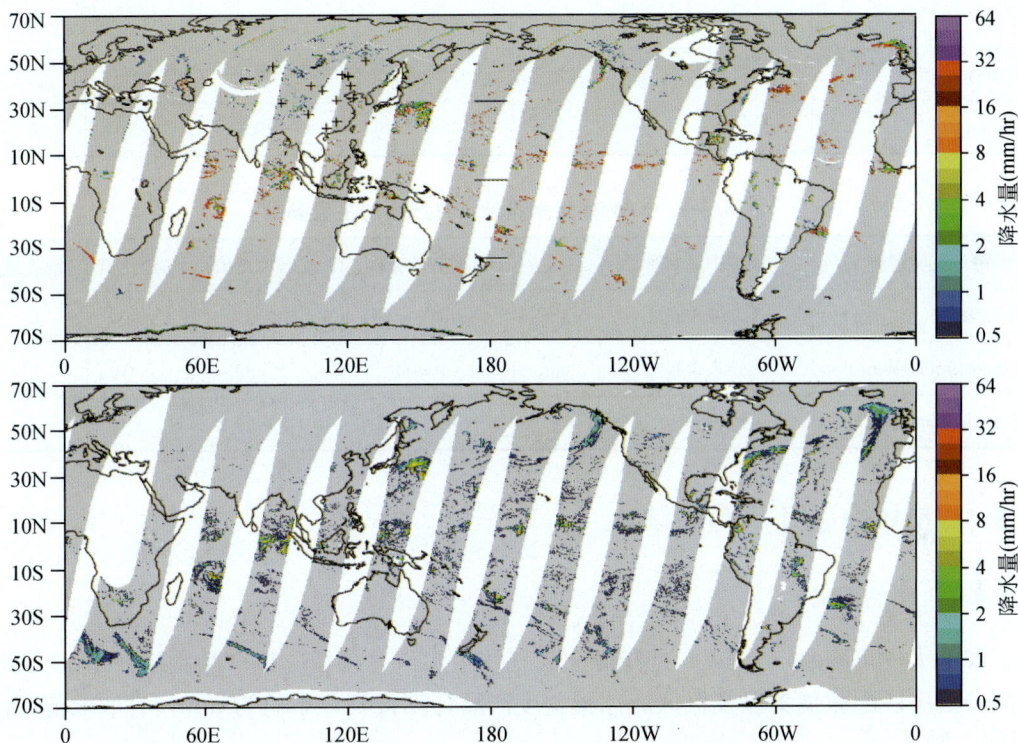

图 6.3-3　2008 年 12 月 19 日全球微波降水反演结果（上图：统计算法计算的 MWRI 降水，下图：GPROF 方法计算的 AQUA/AMSR-E 降水）

6.3.3.5　产品信息说明

MWRI 降水和云水产品以 HDF5 格式存储，主要物理参数特性如表 6.3-7 和表 6.3-8 所示，参数的物理数值通过如下公式转换而来：

$$Par = Slope \times Data + Intercept$$

其中，Par 为参数的物理数值，Data 为产品 HDF 文件中记录该参数的数据，Slope 为缩放比例，Intercept 为偏移量，关于产品中各参数的详细内容参见附录 4 中的 MWRI 降水和云水（轨道、日、月）产品的数据格式。

表 6.3-7　MWRI 降水和云水轨道产品的主要参数

SDS 英文名称	SDS 中文名称	单位	数据有效范围	数据填充值	缩放比例	偏移量
Rain Rate	降水率	mm/h	0～100	-9999	0.1	0
Cloud Liquid Water	云水含量	mm	0～300	-9999	0.01	0
Pixel Status	像素状态	无	-128～127	-9999	无	无
Rain Status	降水状态	无	-128～127	-9999	无	无
Surface Type	地表类型	无	-128～127	-9999	无	无
Time	扫描线日秒计数	秒	0～86400	-9999	0	0
Latitude	纬度	度	-90～90	-9999	0.01	0
Longitude	经度	度	-180～180	-9999	0.01	0

表 6.3-8　MWRI 降水和云水月产品的主要参数

SDS 英文名称	SDS 中文名称	单位	数据有效范围	数据填充值	缩放比例	偏移量
Rain Rate	月降水量	mm	0～3000	-9999	0.1	0
Cloud Liquid Water	云水含量	mm	0～10000	-9999	0.01	0
Surface Type	地表类型	无	-128～127	-9999	无	无

6.3.4　MWRI 海上大气可降水

6.3.4.1　产品定义

海上大气可降水（TPW）是指海上大气柱中水汽总含量。该产品利用 MWRI 通道空间分辨率匹配数据集以及极区海冰覆盖度产品计算得到，单位为 mm，有效取值范围为 [0，70]。

6.3.4.2　产品规格

MWRI 海上大气可降水产品包括：海上大气可降水轨道产品和海上大气可降水月产品。

海上大气可降水轨道产品：基于 MWRI 通道空间分辨率匹配数据集以及 MWRI 极区海冰覆盖度产品，生成未经投影变换处理的海上大气可降水轨道产品，空间分辨率为 25km，覆盖范围为全球海洋。

海上大气可降水月产品：首先基于升轨和降轨的海上大气可降水轨道产品，通过空间投影和去重复处理，生成 0.25°×0.25° 等经纬度网格日产品；然后对日产品进行质量判识和月平均，生成大气可降水月产品，覆盖范围为全球海洋。

MWRI 海上大气可降水产品具体规格见表 6.3-9。

表 6.3-9　MWRI 海上大气可降水产品规格表

产品类型	投影方式	覆盖范围	空间分辨率	数据量（MB）	生成频次
海上大气可降水轨道产品	无投影	轨　道	15km×24km	7.4	每 102 分钟一次
海上大气可降水月产品	等经纬度	全　球	0.25°×0.25°	8	每月一次

6.3.4.3　产品生成原理

基于 MWRI 通道空间分辨率匹配数据集以及极区海冰覆盖度轨道数据，对扫描视场进行海陆判识、海冰识别以及降水判识，利用 MWRI 各通道观测亮温与大气可降水之间的统计关系计算海上非降水像元的大气可降水。

海上大气可降水计算过程如下：

1. 海陆判识

对 MWRI 通道空间分辨率匹配数据集中的 Res. 3 数据进行逐像元海陆判识。

2. 海冰覆盖判识

利用 MWRI 极区海冰覆盖度产品判识极区像元是否有海冰存在，对于海冰像元不进行反演。

3. 降水判识

利用散射指数计算公式对 MWRI 像元进行降水判识，降水像元不进行反演。降水判识主要基于散射指数的概念（Grody，1991）。根据下垫面的微波特性可以将下垫面划分为"吸收类物质"与"散射类物质"。由于 89GHz 对散射的高度敏感，并且非散射类物质可以用 18.7GHz 与 23.8GHz 低频通道亮温来近似估算 89GHz 的亮温，如估算亮温与 89GHz 通道亮温接近，则认为下垫面是吸收类物质，否则为散射类物质。这里的下垫面实际指观测区域。具体计算如下：定义 89GHz 的散射指数 $SI_{89V} = F - T_{B89V}$，其中：$F = a + bT_{B19V} + cT_{B23V} + dT_{B23V}^2$，式中 T_{B19V}、T_{B23V}、T_{B89V} 分别表示 MWRI 通道 18.7GHz、23.8 GHz 和 89GHz 的垂直极化亮温，下标 V 表示垂直极化，参数 a、b、c、d 为回归系数。如果 $SI_{89V} > 10K$，则认为观测目标为散射类物质。对于海洋，这类物质主要为降水，除此之外，海面风、非降水云、冷洋面也会对仪器微波信号造成一定的干扰，为大气可降水计算带来误差。

4. 海上大气可降水计算

利用 MWRI 各通道观测亮温与海上大气可降水之间的统计算式，对海上非降水像元进行大气可降水计算。算式如下：

$$TPW_0 = a_0 + a_1 T_{B19V} + a_2 T_{B22V} + a_3 T_{B37V} + a_4 T_{B22V}^2 (\text{kg/m}^2) \qquad (6.3\text{-}10)$$

$$TPW = b_0 + \sum_{i=1}^{3} b_i TPW_0^i (\text{kg/m}^2) \qquad (6.3\text{-}11)$$

式中 $a_i (i = 0, 1, 2, 3, 4)$ 和 $b_i (i = 0, 1, 2, 3)$ 为统计系数。

6.3.4.4 产品示例

图 6.3-4 是 2008 年 10 月 19 日 MWRI 海上大气可降水产品降轨日拼图。可以看出全球海上大气可降水的分布情况是：在南北纬 30°之间的热带及亚热带海域，大气可降水值较大，尤其赤道以北海域，大气可降水基本在 40mm 以上。图 6.3-5 是 AQUA AMSR-E 同一天的海上大气可降水反演产品降轨日拼图，从两张图上看，MWRI 与 AMSR-E 二者反演的海上大气可降水在全球分布趋势上比较一致。需要说明的是，AMSR-E 还同时反演降水条件下的大气可降水，这点可以从印度洋和西太平洋较为明显的降水区域看出，其大气可降水基本在 60mm 以上。目前，我们仅针对非降水条件进行 MWRI 海上大气可降水反演。

图 6.3-4　MWRI 海上大气可降水分布（单位：mm，2008 年 10 月 19 日）

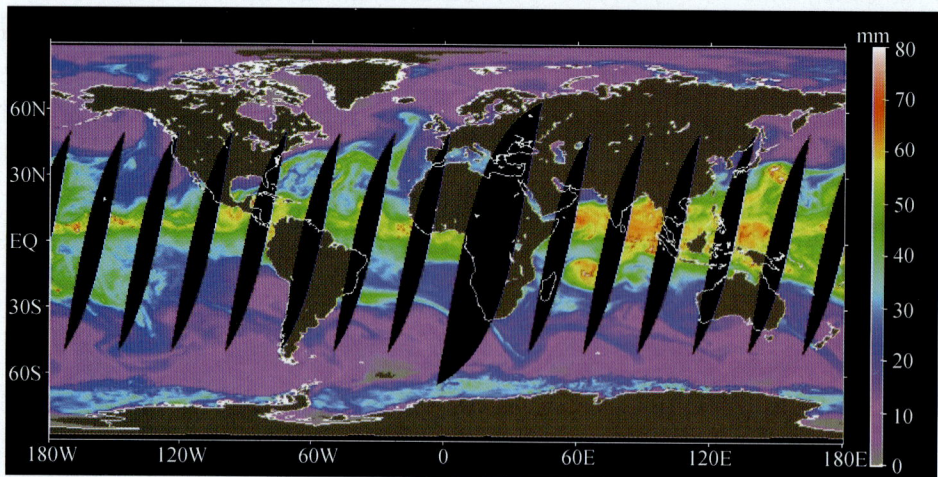

图 6.3-5　AMSR-E 海上大气可降水分布（单位：mm，2008 年 10 月 19 日）

（引自：ftp://n4ft10lu.ecs.nasa.gov/SAN/AMSA/AE_Ocean.002/2008.10.19/

AMSR_E_JL2_Ocean_V06_20081019_D_brws.4.jpg）

全球海上大气可降水产品可以用于模式同化改善数值天气预报精度（Xiao et al.，2000）。水汽是降水的基本条件，在中尺度暴雨过程中，通过同化大气可降水数据，可以改善模式初始湿度场，提高暴雨模拟与预报效果。研究表明，使用大气可降水资料调整初始场后能模拟出与实况更接近的低层湿度场结构，对暴雨的落区与强度也有一定的改善。

6.3.4.5　产品信息说明

MWRI海上大气可降水产品以HDF5格式存储，主要物理参数特性如表6.3-10和表6.3-11。参数的物理数值通过如下公式转换而来：

$$Par = Slope \times Data + Intercept$$

其中Par为参数的物理数值，Data为产品HDF文件中记录该参数的数据，Slope为缩放比例，Intercept为偏移量。该产品的详细格式内容见附录4。

表6.3-10　MWRI海上大气可降水轨道产品的主要参数

SDS英文名称	SDS中文名称	单位	数据有效范围	数据填充值	缩放比例	偏移量
Land_Sea_Mask	海陆模板	无	0～7	−999	1.0	0.0
Scan_Time_and_Period	扫描时间	毫秒	1600～1800	−999.0	1.0	0.0
Latitude	纬度	度	−90～90	−999.0	1.0	0.0
Longitude	经度	度	−180～180	−999.0	1.0	0.0
Quality_Flag	反演质量标记	无	200～300	−1	1.0	0.0
MWRI_Icecon	极区海冰覆盖度	%	0～100	−999	1.0	0.0
TPW	大气可降水	毫米	0～70	−999.0	1.0	0.0

表6.3-11　MWRI海上大气可降水月产品的主要参数

SDS英文名称	SDS中文名称	单位	数据有效范围	数据填充值	缩放比例	偏移量
TPW	月平均大气可降水	mm	0～70	−999.0	1.0	0.0

6.3.5　MWRI干旱和洪涝指数

6.3.5.1　产品定义

洪涝指数是利用MWRI低频通道的微波极化比，定性反映地表洪涝分布特征的指数，为无量纲。

干旱指数是利用MWRI对土壤湿度敏感的通道亮温的线性组合，定性反映地表干旱分布特征的指数，为无量纲。

6.3.5.2　产品规格

MWRI洪涝指数和干旱指数产品包括：洪涝指数日产品、干旱指数日产品和旬产品。

洪涝指数日产品：分别对升轨和降轨洪涝指数轨道产品（中间数据）进行投影和去重复处理，得到日拼图结果，覆盖范围全球（−70°S～70°N），空间分辨率为25km，投影方式为 EASE-Grid。

干旱指数日产品：分别对升轨和降轨干旱指数产品（中间数据）进行投影和去重复处理，得到日拼图结果，产品规格同洪涝指数日产品。

干旱指数旬产品：分别对升轨和降轨干旱指数日产品进行旬最大值合成，产品规格与日产品相同。

各类产品具体规格见表 6.3-12。

表 6.3-12　MWRI 洪涝指数和干旱指数产品规格表

产品类型	投影方式	覆盖范围	空间分辨率	数据量（MB）	生成频次
洪涝指数日产品（10.7GHz）	EASE-Grid	全球	0.25°×0.25°	20	每日二次（升轨和降轨各一次）
洪涝指数日产品（18.7GHz）	EASE-Grid	全球	0.25°×0.25°	20	每日二次（升轨和降轨各一次）
干旱指数日产品（10.7GHz）	EASE-Grid	全球	0.25°×0.25°	20	每日二次（升轨和降轨各一次）
干旱指数日产品（18.7GHz）	EASE-Grid	全球	0.25°×0.25°	20	每日二次（升轨和降轨各一次）
干旱指数旬产品（10.7GHz）	EASE-Grid	全球	0.25°×0.25°	20	每旬二次（升轨和降轨各一次）
干旱指数旬产品（18.7GHz）	EASE-Grid	全球	0.25°×0.25°	20	每旬二次（升轨和降轨各一次）

6.3.5.3　产品生成原理

利用经过通道间分辨率匹配的 MWRI L1 级数据，结合土地覆盖分类数据，检测强降水、积雪、沙漠等像元，并对该类像元和海洋进行掩膜后计算陆地区域的洪涝指数和干旱指数。

具体计算流程如下：

1. 降水、积雪、沙漠区域的判识

进行洪涝和干旱指数计算时，主要用 GPROF 算法排除陆地区域降水、积雪和沙漠区域。

沙漠区判识：当 19GHz 的亮温垂直和水平极化差 $T_{B19V} - T_{B19H} > 20$ 时，则将该像元标识为沙漠。

半干旱土地判识：高纬地区半干旱区域范围较大，不可忽略。半干旱土地与沙漠相似，也会产生一定的极化差，但是较弱，判识条件为：$T_{B19V} - T_{B19H} > 10.25$，且 $T_{B19V} - T_{B19H} > 0.25(301 - T_{B85H})$。

积雪判识：积雪可分为干雪、湿雪/融雪、冻雪三种，它们表现为不同的亮温。一方面可利用其他仪器已生成的积雪产品进行像元积雪判识，另一方面利用 MWRI 不同通道组合进行雪的检测，例如融雪在 22GHz 频率的水平极化亮温值较大而冷雨亮温值较小，利用该特征来判识融雪和冷雨；利用 5×5 像元矩阵的 85GHz 水平极化亮温标准偏差判识雪和对流型降水，因为雪的偏差较小，对流型降水的偏差较大；利用 22GHz 和

85GHz 的垂直极化亮温区分深雪与强对流风暴 (Ferraro, 1994; Ferraro, 1998)。

2. 洪涝指数计算

微波极化比 (PR) 为通道的极化亮温差与极化亮温和之比。PR 值在某种程度上削弱了大气和地表温度的影响作用，模拟分析结果表明：MWRI 的 10.65GHz 和 18.7GHz 两个低频通道对地表湿度特征敏感；在忽略大气影响的情况下，对于低频微波通道，土壤湿度信息的变化是引起地表微波极化比变化的主要因子（谷松岩等，2004）。地表洪涝区的微波极化亮温比值远高于非洪涝区，因此定义 10.65GHz 或 18.7GHz 的微波极化比为洪涝指数：

$$PR = (Tb_v - Tb_h)/(Tb_v + Tb_h) \tag{6.3-12}$$

式中 Tb_v、Tb_h 分别为 MWRI 通道 10.65GHz 或 18.7GHz 的垂直极化和水平极化亮温。

3. 干旱指数

将反映土壤湿度变化的 Basist 指数定义为干旱指数 DI，它可以定性反映地表干旱分布状况。该指数表达式为：

$$DI = \beta_0(Tb_{36.5v} - Tb_{10.65v}) + \beta_1(Tb_{89.0v} - Tb_{10.65v}) \tag{6.3-13}$$

式中 β_0、β_1 为经验系数，Tb 表示亮温，下标表示频率，v 表示垂直极化。在该干旱指数的定义中，忽略大气的影响，将每个像元的干湿状况抽象为水和干土的组合，由于非干土会导致比辐射率降低。

6.3.5.4 产品示例

图 6.3-6 和图 6.3-7 分别是 2008 年 10 月 19 日 MWRI 全球洪涝指数和干旱指数产品图（极区除外）。

从图 6.3-6 中可以看到，鄱阳湖、淮河以及长江沿江水系周边洪涝指数值较高，反映了地表湿度状况。

图 6.3-7 中，棕黄至浅黄对应干旱指数数值由低到高，反映了地表干旱程度增加的状况。2008 年 10 月 19 日东北、江南东部、西南地区干旱指数较低，较其他区域干旱。

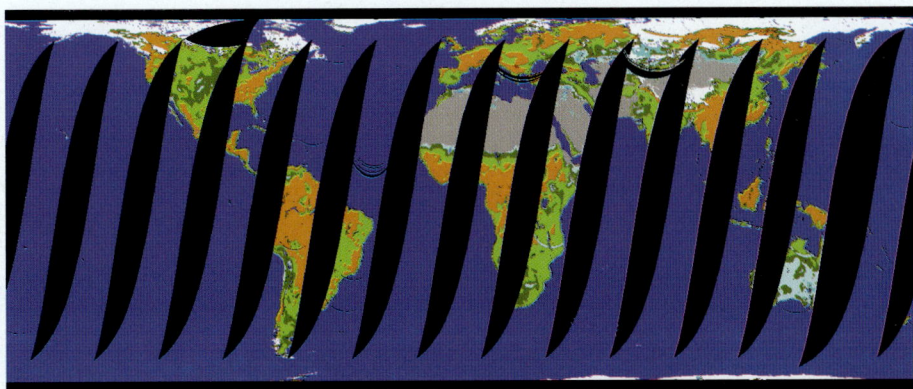

图 6.3-6 2008 年 10 月 19 日 MWRI 洪涝指数图

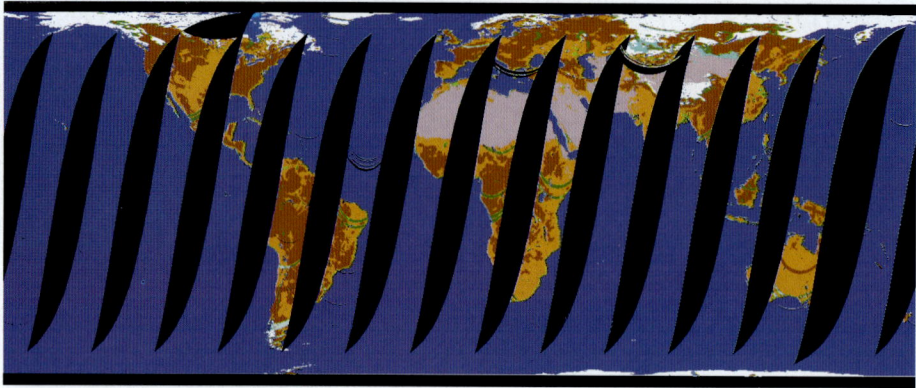

图 6.3-7 2008 年 10 月 19 日 MWRI 干旱指数图

MWRI 洪涝指数和干旱指数产品可用于动态监测大范围地表干旱和洪涝状况。微波成像仪具有全天候观测的优势，可弥补可见光-红外波段在云覆盖条件下无法监测地表干旱和洪涝状况的不足。

由于暂无国外同类卫星产品，因此暂无产品精度验证结果。

6.3.5.5 产品信息格式说明

MWRI 洪涝指数和干旱指数产品以 HDF5 格式存储，主要参数的物理特性如表 6.3-13 所示，参数的物理数值通过如下公式转换而来：

$$Par = Slope \times Data + Intercept$$

其中，Par 为参数的物理数值，Data 为产品 HDF 文件中记录该参数的数据，Slope 为缩放比例，Intercept 为偏移量。

表 6.3-14 MWRI 的旬干旱指数的主要参数。该产品的详细格式内容见附录 4。

表 6.3-13 MWRI 日洪涝指数和干旱指数的主要参数

SDS 英文名称	SDS 中文名称	单位	数据有效范围	数据填充值	缩放比例	偏移量
DRI _ 10.7 _ Ascending	干旱指数（10.7GHz 升轨）	无	−1000.0～1000.0	−9999.0	0.001	无
DRI _ 10.7 _ Descending	干旱指数（10.7GHz 降轨）	无	−1000.0～1000.0	−9999.0	0.001	无
DRI _ 18.7 _ Ascending	干旱指数（18.7GHz 升轨）	无	−1000.0～1000.0	−9999.0	0.001	无
DRI _ 18.7 _ Descending	干旱指数（18.7GHz 降轨）	无	−1000.0～1000.0	−9999.0	0.001	无
FLI _ 10.7 _ Ascending	洪涝指数（10.7GHz 升轨）	无	−1000.0～1000.0	−9999.0	0.001	无
FLI _ 10.7 _ Descending	洪涝指数（10.7GHz 降轨）	无	−1000.0～1000.0	−9999.0	0.001	无
FLI _ 18.7 _ Ascending	洪涝指数（18.7GHz 升轨）	无	−1000.0～1000.0	−9999.0	0.001	无
FLI _ 18.7 _ Descending	洪涝指数（18.7GHz 降轨）	无	−1000.0～1000.0	−9999.0	0.001	无

表 6.3-14　MWRI 旬干旱指数的主要参数

SDS 英文名称	SDS 中文名称	单位	数据有效范围	数据填充值	缩放比例	偏移量
DRI_BWI_10.7	旬干旱指数（BWI_10.7）	无	-1000.0~1000.0	-9999.0	0.001	无
DRI_BWI_18.7	旬干旱指数（BWI_18.7）	无	-1000.0~1000.0	-9999.0	0.001	无

6.3.6　MWRI 陆表温度

6.3.6.1　产品定义

MWRI 陆表温度产品（LST）是利用 MWRI 经过 EASE-GRID 投影的 L2 级亮温数据反演得到的全球陆表温度，定义如下：

利用 MWRI 经过 EASE-GRID 投影后的亮温数据进行反演，得到的瞬时陆表温度，单位为 K。考虑到反演精度问题，反演前首先剔除了冰雪覆盖、降雨等陆表像元。

6.3.6.2　产品规格

MWRI 陆表温度产品包括：MWRI 全球陆表温度日产品。

MWRI 全球陆表温度日产品为全球 25km 分辨率 EASE-GRID 网格投影陆表温度。该产品的具体规格见表 6.3-15。

表 6.3-15　MWRI 陆表温度产品规格表

产品类型	投影方式	覆盖范围	空间分辨率	数据量（MB）	生成频次
全球陆表温度产品	EASE-GRID	全球	25km×25km	28	每日一次

6.3.6.3　产品生成原理

MWRI 全球陆表温度日产品输入为 MWRI L2 EASE-GRID 投影亮温数据，通过多元线性回归得到每个网格的陆表温度反演结果。

MWRI 的各个频点中，10.65GHz 受地表介电常数影响太大，无法应用于陆表温度的反演，36.5V 可以用来作为反演陆表温度的主要通道，其他还用到了 18.7H、23.8V、89V 等三个通道（McFarland et al.，1990；Basist，1998）。

陆表温度算法可表示为：

$$Ts = A_1 \times TB_{36.5V} + A_2 \times (TB_{36.5V} - TB_{23.8V}) + A_3 \times (TB_{36.5V} - TB_{18.7H}) + A_4 \times TB_{89V}$$

$$(6.3-14)$$

上式中 $A_1 \sim A_4$ 为模型系数，$TB_{36.5V}$ 为 36.5GHz 垂直极化通道亮温，其他各项类似。

上式右边第一项 $TB_{36.5V}$ 为陆表温度反演主通道，第二项描述大气中水气对辐射的衰减，第三项为陆表水体的修正项，最后一项对大气综合影响作出修正。

展开并加入整体修正系数后，变为：

$$Ts = A_0 + A_1 \times TB_{36.5V} - A_2 \times TB_{23.8V} - A_3 \times TB_{18.7H} + A_4 \times TB_{89V}$$

$$(6.3\text{-}15)$$

其中 A_0 为陆表温度计算修正残差项，$A_1 \sim A_4$ 为模型系数。

在上述原理的基础上，可对 MWRI 全球陆表温度产品的生成过程表述如下：基于经过辐射定标和地理定位的 MWRI/L1 18.7H、23.8V、36.5V 和 89V 等 4 个通道的亮温数据，先进行 EASE-GRID 网格投影，将每天的升轨、降轨各 14 轨上述通道的 L1 轨道亮温数据投影至 EASE-GRID 网格上，再经过积雪表面剔除、降雨像元剔除等步骤，从全球范围内划分的 6 个纬度带，16 种陆表类型，时间尺度上划分的 12 个月，共 1152 组多元线性回归参数中选取对应的一组参数，对上述每个网格内的 4 个通道亮温数据进行回归，最终得到每个 EASE-GRID 像元内的陆表温度。其中 16 种陆表类型描述见表 6.3-16，6 个纬度带的划分见表 6.3-17。

表 6.3-16　MWRI 全球陆表温度产品所用到的 16 种陆表类型

种　类	陆表类型	种　类	陆表类型
1	常绿针叶林	9	稀树草原
2	常绿阔叶林	10	草原
3	落叶针叶林	11	永久性沼泽
4	落叶阔叶林	12	农田
5	混交林	13	城市用地
6	密闭灌丛	14	农田、天然植被混合区
7	开放灌丛	15	雪/冰
8	多树的稀树草原	16	沙漠、戈壁

表 6.3-17　MWRI 全球陆表温度产品所用到的 6 个纬度带

纬度带	纬度范围
1	60°N～90°N
2	30°N～60°N
3	0°N～30°N
4	30°S～0°N
5	60°S～30°S
6	90°S～60°S

6.3.6.4　产品示例

图 6.3-8 是 2008 年 9 月 16 日 MWRI 反演得到的降轨全球陆表温度，该反演结果对应全球各区域地方时为上午 10～11 时。从该反演结果可以看到：包括西伯利亚、北欧、加拿大北部、阿拉斯加等区域在内的北极圈附近区域，陆表温度大部分在 273K 以下；北非、西亚、中国西北部、澳大利亚大部等沙漠区域，陆表温度都达到了 310K 或

310K 以上；中国大部分区域、美国西部、中非、南非、欧洲大部、南美大部的陆表温度居中，在 280K～300K 之间。全球绝大部分区域的陆表温度分布合理，过渡自然，从结果上看基本不受非降雨云的影响。

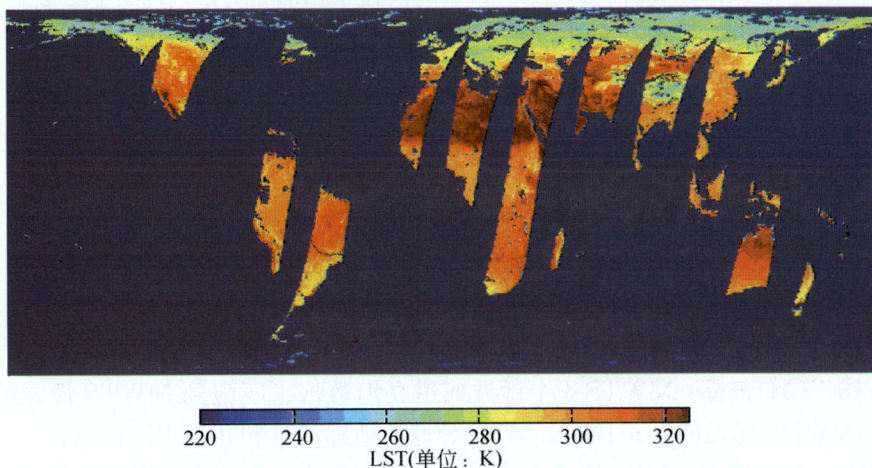

LST(单位：K)

图 6.3-8　MWRI 全球陆表温度反演产品（2008 年 9 月 16 日）

作为 VIRR 全球陆表温度反演产品的补充，MWRI 全球陆表温度反演产品可以为陆面模式的同化研究、中长期气候模式研究等提供一种客观、全面的陆表温度参数数据集，同时，MWRI 全球陆表温度反演产品还能为以土壤水分为代表的其他陆表参数遥感反演算法提供输入参数，从而提高其他陆表参数反演的准确性。

MWRI 全球陆表温度产品精度验证方法，主要是与国外其他卫星同类产品的比较。在 1 小时的时间窗口内，晴空条件下，2008 年 10 月 19 日，比较 MWRI 全球陆表温度产品与 Terra/MODIS 全球陆表温度产品之间的偏差，结果表明对于绝大多数像元，两者偏差在 3K 以内。

6.3.6.5　产品信息说明

MWRI 全球陆表温度产品以 HDF5 格式存储，主要物理参数特性如表 6.3-18 所示，参数的物理数值通过如下公式转换而来：

$$\text{Par} = \text{Slope} \times \text{Data} + \text{Intercept}$$

其中 Par 为参数的物理数值，Data 为产品 HDF 文件中记录该参数的数据，Slope 为缩放比例，Intercept 为偏移量，关于产品中各参数的详细内容参见附录中的 MWRI 全球陆表温度产品的数据格式。该产品的详细格式内容见附录 4。

表 6.3-18　MWRI 全球陆表温度产品的主要参数

SDS 英文名称	SDS 中文名称	单位	数据有效范围	数据填充值	缩放比例	偏移量
LST _ Ascending	升轨全球陆表温度	K	−9999～9999	−29999	0.01	327.68
LST _ Descending	降轨全球陆表温度	K	−9999～9999	−29999	0.01	327.68

6.4
大气垂直探测系统（VASS）产品及应用

6.4.1　VASS 1C 数据

6.4.1.1　产品定义

VASS 1C 数据产品（VASS_L1C）包括：IRAS_L1C 产品、MWTS_L1C 产品、MWHS_L1C 产品和 VASS_L1C 产品。

IRAS_L1C 产品：IRAS 20 个红外通道亮温数据、匹配到 IRAS 像元的 VIRR 云检测产品、IRAS 像元地理信息和几何观测信息。

MWTS_L1C 产品：MWTS 4 个微波通道亮温数据、匹配到 MWTS 像元的 VIRR 云检测和 MWHS 洋面降水云检测、MWTS 像元地理信息和几何观测信息。

MWHS_L1C 产品：MWHS 5 个微波通道亮温数据、匹配到 MWHS 像元的 VIRR 云检测、MWHS 像元的洋面降水云检测和 MWHS 像元地理信息和几何观测信息。

VASS_L1C 产品：IRAS 20 个红外通道亮温、MWTS 4 个微波通道亮温和 MWHS 5 个微波通通亮温数据、匹配到 IRAS 像元的 VIRR 云检测和 MWHS 洋面降水云检测、IRAS 像元地理信息和几何观测信息。

6.4.1.2　产品规格

FY-3 VASS 1C 产品包括：IRAS_L1C 产品、MWTS_L1C 产品、MWHS_L1C 产品和 VASS_L1C 产品。全部产品为未经投影变换处理的 IRAS、MWTS 和 MWHS 的轨道产品，覆盖范围为卫星观测的一条轨道。

IRAS_L1C 产品：为基于 IRAS L1 轨道产品。产品内容包括：每条扫描线的时间和序号、56 个像元的地理经纬度、海陆掩码、高程、太阳天顶角、太阳方位角、卫星天顶角、卫星方位角数据，以及每个像元云量、亮温（包括云清除亮温）和质量标记。产品空间分辨率为 20km。

MWTS_L1C 产品：为基于 MWTS L1 轨道产品。产品内容包括：每条扫描线的时间和序号、15 个像元的地理经纬度、海陆掩码、高程、太阳天顶角、太阳方位角、卫星天顶角、卫星方位角数据，以及每个像元云量、亮温和质量标记。产品空间分辨率为 60km。

MWHS_L1C 产品：为基于 MWHS L1 轨道产品。产品内容包括：每条扫描线的时间和序号、98 个像元的地理经纬度、海陆掩码、高程、太阳天顶角、太阳方位角、卫星天顶角、卫星方位角数据，以及每个像元云量、MWHS 洋面降水云检测数据、亮温和质量标记；MWHS 像元的洋面降水云检测数据。产品空间分辨率为 15km。

VASS_L1C 产品：为基于 IRAS L1、MWTS L1 和 MWHS L1 轨道产品。产品内容包括：每条扫描线的时间和序号、56 个像元的地理经纬度、海陆掩码、高程、太阳天顶角、太阳方位角、卫星天顶角、卫星方位角数据，以及每个像元云量、亮温（包括云清除亮温）和质量标记；MWHS 洋面降水云检测数据。产品空间分辨率为 20km。

VASS_L1C 数据具体规格见表 6.4-1。

表 6.4-1 VASS 1C 数据规格表数据量、覆盖范围

产品类型	投影方式	覆盖范围	空间分辨率	数据量（MB）	生成频次
IRAS_L1C 产品	无投影	轨道	20km	11	每 102 分钟一次
MWTS_L1C 产品	无投影	轨道	60km	7	每 102 分钟一次
MWHS_L1C 产品	无投影	轨道	15km	27	每 102 分钟一次
VASS_L1C 产品	无投影	轨道	20km	13	每 102 分钟一次

6.4.1.3 产品生成原理

基于 IRAS L1 数据，保留其中通道辐射亮温、IRAS 像元的观测时间、像元地理信息、观测几何信息和预处理质量标记等，以及匹配到 IRAS 像元的 VIRR 云检测数据、匹配到 IRAS 像元的 MWHS 洋面微波降水云检测数据，合并生成 IRAS_L1C 产品。

基于 MWTS L1 数据，保留其中通道辐射亮温、MWTS 像元的观测时间、像元地理信息、观测几何信息和预处理质量标记等，以及匹配到 MWTS 像元的 VIRR 云检测数据、匹配到 MWTS 像元的 MWHS 洋面微波降水云检测数据，合并生成 MWTS_L1C 产品。

基于 MWHS L1 数据，保留其中通道辐射亮温、MWHS 像元的观测时间、像元地理信息、观测几何信息和预处理质量标记等，以及匹配到 MWHS 像元的 VIRR 云检测数据、MWHS 洋面微波降水云检测数据，合并生成 MWHS_L1C 产品。

基于 IRAS L1 数据、MWTS L1 数据和 MWHS L1 数据的 VASS 融合数据，保留其中通道辐射亮温、IRAS 像元的观测时间、像元地理信息、观测几何信息和预处理质量标记等，以及匹配到 IRAS 像元的 VIRR 云检测数据、匹配到 IRAS 像元的 MWHS 洋面微波降水云检测数据，合并生成 VASS_L1C 产品。

6.4.1.4 产品示例

图 6.4-1 为 2008 年 7 月 14 日 IRAS 通道 9 的亮温图像，反映了全球地表辐射温度的水平分布，在有云遮挡的区域反映了云顶的温度状态。

图 6.4-2 为 2010 年 4 月 19 日 MWTS 通道 1 的亮温图像，反映了全球地表辐射温度的水平分布，在有降水云遮挡的区域反映了云中云水和雨水粒子散射的情况，亮温越低，反映该区域降水或将要发生的降水越强。

图 6.4-3 为 2008 年 9 月 14 日 MWHS 通道 1 的亮温图像，反映了全球地表辐射温度的水平分布。

FY3A-IRASX-GBAL-L1-20080714-CH9

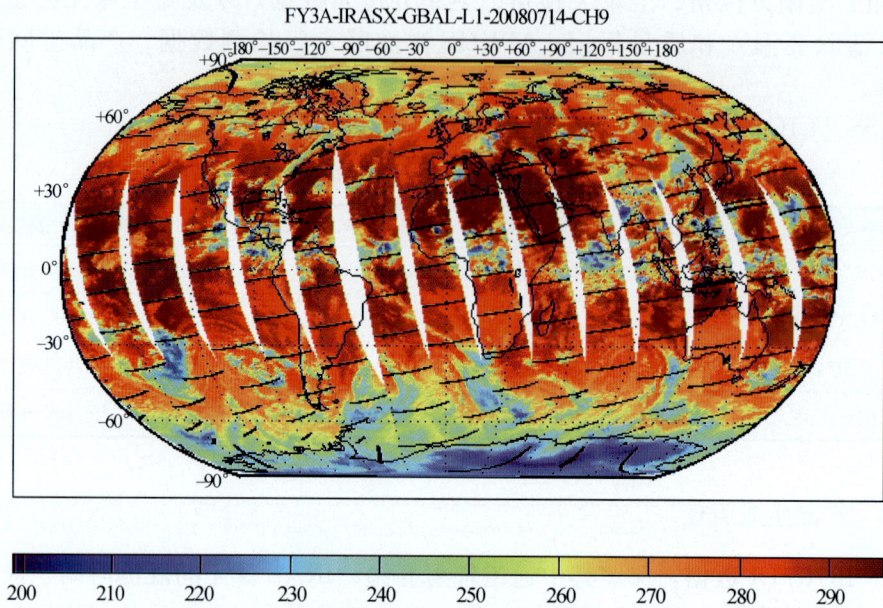

图 6.4-1 IRAS 通道 9 的辐射亮温全球拼图（单位：K，2008 年 7 月 14 日）

FY3A-MWTSX-GBAL-L1-20100419-CH1

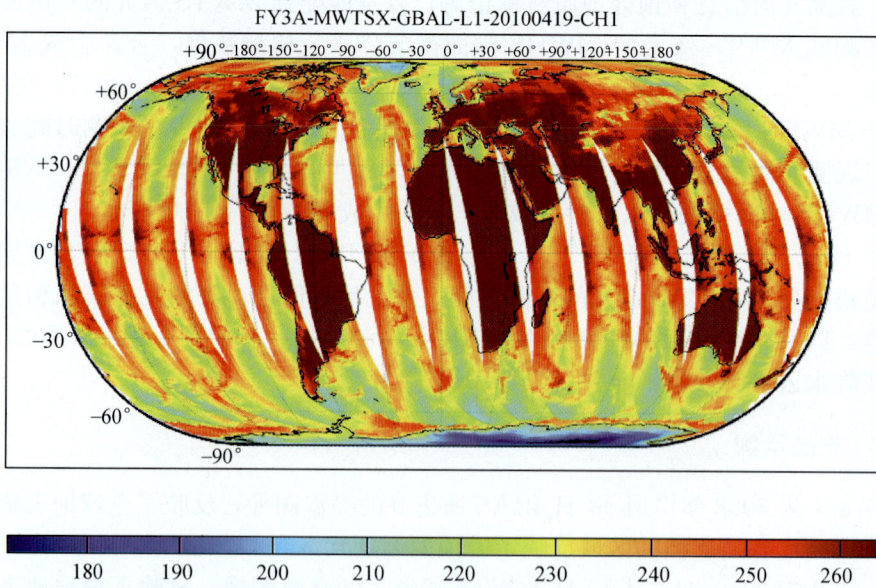

图 6.4-2 MWTS 通道 1 的辐射亮温全球拼图（单位：K，2010 年 4 月 19 日）

FY3A-MWHSX-GBAL-L1-20080914-CH1

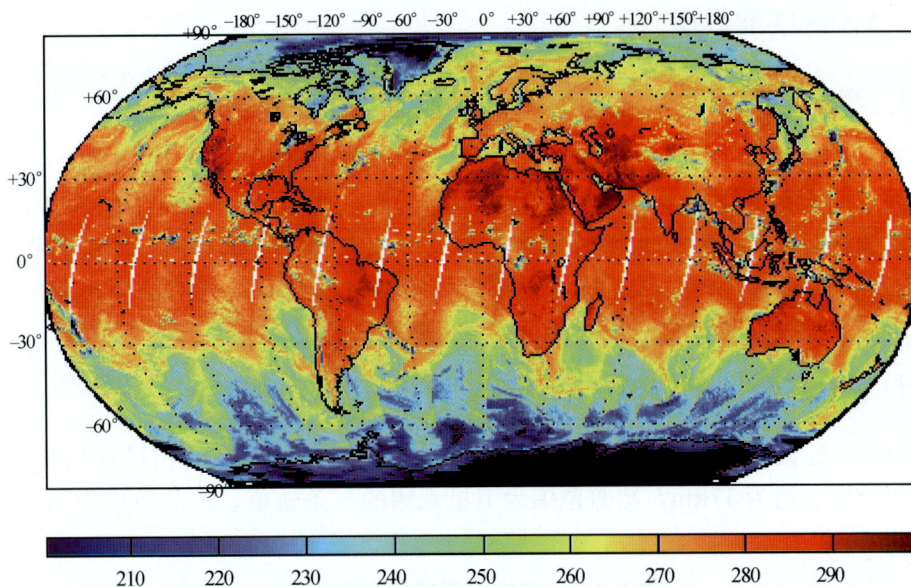

图 6.4-3　MWHS 通道 1 的辐射亮温全球拼图（单位：K，2008 年 9 月 14 日）

6.4.1.5　产品信息说明

VASS_L1C 数据以二进制格式数据文件存储，主要物理参数特性如表 6.4-2 所示。该产品的详细格式内容见附录 4。

表 6.4-2　VASS 1C 数据主要参数

要素名称	单位	数据有效范围	数据填充值	缩放比例	偏移量
扫描点的纬度	度	−90～90	−999999	100	0
扫描点的经度	度	−180～180	−999999	100	0
扫描点拔海高度	米	−1000～9000	−999999	100	0
扫描点的局地天顶角*	度	0～90	−999999	100	0
扫描点的局地方位角	度	0～360	−999999	100	0
扫描点的太阳天顶角	度	0～90	−999999	100	0
扫描点的太阳方位角	度	0～360	−999999	100	0
参考椭圆上的卫星高度	千米	0～1000	−999999	100	0
扫描点 IRAS 通道亮温	K	150～350	−999999	100	0
扫描点 MWTS 通道亮温	K	150～350	−999999	100	0
扫描点 MWHS 通道亮温	K	150～350	−999999	100	0
扫描点云量	无	0～1	−999999	100	0
扫描点降水云检测	无	−128～127	−999999	100	0

6.4.2 VASS 匹配数据

6.4.2.1 产品定义

VASS 匹配数据（CRM）是指对 IRAS、MWTS、MWHS 的 L1 亮温产品进行三个仪器间不同水平分辨率卫星观测亮温的空间匹配，使 IRAS、MWTS、MWHS 三个仪器的观测亮温具有一致的水平分辨率，当三个仪器均正常运行时，匹配数据产品在 IRAS 格点，当其中一个仪器运行不正常时，匹配数据产品在相对高分辨率的仪器格点，该产品其他说明均针对三个仪器正常运行状态。单位为 K。

6.4.2.2 产品规格

VASS 匹配数据基于 IRAS L1 视场，是未经投影变换处理的扫描视场轨道产品，产品空间分辨率约为 17km，覆盖范围为卫星观测的一条轨道，产品单位为 K。具体规格见表 6.4-3。

表 6.4-3　VASS 匹配数据产品规格表

产品类型	投影方式	覆盖范围	空间分辨率	数据量	生成频次
VASS 匹配数据	无投影	轨道	17km	8.2MB	每 102 分钟一次

6.4.2.3 产品生成原理

VASS 匹配数据是根据用户预先设定的仪器匹配需求，以 IRAS、MWTS、MWHS 三个仪器的 L1 亮温为基本数据，建立匹配查找表，再进行各仪器间不同空间分辨率卫星观测资料的匹配，给出 IRAS 仪器分辨率上具有 IRAS、MWTS、MWHS 三个仪器所有通道亮温（AAPP report，2003）。

匹配是利用一个仪器（匹配仪器）的视场观测数据计算具有另一个仪器（目标仪器）视场分辨率的观测代表值的过程。匹配过程主要由两个单独的步骤组成（AAPP software，2003）：

1. 建立匹配查找表

建立匹配查找表，即确定邻近目标像元的匹配像元。建立仪器间的匹配模型主要依赖于卫星轨道参数及仪器的性能参数，确定二者间的几何特征模型及关系。卫星轨道参数主要有卫星高度和轨道周期，仪器性能参数主要是视场角、步进角、步进时间、行扫描点数、扫描周期以及扫描方式。对于匹配到 IRAS 视场的匹配模式，一个合理的"匹配模型重复时间"约为 32 秒，因为 32 秒时间内刚好有 192 条 VIRR 扫描线、5 条 IRAS 扫描线、2 条 MWTS 扫描线和 12 条 MWHS 扫描线。

查找表实际上是一个四维矩阵，第三维和第四维表示目标像元的扫描线行号和扫描点号。在一个二维的矩形区域，寻找一个目标像元的匹配像元是看匹配仪器的像元是否落在该矩形区域内。

查找表的结构如表 6.4-4 所示。

表 6.4-4 查找表结构

818	1523	0	0	0	0	0	0	0	7
8	15	−1115	−962	1	65	94	0	0	0
8	16	3732	−829	2	19	4	0	0	0
9	16	−1115	4291	3	12	1	0	0	0
9	15	3732	4424	4	4	0	0	0	0
8	16	−5982	−1095	5	−1	0	0	0	0
7	14	−1115	−6216	6	−1	0	0	0	0
7	15	3732	−6083	7	−1	0	0	0	0
0	0	0	0	0	0	0	0	0	0
0	0	0	0	0	0	0	0	0	0
0	0	0	0	0	0	0	0	0	0
0	0	0	0	0	0	0	0	0	0
0	0	0	0	0	0	0	0	0	0
0	0	0	0	0	0	0	0	0	0
0	0	0	0	0	0	0	0	0	0

每行有 10 列元素，其中：

1）第 1 行：元素 1 和 2 给出了目标像元在匹配像元中的位置（行号以及扫描点号，尺度因子 100），如表 6.4-4 示例目标像元位于匹配行 8.18，匹配点 15.23。元素 10 给出了目标像元的匹配像元数目为 7。

2）第 2～15 行给出每个匹配像元的相关信息。

元素 1、2 为匹配像元的位置（行号以及扫描点号），元素 3、4 为匹配像元相对于目标像元在扫描/轨道方向的位置（km，尺度因子 100），如本例第一个匹配像元位于目标像元的“左方”11.15km，“下方”9.62km。元素 5 为匹配像元相对于目标像元的距离等级。元素 6 和 7 为匹配像元在匹配计算中的权重等级（尺度因子 100，负值代表无效权重），元素 6 为双线性插值权重，元素 7 为空间平均权重。

一旦查找表建立了，就可以确定每个规则时间间隔内每个目标像元邻近的匹配像元，同时查找表还提供各种匹配模式下每个匹配像元权重值（可选择的匹配模式有最近邻域模式、双线性插值模式、空间平均模式），由此即可计算出目标像元上的匹配值。匹配查找表的建立主要有四个步骤：计算目标像元的几何特征参数；计算目标像元、匹配像元的地理位置；目标像元与匹配像元协同定位；计算匹配模式权重系数。

2. 计算估计值

利用查找表中的权重计算系数，计算匹配仪器的观测数据在目标像元上的代表值。计算一个目标像元对应的所有匹配像元在目标像元上的代表值依据如下公式：

$$BT = \left(\sum_{i=1}^{n} bt(i) * wt(i)\right) / \sum_{i=1}^{n} wt(i) \tag{6.4-1}$$

BT 为匹配后的计算值，$bt(i)$ 为第 i 个匹配像元的卫星观测值，$wt(i)$ 为第 i 个匹配像元的匹配权重系数。

6.4.2.4 产品示例

IRAS、MWTS、MWHS 是同时装载于风云三号气象卫星上主要用于大气垂直探测的三个仪器，覆盖了从可见光、近红外、热红外到微波波段非常宽的光谱范围，光谱信息非常丰富。为了解决部分有云条件下卫星大气垂直探测技术难题，同时也为了拓展反演的大气参数的种类范围，以及更有效地提高大气参数反演的精度，综合利用红外通道和微波探测通道信息进行大气垂直探测是非常有效的途径之一，由此，IRAS、MWTS、MWHS 三个仪器的数据融合产品——匹配到同一种空间分辨率上的三个仪器资料，成为大气参数反演所必需的输入数据。

图 6.4-4 为 VASS 匹配产品示例，给出了 IRAS 的 2 个通道亮温图，以及 MWTS 4 个通道亮温图和 MWHS 5 个通道亮温图。该产品共包含了 35 个通道的亮温或辐射率探测值，其中 1～20 为 IRAS 的红外通道观测，21～26 为 IRAS 的可见光-短波红外通道观测，27～30 为 MWTS 的微波通道观测，31～35 为 MWHS 的微波通道观测。对于同一分辨率上具有从可见光至微波波段范围内的丰富的光谱观测信息，可以综合利用各个光谱段的探测信息优势，提取出单仪器观测不能反演的探测产品，例如可以利用匹配数据同时反演出大气垂直温度、水汽廓线、云参数等。

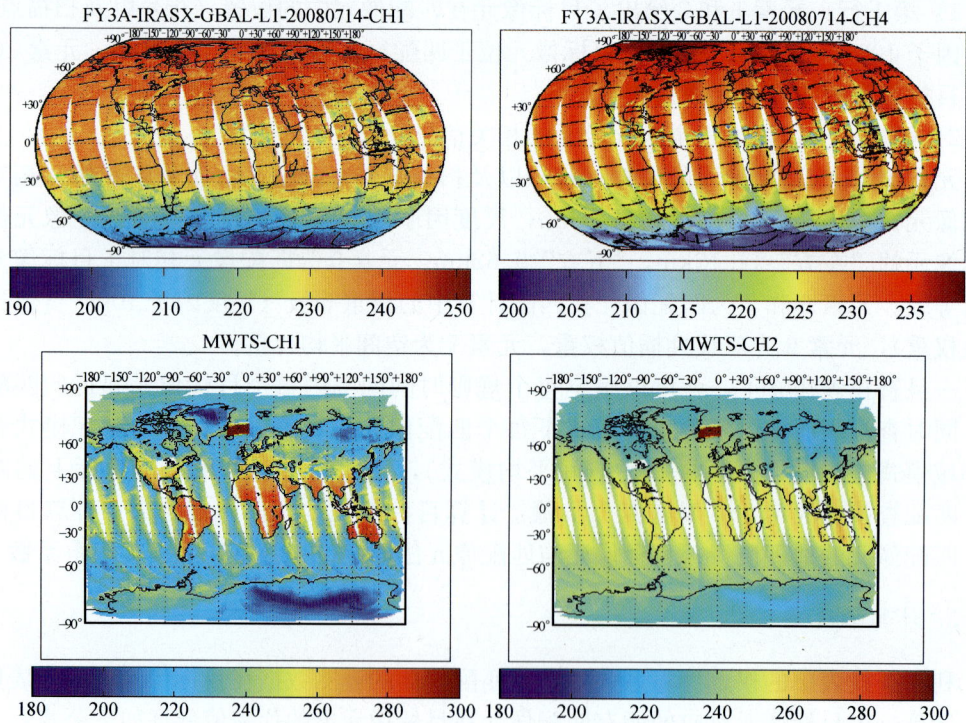

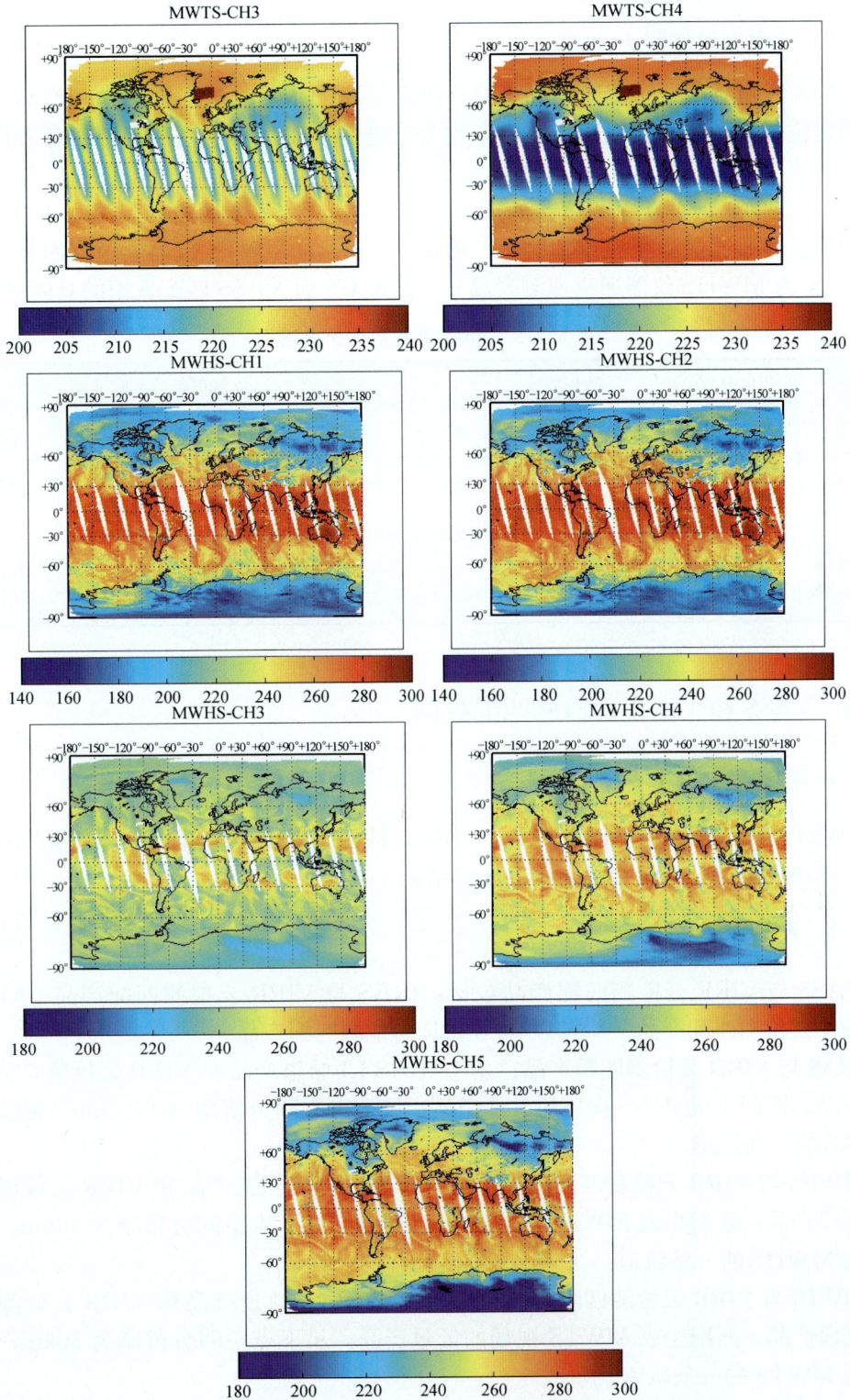

图 6.4-4 IRAS 通道 1、通道 4 亮温，以及匹配到 IRAS 像元上的 MWTS（通道 1~4）与 MWHS 亮温（通道 1~5）图像（单位：K）

6.4.2.5 产品信息说明

VASS 匹配数据目前设计为大气综合探测反演产品生成过程中的中间产品，存储为地理定位信息和观测亮温两个文件，均为二进制格式。其中地理定位信息文件包含的信息内容为 IRAS 像元上的地理经纬度，观测亮温文件包含的信息内容为匹配到 IRAS 像元上的三个垂直探测仪器的通道亮温，即包含 35 个通道的亮温（通道 1～26 为 IRAS 仪器通道探测亮温或辐射率，通道 27～30 为 MWTS 仪器通道探测亮温，通道 31～35 为 MWHS 仪器通道探测亮温）。表 6.4-5 为 VASS 匹配数据的具体格式。

表 6.4-5　VASS 匹配数据信息格式

变量名	变量中文名称	数据类型	单　位	数据有效范围	数据填充值
Latitude	纬　度	Float 64	度	−90～90	999
Longitude	经　度	Float 64	度	−180～180	999
Map_bt	亮　温	Float 32	通道 1～20，27～35 为 K；通道 21～26 为 mw/（m². sr. cm⁻¹）	通道 1～20，27～35 为 150～350；通道 21～26 为 0～200	−9999.99

6.4.3　VASS 和 VIRR 云检测匹配数据

6.4.3.1　产品定义

VASS 与 VIRR 云检测匹配产品（VMV）是将 VIRR 云检测分别匹配到 VASS 的 IRAS、MWTS、MWHS 视场所得的云量结果。

6.4.3.2　产品规格

VASS 与 VIRR 云检测匹配产品包括：IRAS 与 VIRR 云检测匹配产品、MWHS 与 VIRR 云检测匹配产品、MWTS 与 VIRR 云检测匹配产品。

IRAS 与 VIRR 云检测匹配产品：基于 IRAS L1 轨道产品和 VIRR 云检测 5 分钟数据段产品，匹配生成 IRAS 视场的云量产品，星下点空间分辨率为 17.4km，覆盖范围为 IRAS 的一条轨道。

MWHS 与 VIRR 云检测匹配产品：基于 MWHS L1 轨道产品和 VIRR 云检测 5 分钟数据段产品，匹配生成 MWHS 视场的云量产品，星下点空间分辨率为 15km，覆盖范围为 MWHS 的一条轨道。

MWTS 与 VIRR 云检测匹配产品：基于 MWTS L1 轨道产品和 VIRR 云检测 5 分钟数据段产品，匹配生成 MWTS 视场的云量产品，星下点空间分辨率为 60km，覆盖范围为 MWTS 的一条轨道。

VASS 与 VIRR 云检测匹配产品具体规格表 6.4-6。

表 6.4-6　VASS 与 VIRR 云检测匹配产品规格表

产品类型	投影方式	覆盖范围	空间分辨率	数据量 （M）	生成频次
IRAS 与 VIRR 云检测匹配产品	无投影	轨道	17km	0.2	每 102 分钟 一次
MWHS 与 VIRR 云检测匹配产品			15km	0.9	
MWTS 与 VIRR 云检测匹配产品			60km	0.024	

6.4.3.3　产品生成原理

VASS 与 VIRR 云检测匹配处理的基本原理是根据用户预先设定的仪器匹配需求，逐弧段读入 IRAS/MWHS/MWTS 仪器的 L1 产品以及相应的 VIRR L1 和 L2 云检测产品的 5 分钟数据段（包括 VIRR 的云检测信息、云检测质量标记及所需的仪器特征参数），通过建立匹配查找表（AAPP report，2003），进行不同空间分辨率的仪器间卫星观测资料的匹配，从而使 VIRR 云检测数据与 IRAS/MWHS/MWTS 具有一致的空间分辨率，有机地联系起来。

匹配过程主要由三个单独的步骤组成：VIRR 云检测 5 分钟数据块的拼接、匹配查找表的建立以及匹配估计值的计算（AAPP software，2003）。

1. VIRR 云检测 5 分钟数据块的拼接

目标仪器与匹配仪器之间进行匹配处理的前提是获取相对应的数据信息，获取与 IRAS/MWHS/MWTS 轨道数据相匹配的 VIRR 云检测的弧段数据及相应的仪器特征参数。根据匹配要求，读入目标仪器的参数文件，包括卫星参数、仪器性能参数以及目标仪器轨道数据的起止扫描时间和帧号，并据此将相应的 VIRR 5 分钟数据段信息进行拼接，得到与目标仪器轨道数据相对应的 VIRR 的云检测数据。

2. 匹配查找表的建立

目标仪器和匹配仪器之间进行匹配处理的核心是匹配查找表的建立，以确定目标像元的邻近匹配像元。查找表的建立是基于卫星和遥感器的几何特征进行的。通过将目标图像与匹配图像的每个视场角放置在一个二维的矩形网格上，识别与目标图像中视场角相匹配的匹配图像的视场角。这个矩形网格的两个轴分别为卫星航向在地球表面的投影和一定起始时刻卫星的瞬时扫描线。根据两个仪器在规定的时间间隔内重复的视场结构建立一个匹配模型，该模型的结构及数据存储为查找表形式，可以方便地提供协同定位信息。建立的查找表结构为 3 行 40 列，其中第 1 行第 3 列的意义分别为在一个二维的矩形网格上（对于微波温度计其大小为 114×99，对于红外分光计和微波湿度计其大小为 38×33，对三者来说足够大的矩形区域）目标图像中心像元在匹配图像中的位置以及相互匹配的像元数，而其余行的第 3 列则表示目标图像与匹配图像相互匹配的行号以及与该行相互匹配的像素的起止列号，查找表每弧段计算一次。先根据读入的目标仪器资料确定其开始扫描时间以及结束扫描时间，以最早开始时间确定为匹配开始时间，最晚结束时间确定为匹配结束时间。

目标仪器和匹配仪器之间进行匹配处理的查找表的建立主要分为三个步骤：查找表中目标图像和匹配图像起止扫描线的计算、目标图像与匹配图像的匹配位置计算以及目标像元与匹配像元协同定位。

查找表中目标图像和匹配图像起止扫描线的计算：根据卫星和遥感器的主要参数，例如，卫星标识、扫描速度、步进、扫描方式、卫星高度等，分别计算目标图像和匹配图像起始和终止扫描线。

目标仪器与匹配仪器的匹配位置计算：根据其瞬时视场的地理位置进行计算。扫描位置即沿 X 轴方向的位移量指像元中心相对于星下点的地面距离，位于星下点左边为正，右边为负。轨道位置即沿 Y 轴方向的位移量指像元在卫星轨道方向走的地面距离，即像元中心相对于第一条扫描线的距离。沿 X 轴方向的位移量由扫描位置及仪器的扫描几何构造计算，沿 Y 轴方向的位移量可用卫星飞行速度及两条扫描线的间隔时间确定，计算过程中假设地球为球形非旋转的。

目标像元与匹配像元协同定位：匹配仪器的像元被假设为点源，该点源可以落在目标像元内或外，目标像元的椭圆形状由仪器的"波束宽度"决定。落在目标像元内的匹配仪器的像元被确定为匹配像元。协同定位主要是对匹配模型时间段内所有的匹配像元逐个进行判别，看是否落在目标像元区域内。所采用的判别方法是阈值法，即通过分别检查匹配像元中心与目标像元中心扫描方向、轨道方向位移量之差以及匹配像元中心到目标椭圆两个焦点的距离之和是否在规定的阈值范围内进行。

3. 匹配估计值的计算

利用协同定位过程所确定的与目标像元相匹配的匹配图像的像元数和位置，计算匹配仪器的观测数据在目标像元的匹配值。计算方法是采用与目标仪器相互匹配的云信息的像元数除以相互匹配的所有像元数，即目标像元内的云量。

6.4.3.4 产品示例

图 6.4-5a 和 b 分别显示了 2008 年 8 月 3 日一轨（部分）VIRR 云检测和 IRAS 与 VIRR 云检测匹配后的结果。图 6.4-5a 的白色和黑色色调分表表示云和非云信息，而图 6.4-5b 中由黑到白的色调则显示出云量由 0 到 1 的变化。对比图 6.4-5a 和 b 可以看出，图 6.4-5b 色调表示云的总的分布和变化趋势与匹配前云检测结果（图 6.4-5a）类似，而且由于匹配前后图像空间分辨率的差别（匹配前星下点 1.1km，匹配后星下点 17km），显示出匹配后的云检测图像不像匹配前的图像看上去有那么多零散分布的点状或小的块状信息，聚类效果较好，视觉比较模糊。

图 6.4-5c、图 6.4-5d 和图 6.4-5e 则分别表示了 2009 年 2 月 17 日一轨（部分）VIRR 云检测及其匹配到 MWHS 及 MWTS 上的结果。

VASS 与 VIRR 云检测匹配产品提供了 IRAS/MWHS/MWTS 空间分辨率的云量信息，为 FY-3A 大气温湿度廓线的反演提供重要的云参数。

6.4.3.5 产品信息说明

VASS 与 VIRR 云检测匹配产品以二进制格式存储，产品详细信息说明见表 6.4-7。

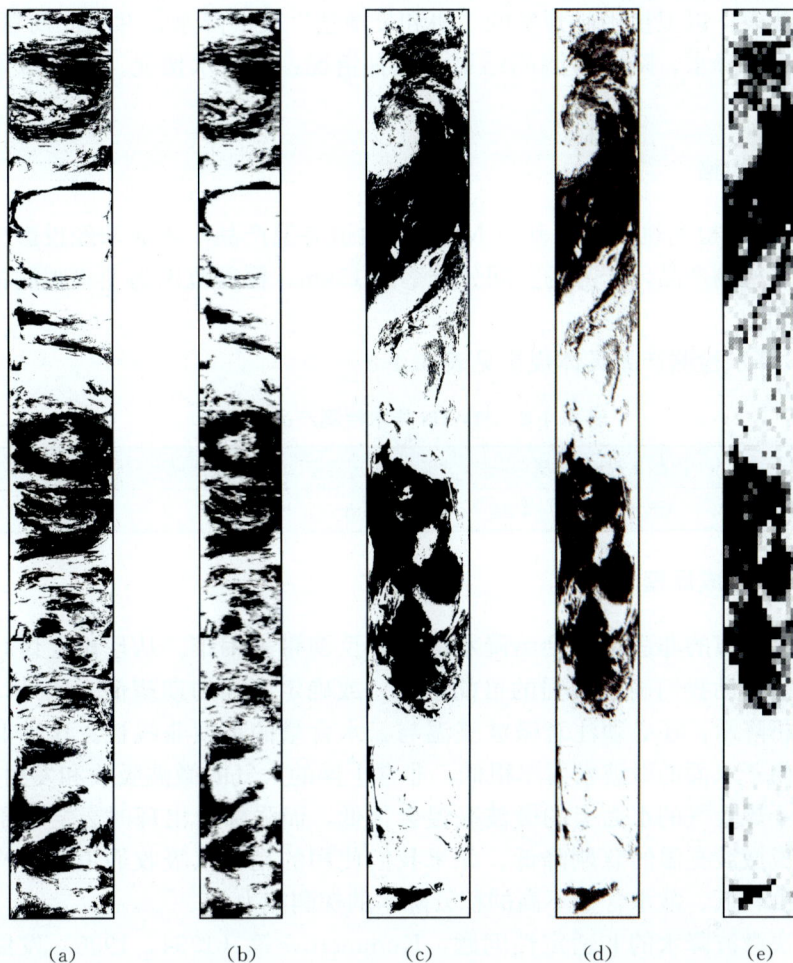

（a）　　　　　（b）　　　　　（c）　　　　　（d）　　　　　（e）

图 6.4-5　VIRR 云检测以及与 IRAS、MWHS、MWTS 的匹配图像

（a）VIRR 云检测；（b）VIRR 匹配到 IRAS 云量；（c）VIRR 云检测；

（d）VIRR 匹配到 MWHS 云量；（e）VIRR 匹配到 MWTS 云量

表 6.4-7　VASS 与 VIRR 云检测匹配产品信息格式

变量名	变量中文名称	数据类型	单　位	数据有效范围	数据填充值
IRAS＿CLP＿MAP＿VIRR	IRAS 像元上的云量	Float 32	无	0～1	−999
MWHS＿CLP＿MAP＿VIRR	MWHS 像元上的云量				
MWTS＿CLP＿MAP＿VIRR	MWTS 像元上的云量				

6.4.4　MWHS 降水检测

6.4.4.1　产品定义

MWHS 降水检测产品（RDT）提供了每一个 MWHS 扫描视场中的降水检测结果，定义如下：

降水检测是以 MWHS 各通道观测亮温为输入数据，根据离线模拟的微波湿度计亮温和降水查找表，以卫星中心开发的"协和反演法"反演降水，并据此衡量某 MWHS 观测像元是否有降水。降水检测的结果为三种情况：有降水像元、无降水像元和质量不好像元。

6.4.4.2　产品规格

MWHS 降水检测轨道产品基于 MWHS 轨道亮温产品，生成未经投影变换处理的扫描视场降水检测产品，产品的空间分辨率为 15km，覆盖范围为卫星观测的一条轨道上的洋面像元。

MWHS 降水检测产品具体规格见表 6.4-8。

表 6.4-8　MWHS 降水检测产品规格表

产品类型	投影方式	覆盖范围	空间分辨率	数据量（MB）	生成频次
降水检测轨道产品	无投影	轨道	15km	2	每 102 分钟一次

6.4.4.3　产品生成原理

微波降水反演的非适定性会给降水的准确反演带来困难。从理论上讲，单通道的探测结果只能帮助我们确定雨强的可能区间，或确定雨强的期望值。此外，如果使用窗区通道分析降水，还必须注意微波亮温与云水含量的高度非线性。这种非线性的极端表现是：由于水面的微波发射率很低，非常干燥的大气的微波吸收和发射能力较差，因此，具有干燥大气的水面上的微波亮温会很低，而强降水出现时云层上部冰晶强散射同样会造成微波亮温的急剧降低。如果我们使用的是水汽吸收通道，水汽的吸收又会失去对高度较低、液水含量不高的积云降水的探测能力。

为了解决微波降水的非适定性问题，Kummerow 等（1994，1996）发展了模式匹配的方法，其基本思想是利用微波正演模式从云廓线库中挑选出与卫星探测结果最为一致的降水云廓线，以此计算地面雨量。然而，无论云廓线库中有多少组廓线，都无法描述积云降水的所有情况，模式匹配法得到的降水仅是对可能性的推断。

为了能够更加合理地判断积云的降水情况，我们设计了"通道匹配法"来计算降水（卢乃锰和游然，2004）。"通道匹配法"认为：虽然每个微波通道都可以确定一个雨量区间，然而，只有那些处在公共雨量区间的雨量才是可能的雨量。而正演这些雨量时对应的云结构便是可能的云结构。

借助于云模型和辐射传输模型，"通道匹配法"把不同通道的微波探测结果有机地联系起来。它通过排除"不可能"的通道组合，一定程度上解决了雨区判识问题，通过保留可能的通道组合，减小了降水反演的不确定性。表 6.4-9 是确定积云结构时使用的云参数。这些参数的各种组合构成了不同的云模型，这些云模型被用于计算降水反演查找曲线。

通道匹配法反演降水最终成为降水公共区间的查找问题。在查找公共区间的过程可能出现三种情况：①当可以直接从查找曲线中得到公共降水区间时，简单地取其中值即可；②如果没有公共区间，考虑积云与辐射模式可能存在的误差，将各通道微波实测亮温在5℃范围内上下调整以寻求降水公共区间；③那些经过亮温调整还查找不到公共区间的像元将被认定为无明显降水。

表6.4-9　确定积云结构时使用的基本参数

云顶高度（km）	云底液水含量（g/m³）	温湿廓线类型	积云水层顶液水含量变化量	积云冰层底冰晶含量变化量
8	5	标准副热带海洋	−20％	−20％
10	2.5		20％	20％
12	1.25			
14	0.63			
16	0.32			
	0.16			
	0.08			
	0.04			
	0.02			
	0.01			

　　MWHS降水检测轨道产品是基于经过辐射定标和地理定位的MWHS通道微波辐射数据，首先进行质量控制，剔除质量有问题或太阳耀斑角太小的像元；之后对所有洋面像元进行降水筛选，从而判别出降水和非降水区域，并根据上述协和物理反演法进行降水反演，在此基础上判识出像元的降水情况。

6.4.4.4　产品示例

　　通过扫描像元的经纬度信息来查找该像元对应的地面类型，即给定像元一个初始的下垫面信息。由于陆面的微波辐射较强，很难判断出较弱的降水信息，因此陆面降水检测精度不高。

　　图6.4-6是2009年6月17日的全球降水检测结果，图中红色表示有降水，洋面降水检测精度高于陆面，中低纬度检测结果优于高纬地区。

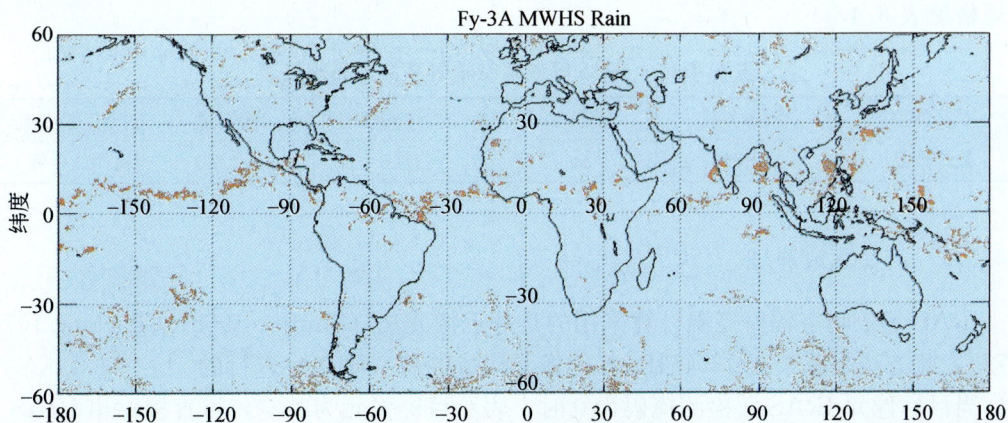

图6.4-6　MWHS微波降水检测产品

6.4.4.5 产品信息格式说明

MWHS 降水检测产品以 HDF5 格式存储，主要物理参数特性如表 6.4-10 所示，参数的物理数值通过如下公式转换而来：

$$Par = Slope \times Data + Intercept$$

式中 Par 为参数的物理数值，Data 为产品 HDF 文件中记录该参数的数据，Slope 为缩放比例，Intercept 为偏移量。该产品的详细格式内容见附录 4。

表 6.4-10　MWHS 降水检测轨道产品的主要参数

SDS 英文名称	SDS 中文名称	单　位	数据有效范围	数据填充值	缩放比例	偏移量
Rain Status	降水状态	无	−128～127	−9999	无	无
Surface Type	地表类型	无	−128～127	−9999	无	无
Time	扫描线日秒计数	无	0～86400	−9999	0	0
Latitude	纬度	度	−90～90	−9999	0.01	0
Longitude	经度	度	−180～180	−9999	0.01	0

6.4.5　IRAS 等效晴空辐射亮温

6.4.5.1　产品定义

IRAS 等效晴空辐射亮温产品（EBT）是指对 IRAS 有云像元进行辐射订正，使其变成为等效于晴空时的辐射亮温，单位为 K。

6.4.5.2　产品规格

IRAS 等效晴空辐射亮温产品基于 IRAS L1 数据，是未经投影变换处理的轨道产品，产品空间分辨率约为 17km，覆盖范围为卫星观测的一条轨道，产品单位为 K。具体规格见表 6.4-11。

表 6.4-11　IRAS 等效晴空辐射亮温产品规格表

产品类型	投影方式	覆盖范围	空间分辨率	数据量	生成频次
轨道产品	无投影	轨道	17km	8.2MB	每 102 分钟一次

6.4.5.3　产品生成原理

IRAS 等效晴空辐射亮温计算采用的是邻近像元法（Smith，1968；Chachine 1974，1977），此方法是基于 3×3 个 IRAS 的像元构成的块（BOX）进行的。

当目标像元 IRAS 云检测掩码为 0 时，表示目标像元为晴空，可直接输出 IRAS 亮温，当目标像元云检测掩码为 1 时，表示目标像元有云，需计算其等效晴空辐射亮温。

如果在 BOX 内，有一个或多个像元是晴空的，这些像元的平均辐射可以作为目标像元的等效晴空辐射。如果 BOX 中没有晴空像元，则需要对目标像元进行晴空订正，即计算等效晴空辐射亮温。具体算法原理如下：

在部分有云像元中，IRAS 观测的辐射值由来自观测视场的晴空区辐射值和来自被不同类型云覆盖区的辐射值组成。对于待求的 IRAS 通道辐射亮温，部分有云像元辐射值用下式给出，

$$R = (1 - \sum_{j=1}^{J} \alpha_j) R^{dr} + \sum_{j=1}^{J} \alpha_j R_j^{dd} \tag{6.4-2}$$

其中 α_j 是云类型 j 的云量，R^{dr} 是这个视场的晴空区辐射值，R_j^{dd} 是云类型 j 的多云辐射值，J 是云类型数目（我们假定只存在一种云）。将 IRAS 9 个相邻像元的通道 9 亮度温度重新进行从最暖到最冷排序，然后将最暖的 3 个像元，最冷的 3 个像元和剩余的 3 个像元分别进行平均。这种平均可以减少在等效晴空辐射计算程序中可能放大的噪声。根据下面的方程可以推导出消除云影响的目标像元的等效晴空辐射值：

$$\widetilde{R}^{dr} = \bar{R}_1 + \eta_1(\bar{R}_1 - \bar{R}_2) + \eta_2(\bar{R}_1 - \bar{R}_3) \tag{6.4-3}$$

其中 R_1（最暖）、R_2（次之）和 R_3（最冷）是上面提到的 3 个平均辐射值，$\widetilde{R}^{dr}$ 是待求的 IRAS 晴空像元辐射值，η_1 和 η_2 是方程系数（Jun Li，2000）。

在前面所提到的 BOX 块中，对于整个轨道的边缘点和边缘行列，分别为 2×2 的 BOX 和 3×2（或 2×3）的 BOX；其他像元为 3×3 的 BOX。

6.4.5.4　产品示例

图 6.4-7 和 6.4-8 是 IRAS 通道 9 辐射亮温和等效晴空辐射亮温分布。对比分析两图可以看出，订正后图 6.4-7 中大片低温区域的亮温提高明显，说明订正是有效的。

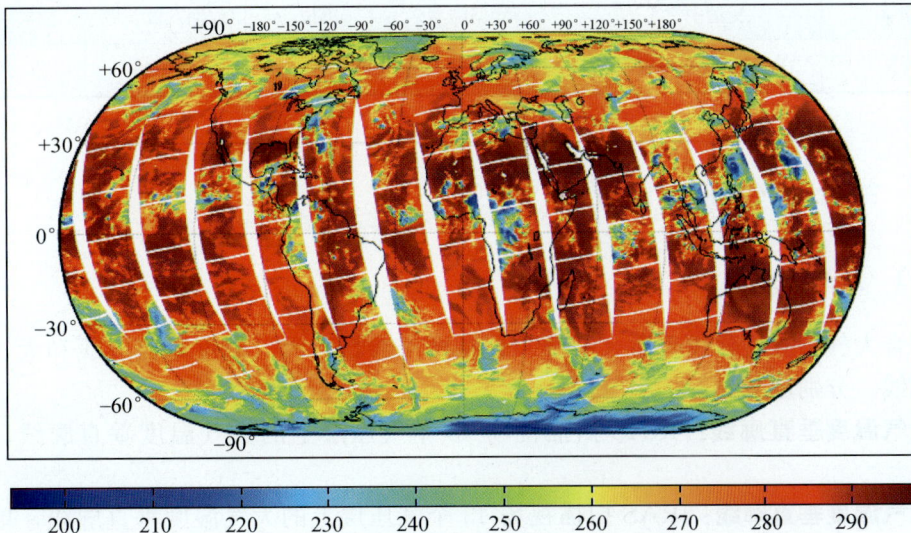

图 6.4-7　IRAS 红外通道 9 辐射亮温全球分布图（单位：K，2008 年 9 月 27 日）

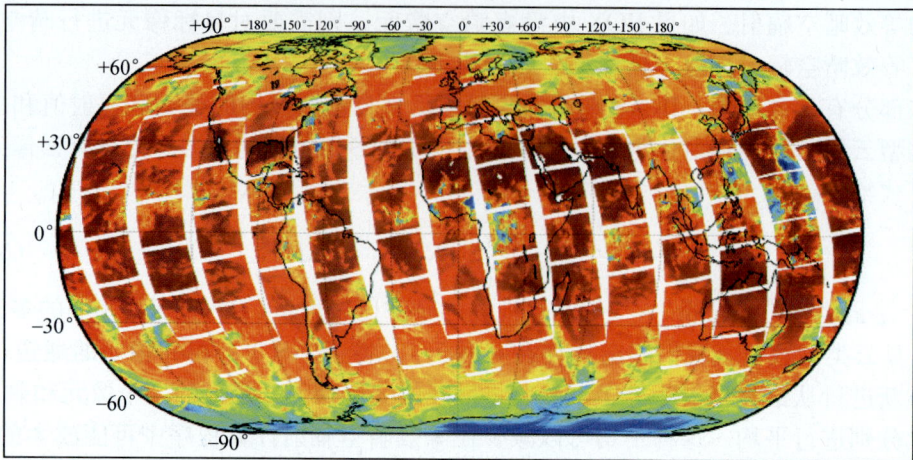

图 6.4-8 IRAS 通道 9 等效晴空辐射亮温全球分布图（2008 年 9 月 27 日）

等效晴空辐射亮温还没有比较客观的检验方法，只能通过目视观察订正效果。通过 IRAS 等效晴空辐射亮温计算可解决视场有部分云存在时的大气参数反演，增加反演的数量。

6.4.5.5 产品信息说明

IRAS 等效晴空辐射亮温是大气综合探测反演过程中的一个产品，即订正后的 IRAS 20 个通道等效晴空亮温，存储在综合反演后的大气温湿度廓线 HDF 文件中，信息格式见表 6.4-12。该产品的详细格式内容见附录 4。

表 6.4-12 IRAS 等效晴空辐射亮温信息格式

变量名	变量中文名称	数据类型	单位	数据有效范围	数据填充值
VCR	IRAS 等效晴空辐射亮温	HDF	K	150～350	－9999

6.4.6 综合大气温湿度廓线

6.4.6.1 产品定义

综合大气温湿度廓线产品（AVP）包括两个参数：大气温度垂直廓线和大气湿度垂直廓线。分别定义如下：

大气温度垂直廓线：IRAS 扫描视场 43 个气压层上的大气温度垂直廓线，单位为 K。

大气湿度垂直廓线：IRAS 扫描视场 43 个气压层上的大气湿度垂直廓线，单位为 g/kg。

6.4.6.2　产品规格

综合大气温湿度廓线产品包括：每一个 IRAS 视场 43 个气压层上的大气温度垂直廓线产品，每一个 IRAS 视场 43 个气压层上的大气湿度垂直廓线产品，1°×1°网格 43 个气压层上的大气温度垂直廓线日产品和 1°×1°网格 43 个气压层上的大气湿度垂直廓线日产品。

IRAS 视场大气温度垂直廓线轨道产品：基于 IRAS L1、MWTS L1 和 MWHS L1 的轨道产品，生成未经投影变换处理的 IRAS 视场大气温度垂直廓线产品，空间分辨率为 17km，覆盖范围为卫星观测的一条轨道。

IRAS 视场大气湿度垂直廓线轨道产品：基于 IRAS L1、MWTS L1 和 MWHS L1 的轨道产品，生成未经投影变换处理的 IRAS 扫描视场大气湿度垂直廓线产品，空间分辨率为 17km，覆盖范围为卫星观测的一条轨道。

IRAS 视场大气温度垂直廓线日产品：基于 IRAS 轨道大气温度垂直廓线产品，通过空间投影和去重复处理，生成 1°×1°等经纬度均匀网格日产品，覆盖范围为全球。

IRAS 视场大气湿度垂直廓线日产品：基于 IRAS 轨道大气湿度垂直廓线产品，通过空间投影和去重复处理，生成 1°×1°等经纬度均匀网格日产品，覆盖范围为全球。

综合大气温湿度廓线产品具体规格见表 6.4-13。

表 6.4-13　综合大气温湿度廓线产品规格表

产品类型	投影方式	覆盖范围	空间分辨率	数据量（MB）	生成频次
大气温度和湿度廓线轨道产品	无投影	轨道	17km	45	每 102 分钟一次
大气温度和湿度廓线日产品	等经纬度	全球	1°×1°	15	每日一次

6.4.6.3　产品生成原理

利用 IRAS 20 个通道红外亮温数据、MWTS 4 个通道微波亮温、MWHS 5 个通道微波亮温数据和匹配到 IRAS 像元的 VIRR 云检测数据，经过统计反演得到的空间分辨率为 17km 的逐轨道大气温湿廓线产品。产品内容包括：每条扫描线 56 个像元的地理经纬度、海陆掩码、高程、太阳天顶角、太阳方位角、卫星天顶角、卫星方位角数据，以及每个像元云量和 IRAS 亮温（包括云清除亮温）、MWTS 亮温、MWHS 亮温和匹配到 IRAS 像元的洋面降水检测、每个像元的大气温湿廓线和质量标记。

综合大气温湿度廓线产品算法包括预报因子的选择、卫星观测角度的分类、反演样本库的建立、回归系数的计算和大气温度湿度廓线协同反演等过程。

1. 预报因子的选择

考虑到大气廓线随纬度带、季节和地形高度的变化较大，在晴空正演辐射模拟计算时，将大气廓线资料的纬度、月份以及表面气压也作为预报因子加以考虑。为了提高反演精度，除充分利用垂直探测器的观测信息外，在选择大气温度和湿度反演预报因子时，增加了地面信息。将纬度作为预报因子的优点是计算反演系数时不用再分纬度带，从而消除纬度带与纬度带之间的不连续性。引入表面参数作为预报因子可以提高近地面层的反演精度。

2. 卫星观测角度的分类

卫星观测角度的不同，得到的辐射值也不一样。由于观测角度不同而导致辐射观测光学路径不一致，在亮温图象上表现为临边变暗。对于统计反演方法来说，在建立回归反演的统计关系式时，应该对扫描观测角度进行分类，也就是说，对不同的观测角度分别计算相应的回归系数，再利用下列公式进行线性插值，得到任何角度时的回归反演参数 X。

$$X = X_1 + aX_2 \qquad (6.4\text{-}4)$$

其中

$$a = (\sec(\theta) - \sec(\theta_1))/(\sec(\theta_2) - \sec(\theta_1)) \qquad (6.4\text{-}5)$$

上式中，θ 为实际的扫描观测角，θ_1 和 θ_2 为与观测角 θ 相邻的两个角度，X_1 和 X_2 为与之对应的反演参数。

3. 统计样本库的建立

回归反演算法必须建立具有足够多统计样本的数据库，方能保证参数反演精度。本算法使用的大气温度和湿度廓线样本库是利用 TIGR3（1125 条大气廓线）、NOAA88（5356 条大气廓线）以及红外和微波快速辐射模式脱机计算出每条大气廓线的 IRAS/MWTS/MWHS 的各个通道的大气透过率，进而利用辐射传输模式转换成辐射亮度温度。其中 TIGR3 主要用于大气温度和湿度廓线反演回归系数的计算，而 NOAA88 主要用于独立样本的精度检验。

4. 统计回归系数的计算

红外分光计、微波温度计和微波湿度计大气温度和湿度廓线协同反演模式的回归系数计算采用最小二乘法。建立统计回归方程所采用的大气廓线样本库是 TIGR3 全球大气廓线库，是由法国动力气象研究所收集和整理的，该数据集包括全球 1125 条大气廓线，从 0.1～1013.25hPa 分为 43 个气压层，包括大气温度廓线（单位为 K）、大气湿度廓线（单位为 g/kg）、大气臭氧廓线（单位为 ppmv）、表面温度和表面气压等参数。除此之外，数据集还包含了一些辅助信息（例如廓线获取的时间、经纬度），大气廓线的气压层与大气辐射传输快速计算模式的 43 个气压层一致。TIGR3 的 1125 条大气廓线进行晴空辐射值的快速正演模式计算，得到相应的红外分光计、微波温度计和微波湿度计各个通道的亮度温度，根据这些理论计算辐射值和匹配的大气温度、大气湿度、臭氧廓线和表面参数建立多元线性回归方程。根据已经建立的统计样本库，按下式计算回归系数（Smith et al.，1976；Li et al.，2000）：

$$Y_{i,j} = C_{i,0} + \sum_{k=1}^{N} C_{i,j,k} \cdot X_{j,k} \qquad (6.4\text{-}6)$$

其中 $X_{j,k}$ 表示预报因子，N 是预报因子个数，$C_{i,j,k}$ 是回归系数，上式左边 $Y_{i,j}$ 在初始系数计算中，取正演模拟的卫星仪器辐射值，而在业务系统中，回归系数需滚动计算，定期更新，样本由卫星仪器实际测值和探空资料或数值预报分析场匹配得到。

5. 大气温度湿度廓线协同反演

MWTS 和 MWHS 的探测通道相对较少，使探测的垂直分辨率很低，而红外分光计受云的影响严重，极大地限制了有云情况下对大气温度和湿度信息的探测能力，因此综合三个大气探测仪器的探测资料，将有助于提高大气参数反演能力。考虑到大气廓线随纬度带、季节和地形高度的变化较大，在晴空正演辐射模拟计算时，将大气廓线资料的纬度、月份以及表面气压也作为预报因子加以考虑。在晴空情况下，所有通道（除了微波湿度计的第一通道）均参与大气温度和湿度廓线的协同反演，总共采用 59 个预报因子：①1～20：IRAS 通道 1～20 的亮度温度；②21～24：MWTS 通道 1～4 的亮度温度；③25～28：MWHS 通道 2～5 的亮度温度；④29～56：亮度温度的平方项；⑤57：表面气压；⑥58：月份；⑦59：纬度。

6.4.6.4　产品示例

图 6.4-9 和图 6.4-10 分别是利用 2008 年 7 月 14 日 IRAS/MWTS/MWHS 资料反演得到的 1000hPa 温度和湿度全球分布图。

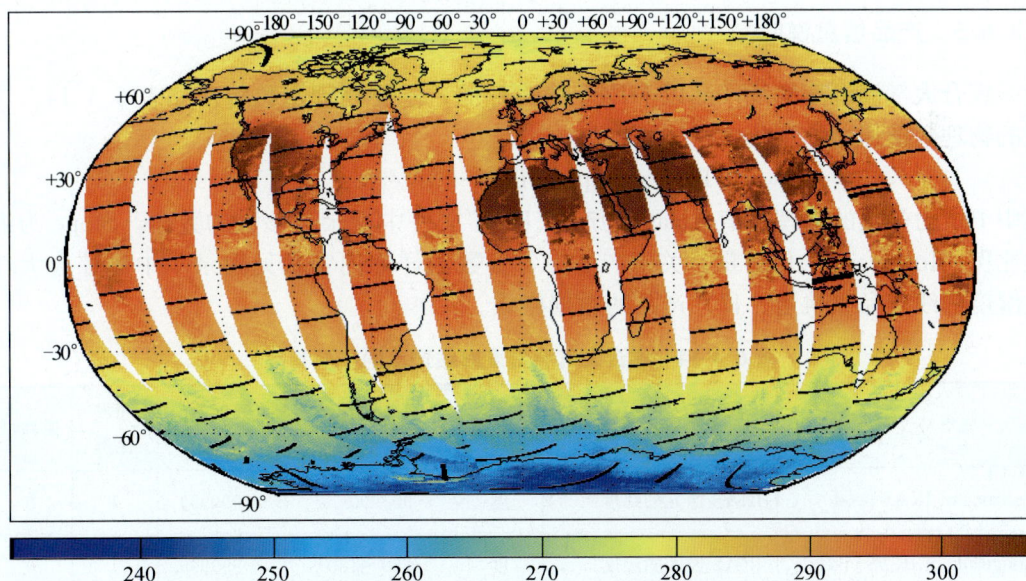

图 6.4-9　2008 年 7 月 14 日 IRAS/MWTS/MWHS 1000hPa 温度分布图

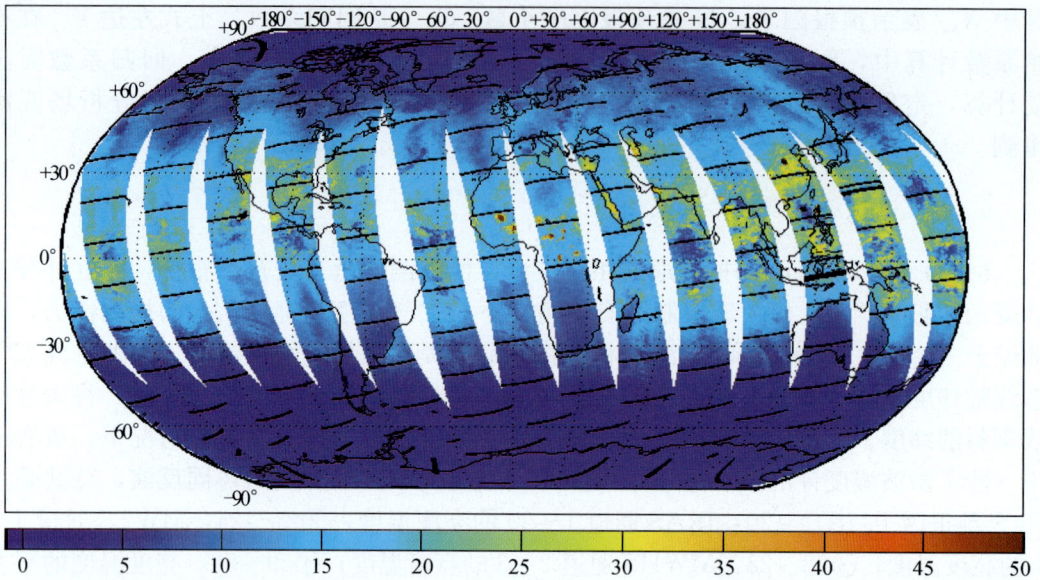

图 6.4-10　2008 年 7 月 14 日 IRAS/MWTS/MWHS 1000hPa 湿度分布图（单位：g/kg）

综合大气温湿度廓线产品的设计精度分别为 2.5K 和 25%。大气温度和湿度的垂直分布及其变化与对流云发生、发展和消亡密切相关。综合利用多个大气探测仪器资料进行反演，利于提高反演精度，反演的大气参数可用于大气热力结构和水汽场分析，也可用于数值预报同化分析和气候变化研究等。

6.4.6.5　产品信息说明

综合大气温湿度廓线产品以 HDF5 格式存储，主要物理参数特性如表 6.4-14。参数的物理数值通过如下公式转换而来：

$$Par = Slope \times Data + Intercept$$

其中 Par 为参数的物理数值，Data 为产品 HDF 文件中记录该参数的数据，Slope 为缩放比例，Intercept 为偏移量，关于产品中各参数的详细内容参见附录 4 中的综合大气温湿度廓线产品（轨道、日）产品的数据格式。

表 6.4-14　综合大气温湿度廓线产品的主要参数

SDS 英文名称	SDS 中文名称	单位	数据有效范围	数据填充值	缩放比例	偏移量
Latitude of IRAS pixel	IRAS 像元的纬度	度	−90～90	−999999	1	0
Longitude of IRAS pixel	IRAS 像元的经度	度	−180～180	−999999	1	0
Sun Zenith Angle	太阳天顶角	度	0～90	−999999	1	0
Sun Azimuth Angle	太阳方位角	度	0～360	−999999	1	0

SDS 英文名称	SDS 中文名称	单位	数据有效范围	数据填充值	缩放比例	偏移量
Satellite Zenith Angle	卫星天顶角	度	0～90	−999999	1	0
Satellite Azimuth Angle	卫星方位角	度	0～360	−999999	1	0
Land/Sea mask	海陆掩码	无	0～7	−999	1	0
IRAS L1 Brightness Temperature	IRAS L1 级亮温	K	150～350	−999999	1	0
Cloud Percentage of IRAS Pixel	IRAS 像元的云量	无	0～1	−9999	1	0
MWTS Brightness Temperature	MWTS 通道亮温	K	150～350	−999999	1	0
MWHS Brightness Temperature	MWHS 通道亮温	K	150～350	−999999	1	0
IRAS cloud-clearing Brightness Temperature	IRAS 晴空亮温和云清除亮温	K	150～400	−999999	1	0
Atmospheric temperature profile of VASS	VASS 反演的大气温度廓线，43 层，1013.25 -0.1hPa	K	150～400	−999999	1	0
Atmospheric Humidity profile of VASS	VASS 反演的大气湿度廓线，43 层，1013.25 -0.1hPa	G/KG	0～50	−999999	1	0
Oceanic Rain Screen of IRAS Pixel	IRAS 像元的降水检测					

6.4.7　IRAS 射出长波辐射

6.4.7.1　产品定义

IRAS 射出长波辐射产品（OLR）是利用 IRAS 的多通道辐射数据计算得到的观测目标单位面积在地球大气顶单位时间内向外空辐射出去的所有波长的热辐射通量，单位为 W/m^2。

6.4.7.2　产品规格

IRAS 射出长波辐射（OLR）产品包括：全球格点场日、候、旬、月产品，具体如下：

OLR 日产品：基于 IRAS L1 轨道数据，计算生成全球范围、等经纬度投影的白天、夜间格点场 OLR，在此基础上做平均处理，生成日平均 OLR 格点场产品，空间分辨率为 0.2°×0.2°。

OLR 候、旬、月产品：在 OLR 日产品基础上，进行候、旬、月平均处理，生成候、旬、月 OLR 产品，覆盖范围为全球，空间分辨率为 0.2°×0.2°。

OLR 产品规格见表 6.4-15。

表 6.4-15　IRAS 射出长波辐射产品规格表

产品类型	投影方式	覆盖范围	空间分辨率	数据量（MB）	生成频次
OLR 日产品	等经纬度	全球	0.2°×0.2°	3.1	每日一次
OLR 候产品	等经纬度	全球	0.2°×0.2°	3.1	每候一次
OLR 旬产品	等经纬度	全球	0.2°×0.2°	3.1	每旬一次
OLR 月产品	等经纬度	全球	0.2°×0.2°	3.1	每月一次

6.4.7.3　产品生成原理

IRAS 仪器 OLR 产品的生成原理主要是：利用 IRAS 通道 7、9、11、13 的辐射率测值，用 OLR 反演模式（Ellingson et al.，1989；Ellingson et al.，1994）：$OLR = a_0 + \sum_{i=1}^{4} a_i(\theta) N_i(\theta) + \sum_{i=1}^{4} b_i(\theta) N_i^2(\theta)$ 计算得到，再对测点做等经纬度投影，生成白天、夜间全球 OLR 格点场，在此基础上做日平均计算，生成日平均全球 OLR 格点场产品，具体计算过程如下：

1. 通道辐射率计算

读取 FY3A IRAS L1 数据，提取通道 7、9、11、13 的通道亮温，由普朗克公式计算通道辐射率，

$$N_i(\gamma_0, \theta, T_B) = \frac{c_1 \times \gamma_0^3}{e^{c_2 \gamma_0 / T_B} - 1.0} \tag{6.4-7}$$

式中 γ_0 是所选通道中心波数，T_B 是所选通道亮温，c_1、c_2 是普朗克常数，$c_1 = 1.191065 \times 10^{-5}$，$c_2 = 1.438681$，各通道中心波数为：$\gamma_{07} = 748.1178 \text{cm}^{-1}$、$\gamma_{09} = 901.92 \text{cm}^{-1}$、$\gamma_{11} = 1345.1278 \text{cm}^{-1}$、$\gamma_{13} = 1512.6916 \text{cm}^{-1}$，$\theta$ 是卫星天顶角，$N_i(\gamma_0, \theta, T_B)$ 是各通道辐射率。

2. 射出长波辐射通量密度（OLR）计算

当卫星天顶角 $\theta \leqslant 65.0°$ 时，用下式计算 OLR：

$$OLR = \frac{5}{10}\left[a_{70}(\theta) + a_{71}(\theta) \times N_7(\theta) + a_{72}(\theta) \times N_7{}^2(\theta)\right]$$

$$+ \frac{3}{10}\left[a_{90}(\theta) + a_{91}(\theta) \times N_9(\theta) + a_{92}(\theta) \times N_9{}^2(\theta)\right]$$

$$+ \frac{1}{10}\left[a_{110}(\theta) + a_{111}(\theta) \times N_{11}(\theta)\right]$$

$$+ \frac{1}{10}\left[a_{130}(\theta) + a_{131}(\theta) \times N_{13}(\theta)\right] \tag{6.4-8}$$

当卫星天顶角 $65° < \theta \leqslant 75°$ 时，用下式计算 OLR：

$$OLR = \frac{5}{10}\left[a_{70}(\theta) + a_{71}(\theta) \times N_7(\theta) + a_{72}(\theta) \times N_7{}^2(\theta)\right]$$

$$+ \frac{4}{10}\left[a_{90}(\theta) + a_{91}(\theta) \times N_9(\theta) + a_{92}(\theta) \times N_9{}^2(\theta)\right]$$

$$+ \frac{1}{10}\left[a_{110}(\theta) + a_{111}(\theta) \times N_{11}(\theta)\right] \tag{6.4-9}$$

当卫星天顶角 $75° < \theta \leqslant 85°$ 时，用下式计算 OLR：

$$OLR = a_{90}(\theta) + a_{91}(\theta) \times N_9(\theta) + a_{92}(\theta) \times N_9{}^2(\theta) \tag{6.4-10}$$

式中 $a(\theta)$ 是回归系数，$N_7(\theta)$、$N_9(\theta)$、$N_{11}(\theta)$、$N_{13}(\theta)$ 分别是 IRAS 通道 7、9、11、13 的辐射率，单位为 $mw/m^2 \cdot sr \cdot cm^{-1}$，式 6.4.-8、式 6.4-9、式 6.4-10 中 *OLR* 的单位为：mw/m^2。

3. 等经纬度投影

提取 IRAS L1 数据中测点的经纬度信息，用如下公式对测点做等经纬度投影，

$$IM = (LATMAX - LAT + RES/2)/RES + 1 \tag{6.4-11}$$
$$IN = (180 + LONG + RES/2)/RES + 1 \tag{6.4-12}$$

式中 IM、IN 分别是全球格点场的行号、列号；LATMAX＝90.0N，是格点场的最大纬度；LAT 是测点的纬度；LONG 是测点的经度；RES＝0.2，是数据分辨率；覆盖的范围是：90°N～90°S、180°W～180°E。

4. 计算日平均 OLR

对白天、夜间卫星过境时刻的 OLR 格点值，作平均计算，得到日平均 OLR（OLR_M），

$$OLR_M = \frac{OLR_D + OLR_N}{2} \tag{6.4-13}$$

式中 OLR_D、OLR_N 分别是白天和夜间 *OLR* 数据。

6.4.7.4　产品示例

图 6.4-11 是用 2008 年 9 月 27 日 IRAS 数据处理出的全球日 OLR 产品，由图可以看出，由于 OLR 主要由下垫面的温度决定，有云地区 OLR 值低，对应图中亮色调，晴空高温地区 OLR 值高，对应图中暗色调，日平均 OLR 产品能完整地揭示全球范围

当日的云和晴空的天气状况，可用来分析全球天气特征，也可用于全球范围的旱、涝过程分析；另外，OLR 是气候诊断分析和气候模式及其验证的重要参量。

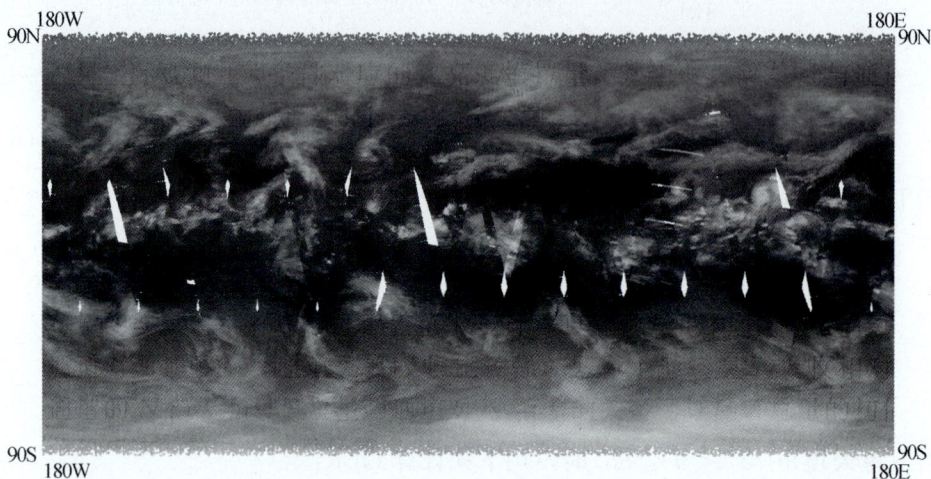

图 6.4-11　2008 年 9 月 27 日 IRAS 的日平均 OLR 产品图

IRAS OLR 产品经与过境时间相接近的 NOAA-17 OLR 产品比较，结果表明 RMS 为 16.5W/m^2，相关系数为 0.954。偏差的原因是两星观测时间、OLR 反演模式和定标精度不一致。

6.4.7.5　产品信息格式说明

IRAS 仪器的 OLR 产品以 HDF5 格式存储，主要物理参数见表 6.4-16，参数的物理数值通过如下公式转换而来：

$$Par = Slope \times Data + Intercept$$

式中 Par 为参数的物理数值，Data 为产品 HDF 文件中记录该参数的数据，Slope 为缩放比例，Intercept 为偏移量，由于 OLR 产品均无参数的缩放比例和偏移量，因此 OLR 物理量就是 HDF 文件中记录的数据。该产品的详细格式内容见附录 4。

表 6.4-16　IRAS OLR 产品的主要参数

SDS 名称	SDS 中文名称	单位	数据有效范围	数据填充值	缩放比例	偏移量
OLR _ DAY	日平均射出长波辐射	W/m^2	40～400	65535	1	0
OLR _ FIVE	候平均射出长波辐射	W/m^2	40～400	65535	1	0
OLR _ TEN	旬平均射出长波辐射	W/m^2	40～400	65535	1	0
OLR _ MONTH	月平均射出长波辐射	W/m^2	40～400	65535	1	0

6.4.8　MWHS冰水厚度指数

6.4.8.1　产品定义

MWHS冰水厚度指数产品（IWP）主要利用MWHS轨道亮温资料，判识对流云分布，反演中低纬（南北纬45°之间）对流云中不同高度（微波水汽通道权重函数高度）层向上的冰水路径和层间的冰水厚度。产品包括三个参数：微波对流分布数据、中低纬对流云区冰水路径指数、中低纬对流云区冰水厚度指数。

微波对流分布数据：表示对流分布情况，包括三个等级。0：无对流；1：一般对流；2：冲顶对流。

对流云区冰水路径指数：反映MWHS三个水汽通道最大有效探测深度以上单位面积气柱的霰、雪、云冰等冰态物质含量，单位：kg/m^2。

对流云区冰水厚度指数：反映MWHS不同通道探测深度之间单位体积的霰、雪、云冰等冰态物质含量，单位：g/m^3。

6.4.8.2　产品规格

MWHS冰水厚度指数产品包括：对流分布轨道、日、月产品，冰水路径指数轨道、日、月产品，冰水厚度指数轨道、日、月产品。

MWHS冰水厚度指数产品规格参见表6.4-17。

表 6.4-17　MWHS冰水厚度指数产品规格表

产品类型	投影方式	覆盖范围	空间分辨率	数据量（MB）	生成频次
轨道产品	无	轨　道	15km	0.8	每轨一次
日产品	等经纬度	全　球	0.2°×0.2°	9.6	每日一次
月产品	等经纬度	全　球	0.2°×0.2°	9.6	每月一次

6.4.8.3　产品生成原理

1. 生成原理

对流云中冰相物质含量与对流的强弱，降水物质的形成息息相关，是预测对流发展，估计对流影响的重要依据。云中冰相物质含量同样是探测地球辐射平衡的重要物理参数，它的含量和空间分布对理解不同尺度的大气循环十分重要（Liu et al.,1998；Hobbs et al.,1985）。因此，对云内（特别是对流云内）冰相物质含量的准确估测，具有十分重要的意义。

与可见光红外方法相比，微波具有穿透云的独特能力（尽管厚云和强降水云对于微波波段不完全透明），基于微波波段的云遥感方法更有利于推断云的属性（江吉喜等，1998），选择合适的微波谱段，可以有效地探测云内冰相物质含量。模拟和观测研究显示（Yeh et al.，1990；Muller et al.，1994；Burns et al.，1997；Lee et al.，1995；Wang et al.，1997），183.3GHz 附近的三个水汽吸收通道对云内冰粒子浓度变化非常敏感，且由于权重函数高度的差异，三个通道对云内冰粒子变化的响应深度也存在差异。综合利用三个水汽通道，可得到不同高度上冰相物质含量。

MWHS 主探测频点为 183.3GHz，辅助探测频点为 150.0GHz，以大气湿度探测为主要应用目的。这两个探测频点的微波辐射受云雨大气影响明显，一般云雨大气中的液态水成物，使这两个频点的微波辐射迅速饱和；深对流云系中固态水成物（冰晶物质），强烈散射这两个频点的微波辐射，造成深对流云中的强散射冷区。

图 6.4-12 是微波水气通道特性图。图 6.4-12 左侧是 183.3GHz 频点附近三个通道的权重函数，可见三个通道权重函数峰值高度位置不同，其中 183.3±7 GHz 通道特征层高度最低，183.3±1 GHz 通道特征层高度最高。对深对流而言，183.3±7 GHz 通道能穿透对流云上部的冰晶层，到达其下部的液态水成物区域；而 183.3±1 GHz 通道只能探测到对流层上部的冰晶层。探测目标的不同造成探测结果的很大不同。

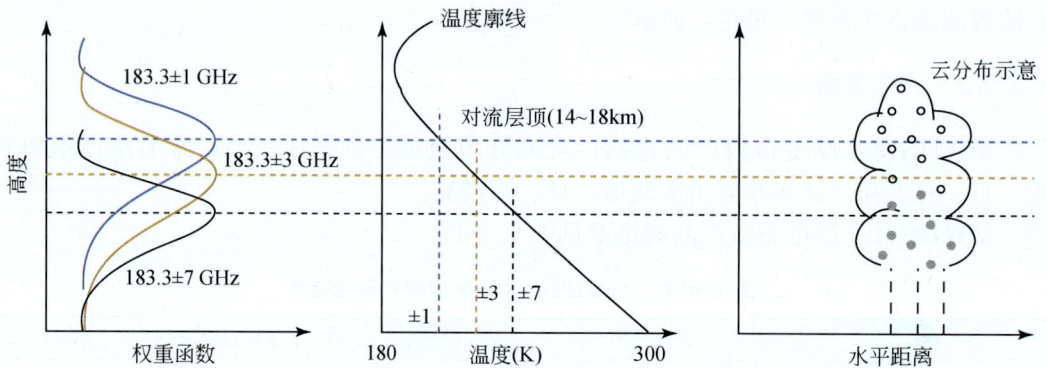

图 6.4-12　微波水汽通道特性示意图

沿深对流系统做剖面，可以得到如图 6.4-13 的微波亮温分布曲线。183.3±7 GHz 通道的微波亮温，在深对流云系统中上层冰晶的强散射作用下，亮温大幅下降，与 183.3±1 GHz 形成鲜明对照。各通道对冰物质不同的敏感性，为利用多通道组合反演对流云和云冰水厚度带来可能。

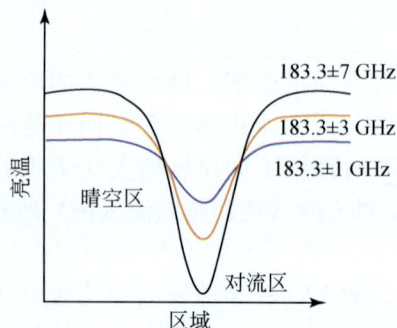

图 6.4-13　对流云中固态水成物冰晶对 MWHS 微波亮温影响的模拟分析

冰水厚度实际表征的是水汽通道不同权重高度之间的冰水含量差异，因此，要计算冰水厚度首先要计算不同水汽通道的冰水路径，也就是权重高度以上单位面积气柱的水汽量。

冰水路径反演算法的基本原理如下（Liu et al., 1996）：

假设位于大气顶外的遥感器接收到的辐射亮温为 T_B，则

$$T_B = T_{BA} + (T_{BS} + T_{BA}\gamma_s)\Gamma_A\Gamma \qquad (6.4\text{-}14)$$

它由三部分构成：大气的直接辐射 T_{BA}、向下的大气辐射被地球表面反射回来的辐射 $T_{BA}\gamma_s$（此处假设大气是一平均温度为 T_A 的介质层，向上，向下的辐射相同）、地球表面发射的辐射 T_{BS}，后两种辐射都要经过大气的衰减才能到达遥感器。γ_S 是地球表面反射率，Γ_A 是大气中没有冰或雪时的透过率，Γ 是大气中冰或雪的透过率。注意此时忽略了冰或雪的吸收作用。如果大气中不包含冰或雪，大气顶的亮温可写为：

$$T_{B0} = T_{BA} + (T_{BS} + T_{BA}\gamma_s)\Gamma_A \qquad (6.4\text{-}15)$$

由以上两式，得到：

$$(1-\Gamma) = \frac{(T_{B0} - T_B)}{(T_{B0} - T_{BA})} \qquad (6.4\text{-}16)$$

由比尔定律，$\Gamma = \exp\left[-\int \sigma_{scat}(z)dz\right]$，其中 σ_{scat} 是冰或雪的体散射系数，z 是整个大气层的厚度，式（6.4-16）可以近似为：

$$\int \sigma_{scat}(z)dz = \frac{(T_{B0} - T_B)}{(T_{B0} - T_{BA})} \qquad (6.4\text{-}17)$$

由于体散射截面和冰水路径相关，因此可以将方程的等号右侧项作为冰水路径的指标，得到：

$$\beta = \frac{T_{B0}(\nu) - T_B(\nu)}{T_{B0}(\nu) - T_{BA}(\nu)} \qquad (6.4\text{-}18)$$

式中 $T_B(\nu)$ 和 $T_{B0}(\nu)$ 表示频率 ν 有冰和无冰状态下的亮温。大气直接辐射 $T_{BA}(\nu)$ 可以认为是一个常数。

根据参数 β 可以进一步计算出冰水路径（IWP）：

$$IWP = \sum_{n=1}^{N} C_n \beta^n \qquad (6.4\text{-}19)$$

式中 C_n 是反演系数。

由于 $T_{B0}(\nu)$ 和 $T_{BA}(\nu)$ 可以简单认为是常数［利用辐射传输模式计算，$T_{BA}(\nu)$ 给定值为 240K；对于发生在低纬度的深对流系统，$T_{B0}(\nu)$ 可以取常数 280K］，所以冰水路径可以认为是随 $T_B(\nu)$ 的变化。也即：

$$IWP = \sum_{n=1}^{N} C_n T_B(\nu)^n \qquad (6.4\text{-}20)$$

研究表明，高频微波通道对冰水路径比 150GHz 更为敏感。因此可以利用微波湿度计所提供的三个水汽通道反演冰水路径。

2. 产品反演算法

将三个水汽通道观测频点模拟亮温与对应权重高度向上垂直积分所得冰相物质含

量建立统计关系，来反演冰水路径。183.3±1GHz、183.3±3GHz、183.3±7GHz 对应的冰粒子垂直积分等压面高度分别选择 300hPa、400hPa 和 450hPa（根据敏感性实验结果），换算到几何高度大约为：10km、8km 和 6.5km。积分计算的是该高度以上云冰、雪、霰的单位气柱总量。

模拟结果显示，三元回归关系可以很好的表示冰相粒子含量与亮温之间的统计关系（见图 6.4-14），则冰水路径（单位 kg/m^2）反演公式可定义为：

$$IWP = C_0 + C_1 T_b(\nu) + C_2 T_b^2(\nu) + C_3 T_b^3(\nu) \tag{6.4-21}$$

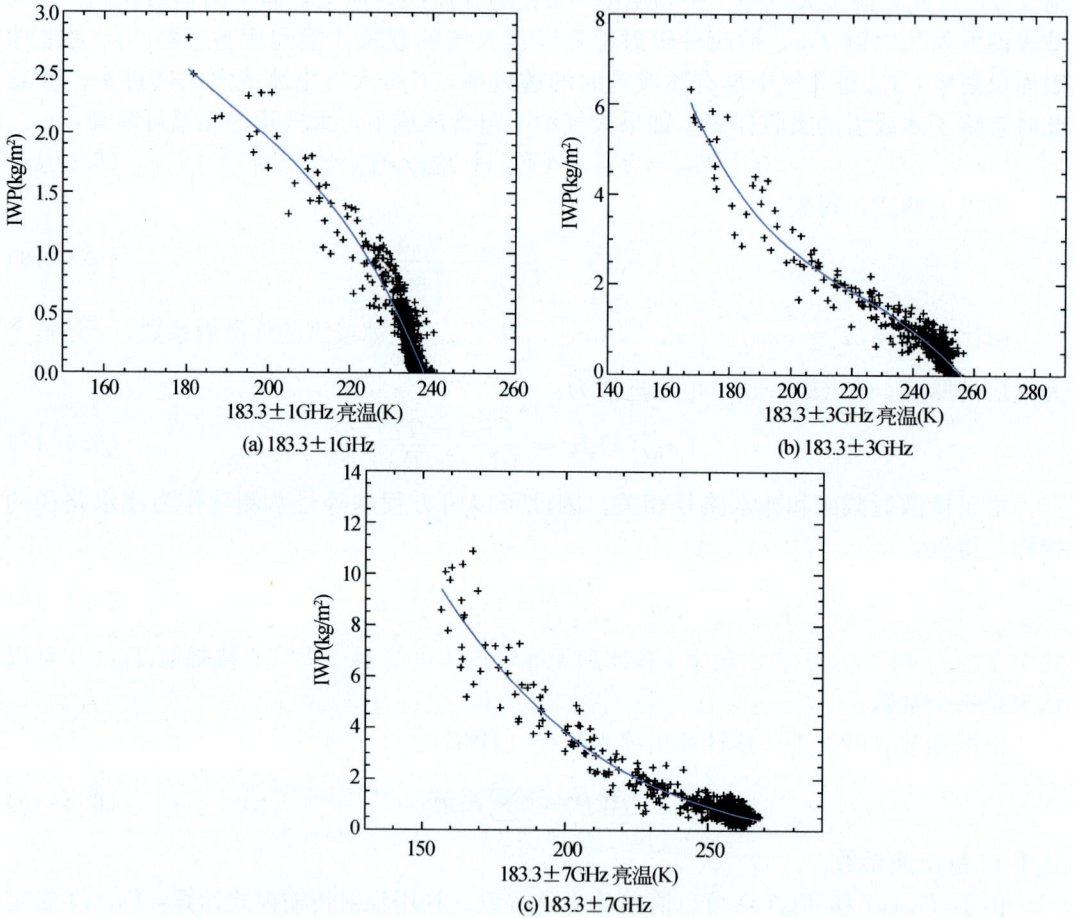

(a) 183.3±1GHz

(b) 183.3±3GHz

(c) 183.3±7GHz

图 6.4-14　微波 3 个水汽通（a，b，c）道辐射亮温与模式输出冰水含量变化对应散点

在反演中同样需要考虑扫描角变化对结果的影响，因此本文通过对不同扫描角下辐射亮温的模拟，来建立统计系数 C_0、C_1、C_2、C_3 与 MWHS 扫描角 θ 的关系：

$$C_0 = a_0 + b_0 \cos\theta + c_0 \cos^2\theta + d_0 \cos^3\theta$$
$$C_1 = a_1 + b_1 \cos\theta + c_1 \cos^2\theta + d_1 \cos^3\theta$$
$$C_2 = a_2 + b_2 \cos\theta + c_2 \cos^2\theta + d_2 \cos^3\theta$$
$$C_3 = a_3 + b_3 \cos\theta + c_3 \cos^2\theta + d_3 \cos^3\theta \tag{6.4-22}$$

在获取不同通道冰水路径后，可以进一步计算 6.5 到 8 公里，8 到 10 公里和 6.5

到 10 公里高度的冰水含量，单位 g/m³：

$$IWTH(6.5-8km) = \frac{IWP(183.3\pm7GHz) - IWP(183.3\pm3GHz)}{8-6.5}$$

$$IWTH(8-10km) = \frac{IWP(183.3\pm3GHz) - IWP(183.3\pm1GHz)}{10-8}$$

$$IWTH(6.5-10km) = \frac{IWP(183.3\pm7GHz) - IWP(183.3\pm1GHz)}{10-6.5}$$

$$(6.4-23)$$

6.4.8.4　产品示例

图 6.4-15 至图 6.4-17 分别是 2008 年 12 月 MWHS 183.3GHz 频点三个通道计算出的全球冰点路径分布图。图 6.4-18 至图 6.4-20 分别是 2008 年 12 月 MWHS 探测到的三个不同高度上的全球冰水厚度分布图。

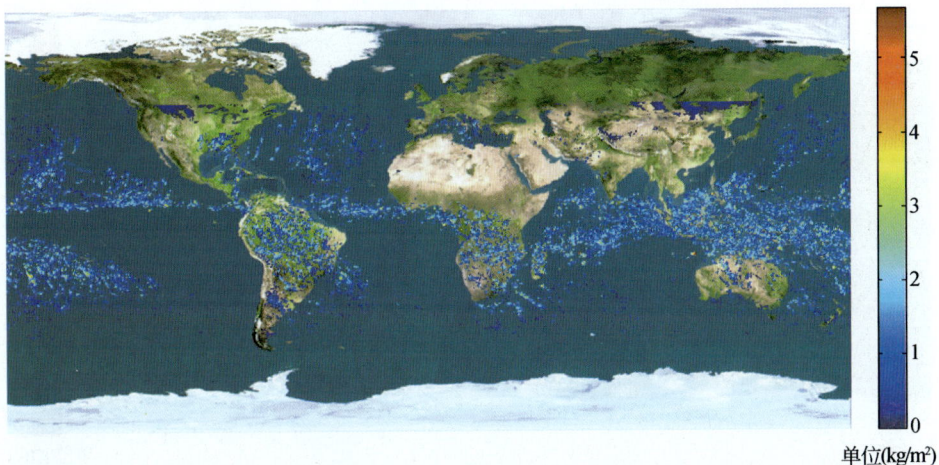

单位(kg/m²)

图 6.4-15　2008 年 12 月 MWHS 冰水路径分布图（183.3±1GHz，10km 高度以上）

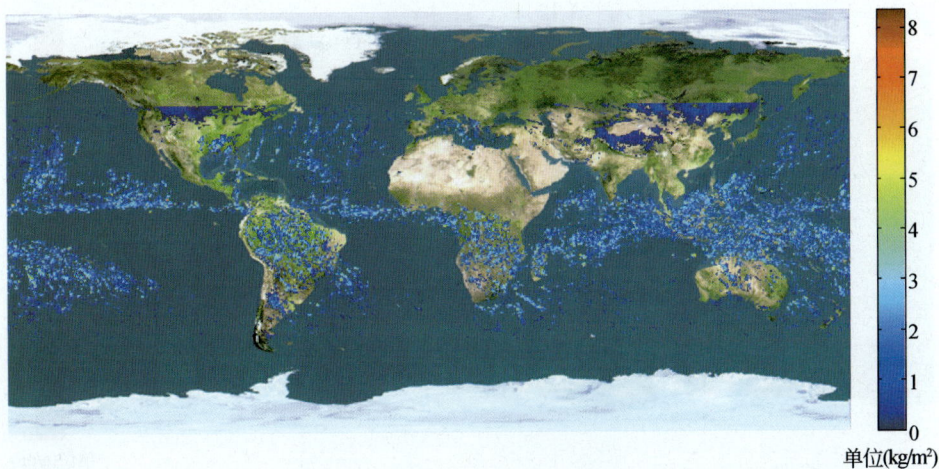

单位(kg/m²)

图 6.4-16　2008 年 12 月 MWHS 冰水路径分布图（183.3±3GHz，8km 高度以上）

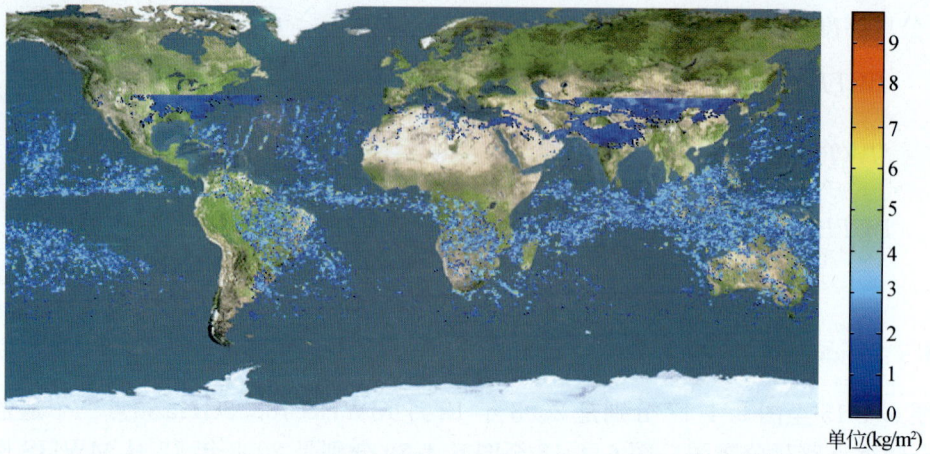

单位(kg/m²)

图 6.4-17 2008 年 12 月 MWHS 冰水路径分布图（183.3±7GHz，6.5km 高度以上）

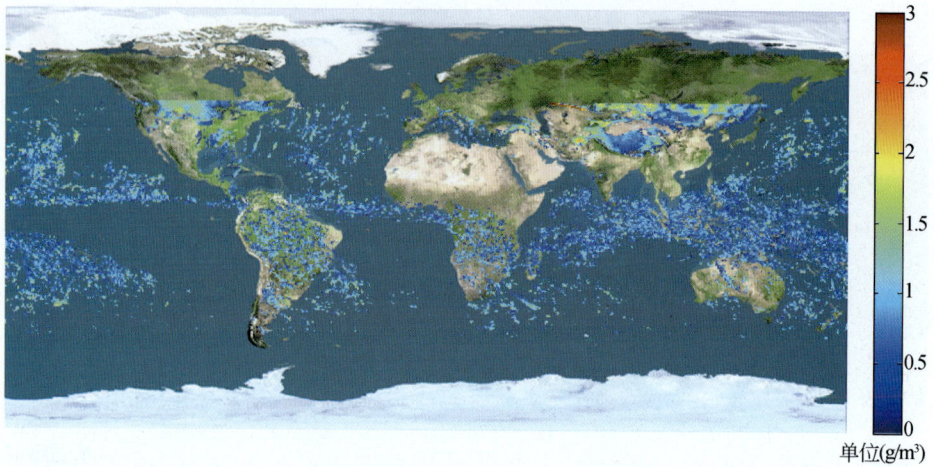

单位(g/m³)

图 6.4-18 2008 年 12 月 MWHS 冰水厚度分布图（6.5～8km 高度）

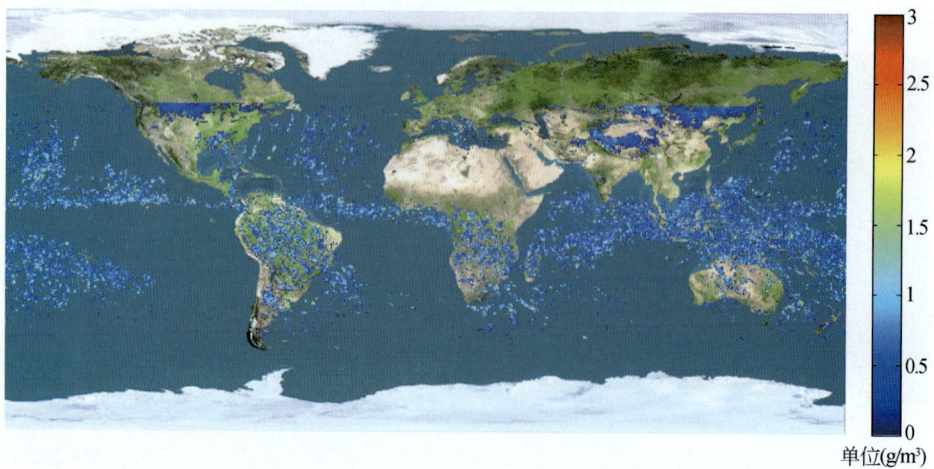

单位(g/m³)

图 6.4-19 2008 年 12 月 MWHS 冰水厚度分布图（8～10km 高度）

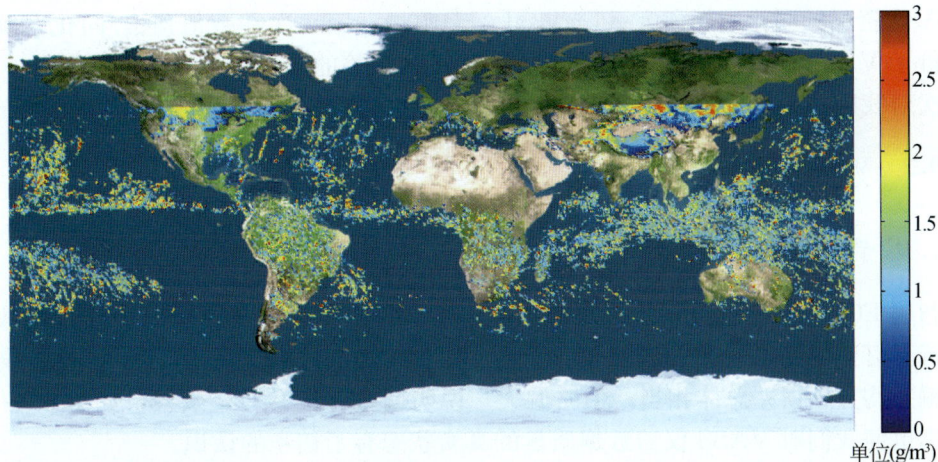

图 6.4-20　2008 年 12 月 MWHS 冰水厚度分布图（6.5～10km 高度）

由图可见，冰水物质高值区主要分布在赤道及其以南地区，中国、印度及中南半岛地区几乎没有冰水物质出现（青藏高原和 40°～50°N 之间的测值为观测误差所致），说明这些地区在 2008 年 12 月几乎没有对流活动。事实上 2008 年 12 月～2009 年 1 月，中国大部出现了 50 年一遇的大旱，从冰水物质分布看，15°以北的亚洲大陆地区对流活动很弱，缺乏有效的水汽输送，造成了干旱区降水稀少，进一步加剧了旱情。

6.4.8.5　产品信息说明

MWHS 冰水厚度指数产品以 HDF5 格式存储，该产品的详细格式内容见附录 4。

6.4.9　VASS 数据质量及 NWP 应用潜力

6.4.9.1　检测卫星观测系统误差特征

卫星资料在数值天气预报（Numerical Weather Prediction，NWP）中的直接应用是通过资料同化方法吸收有效观测信息。这类方法是利用有限观测数据源及数值预报场，考虑两者与真实大气的误差，在服从高斯分布误差假设下，通过最优算法，优化分析出更加反映大气真实时空特征结构的初始场，通过改善的初始场提高数值预报精度的一种客观分析方法。同化分析效果直接取决于观测误差与数值预报误差的系统配比，在一定数值预报模式误差条件下，卫星观测系统中观测误差的真正物理意义上的高斯分布程度（卫星观测与模拟之间的物理一致性）直接影响着卫星探测资料的同化应用效果。

目前认识这种卫星观测系统误差（仪器的观测性能）除了通过外场辐射定标校正试验外，通过高质量的数值预报场来驱动辐射传输模式正演模拟卫星观测值，分析和诊断观测结果与模拟值之间的差异来评价仪器观测性能也是一种重要的方法，研究表明通过欧洲数值预报中心（ECMWF）预报分析场可以分辨仪器 0.1K 的系统误差。根据中国气象局和欧洲数值预报中心双边合作协议，我们利用 ECMWF 的工作平台进行了 VASS 资料的同化应用研究（Lu et al.，2010），第一次在数值预报/同化系统中定量评价了 VASS 数据质量、研究了卫星资料同化相关的问题、评价了应用潜力，也是第一次对我国该类仪器制造工艺水平进行了检验。

6.4.9.2 VASS 数据的偏差订正

1. 基于常规预报因子的偏差订正

利用 ECMWF 的变分偏差订正系统，选用常规预报因子对 VASS 一级探测数据偏差进行了订正，结果表明：经过偏差订正后，VASS 三个仪器与 METOP 相应仪器的模拟偏差均方根误差总体相当，但略偏大，说明偏差订正有一定效果，如图 6.4-21 所示。这也使我们对 VASS 仪器数据质量的真实状态有了初步的认识。

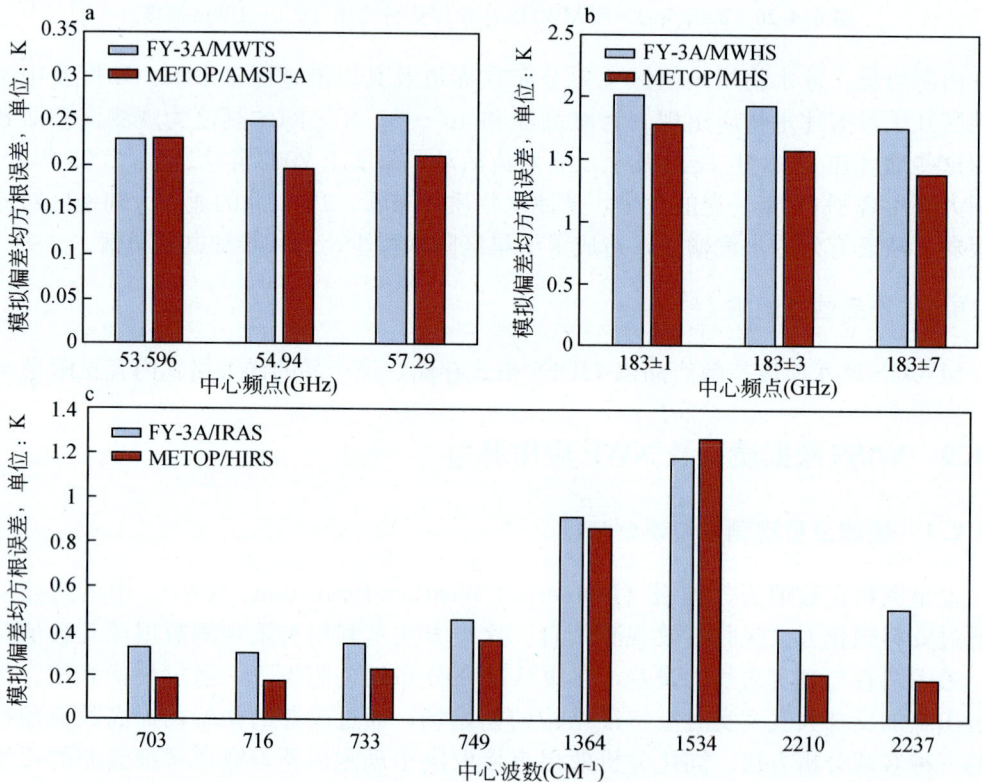

图 6.4-21 同化系统中所用 VASS 资料和 ATOVS 资料模拟偏差的均方根误差比较（偏差订正后），横坐标为中心频率，纵坐标为偏差的均方根误差，其中，a 图为 MWTS 与 AMSU-A 结果；b 图为 MWHS 与 MHS 结果；c 图为 IRAS 与 HIRS 结果。淡蓝色为 VASS 各仪器结果，红色为 ATOVS 各仪器结果。

2. 基于观测仪器自身特征的偏差订正

基于 ECMWF IFS 平台、VASS 三个仪器技术特征和实际探测数据，全面分析了 VASS 系统观测误差，建立了 MWTS 在轨运行仪器参数与模拟偏差之间的物理算法，计算得出该仪器在轨运行的最优参数。利用这些参数对该仪器观测误差进行订正，取得了显著效果，如图 6.4-22 所示。图 6.4-22 给出了 MWTS 其中三个通道四种不同参数条件下的偏差订正效果，并与 AMSU-A 进行了比较，随着将频点漂移和非线性偏差订正后，其结果与 AMSU-A 资料具有可比性，甚至优于 AMSU-A 的结果。

通过对 FY-3A 卫星 MWTS 仪器指标的定量计算分析，包括仪器灵敏度、通道频点漂移、星上定标源稳定性、探测器材料质量等，结果表明：MWTS 的一些指标，例如灵敏度（在轨）优于设计指标，也有另一些指标没有达到设计要求，例如通道中心频点漂移较大，需进一步提高制造水平。

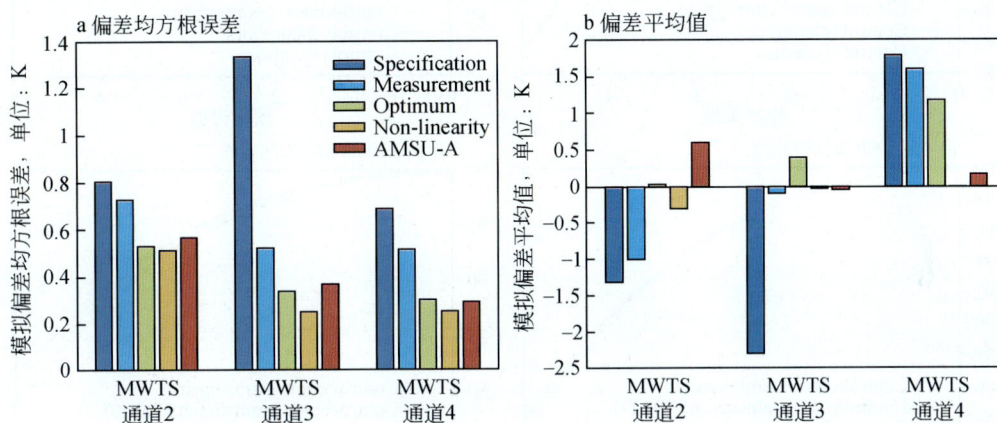

图 6.4-22 模拟偏差的统计特征比较。a 图为偏差的均方根误差，b 图为偏差的平均值。其中，1）蓝色为利用设计的仪器通道频点参数计算结果，2）青色为利用发射前实验室测量仪器通道频点参数计算结果，3）绿色为利用经频点漂移订正后的仪器通道频点参数计算结果，4）黄色为经频点漂移订正并进行探测器质地的非线性偏差订正后的结果，5）红色为 AMSU-A 相应通道的模拟结果。

6.4.9.3 VASS 数据在 NWP 中的应用潜力

观测系统试验（Observing System Experiments，OSEs）是检验新观测资料在数值预报/同化系统中同化效果的一种通用方法。这种方法通常是在控制试验（Control 试验，即在目前的业务同化系统（Full System）中减去某些观测资料）基础上加入新的观测资料，考察新观测资料加入后与 Control 对预报结果影响的差异来评价同化新资料的效果。

图 6.4-23 显示分别同化 VASS 各仪器数据（基于常规预报因子偏差订正）与同类仪器同化效果的比较，结果表明：同化后预报精度有改善，北半球 MWTS 与 AMSU-A 同化效果相当，南半球同化效果相当于 AMSU-A 的 70% 左右；同化 IRAS 与同化 MWTS 有类似效果，但相应影响要小于 MWTS；同化微波湿度计得到与 MetOp MHS 相当的效果。在 ECMWF 全系统试验中（Full System）同化 MWTS、MWHS、IRAS 资料后 500hPa 的位势高度均方根误差评分也表明，与目前 ECMW 业务系统（控制试验）相比，同化后预报技巧有改善。ECMWF 认为 FY-3 卫星数据质量评价结果支持将其同化进入 ECMWF 的业务系统中，目前，FY-3 卫星资料同化流程已升级到 ECMWF

的 CY36R4 版本中，该版本将在 2010 年秋季成为新的业务运行版本。

距平异常相关系数，从2008082800时到2008092800时

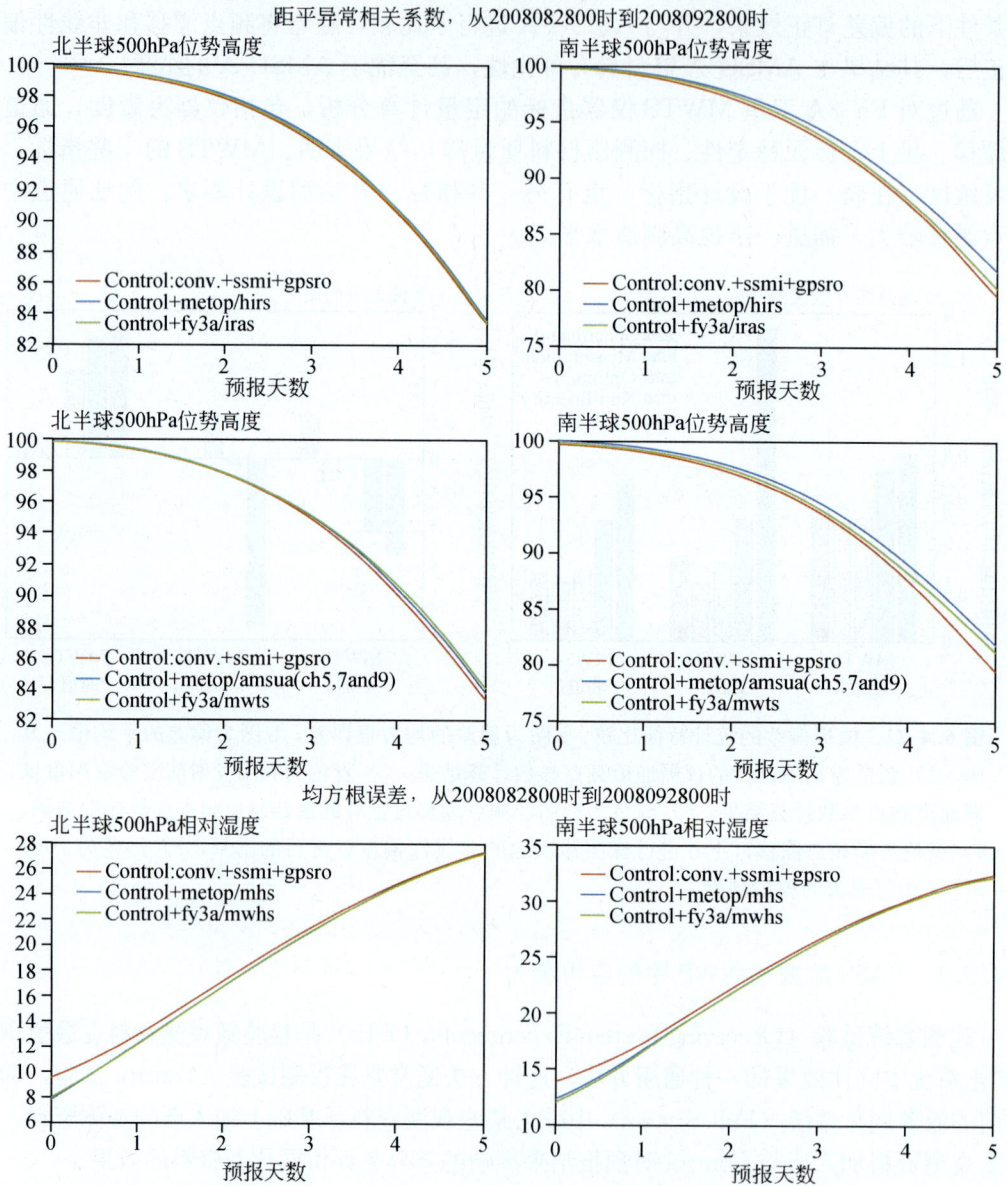

均方根误差，从2008082800时到2008092800时

图 6.4-23 同化 FY-3A VASS 各仪器数据及与同类仪器同化效果的比较。其中，上子图代表同化 IRAS 和 HIRS（采用异常相关系数评价），中子图代表同化 MWTS 和 AMSU-A（采用异常相关系数评价），下子图代表同化 MWHS 和 MHS（采用均方根误差来评价）；左列代表北半球同化结果，右列代表南半球同化结果；红色代表 Control 试验结果，蓝色代表在 Control 基础上同化 MetOp ATOVS 相应仪器的试验结果，绿色代表在 Control 基础上同化 FY-3A VASS 各仪器的试验结果。

6.5
臭氧探测（TOU/SBUS）产品及应用

6.5.1　TOU 臭氧总量

6.5.1.1　产品定义

臭氧总量（TOZ）是像元覆盖范围内整层大气臭氧柱含量，单位为 DU（即 Dobson），是指在 0℃、标准海平面压力下，10^{-5} m 厚的臭氧为 1 个 DU。

6.5.1.2　产品规格

臭氧总量轨道产品是由 TOU 观测的紫外后向散射亮度（反照率）轨道数据，反演得到的大气臭氧总量，即在像元覆盖范围内整层大气臭氧柱含量，单位为 DU。

全球臭氧总量日产品：基于臭氧总量轨道产品经空间投影和去重复处理，合成 0.5°×0.5°等经纬度全球均匀的网格日产品，单位为 DU。产品规格见表 6.5-1。

表 6.5-1　TOU 臭氧总量产品规格表

产品类型	投影方式	覆盖范围	空间分辨率	数据量（MB）	生成频次
臭氧总量轨道产品	无投影	轨道	50km	2	每 102 分钟一次
全球臭氧总量日产品	等经纬度	全球	0.5°×0.5°	30	每日一次

6.5.1.3　产品生成原理

TOU 臭氧总量轨道产品是利用辐射定标和地理定位的 TOU/L1 数据，经过辐射订正、云量估计、正演辐射计算、单像元臭氧总量初估值和精确值反演后得到的轨道逐像元臭氧总量（McPeters et al.，1993）。

TOU 臭氧总量全球日产品：基于臭氧总量轨道产品，经过空间投影、去重复，平滑过程，生成全球臭氧总量日产品。产品生成过程如下：

1. 辐射订正

由于实验室定标系数有误差，因此需要先对各通道、各个扫描位置的辐射亮度进行订正，辐亮度订正系数通过交叉定标过程离线生成。辐照度则采用国外卫星测量结果。

2. 云量估计

利用通道 6（360nm）辐亮度计算像元内的云量，通过求解辐射传输方程，并根据 ISCCP 云高分布气候产品计算像元内有效云量。

3. 正演计算

正演计算采用矢量辐射传输模式，在业务反演过程中，为了提高运算速度，采用辐射查算表形式的辐射传输模式对每个通道进行辐射传输计算，计算利用 26 条标准臭氧廓线，卫星实际观测几何条件对应的辐亮度模拟量，并生成臭氧总量与通道对之间 N 值差的对应关系。N 值的定义如下：

$$N = -100\log_{10}(I/F) \tag{6.5-1}$$

式中 I 代表通道辐亮度，F 代表通道太阳辐照度。

4. 单个像元臭氧总量反演

臭氧总量的反演有两个基本过程。第一步计算臭氧总量的初估值。选择两个通道作为一个通道对，其中一个通道臭氧吸收比较强，另一个通道臭氧吸收相对比较弱，用这两个通道的 N 值差和臭氧总量与通道对 N 值差的关系计算臭氧总量的初估值。

臭氧总量反演的第二步就是计算臭氧总量的精确值。用初估值计算的 N 值与实际观测的 N 值有一定的差别，称为残差。选择 3 个合适通道，用它们的残差建立联立方程，通过这个方程可以对初估值进行订正，并且可以消除与波长呈线性关系的误差源，如：表面反射率误差和定标误差。3 个通道包括与初估值类似的通道对和对臭氧不敏感的 360nm 通道。方程求解可以采用迭代法，将第一次解作为第二次解的初估值，依此类推，直到获得满足要求的解为止。表 6.5-2 为 TOU 臭氧总量反演通道组合方式。

表 6.5-2 TOU 臭氧总量反演通道组合方式

通道组合名称	臭氧敏感通道（nm）	臭氧次敏感通道（nm）	反射率通道（nm）	适用条件
A	312.59	331.31	360.11	$1 \geqq s^*$
B	317.61	331.31		初估值计算
B'	317.61	331.31	360.11	$3 \geqq s>1$
C	322.40	331.31	360.11	$s>3$

注：s 为总大气光学路径长度=1/cos(卫星天顶角) + 1/cos(太阳天顶角)。

6.5.1.4 产品示例

图 6.5-1 和图 6.5-2 分别为 TOU 极射赤面投影南纬 30°以南臭氧总量产品（2008年 10 月 16 日）和全球臭氧总量产品（2008 年 11 月 4 日）。臭氧总量产品精度的验证主要是与地面观测结果以及同类卫星产品的比较。产品设计精度（与地面观测结果或与同类卫星产品相对偏差）为 10％。反演的 TOU 臭氧总量经与地面观测臭氧总量以及 OMI 全球臭氧总量日产品比较，表明产品实际精度优于 5％（王维和等，2010）。图 6.5-3 为产品真实性检验结果。

FY-3A/TOU Total Ozone(DU),2008 10 16

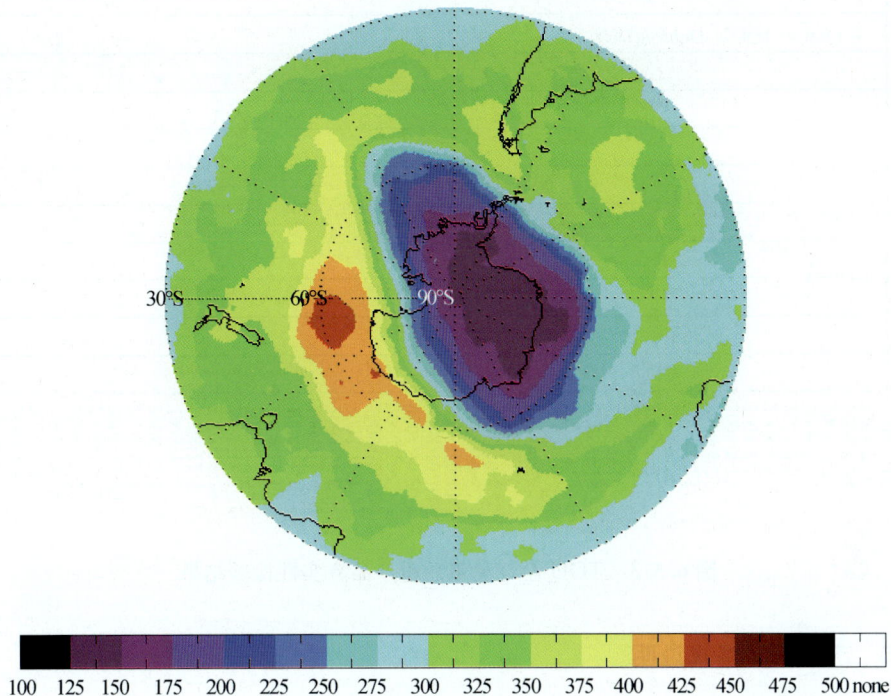

图 6.5-1　TOU 极射赤面投影臭氧总量产品（2008 年 10 月 16 日）

FY-3/TOU Total Ozone(DU),2008 11 04

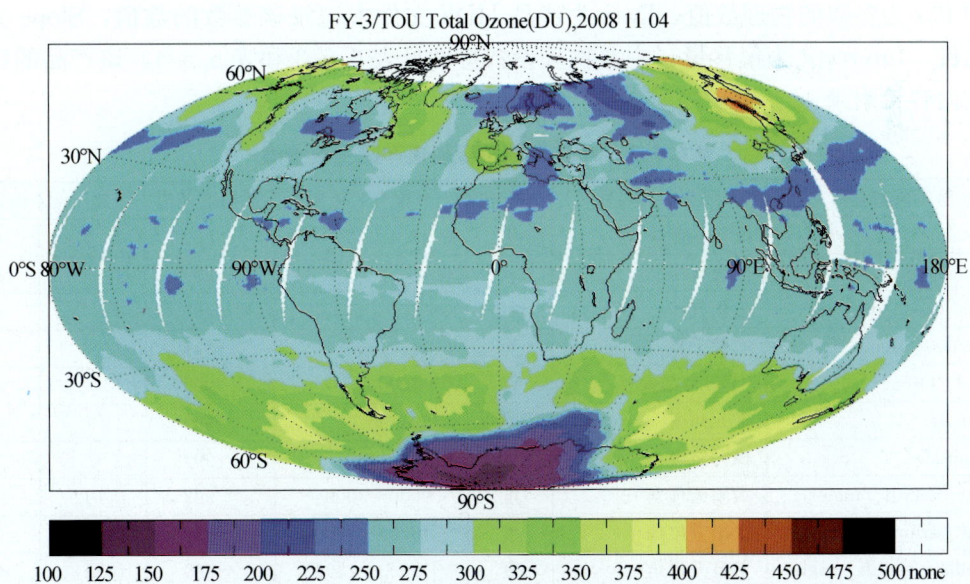

图 6.5-2　TOU 全球臭氧总量产品（2008 年 11 月 4 日）

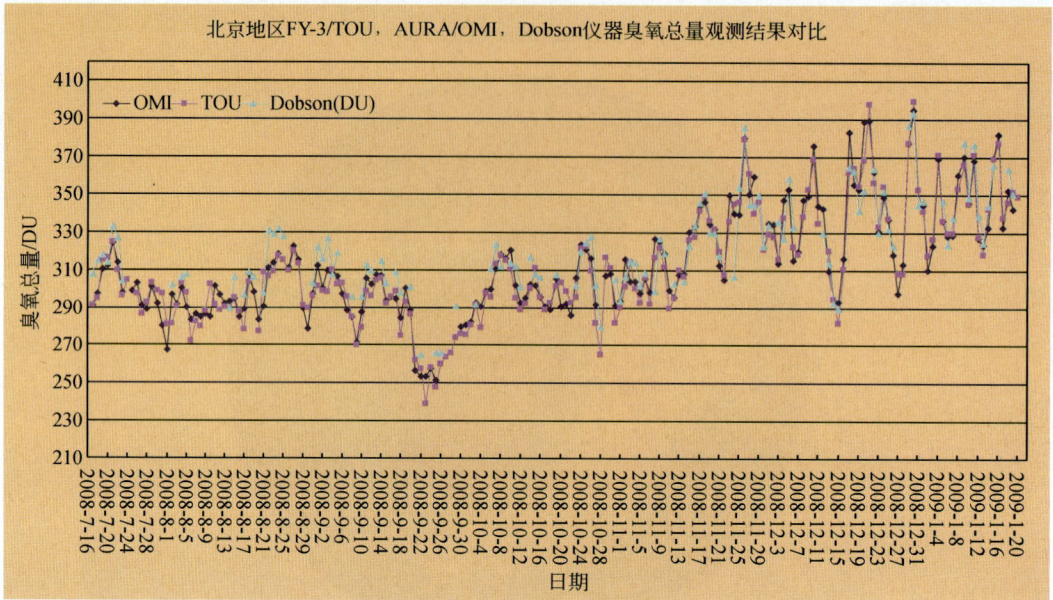

图 6.5-3　TOU 全球臭氧总量产品真实性检验结果

6.5.1.5　产品信息格式说明

TOU 臭氧总量产品以 HDF5 格式存储，参数的物理数值通过下式转换而来：

$$Par = Slope \times Data + Intercept$$

式中 Par 为参数的物理数值，Data 为产品 HDF 文件中记录该参数的数值，Slope 为缩放比例，Intercept 为偏移量，主要物理参数特性见表 6.5-3 和表 6.5-4。该产品的详细格式内容见附录 4。

表 6.5-3　TOU 臭氧总量轨道产品主要参数

SDS 英文名称	SDS 中文名称	单　位	数据有效范围	数据填充值	缩放比例	偏移量
N _ value	6 个通道 N-值	无	$0 \sim 3.4 \times 10^{38}$	-999	1	0
Terrain _ pressure	陆表气压	atm	$0 \sim 1$	-999	1	0
Cloud _ top _ pressure	云顶气压	atm	$0 \sim 1$	-999	1	0
Effective _ cloud _ fraction	有效云量	无	$0 \sim 1$	-999	1	0
Total _ Ozone	TOU 臭氧总量	DU	$0 \sim 1000$	-999	1	0
Latitude	像元纬度	度	$-90 \sim 90$	-999	1	0
Longitude	像元经度	度	$-180 \sim 180$	-999	1	0
Solar _ zenith _ angle	太阳天顶角	度	$-9000 \sim 9000$	-999	0.01	0
Solar _ azimuth _ angle	太阳方位角	度	$-18000 \sim 180000$	-999	0.01	0
Satellite _ zenith _ angle	卫星天顶角	度	$-18000 \sim 18000$	-999	0.01	0
Satellite _ azimuth _ angle	卫星方位角	度	$-18000 \sim 18000$	-999	0.01	0
QC _ flag	臭氧总量质量标志	无	$0 \sim 100$	-999	1	0
Observing _ time	像元观测时间	秒	$0 \sim 86400$	-999	1	0
Surface _ category	地表分类	无	$0 \sim 255$	255	1	0

表 6.5-4 TOU 臭氧总量全球日产品主要参数

SDS 英文名称	SDS 中文名称	单位	数据有效范围	数据填充值	缩放比例	偏移量
Total _ Ozone	TOU 臭氧总量	DU	0～1000	−999	1	0
Latitude	像元纬度	度	−90～90	−999	1	0
Longitude	像元经度	度	−180～180	−999	1	0
Solar _ zenith _ angle	太阳天顶角	度	−9000～9000	−999	0.01	0
Solar _ azimuth _ angle	太阳方位角	度	−18000～180000	−999	0.01	0
Satellite _ zenith _ angle	卫星天顶角	度	−18000～18000	−999	0.01	0
Satellite _ azimuth _ angle	卫星方位角	度	−18000～18000	−999	0.01	0
QC _ flag	臭氧总量质量标志	无	0～100	−999	1	0
Observing _ time	像元观测时间	秒	0～86400	−999	1	0

6.5.2 SBUS 臭氧垂直廓线

6.5.2.1 产品定义

SBUS 臭氧垂直廓线产品（OZP）是由 SBUS L1 数据经反演得到的从地表到大气层顶之间 21 层的臭氧含量值，单位为 DU。产品从地表到大气顶分层，每层底部气压值依次为：1.0，0.631，0.398，0.251，0.158，0.100，0.0631，0.040，0.0251，0.0158，0.0100，0.0063，0.0040，0.00251，0.00158，0.0010，0.00063，0.00040，0.00020，0.000158，0.0001，气压单位：标准大气压，其中顶层的上部延伸到气压无穷小处。

6.5.2.2 产品规格

SBUS 臭氧垂直廓线轨道产品，其具体规格见表 6.5-5。

表 6.5-5 SBUS 臭氧垂直廓线产品规格表

产品类型	投影方式	覆盖范围	空间分辨率	数据量（Mbyte）	生成频次
轨道产品	无投影	轨道	200km	1M	每 102 分钟一次

6.5.2.3 产品生成原理

利用经过辐射定标和地理定位的 SBUS L1 太阳辐照度观测数据和大气紫外后向散射辐亮度数据，采用最优估计和循环迭代算法，反演生成臭氧垂直廓线轨道产品（Bhartia et al.，1996；黄富祥等，2008）。具体步骤和方法如下：

首先根据观测地点和观测时间，利用先验信息生成模块生成先验信息，包括先验臭氧廓线 x_0，先验臭氧廓线协方差矩阵 S_X，先验温度廓线 T_{pro}，以及仪器观测协方差

矩阵 S_e 等。

然后，利用 312.5～339.8nm 之间 4 个长波通道观测数据估计臭氧总量，生成初估廓线 x_1 和云盖百分率 f，视场有效气压 P^*，视场有效反照率 R^*。

分别利用单次散射辐射计算模块，多次散射和反射辐射计算模块，计算给出通道计算的 N-值向量，将计算向量和观测向量都放入迭代计算方程，开展第一次迭代计算，得到计算廓线 x_2。

对迭代计算结果进行收敛性判断，如果不收敛，进入下一次迭代计算；否则，跳出循环，输出迭代计算结果，即为反演臭氧垂直廓线。

1. N-值变量计算

N-值变量计算公式：

$$N_\lambda = -100\log\frac{I_\lambda}{F_\lambda} \qquad (6.5\text{-}2)$$

式中 λ 表示通道中心波长，N_λ 为通道 N-值，I_λ 和 F_λ 分别是波长为 λ 的通道大气辐亮度和太阳辐照度观测值。λ 取遍各通道，则得到各通道的 N-值变量。

2. 单次散射计算

单次散射计算公式：

$$I_{ss} = F_\lambda \frac{\beta_\lambda^* P(\theta)}{4\pi} \int_0^{P_s} \exp\left[-S_x(p)\alpha_\lambda^* X(p) - S_p(p)\beta_\lambda^* p\right]dp \qquad (6.5\text{-}3)$$

式中 F_λ 为波长 λ 处太阳辐照度，β_λ^* 为单位大气压有效 $Rayleigh$ 散射系数，$P(\theta)$ 是散射角为 θ 时的 $Rayleigh$ 散射相函数，α_λ^* 为单位质量臭氧的有效吸收系数，$S_x(p)$ 是气压为 p 的气压层的散射辐射穿过的斜程臭氧质量，$S_p(p)$ 是斜程大气质量，$X(p)$ 是 p 气压层以上臭氧气柱含量，P_s 是表面气压。

3. 反演计算

反演迭代计算公式：

$$x_{n+1} = x_0 + S_X K_n^T (K_n S_X K_n^T + S_e)^{-1}\left[(y_m - y_n) - K_n(x_0 - x_n)\right] \qquad (6.5\text{-}4)$$

式中 x_{n+1} 为第 n 次（$n \geqslant 1$）臭氧廓线反演迭代计算的结果，x_0、x_1 分别为先验臭氧廓线和初估臭氧廓线，S_X 为先验臭氧廓线协方差矩阵，表示生成先验臭氧廓线过程中伴随的协方差，S_e 为仪器观测协方差矩阵，表示由于仪器观测精度造成的误差，y_m 为仪器获得的大气顶观测向量，y_n 为第 n 次计算得到的计算向量，K_n 为第 n 次迭代计算的核矩阵，K_n 由单次散射核矩阵和多次散射与反射核矩阵组成。

6.5.2.4 产品示例

图 6.5-4 给出 2008 年 7 月 23 日由 SBUS 反演的臭氧廓线与相近地区和时刻 NO-AA 卫星 SBUV/2 臭氧廓线的比较。

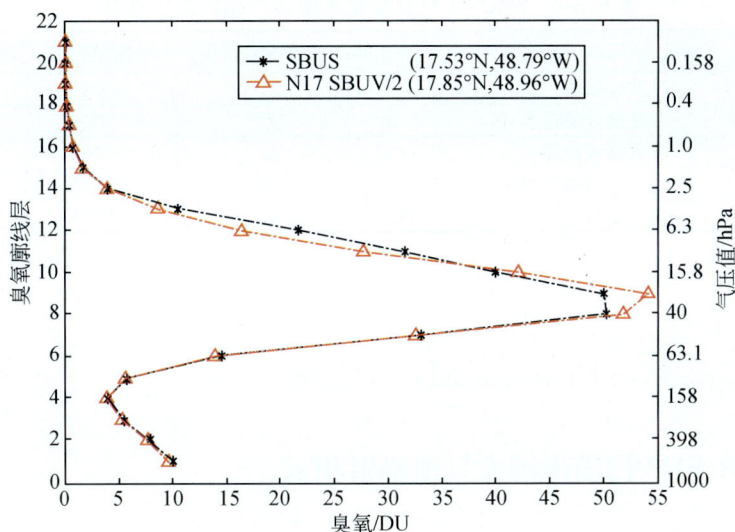

图 6.5-4　SBUS 反演臭氧廓线与 SBUV/2 产品比较情况（2008 年 7 月 23 日）

利用 2008 年 7 月 22～28 日 SBUS 臭氧垂直廓线数据，生成北半球极射投影的臭氧分布图。图 6.5-5 给出两个高度层臭氧分布图作为例子。

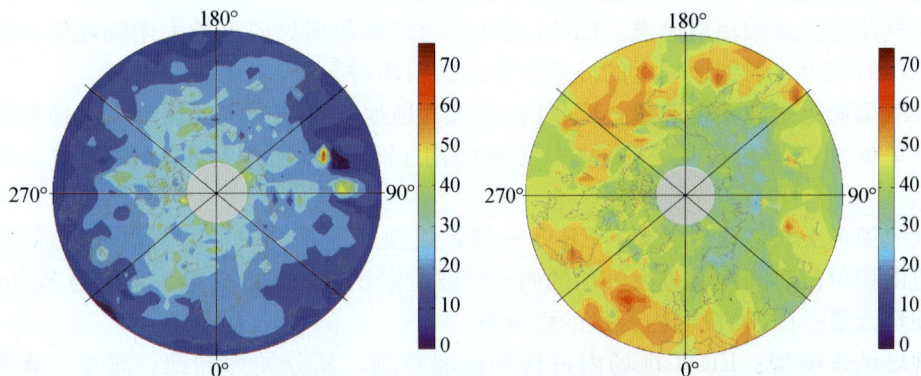

图 6.5-5　北半球 SBUS 极射投影产品（2008 年 7 月 22～28 日）

（左右图分别为 0.158 和 0.04 个大气压高度层的臭氧分布，量纲 DU）

SBUS 臭氧垂直廓线产品精度检验和评估，主要采用与美国 NOAA 卫星类似的臭氧垂直探测仪 SBUV/2 产品比较。比较中，选取 SBUS 与 NOAA-16、17 和 18 卫星 SBUV/2 相同观测日期数据中，像元经纬度差异都在 0.5°以内，直接比较 SBUS 和 SBUV/2 反演产品各层的差异情况。2008 年 7 月在轨测试期间，通过比较 SBUS 和 SBUV/2 产品，得到 SBUS 与 SBUV/2 产品相对偏差为 7％（黄富祥等，2009）。

6.5.2.5　产品信息说明

SBUS 臭氧垂直廓线产品以 HDF 和 TXT 两种格式存储，主要物理量特性如表 6.5-6 所示。该产品的详细格式内容见附录 4。

表 6.5-6　SBUS 大气臭氧垂直廓线产品的主要参数

SDS 英文名称	SDS 中文名称	单　位	数据有效范围	数据填充值	缩放比例	偏移量
Aerosol_index	气溶胶指数	无	无	−9999	1	0
CCD_N_Value	云光度计通道 N-值	无	无	−9999	1	0
OZP	臭氧廓线产品	DU	无	−9999	1	0
Reflectivity	像元下垫面反照率	%	0~1	−9999	1	0
Total_ozone	臭氧总量	DU	无	−9999	1	0

6.6
辐射收支探测（ERM/SIM）产品及应用

6.6.1　ERM/SIM 扫描视场大气顶辐射和云

6.6.1.1　产品定义

ERM/SIM 扫描视场大气顶辐射和云产品（FTS）包括八个参数：大气顶太阳向下辐射通量、大气顶向上短波辐射通量、大气顶向上长波辐射通量、视场云量、视场地表类型、视场类型、长波和短波 ADM。分别定义如下：

大气顶向下太阳辐射通量：ERM 视场平均日地距离处向下的太阳辐照度，即单位面积单位时间内入射到地球上的波谱积分的太阳辐射能量，单位为 W/m²。

大气顶向上短波辐射通量：ERM 视场大气顶地气系统向上的反射太阳短波辐射通量，即单位面积单位时间内通过大气顶的向上短波波谱积分的辐射能量，单位为 W/m²。

大气顶向上长波辐射通量：ERM 视场大气顶地气系统向上的射出长波辐射通量，即单位面积单位时间内通过大气顶的向上长波波谱积分的辐射能量，单位为 W/m²。

视场云量：ERM 视场内云量的百分数。

视场地表类型：ERM 视场内占优的地表类型，其分类为陆地、海洋、冰雪、沙漠、海岸线五种。

视场类型：12 种扫描视场内云量和地表类型的组合，具体定义见表 6.1-2。

视场角度分布模型：观测目标在某一特定方向上的辐亮度与目标半球辐射通量相对关系（Angular Distribution Model，ADM），分别为长波和短波 ADM。

6.6.1.2　产品规格

ERM/SIM 扫描视场大气顶辐射和云产品包括：扫描视场大气顶辐射通量和云量轨道产品、1°×1°等经纬度大气顶辐射和云日、旬、月产品。

ERM/SIM 扫描视场大气顶辐射通量和云量轨道产品：基于 ERM/L1 和 SIM/L1 轨道产品，生成未经投影变换处理的扫描视场大气顶辐射通量和云量产品，空间分辨率为 28km，覆盖范围为轨道。

ERM/SIM 扫描视场大气顶辐射通量和云量日产品：基于扫描视场大气顶辐射和云

量轨道产品，通过空间投影和去重复处理，生成1°×1°等经纬度均匀网格日产品，分为日、夜，覆盖范围为全球。

ERM/SIM 扫描视场大气顶辐射通量和云量旬、月产品：基于扫描视场大气顶辐射和云量日产品，进行质量判识及10天、月平均，生成1°×1°等经纬度均匀网格气候产品，覆盖范围为全球。

ERM/SIM 扫描视场大气顶辐射和云产品具体规格见表6.6-1。

表6.6-1 ERM/SIM 大气顶辐射和云产品规格表

产品类型	投影方式	覆盖范围	空间分辨率	数据量（MB）	生成频次
轨道产品	无投影	轨　道	28km	14.2	每102分钟一次
日产品	等经纬度	全　球	1°×1°	3.24	每日一次
旬产品	等经纬度	全　球	1°×1°	3.24	每旬一次
月产品	等经纬度	全　球	1°×1°	3.24	每月一次

6.6.1.3 产品生成原理

ERM/SIM 扫描视场大气顶辐射通量反演原理与 VIRR OLR 产品算法不同，ERM 是根据视场内目标类型的辐射方向特性，将辐亮度依据 ADM 模型对半球面立体角积分得到辐射通量。因此在计算 ERM 辐射通量的过程中，需要判识视场内的云量和地表类型，它们的组合得到视场类型，通过视场类型选择 ADM 计算辐射通量。

ERM/SIM 扫描视场大气顶辐射通量和云轨道产品：利用经过辐射定标和地理定位的 ERM/L1 数据和经过日地距离、角度订正和相对辐射定标的 SIM L1 数据，进行太阳高度角订正、视场类型判识、仪器光谱响应影响的去滤波处理、采用视场角度分布模型计算辐射通量，生成大气顶向上反射太阳辐射和射出地球长波辐射通量。

ERM/SIM 扫描视场大气顶辐射和云日产品算法包括：ERM 视场大气顶向下太阳辐照度计算、云和地表类型处理、ERM 扫描视场类型识别、ERM 观测辐亮度的光谱订正处理和大气顶的辐射通量计算等过程。

1. ERM 视场大气顶向下太阳辐照度计算

利用 SIM 观测太阳辐照度产品及 ERM 视场的太阳的几何角度，计算 ERM 视场接收到的大气顶向下太阳辐照度。

2. ERM 视场云和地表类型处理

利用 VIRR 生成的高分辨率的云检测产品和 VIRR L1 中地表覆盖分类信息，与 ERM 扫描视场匹配，以视场的点扩散函数（Point Spread Function，PSF）作为权重进行卷积，生成 ERM 扫描辐射观测视场的云量和地表覆盖数据。

3. ERM 扫描视场类型识别

采用美国地球辐射平衡试验 ERBE（Bruce，1984）产品的12种视场目标分类标准（见表6.6-2），根据视场的云量和地表类型信息，确定 ERM 扫描视场的目标类型。

4. ERM 光谱订正处理

在离线状态下，利用 ERBE 的 12 类目标分类依据，通过大气辐射传输模拟计算，同时考虑视场观测的几何关系，通过统计分析建立不同视场（见表 6.6-2）ERM 光谱订正系数；根据 ERM 视场类型和光谱订正系数，消除 ERM 光谱响应对于大气顶向上短波和长波辐射影响，得到在大气顶入瞳反射太阳辐射和射出长波辐亮度数据，也称作去滤波辐亮度数据。

5. 大气顶辐射通量计算

ERM 扫描观测的短波和长波通道的去滤波辐亮度为 I_j（$j = SW, LW$），则大气顶的向上的辐射通量 $\hat{F}_j$：

$$\hat{F}_j = \frac{\pi I_j}{R_i(\Omega)} \quad (j = SW, LW) \tag{6.6-1}$$

式中 $R_i(\Omega)$ 为角度分布模型，即观测目标在某一特定方向上的辐亮度与目标半球辐射通量相对关系；Ω 代表观测几何角度；下标 i 表示不同的视场类型。目前 ERM 产品生成初期，采用 ERBE 的 12 类目标的 ADM 模型。待 ERM 积累足够的数据后，将生成 ERM 的目标分类标准和相应的 ADM 模型。

表 6.6-2　ERBE 12 种视场目标类型

种　类	视场类型
1	晴空海洋
2	晴空陆地
3	晴空雪覆盖
4	晴空沙漠
5	晴空陆地海洋混合体（海岸）
6	部分有云的海洋
7	部分有云的陆地或沙漠
8	部分有云的陆地海洋混合体
9	大部分有云的海洋
10	大部分有云的陆地或沙漠
11	大部分有云的陆地海洋混合体
12	阴天

6.6.1.4　产品示例

图 6.6-1 至图 6.6-3 是 2009 年 3 月 12 日 ERM 大气顶向上的短波、长波辐射通量分布情况。可以看到，大气顶反射短波及射出长波辐射通量与大气中云、海陆目标分布密切相关，完全有云目标会反射大部分太阳入射辐射，由于云的温度较低，射出长波辐射较少，显示云对于云下大气及地球表面的保温作用。晴空沙漠地区地表反照率和温度较高，其反射太阳辐射和长波辐射较大；相对比较，全球海洋反照率较低，反射太阳辐射较少；海面温度空间变化小于陆地，射出长波辐射变化较小。

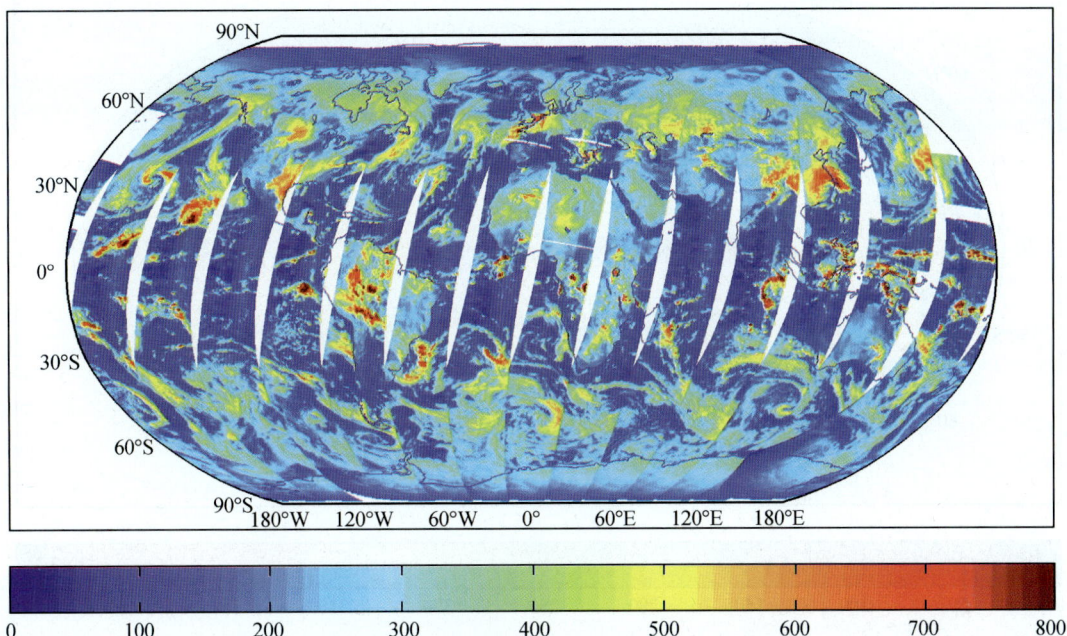

0   100   200   300   400   500   600   700   800

图 6.6-1　ERM 大气顶向上短波辐射通量（单位：W/m²，2009 年 3 月 12 日）

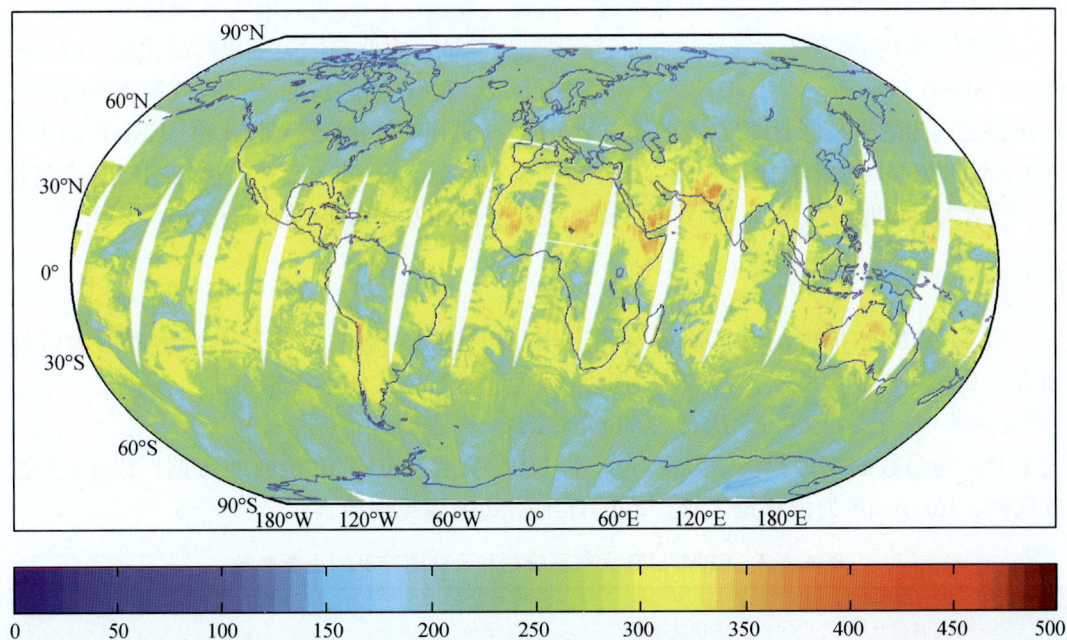

0   50   100   150   200   250   300   350   400   450   500

图 6.6-2　ERM 大气顶向上白天长波辐射通量（单位：W/m²，2009 年 3 月 12 日）

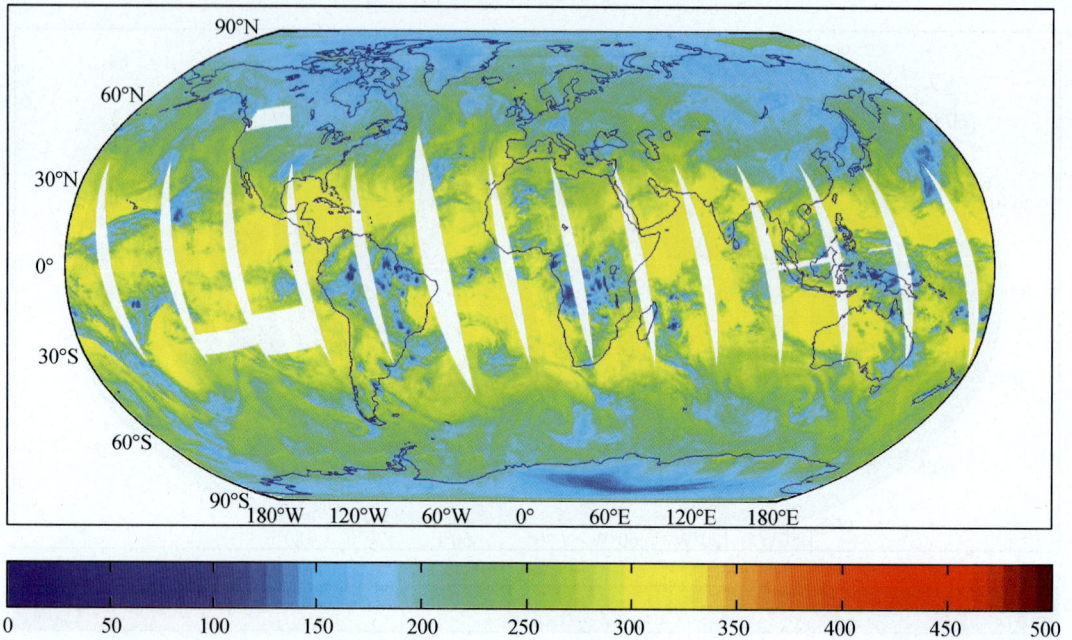

图 6.6-3 ERM 大气顶向上夜间长波辐射通量（单位：W/m²，2009 年 3 月 12 日）

利用全球地球辐射观测数据，可以进一步研究晴空辐射、云及气溶胶辐射强迫与地面以及大气中各种参数之间的相关性，验证气候模拟和长期数值天气预报的结果。

ERM/SIM 扫描视场大气顶辐射和云产品精度验证，主要与同类卫星产品比较。以 Meteosat/GERB（Harries et al. ,2005）产品为参照，比较在相同的观测几何条件和观测时间在15 分钟之内为晴空条件下进行。在 2008 年 8 月～9 月期间，比较了 ERM 和 GERB 产品中大气顶去滤波辐亮度和辐射通量数据，并分析其偏差情况。ERM 入瞳辐亮度与 GERB 产品相比，反射太阳辐射相差为 14.65 W/m².str，射出长波相差为 4.85 W/m² · str。

6.6.1.5　产品信息说明

ERM/SIM 扫描视场大气顶辐射和云产品以 HDF5 格式存储，主要物理参数特性如表 6.6-3 和 6.6-4 所示，参数的物理数值通过如下公式转换而来：

$$Par = Slope \times Data + Intercept$$

式中 Par 为参数的物理数值，Data 为产品 HDF 文件中记录该参数的数据，Slope 为缩放比例，Intercept 为偏移量。该产品的详细格式内容见附录 4。

表 6.6-3　ERM/SIM 大气顶辐射和云轨道产品的主要参数

SDS 英文名称	SDS 中文名称	单位	数据有效范围	数据填充值	缩放比例	偏移量
ERM _ FTS _ CLOUDF	ERM 视场云量目标类型判识	无	0～100	−1	1	0
LW ADM	长波 ADM 模型数据	无	0～10	9999	1	0

SDS 英文名称	SDS 中文名称	单位	数据有效范围	数据填充值	缩放比例	偏移量
LW flux at TOA	大气顶向上的长波辐射通量	w/m²	0～500	9999	1	0
LW unfiltered radiance	大气顶向上的长波去滤波辐亮度	w/m²·str	0～200	9999	1	0
TOT filtered radiance	大气顶向上的全波滤波辐亮度	w/m²·str	0～500	65535	1	0
SW ADM	短波 ADM 模型数据	无	0～10	9999	1	0
SW flux at TOA	大气顶向上的短波辐射通量	w/m²	0～1400	9999	1	0
SW unfiltered radiance	大气顶向上的短波去滤波辐亮度	w/m²·str	−10～510	9999	1	0
SW filtered radiance	大气顶向上的短波滤波辐亮度	w/m²·str	0～370	65535	1	0
Solar incidence	大气顶向下太阳入射辐射通量	w/m²	0～1400	9999	1	0
Scene identification at observation	ERM 视场目标类型判识	无	1～12	0	1	0
Scan Landcover	ERM 扫描视场的陆地覆盖分类	无	1～5	0	1	0
Scan Time	扫描时间	millisecond	0～86400	−1	1	0
Scan Satellite Azimuth	观测方位角	度	−18000～18000	32767	0.01	0
Scan Satellite Zenith	观测天顶角	度	0～18000	32767	0.01	0
Scan Solar Azimuth	太阳方位角	度	−18000～18000	32767	0.01	0
Scan Solar Zenith	太阳天顶角	度	0～18000	32767	0.01	0
Latitude	ERM 扫描视场纬度	度	−90～90	999.9	1	0
Longitude	ERM 扫描视场经度	度	−180～180	999.9	1	0

表 6.6-4　ERM/SIM 大气顶辐射和云日/旬/月产品的主要参数

SDS 英文名称	SDS 中文名称	单位	数据有效范围	数据填充值	缩放比例	偏移量
ERM FTS Cloudf Day	ERM 视场白天云量	无	0～100	−2	1	0
ERM FTS Cloudf Night	ERM 视场夜间云量	无	0～100	−2	1	0
LW flux at TOA Day	大气顶向上的白天长波辐射通量	w/m²	0～500	−2	1	0

SDS 英文名称	SDS 中文名称	单位	数据有效范围	数据填充值	缩放比例	偏移量
LW flux at TOA Night	大气顶向上的夜间长波辐射通量	w/m²	0～500	−2	1	0
LW unfiltered radiance Day	大气顶向上的白天长波去滤波辐亮度	w/m² · str	0～200	−2	1	0
LW unfiltered radiance Night	大气顶向上的夜间长波去滤波辐亮度	w/m² · str	0～200	−2	1	0
SW flux at TOA	大气顶向上的短波辐射通量	w/m²	0～1400	−2	1	0
SW unfiltered radiance	大气顶向上的短波去滤波辐亮度	w/m² · str	0～510	−2	1	0
Solar incidence	大气顶向下太阳入射辐射通量	w/m²	0～1400	−2	1	0
Scene identification at observation day	ERM 视场目标类型判识（白天）	无	0～12	−2	1	0
Scene identification at observation night	ERM 视场目标类型判识（夜间）	无	0～12	−2	1	0

6.7
空间环境监测器（SEM）产品及应用

6.7.1 SEM 高能粒子

6.7.1.1 产品定义

SEM 高能粒子产品（EPP）包括高能质子、高能电子和重离子的分布产品。

EPP 数据和图像产品提供了空间环境监测器在卫星轨道高度上探测到的高能质子、电子和重离子（He、Li、C、Mg、Fe）的辐射通量随时空变化的记录，定义如下：

EPP 高能粒子时空分布的辐射通量：为 SEM 中高能离子探测器和高能电子探测器在卫星运行轨道高度上探测到的质子、电子和重离子的辐射通量，即单位面积上，单位时间内，进入单位立体角的高能粒子流量，单位：counts/（cm² · sr · s）［个/（平方厘米×立体角×秒）］。

6.7.1.2 产品规格

EPP 数据产品和图像产品包括：高能质子、高能电子和重离子的时空数据产品和图像产品。

EPP 高能粒子时空数据分布产品是根据 SEM 监测到的高能粒子辐射通量信息，匹配上卫星定位信息生成粒子的时空分布数据，时间分辨率为 2s，空间分辨率为沿卫星运行轨道 20km，覆盖范围为卫星的一条轨道。

EPP 高能粒子全球分布图像产品是根据时空数据产品配合高斯-克吕格地图投影绘制的全球高能粒子分布图像，粒子种类和时间长度根据输入参量决定。

EPP 产品具体规格如表 6.7-1。

表 6.7-1 EPP 产品规格表

产品类型	投影方式	覆盖范围	空间分辨率	数据量（KB）	生成频次
高能粒子时空分布数据产品	无投影	轨道	20 km	680	每 102 分钟一次
高能粒子全球分布图像	高斯-克吕格投影	全球	2°×2°	167	根据输入时间参数决定

6.7.1.3 产品生成原理

EPP 的主要生成过程为由 SEM L0 数据经过电压值解算成计数值，再配合相应的科学算法、仪器几何因子和修正系数生成流量值，依据卫星相应时刻的定位信息便生成了时空分布数据产品，根据高斯-克吕格投影绘制生成全球分布图像产品。

6.7.1.4 产品示例

图 6.7-1 和图 6.7-2 为 2008 年 9 月 SEM 高能质子和高能电子全球分布图像产品。可以看出，SEM 探测到的卫星轨道高度上的高能粒子分布在南大西洋异常区和极区，这一结果符合空间物理理论和数值模式结果。南大西洋异常区的形成原因主要是地球负磁结构异常，汇集了大量的高能质子和电子，结构十分稳定；而极区粒子主要为高能电子，受外辐射带影响粒子通量随时间变化较快。

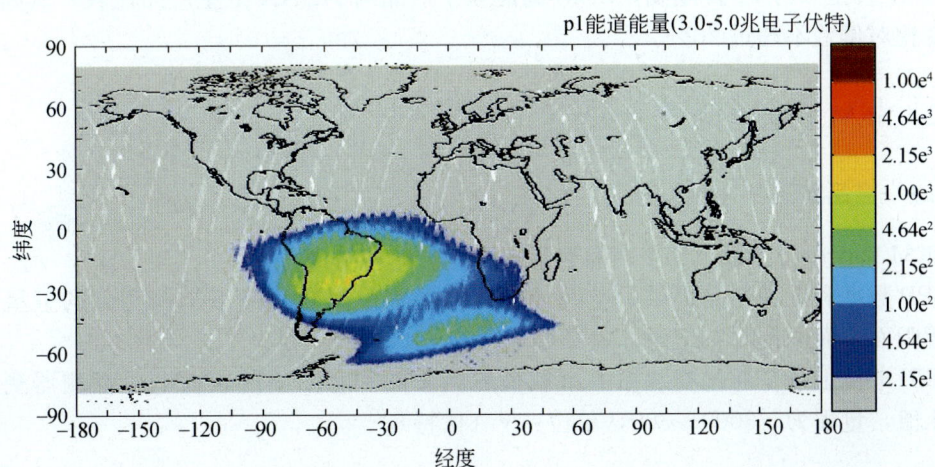

图 6.7-1 SEM 全球质子分布图（单位：个 / （cm³·sr·s，2008 年 9 月）

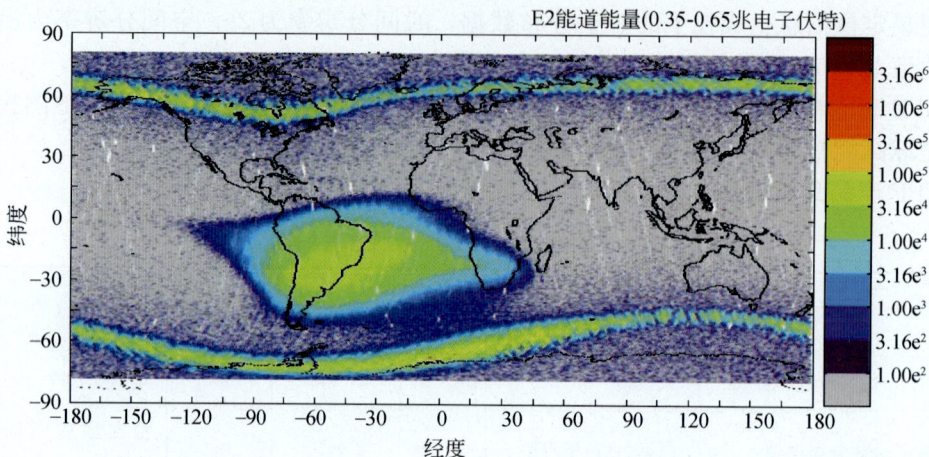

图 6.7-2 SEM 全球电子分布图（单位：个数／（cm² · sr · s），2008 年 9 月）

SEM 数据为实际探测数据，能够直接服务于空间天气预报。例如，引起通信卫星和静止气象卫星深层充电的高能电子暴事件（类似于气象中风暴的概念，表现为高能电子数量的急剧增加），以往只能通过模式间接计算进行预报。而高能电子暴的发源地在两极地区，FY-3A 卫星每天经过极区 14～15 次，可以获得高能电子暴形成的直接信息，不仅准确度高，预报提前量也能由过去的 1 天提高到 2 天左右。FY-3A 卫星每天都会穿越辐射带异常区（辐射带是由于地球磁场异常区域形成的，其中有很多高能带电粒子），可得到直接的探测结果。由于高能粒子都带有电荷，其运动会受到地磁场的约束，其空间分布是相对固定且有规律的。我们可以根据 SEM 的探测数据，推算其他近地轨道卫星的高能粒子通量，为其提供辐射环境信息服务。

SEM 产品精度验证方法主要是与国外同类卫星（例如 NOAA-18 卫星）数据比较，将高能粒子能道归一化，采用相近粒子投掷角、相近经纬度和时间点来比对。在 2008 年 7 月 31 日至 8 月 11 日期间，SEM 高能粒子产品与 NOAA 卫星产品比较，其高能粒子通量相对偏差不超过 20％。

6.7.2 SEM 表面电位

6.7.2.1 产品定义

SEM 表面电位产品（SPP）为卫星表面电位时空分布产品。

SPP 数据和图像产品提供了空间环境监测器在卫星轨道高度上探测到的卫星向阳面和背阳面表面电位时空记录，定义如下：

SPP 电位记录是通过安装在卫星载荷舱向阳面和背阳面的表面电位探测器测量到的电压值，量程为−3000～300，单位：V（伏特）。

6.7.2.2 产品规格

SPP 数据产品和图像产品包括：卫星表面电位时空数据产品和图像产品。

SPP 表面电位时空数据产品：是根据 SEM 监测到的表面电位信息，匹配上卫星定位信息生成表面电位时空分布数据，时间分辨率为 2s，空间分辨率为沿卫星运行轨道 20km，覆盖范围为卫星的一条轨道。

SPP 表面电位时空分布图像产品：是根据时空数据产品配合高斯-克吕格地图投影绘制的表面电位分布图像，表面电位通道和时间长度根据输入参量决定。

SPP 产品具体规格如表 6.7-2。

表 6.7-2　SPP 产品规格表

产品类型	投影方式	覆盖范围	空间分辨率	数据量（KB）	生成频次
表面电位时空分布数据产品	无投影	轨道	20 km	56	每 102 分钟一次
表面电位全球分布图像产品	高斯-克吕格投影	全球	2°×2°	167	根据输入时间参数决定

6.7.2.3　产品生成原理

SPP 的主要生成过程为由 SEM L0 数据经过电压值解算成计数值，再配合相应的科学算法、仪器几何因子和修正系数生成表面电位值，依据卫星相应时刻的定位信息便生成了时空分布数据产品，根据高斯-克吕格投影绘制生成全球分布图像产品。

6.7.3　SEM 辐射剂量

6.7.3.1　产品定义

SEM 辐射剂量产品（RDP）为辐射剂量时空分布产品。

RDP 产品提供了空间环境监测器在卫星轨道高度上探测到的卫星表面的辐射剂量随时空变化的记录，定义如下：

RDP 辐射剂量：为 SEM 安装在载荷舱、服务舱和舱外的三台辐射剂量仪实测到的卫星不同区域积累的辐射剂量，单位：rad（Si）［拉德（硅）］。

6.7.3.2　产品规格

RDP 产品为辐射剂量记录产品。

RDP 辐射剂量记录产品：是根据 SEM 得到的辐射剂量积累数据记录，匹配上由卫星定位得到的时空信息。辐射剂量记录产品时间分辨率为 2s，空间分辨率为沿卫星运行轨道 20km。

RDP 产品具体规格如表 6.7-3。

表 6.7-3　RDP 产品规格表

产品类型	投影方式	覆盖范围	空间分辨率	数据量（KB）	生成频次
辐射剂量记录产品	无投影	轨道	20 km	18	每 102 分钟一次

6.7.3.3 产品生成原理

SEM 辐射剂量仪输出分为高精度和大量程两种，其对应剂量量程分别为 $0\sim5\times10^3$ rad（si）和 $0\sim2\times10^4$ rad（si）。首先将 SEM 二进制数据转换为 $0\sim5V$ 间的电压值，然后根据相应的转换公式将电压值转换为剂量值，匹配上卫星定位信息生成 SEM 辐射剂量时空分布数据产品。

6.7.4 SEM 单粒子

6.7.4.1 产品定义

SEM 单粒子产品（SPE）为单粒子事件时空分布产品。

SPE 数据产品提供了空间环境监测器在卫星轨道高度上探测到的仪器被单粒子锁定的时空记录，定义如下：

SPE 单粒子事件记录：是通过安装在有效载荷舱负 Y 面的单粒子事件探测器探测芯片（国产 1750A 及外围器件）在轨工作时发生单粒子事件的情况，以代码的形式表示单粒子事件的类别。

6.7.4.2 产品规格

SPE 产品为单粒子事件记录产品。

SPE 单粒子事件记录产品是根据 SEM 得到的单粒子事件发生记录，匹配上由卫星定位得到的时空信息。单粒子事件记录产品由事件发生频次决定，最高时间分辨率 42s，空间分辨率为沿卫星轨道 20km。

SPE 产品具体规格如表 6.7-4。

表 6.7-4　SPE 产品规格表

产品类型	投影方式	覆盖范围	空间分辨率	数据量（KB）	生成频次
单粒子事件记录产品	无投影	轨道	20 km	6	每 102 分钟一次

6.7.4.3 产品生成原理

SEM 的单粒子试验主要是对试验器件国产 CPU SM9950 芯片进行电流监测，监测其是否有单粒子翻转发生，当器件发生单粒子事件时能判断事件类型，并对器件进行复位或开关控制，且将记录事件的数据结果传输给空间环境远置单元，通过卫星平台传输到地面进行分析。

例如，直接读取文件中标示符，并根据以下规则判断事件是否发生和事件类别：

类别码分别为：

a. CPU SM9950 锁定　　　　　　　类别码：5888
b. CPU SM9950 开机　　　　　　　类别码：9950
c. 数据正常　　　　　　　　　　　类别码：1111

d. CPU SM9950 自动复位　　　　　类别码：1750

e. 程序走飞　　　　　　　　　　　类别码：2222

f. CPU SM9950 死机　　　　　　　类别码：4444

g. CPU SM9950 测出单粒子翻转　　类别码：见表 6.7-5。

表 6.7-5　通用寄存器 R0～R15 发生单粒子翻转对应的类别码

R0	8800	R4	8844	R8	8888	R12	88CC
R1	8811	R5	8855	R9	8899	R13	88DD
R2	8822	R6	8866	R10	88AA	R14	88EE
R3	8833	R7	8877	R11	88BB	R15	88FF

6.7.5　产品信息说明

SEM 数据产品以 ASCII 格式存储，主要物理参数在数据文件头标识，图像产品格式为 png，具体格式见附录 4。

参 考 文 献

曹梅盛，李新，陈贤章，王建，车涛 . 2006. 冰冻圈遥感 . 北京：科学出版社，123.

《大气科学辞典》编委会 . 1994. 大气科学辞典 . 北京：气象出版社，980.

范一大，史培军，罗敬宁 . 沙尘暴卫星遥感研究进展 . 地球科学进展，2003，18（3）：367-373.

谷松岩，高慧琳，朱元竞，李万彪，赵柏林 . 2004. TMI 被动微波遥感资料地表洪涝特征分析试验 . 遥感学报，8（3）：261-268.

黄富祥，刘年庆，赵明现，王淑荣，黄煜 . 2009. 风云三号卫星紫外臭氧垂直廓线产品反演试验 . 科学通报，54（17）：2556-2561.

黄富祥，赵明现，杨昌军，董超华 . 2008. 风云三号卫星紫外臭氧垂直廓线反演算法及对比反演试验 . 自然科学进展，18（10）：1136-1142.

黄意玢，董超华 . 2002a. 用 940nm 通道遥感水汽总量的可行性试验 . 应用气象学报，13（2）：184 -192.

黄意玢，董超华 . 2002b. 用 940nm 吸收带测量水汽总量 . 气象科技，30（1）：24-27.

黄意玢，董超华，范天锡 . 2006. 用神州三号中分辨率成像光谱仪数据反演大气水汽 . 遥感学报，10（5）：742-748.

江吉喜，项续康 . 1998. "96.8" 河北特大暴雨成因的中尺度分析 . 应用气象学报，9（3）：304-313.

李成才，毛节泰，刘启汉，袁自冰，王美华，刘晓阳 . 2005. MODIS 卫星遥感气溶胶产品在北京市大气污染研究中的应用 . 中国科学 D 辑，35（增刊 I）：177-186.

李三妹，傅华，黄镇，刘玉洁，锴拉提 . 2006. 用 EOS/MODIS 资料反演积雪深度参量 . 干旱区地理，29（5）：718-725.

李三妹，闫华，刘诚 . 2007. FY-2C 积雪判识方法研究 . 遥感学报，11（3）：406-413.

刘良明 主编 . 2005. 卫星海洋遥感导论 . 武汉：武汉大学出版社 .

刘勇洪，牛铮，王长耀 . 2005a. 基于 MODIS 数据的决策树分类方法研究与应用 . 遥感学报，9（4）：405-412.

刘勇洪，牛铮，徐永明．2006．基于 MODIS 数据设计的中国土地覆盖分类系统与应用研究．农业工程学报，22（5）：99-104．

刘勇洪，牛铮，徐永明，王长耀，李贵才．2005b．多种分类器在华北地区土地覆盖遥感分类中的性能评价．中国科学院研究生院学报，22（6）：724-732．

刘玉洁，杨忠东等．2001．MODIS 遥感信息处理原理与算法．北京：科学出版社，346．

刘玉洁，袁秀卿，张红．1992．用气象卫星资料监测积雪．环境遥感，7（1）：24-31．

刘玉洁，郑照军，王丽波．2003．我国西部地区冬季雪盖遥感和变化分析．气候与环境研究，8（1）：114-123．

刘正军．2003．高维遥感数据土地覆盖特征提取与分类研究．北京：中国科学院遥感应用研究所（博士学位论文）．

卢乃锰，游然．2004．暴雨系统的遥感理论和方法．北京：气象出版社，175-206．

罗敬宁，范一大，史培军．2003．多源遥感数据沙尘暴强度监测信息可比方法研究．自然灾害学报，12（2）：28-34．

罗敬宁，徐喆，马岚．2004．沙尘暴同一化监测模型和灾害评估研究．气候与环境研究，9（1）：92-100．

潘耀忠，李晓兵，何春阳．2000．中国土地覆盖综合分类研究——基于 NOAA/AVHRR 和 Holdridge PE．第四纪研究，20（3）：270-281．

师春香，谢正辉．2005．卫星多通道红外信息反演大气可降水业务方法．红外与毫米波学报，24（4）：304-308．

孙凌．2008．FY-3A MERSI 海上气溶胶产品技术报告．国家卫星气象中心．

孙凌．2008．FY-3A VIRR 海上气溶胶产品技术报告．国家卫星气象中心．

孙凌，李三妹，朱建华．2008．FY-3A MERSI 海洋水色产品技术报告．国家卫星气象中心．

孙凌，张杰，郭茂华．2006．针对 HY-1A CCD 数据处理的瑞利查找表．遥感学报，10（3）：306-311．

孙凌．2005．针对 HY-1A CCD 的大气修正与水体组分反演．青岛：中国科学院海洋研究所（博士学位论文）．

田庆久，闵祥军．植被指数研究进展［J］．地球科学进展，1998（4）：327～333．

王长耀，骆成凤，齐述华．2005．NDVI-Ts 空间全国土地覆盖分类方法研究．遥感学报，9（1）：93-99．

王维和，张兴赢，安兴琴，张艳，黄富祥，王咏梅，王英鉴，张仲谋，吕建工，傅利平，江芳，刘国杨．2010．风云三号气象卫星全球臭氧总量反演和真实性检验结果分析．科学通报，55（17）：1726-1733．

吴兑．2008．霾与雾的识别和资料分析处理．环境化学，27（3）：327-330．

吴永红，何秀，李成才，刘晓阳，王美华，刘启汉，毛节泰．2009．卫星遥感气溶胶光学厚度在北京2008 年地面空气质量监测上的应用．大气与环境光学学报，4（4）：266-273．

吴征镒．1980．中国植被．北京：科学出版社．

徐祥德，施晓晖，谢立安，丁国安，苗秋菊，马建中，郑向东．2005a．城市冬、夏季大气污染气、粒态复合型相关空间特征．中国科学 D 辑，35（增刊 I）：53-65．

徐祥德，施晓晖，张胜军，丁国安，苗秋菊，周丽．2005b．北京及周边城市群落气溶胶影响域及其相关气候效应．科学通报，50（22）：2522-2530．

徐祥德，周丽，周秀骥，颜鹏，翁永辉，陶树旺，毛节泰，丁国安，卞林根，J. Chan．2004．城市环境大气重污染过程周边源影响域．中国科学 D 辑，34（10）：958-966．

延昊．2002．中国土地覆盖变化与环境影响遥感研究．北京：中国科学院遥感应用研究所（博士学位论文）．

曾庆存，董超华，彭公炳，赵思雄，方宗义等．2006．千里黄云——东亚沙尘暴研究．北京：科学出版社，228．

张弓，许健民，黄意玢．2003．用FY-1C两个近红外太阳反射光通道的观测数据反演水汽总含量．应用气象学报，14（4）：385-394．

赵凤生，丁强，孙同明．2002．利用AVHRR观测资料反演云光学厚度和云滴有效半径的一种迭代方法．气象学报，60（5）：594-601．

郑新江，陆文杰，罗敬宁．2001．气象卫星多通道信息监测沙尘暴的研究．遥感学报，5（4）：300-305．

郑照军，刘玉洁，张炳川．2004．中国地区冬季积雪遥感监测方法改进．应用气象学报，15（增刊）：75-84．

中国科学院地理研究所资源环境信息国家重点实验室．1996.1：400万中国资源环境数据库．

中国科学院中国植被图编辑委员会．2001．中国1：100万植被图．北京：科学出版社．

AAPP documentation data formats. 2003. NWP SAF.

AAPP documentation science report. 2003. NWP SAF.

AAPP documentation software description. 2003. NWP SAF.

Ackerman SA, K Strabala, P Menzel, R Frey, C Moeller, L Gumley, B Baum, C Schaaf, and G Riggs. 1997. Discriminating clear-sky from cloud with MODIS algorithm theoretical basis document (MOD35), J. Geophys. Res. , 103 (D24) .

Alan V, Willian J. 2002. An automated, dynamic threshold cloud-masking algorithm for daytime AVHRR images over land. IEEE Transcations on Geoscience and Remote Sensing. 40 (8): 1682-1694.

Arking A, and Childs JD. 1985. Retrieval of cloud cover parameters from multispectral satellite images. J. Climate Appl. Meteor. , 24: 322-333.

Barry A Bodhaine, Norman B Wood, Ellsworth G Dutton, James R Slusser. 1999. On Rayleigh optical depth calculation. Journal of Atmospheric and Oceanic Technology, 16 (11): 1854-1861.

Basist A, N Grody, T Peterson, and C Williams. 1998. Using the special sensor microwave/imager to monitor land surface temperatures, wetness, and snow cover. Journal of Applied Meteorology, 37: 888-911.

Becker and Li ZL. 1990. Towards a local split window method over land surface. Int. J. Remote Sens, 11 (3): 369-393.

Bhartia PK, McPeters RD, Mateer CL, Flynn LE, Wellemeyer C L et al. . 1996. Algorithm for the estimation of vertical ozone profiles from the backscatter ultraviolet technique. Journal of Geophysical Research, 101 (D13): 18793-18806.

Bruce R. Barkstrom. 1984. The earth radiation budget experiment (ERBE) . Bulletin of the American Meteorological Society, 65: 1170-1185.

Burns BA, Wu X and Diak GR. 1997. Effects of precipitation and cloud ice on brightness temperatures in AMSU moisture channels. IEEE Transactions on Geoscience and Remote Sensing, 35: 1429-1437.

Caselles V, Coll C, Valor E. 1997. Land surface temperature determination in the whole Hapex Sahel area from AVHRR DATA. Int. J. Remote Sensing, 18 (5): 1009-1027.

Chahine MT. 1977. Remote sounding cloudy atmospheres: II. Multiple cloud formations. J. Atm. Sciences, 34: 744-757.

Chahine MT. 1974. Remote sounding of cloudy atmospheres: I. The single layer cloud. J. Atm. Sciences, 31: 233-243.

Charles Elachi. 1987. Introduction to the Physics and Techniques of Remote Sensing, John Wiley&Sons Inc.

Coakley JA, and FP Bretherton. 1982. Cloud cover from high-resolution scanner data: Detecting and allowing for partially filled fields of view. J. Geophys. Res. 87 (C7): 4917-4932.

Comiso J C and K Steffen. 2000. An enhancement of the NASA team sea ice algorithm. IEEE Transactions on Geoscience and Remote Sensing, 38: 1387-1398.

Comiso JC, DJ Cavalieri. 2003. Sea ice concentration, ice temperature, and snow depth using AMSR-E data. IEEE Transactions on Geoscience and Remote Sensing, 41 (2): 243-252.

Cox C and Munk W. 1954. Measurements of the roughness of the sea surface from photographs of the Sun's glitter. J. Opt. Soc. Am. , 44 (11): 838-850.

Curran and MLC Wu. 1982. Skylab near-infrared observations of clouds indicating supercooled liquid water droplets. J. Atmos. Sci. , 39: 635-647.

Ellingson RG, Yanuk DJ, Lee Hai-Tien, and Gruber A. 1989. A technique for estimating outgoing longwave radiation from HIRS radiance observations. Journal of Atmospheric and Oceanic Technology, 6: 706-711.

Ellingson RG, Yanuk DJ, Lee Hai-Tien, and Gruber A. 1994. Validation of a technique for estimating outgoing longwave radiation from HIRS radiance observations. Journal of Atmospheric and Oceanic Technology, 11: 357-365.

Ellrod GP. 1995. Advances in the detection and analysis of fog at night using GOES multispectral infrared im agery. Wea. Forecasting, 10: 606-619.

Eyre JR, JL Brownscombe and RJ Allam. 1987. Detection of fog at night using Advanced Very High Resolution Radiometer (AVHRR) imagery. Met. Mag. , 113: 266-271.

Ferraro RR, Eric A, Smith, Wesley Berg, and George J Huffman. 1998. A screening methodology for passive microwave precipitation retrieval algorithms. J. Atmos. Sci. , 55 (9): 1583-1600.

Ferraro RR, NC Grody, and GF Marks. 1994. Effects of surface conditions on rain identification using the SSM/I. Rem. Sens. Rev. , 11: 195-209.

Friedman J, Hastie T, Tibshirani R. 2000. Additive Logistic Regression: a Statistical View of Boosting. The Annals of Statistics, 28 (2): 337-407.

Gao BC, AFH Goetz. 1990. Column atmospheric water vapor and vegetation liquid water retrievals from airborne imaging spectrometer data. J. G. R. , 95 (D4): 3549-3564.

Gao BC, Kaufman YJ. 2003. Water vapor retrievals using MODIS near-infrared channels. J. G. R. 108 (D13): 4389-4396.

Gene A Poe. 1990. Optimum interpolation of imaging microwave radiometer data. IEEE Transactions on Geoscience and Remote Sensing, 28 (5): 800-810.

Gordon HR. 1997. Atmospheric correction of ocean color imagery in the earth observing system era. J. Geophys. Res. , 102 (D14): 17081-17106.

Grody NC. 1991. Classification of snow cover and precipitation using the Special Sensor Microwave/Imager (SSM/I) . J. of Geophys. Res. , 96 (D4): 7423-7435.

Gruber A, Ruff I, Earnest C. 1983. Determination of the planetary radiation budget from TIROS-N satellites. NOAA Technical Report NESDIS 3.

Guillory AR, GJ Jedlovec, and HE Fuelberg. 1993. A technique for deriving column-integrated water content using VAS split window data. J. Appl. Meteor. , 32: 1226-1241.

Hall DK，Riggs GA，Salomonson VV，Digiromamo N and Bayr KJ. 2002. MODIS snow-cover products. Remote Sensing of Environment，83：181-194.

Hansen MC，DeFries RS，Townshend JRG，Sohlberg R. 2000. Global land cover classification at 1 km spatial resolution using a decision tree approach. International Journal of Remote Sensing，21：1331-1364.

Harries JE，Russell JE. 2005. The Geostationary Earth Radiation Budget Project. Bulletin of the American Meteorological Society，86：945-960.

Hobbs PV and AL Rangno. 1985. Ice particle concentrations in clouds. J. Atmos. Sci. ，42：2523-2549.

Huete A. 1988. A soil adjusted vegetation index（SAVI）. Remote Sens. Environ. ，25：295-309.

Huete A，Justice C，Leeuwen WV. 1999. MODIS Vegetation Index（MOD 13）. Version 3. Aligorithm theoretical basis document.

Huete K. Didan，T Miura，EP Rodriguez，X Gao，LG Ferreira. 2002. Overview of the radiometric and biophysical performance of the MODIS vegetation indices. Remote Sensing of Environment，83：195-213.

Jedlovec GJ. 1987. Determination of atmospheric moisture structure from high-resolution MAMS radiance data. Ph. D. dissertation，University of Wisconsin-Madison.

Kaufman YJ and Tanre D. 1992. Atmospherically resistant vegetation index（ARVI）for EOS-MODIS，IEEE Trans. Geosci. Remote Sensing，30：261-270.

KaufmanYJ，BC Gao. 1992. Remote sensing of water vapor in the near IR from EOS/MODIS，IEEE Trans. Gcosci. Remote Sensing，30（5）：871-884.

Kaufman YJ，D Tanré. 1998. Algorithm for Remote Sensing of Tropospheric Aerosol from MODIS Product ID：MOD04. NASA Goddard Space Flight Center et al. ，USA，1-85.

Keith D Hutchison. 1999. Application of AVHRR/3 imagery for the improved detection of thin cirrus clouds and specification of cloud-top phase. Journal of Atmospheric and Oceanic Technology，116：1885-1899.

Kidder SQ and Huey-Tzu Wu. 1984. Dramatic contrast between low clouds and snow cover in daytime 3. 7μm imagery. Monthly Weather Review，112（11）：2345-2346.

King MD，YJ Kaufman，WP Menzel，D Tare. 1992. Remote sensing of cloud，aerosol and water vapor properties from the Moderate Resolution Imaging Spectrometer（MODIS）. IEEE Trans. Geosci. Remote Sensing. ，30（1）：2-27.

Klein AG，Hall DK，and Riggs GA. 1998. Improving snow-cover mapping in forests through the use of a canopy reflectance model. Hydrological Processes，12：1723-1744.

Koepke P. 1984. Effective reflectance of oceanic whitecaps. Appl. Opt. ，23（11）：1816-1824.

Koffler R，Decotiis AG and Rao PK. 1973. A procedure for estimating cloud amount and height from satellite infrared radiation data. Mon. Wea. Rev. ，101（3）：240-243.

Krishna Rao P，Suan J Holmes，Ralph K Anderson. 1990. Weather Satellites：Systems，Data，and Environmental Applications. American Meteorological Society.

Kummerow C，L Giglio. 1994. A passive microwave technique for estimating rainfall and vertical structure information from space. Part I：algorithm description. J. Appl. Meteorol. ，33：3-18.

Kummerow C，WS Olson，L Giglio. 1996. A simplified scheme for obtaining precipitation and vertical hydrometeor profiles from passive microwave sensors. IEEE Trans. on Geosci. and Rem. Sen. ，34：1213-1232.

Lee TF. 1995. Images of precipitation signatures from DMSP SSM/T-2, SSM/I, and OLS. J. Appl. Meteorol., 34: 788-793.

Leeuwen van W J D, Huete A R and Laing T W. 1999. MODIS vegetation index compositing approach: a prototype with AVHRR data. Remote Sensing of Environment, 69: 264-280.

Lee WH, Kudoh JI and Makino S. 2001. Cloud detection for the Far East region using NOAA AVHRR images. Int. J. Remote Sens., 22 (7): 1349-1360.

Le Gléau H, Derrien M. 2000. Nowcasting and very short range forecasting SAF. Prototype scientific description, CMS Météo-France. [Available from http://www.meteorologie.eu.org/safnwc].

Li Jun, Walter W Wolf, W Paul Menzel, Wenjian Zhang, Hung-Lung Huang, Thomas H Achtor. 2000. Global Soundings of the Atmosphere from ATOVS Measurements: The Algorithm and Validation. J. Appl. Meteor., 39: 1248-1268.

Liou KN 著. 郭彩丽, 周诗健译. 2004. 大气辐射导论. 北京: 气象出版社.

Liu Guosheng, Judith A Curry. 1996. Large-scale cloud features during January 1993 in the North Atlantic Ocean as determined from SSM/I and SSM/T2 observations. J. Geophys. Res., 101: 7019-7032.

Liu Guosheng, Judith A Curry. 1998. Remote Sensing of Ice Water Characteristics in Tropical Clouds Using Aircraft Microwave Measurements. J. Appl. Meteor., 37: 337-355.

Liu H Q and Huete A R. 1995. A feedback based modification of the NDVI to minimize canopy background and atmospheric noise. IEEE Trans. Geosci. Remote Sensing, 33: 457-465.

Liu JY, Zhuang DF, Luo D. 2002. Land-cover classification of China: integrated analysis of AVHRR imagery and geophysical data. International Journal of Remote Sensing, 1-16.

Long David G, Douglas L Daum. 1998. Spatial Resolution Enhancement of SSM/I Data. IEEE Transactions On Geoscience And Remote Sensing, 36 (2): 407-417.

Loveland TR, Reed BC, Brown JF. 2000. Development of a global land cover characteristics database and IGBP DISCover from 1 km AVHRR data. International Journal of Remote Sensing, 21: 1303-1330.

Lu Qifeng, Bell W, Baeur P, Bormann N, and Peubey C. 2010. An Initial Evaluation of FY-3A Satellite Data. ECMWF MEMORANDUM, 631.

Martonchik JV, Bruegge CJ, and Strahler A. 2000. A review of reflectance nomenclature used in remote sensing. Remote Sensing Reviews, 19: 9-20.

McFarland M, R Miller, and C Neale. 1990. Land surface temperature derived from the SSM/I passive microwavebrightness temperatures. IEEE Transactions on Geoscience and Remote Sensing, 28: 839-845.

McPeters RD, Krueger A J, Bhartia P K. 1993. Nimbus-7 Total Ozone Mapping Spectrometer (TOMS Data Products User's Guide.

Molnar G, and JA Coakley Jr. 1985. The retrieval of cloud cover from satellite imagery data: A statistical approach. J. Geophys. Res., 90: 12960-12970.

Muller BM, Fuelberg HE and Xiang X. 1994. Simulations of the effects of water vapor, cloud liquid water, and ice on AMSU moisture channel brightness temperatures. J. Appl. Meteorol., 33: 1133-1154.

Nicodemus FE. 1977. Geometrical considerations and nomenclature for reflectance. Washington, DC: National Bureau of Standards, US Department of Commerce.

Ohring G, Gruber A, Ellingson RG. 1984. Satellite determinations of the relationship between total longwave radiation flux and infrared window radiance. Journal of Climate and Applied Meteorology, 23: 416-425.

Olesen F, and H Grassl. 1985. Cloud detection and classification over oceans at night with NOAA-7. Int. J. Remote Sens. , 6 (8): 1435-1444.

Otis B Brown and Peter J Minnett. 1999. MODIS Infrared Sea Surface Temperature Algorithm, Tech. Report ATBD25, University of Miami, Miami, FL 33149-1098.

Pavolonis, Michael J and Andrew K Heidinger. 2004. Daytime cloud overlap detection from AVHRR and VIIRS. Journal of Applied Meteorology, 43 (5): 762-778.

Pavolonis Michael J, Andrew K Heidinger, Taneil Uttal. 2004. Daytime global cloud typing from AVHRR and VIIRS: algorithm description, validation, and comparisons. Journal of Applied Meteorology, 44: 804-826.

Pinty B, and MM Verstraete. 1992. GEMI: A non-linear index to monitor global vegetation from satellites. Vegetatio, 101 (1): 15-20.

Price JC. 1984. Land surface temperature measurements from the split window channels on the NOAA 7 Advanced Very High Resolution Radiometer, J. Geophys. Res. , 89 (D5): 7231-7237.

Richardson AJ and CL Wiegand. 1977. Distinguishing vegetation from soil background information. Remote Sensing of Environment, (8): 307-312.

Rossow WB and LC Garder. 1993. Cloud detection using satellite measurements of infrared and visible radiances for ISCCP. J. Climate, 6: 2341-2369.

Rossow WB, Andrew A Lacis. 1990. Global, seasonal cloud variations from satellite radiance measurements. Part II. cloud properties and radiative effects. J. Climate, 3, 1204-1253

Rubio E, Caselles V, and Badenas C. 1997. Emissivity measurements of several soils and vegetation types in the 8-14μm wave band: analysis of two field methods. Remote Sens. Environ, 59 (3): 490-521.

Saunders RW and KT Kriebel. 1988. An improved method for detecting clear sky and cloudy radiances from AVHRR data. Int. J. Remote Sensing, 9 (1): 123-150.

Schaepman-Atrub G, ME Schaepman, TH Painter, S Dangel, JV Martonchik. 2006. Reflectance quantities in optical sensing—definitions and case studies. Remote Sensing of Environment, 103: 27-42.

Smith WL. and HM Woolf. 1976. The use of eigenvectors of statistical covariance matrices for interpreting satellite sounding radiometer observations. J. Atmos. Sci. , 33: 1127-1140.

Smith WL. 1968. An improved method for calculating tropospheric temperature and moisture from satellite radiance measurements. Monthly Weather Rev. , 96: 387-396.

Stogryn A. 1978. Estimates of brightness temperature from scanning radiometer data. IEEE Transactions on Antennas and Propagation, 26 (5): 720-725.

Stowe LL, Davis PA and McClain PE. 1999. Scientific basis and initial evaluation of the CLAVR21 global clear/ cloud classification algorithm for advanced very high resolution radiometer. J. Atmos. And Oceanic Technology, 16: 656-681.

Strahler A, Muchoney D, Borak J, Friedl M, Gopal S, Lambin E, Moody A. 1999. MODIS land cover and land-cover change algorithm theoretical basis document (ATBD), version 5. 0. Boston University.

Sun L, Guo M. 2006. Atmospheric correction for HY-1A CCD in Case 1 waters. Proceedings of SPIE Vol. 6200, Remote Sensing of the Environment: 15th National Symposium on Remote Sensing of China, Editor (s): Qingxi Tong, Wei Gao, Huadong Guo. 20-31.

Sun L, Zhang J, Guo M. 2008. Influence analysis of gaseous absorption on HY-1A CZI data processing. ACTA Oceanologica Sinica, 27 (6): 102-114.

Tang J, Wang X, Song Q, Li T, Chen J, Huang H, and Ren J. 2004. The statistic inversion algorithms of water constituents for Yellow Sea & East China Sea. ACTA Oceanologica Sinica, 23 (4): 617-626.

USGS. 2003. National Land Cover Characterization [EB/OL].

Van Leeuwen WJD, Huete AR, and Laing TW. 1999. MODIS vegetation index compositing approach: a prototype with AVHRR data. Remote Sensing of Environment, 69: 264-280.

Vermote E and Vermeulen. 1999. Atmospheric Correction Algorithem: Spectral Reflectance (MOS09), MODIS ATBD.

Vermote E, D Tanre. 1992. Analytical expressions for radiative properties of planar Rayleigh scattering media, including polarization contributions. J. Quant. Spectraosc. Radiat. Transfer., 47 (4): 305-314.

Vermote E, D. Tanre, JL Deuze, M Herman, and JJ Morcrette. 1997. Second simulation of the satellite signal in the solar spectrum, 6S: an overview. IEEE Trans. Geosci. Remote Sens. 35 (3): 675-686.

Vermote E. 1997. 6S User Guide Version 2.

Walton CC, EP McClain and JF Sapper. 1990. Recent changes in satellite-based multi-channel sea surface temperature algorithms. Preprint, Marine Technology Society Meeting, MTS '90, Washington DC.

Wang JR, Zhan J and Racette PJ. 1997. Storm-assocoated microwave radiometric signatures in the frequency range of 90-220 GHz. Atmos. Ocean Technol., 14: 13-31.

Wayne D Robinson, Christian Kummerow and William S Olson. 1992. A Technique for Enhancing and Matching the Resolution of Microwave Measurements from the SSM/I Instrument. IEEE Transactions On Geoscience And Remote Sensing, 30 (3): 419-429.

Xiao Q, Zou X, Kuo YH. 2000. Incorporating the SSM/I-derived precipitable water and rainfall rate into a numerical model: A case study for the ERICA IOP-4 Cyclone. Mon Wea Rev, 128 (1): 87-108.

Yang Hu, Zhongdong Yang. 2006. A modified land surface temperature split window retrieval algorithm and its applications over China. Global and Planetary Change, 52: 207-215.

Yan Hao, SQ Wang, GC Li. 2005. Land cover classification method from the view of ecosystem. Inter. Geoscience & Remote Sensing Symposium, Seoul, Korea.

Yeh H-YM, Prasad N, Mack RA and Adler RF. 1990. Aircraft mirowave observations and simulations of deep convection from 18 to 183 GHz, Part II. Model results. J. Atmos. Ocean Technol., 7: 392-410.

Zhang P, Yang J, Dong C, Lu N, Yang Z, and Shi J. 2009. General Introduction on Payloads, Ground Segment and Data Application of Fengyun 3A. Frontiers of Earth Science in China, 3, 367-373.

Zeng XB, Dickinson RE. Walker A, Shaikr M., Defries R.S., Qi J.G., 2000. Derivation and evalustion of global 1km fractional vegetation cover data for land modeling. Journal of Applied Meteorology, 39 (6): 826-839.

Zheng J, Shi C, Lu Q, Xie Z. 2010. Evaluation of total precipitable water over East Asia from FY-3A/VIRR Infrared Radiances. Atmos. Oceanic Sci. Lett., 3 (2): 93-97.

第7章

风云三号卫星遥感产品结构

风云三号 A 卫星携带的遥感仪器多，通过对遥感数据加工处理后生成的产品也比较多，为方便用户使用这些产品，本章简要介绍风云三号 A 卫星产品的分类和分级原则、产品数据文件命名通用规则和数据结构。同时给出全球区域分块数据所代表的地理范围。

7.1 遥感产品分级

7.1.1 遥感产品种类

风云三号 A 卫星遥感产品主要根据产品处理时效、产品算法成熟度等分类方式划分。

7.1.1.1 实时产品和延时产品

气象卫星产品按时效和覆盖区域划分为两类：实时产品和延时产品。

实时产品是使用星上直接广播的卫星资料处理所生成的产品，产品时效高。星上直接广播资料由中国境内接收站接收，覆盖中国及其周边区域，面向中国区域的实时气象和灾害服务。

延时产品是使用星上直接广播和回放的当天 24 小时的卫星资料,每天处理 1～2 次所生成的产品,时效为天,覆盖范围为全球,面向全球的气象服务和气候、环境变化监测与应用。

7.1.1.2 业务产品和试验产品

气象卫星产品按算法成熟程度划分为两类:业务产品和试验产品。

业务产品指科学算法较成熟,经过试运行考验和应用测试,产品精度满足规定指标要求的产品。

试验产品指处理方法尚不成熟,产品精度未达到任务书规定的指标要求,需要经过进一步研究和改进才能转入业务运行的产品。

7.1.2 遥感产品分级

气象卫星产品按照资料处理程度划分为四级:0 级数据、1 级产品、2 级产品、3 级产品。

0 级数据是指卫星地面站接收的经过解码和解包后的原始卫星观测数据;

1 级产品是指 0 级数据经过质量检验、定位和定标处理得到的产品;

2 级产品是指对 1 级产品进行反演或计算处理,生成的能反映大气、陆地、海洋和空间天气变化特征的各种地球物理参数,还包括基本图像、环境监测和灾情监测等产品;

3 级产品是指在 2 级产品的基础上,通过一定时间段资料的平均计算而生成的候、旬、月格点产品和其他分析产品。

7.2
遥感产品文件命名规则

7.2.1 命名规则

风云三号 A 卫星地面应用系统数据文件名结构采取可扩展的定长信息字段及固定信息段位置方式:基本信息段 _ 可扩展信息段标识符 _ 【可扩展信息段】。基本信息段给出气象卫星数据文件最基本的属性信息,包括卫星名称、仪器名称、数据区域类型、观测日期、观测起始时间、分辨率、接收站名、数据格式;可扩展信息段是为丰富文件名含义而设置,包括数据名称、仪器通道名称、投影方式三个信息段。信息字段由英文字符(A～Z,a～z)、数字(0～9)构成,它们之间除后缀字段外均使用 "_" 作为分隔符,后缀字段与其他字段之间的分隔符为 ".",使用数据格式信息字段作为后缀字段。各信息字段的顺序与使用的分隔符如下所示:

卫星名称 _ 仪器名称 _ 数据区域类型 _ 可扩展信息段标识符 _ 【数据名称 _】【仪器通道名称 _】【投影方式 _】观测日期 _ 观测起始时间 _ 分辨率 _ 接收站名 . 数据格

式。其中【　】中为可扩展信息字段。

使用可扩展信息段标识符（见表 7.2-1）对基本信息段和可扩展信息段进行组合，构成完整格式、基本格式和短格式三种文件名结构。使用基本信息段＋可扩展信息段构成的文件名为完整格式文件名，使用基本信息段构成的文件名为基本格式文件名，使用部分基本信息段构成的文件名为短格式文件名。

表 7.2-1　可扩展信息段标识符含义

标识符取值	含　义
00	表示该文件名为短格式
L0、L1	表示该文件名为基本格式，同时表示该数据为 0 级或 1 级数据
L2、L3	表示该文件名为完整格式，同时表示该数据为 2 级或 3 级
其他	根据需要另作定义

7.2.2　完整格式文件名构成

气象卫星数据完整格式文件名采用基本信息段＋可扩展信息段结构，全名由 12 个信息字段和 11 个分隔符构成，共 57 个字符：

卫星名称_仪器名称_数据区域类型_可扩展信息段标识符_数据名称_仪器通道名称_投影方式_观测日期_观测起始时间_分辨率_接收站名．数据格式

7.2.3　基本格式文件名构成

当基本信息段可以完整表达该数据的属性且文件名唯一的情况时，只使用基本信息段，称之为基本格式文件名。基本格式文件名全名由 9 个信息字段和 8 个分隔符构成，共 45 个字符：

卫星名称_仪器名称_数据区域类型_可扩展信息段标识符_观测日期_观测起始时间_分辨率_接收站名．数据格式

7.2.4　短格式文件名构成

有的卫星工程和辅助数据无分辨率和数据接收站信息，为简单起见，从基本格式派生出短文件名格式，由 7 个信息字段和 6 个分隔符构成，共 36 个字符：

卫星名称_仪器名称_数据区域类型_可扩展信息段标识符_观测日期_观测起始时间．数据格式

7.2.5　文件名信息字段含义和长度定义

气象卫星数据（遥感产品）文件名的信息字段包括卫星名称、仪器名称、数据区域类型、可扩展信息段标识符、数据名称、通道名称、投影方式、观测日期、观测起始时

间、分辨率、接收站名和数据格式，共 12 个信息字段。每个信息字段的含义和长度定义见表 7.2-2。

表 7.2-2　气象卫星数据文件名信息字段含义和长度定义表

信息字段名称	信息字段含义	信息字段长度（字节）
卫星名称	气象卫星名缩写	4
仪器名称	气象卫星星载仪器名缩写	5
数据区域类型	数据地理或空间区域类型缩写	4
可扩展信息段标识符	文件名的可扩展信息段标识	2
数据名称	观测、处理的数据或产品名缩写	3
仪器通道名称	数据包含的星载仪器通道缩写	3
投影方式	数据处理中所使用的投影方法缩写	3
观测日期	数据观测起始日期，包括年（4 字节）、月（2 字节）、日（2 字节）	8
观测起始时间	当该信息字段的第一个字符为数字时，表示数据观测时间，包括小时（2 字节）、分钟（2 字节）；当数据级别为 3 级且第一个字符为字母时表示 3 级产品的统计时段种类。	4
分辨率	数据分辨率缩写	5
接收站名	数据接收站名缩写	2
数据格式	数据格式缩写	3

当缩写长度小于信息字段长度时用"X"补齐。卫星数据观测时间通常使用世界时（UTC）时间。

7.2.6　气象卫星数据文件名信息字段内容

1. 卫星名称

卫星名称信息字段是气象卫星名的缩写，风云三号 A 卫星的卫星名称为 FY3A。

2. 仪器名称

仪器名称信息字段采用气象卫星星载仪器名的缩写，其取值见表 7.2-3，其中不足 5 字节的星载仪器名部分添加字母 X。

表 7.2-3　仪器信息取值

取　值	缩　写	英文名	中文名
ERBMX	ERBM	Earth Radiation Budget Measurement	地球辐射收支仪器组
ERMXX	ERM	Earth Radiation Measurement	地球辐射探测仪

取　值	缩　写	英文名	中文名
IRASX	IRAS	**I**nfra**R**ed **A**tmospheric **S**ounder	红外分光计
MERSI	MERSI	**ME**dium **R**esolution **S**pectral **I**mager	中分辨率光谱成像仪
MULSS	MULSS	**Mul**ti-Sensor **S**ynergy	多仪器融合数据
MWHSX	MWHS	**M**icro**W**ave **H**umidity **S**ounder	微波湿度计
MWRIX	MWRI	**M**icro**W**ave **R**adiation **I**mager	微波成像仪
MWTSX	MWTS	**M**icro**W**ave **T**emperature **S**ounder	微波温度计
SBUSX	SBUS	**S**olar **B**ackscatter **U**ltraviolet **S**ounder	紫外臭氧垂直探测仪
SEMXX	SEM	**S**pace **E**nvironment **M**onitor	空间环境监测器
SIMXX	SIM	**S**olar **I**rradance **M**onitor	太阳辐射监测仪
TOUXX	TOU	**T**otal **O**zone **U**nit	紫外臭氧总量探测仪
VASSX	VASS	**V**ertical **A**tmospheric **S**ounding **S**ystem	大气垂直探测综合仪器组
VIRRX	VIRR	**V**isible and **I**nfra**R**ed **R**adiometer	可见光红外扫描辐射计

3. 数据区域

数据区域类型信息字段是数据地理或空间区域类型缩写，其取值如表 7.2-4 所示，其中不足 4 字节的缩写添加字母 X。全球等经纬度投影 10°×10° 分块（即第 6 章中提到的分幅）数据代码见表 7.2-5，Hammer 投影全球 1000km×1000km 分块数据纵向位置代码见表 7.2-6，Hammer 投影全球 1000km×1000km 分块数据横向位置代码见表 7.2-7。

表 7.2-4　气象卫星数据区域类型缩略语定义表

取　值	缩　写	英文名	中文名
HRPT	HRPT	**H**igh **R**esolution **P**icture **T**ransmission	高分辨率图像传输
GDPT	GDPT	**G**lobal **D**elayed **P**icture **T**ransmission	全球延时图像传输
MPTX	MPT	**M**edium-Resolution **P**icture **T**ransmission	中分辨率图像传输
DPTX	DPT	**D**elayed **P**icture **T**ransmission	延时图像传输
GBAL	GBAL	**G**lo**BAL**	全球数据
SHEM	SHEM	**S**outhern **HEM**isphere	南半球
NHEM	NHEM	**N**orthern **HEM**isphere	北半球
PRBT	ORBT	**ORB**i**T**	极轨卫星一次过境观测数据
SOLR	SOLR	**SOL**a**R**	对太阳观测数据

表 7.2-5　等经纬度投影全球 10°×10° 分块数据代码表

代码	纬 \ 经	0 00°~ 10°E	1 10°~ 20°E	2 20°~ 30°E	3 30°~ 40°E	4 40°~ 50°E	5 50°~ 60°E	6 60°~ 70°E	7 70°~ 80°E	8 80°~ 90°E	9 90°~ 100°E	A 100°~ 110°E	B 110°~ 120°E	C 120°~ 130°E	D 130°~ 140°E	E 140°~ 150°E	F 150°~ 160°E	G 160°~ 170°E	H 170°~ 180°E
8	80°~90°N	8000	8010	8020	8030	8040	8050	8060	8070	8080	8090	80A0	80B0	80C0	80D0	80E0	80F0	80G0	80H0
7	70°~80°N	7000	7010	7020	7030	7040	7050	7060	7070	7080	7090	70A0	70B0	70C0	70D0	70E0	70F0	70G0	70H0
6	60°~70°N	6000	6010	6020	6030	6040	6050	6060	6070	6080	6090	60A0	60B0	60C0	60D0	60E0	60F0	60G0	60H0
5	50°~60°N	5000	5010	5020	5030	5040	5050	5060	5070	5080	5090	50A0	50B0	50C0	50D0	50E0	50F0	50G0	50H0
4	40°~50°N	4000	4010	4020	4030	4040	4050	4060	4070	4080	4090	40A0	40B0	40C0	40D0	40E0	40F0	40G0	40H0
3	30°~40°N	3000	3010	3020	3030	3040	3050	3060	3070	3080	3090	30A0	30B0	30C0	30D0	30E0	30F0	30G0	30H0
2	20°~30°N	2000	2010	2020	2030	2040	2050	2060	2070	2080	2090	20A0	20B0	20C0	20D0	20E0	20F0	20G0	20H0
1	10°~20°N	1000	1010	1020	1030	1040	1050	1060	1070	1080	1090	10A0	10B0	10C0	10D0	10E0	10F0	10G0	10H0
0	00°~10°N	0000	0010	0020	0030	0040	0050	0060	0070	0080	0090	00A0	00B0	00C0	00D0	00E0	00F0	00G0	00H0
9	00°~10°S	9000	9010	9020	9030	9040	9050	9060	9070	9080	9090	90A0	90B0	90C0	90D0	90E0	90F0	90G0	90H0
A	10°~20°S	A000	A010	A020	A030	A040	A050	A060	A070	A080	A090	A0A0	A0B0	A0C0	A0D0	A0E0	A0F0	A0G0	A0H0
B	20°~30°S	B000	B010	B020	B030	B040	B050	B060	B070	B080	B090	B0A0	B0B0	B0C0	B0D0	B0E0	B0F0	B0G0	B0H0

续表

代码	经度／纬度	0 00°~10°E	1 10°~20°E	2 20°~30°E	3 30°~40°E	4 40°~50°E	5 50°~60°E	6 60°~70°E	7 70°~80°E	8 80°~90°E	9 90°~100°E	A 100°~110°E	B 110°~120°E	C 120°~130°E	D 130°~140°E	E 140°~150°E	F 150°~160°E	G 160°~170°E	H 170°~180°E
C	30°~40°S	C000	C010	C020	C030	C040	C050	C060	C070	C080	C090	C0A0	C0B0	C0C0	C0D0	C0E0	C0F0	C0G0	C0H0
D	40°~50°S	D000	D010	D020	D030	D040	D050	D060	D070	D080	D090	D0A0	D0B0	D0C0	D0D0	D0E0	D0F0	D0G0	D0H0
E	50°~60°S	E000	E010	E020	E030	E040	E050	E060	E070	E080	E090	E0A0	E0B0	E0C0	E0D0	E0E0	E0F0	E0G0	E0H0
F	60°~70°S	F000	F010	F020	F030	F040	F050	F060	F070	F080	F090	F0A0	F0B0	F0C0	F0D0	F0E0	F0F0	F0G0	F0H0
G	70°~80°S	G000	G010	G020	G030	G040	G050	G060	G070	G080	G090	G0A0	G0B0	G0C0	G0D0	G0E0	G0F0	G0G0	G0H0
H	80°~90°S	H000	H010	H020	H030	H040	H050	H060	H070	H080	H090	H0A0	H0B0	H0C0	H0D0	H0E0	H0F0	H0G0	H0H0

代码	经度／纬度	Z 180°~170°W	Y 170°~160°W	X 160°~150°W	W 150°~140°W	V 140°~130°W	U 130°~120°W	T 120°~110°W	S 110°~100°W	R 100°~90°W	Q 90°~80°W	P 80°~70°W	O 70°~60°W	N 60°~50°W	M 50°~40°W	L 40°~30°W	K 30°~20°W	J 20°~10°W	I 10°~00°W
8	80°~90°N	80Z0	80Y0	80X0	80W0	80V0	80U0	80T0	80S0	80R0	80Q0	80P0	80O0	80N0	80M0	80L0	80K0	80J0	80I0
7	70°~80°N	70Z0	70Y0	70X0	70W0	70V0	70U0	70T0	70S0	70R0	70Q0	70P0	70O0	70N0	70M0	70L0	70K0	70J0	70I0
6	60°~70°N	60Z0	60Y0	60X0	60W0	60V0	60U0	60T0	60S0	60R0	60Q0	60P0	60O0	60N0	60M0	60L0	60K0	60J0	60I0
5	50°~60°N	50Z0	50Y0	50X0	50W0	50V0	50U0	50T0	50S0	50R0	50Q0	50P0	50O0	50N0	50M0	50L0	50K0	50J0	50I0

续表

代码	经/纬	Z 180°~170°W	Y 170°~160°W	X 160°~150°W	W 150°~140°W	V 140°~130°W	U 130°~120°W	T 120°~110°W	S 110°~100°W	R 100°~90°W	Q 90°~80°W	P 80°~70°W	O 70°~60°W	N 60°~50°W	M 50°~40°W	L 40°~30°W	K 30°~20°W	J 20°~10°W	I 10°~0°W
4	40°~50°N	40Z0	40Y0	40X0	40W0	40V0	40U0	40T0	40S0	40R0	40Q0	40P0	40O0	40N0	40M0	40L0	40K0	40J0	40I0
3	30°~40°N	30Z0	30Y0	30X0	30W0	30V0	30U0	30T0	30S0	30R0	30Q0	30P0	30O0	30N0	30M0	30L0	30K0	30J0	30I0
2	20°~30°N	20Z0	20Y0	20X0	20W0	20V0	20U0	20T0	20S0	20R0	20Q0	20P0	20O0	20N0	20M0	20L0	20K0	20J0	20I0
1	10°~20°N	10Z0	10Y0	10X0	10W0	10V0	10U0	10T0	10S0	10R0	10Q0	10P0	10O0	10N0	10M0	10L0	10K0	10J0	10I0
0	00°~10°N	00Z0	00Y0	00X0	00W0	00V0	00U0	00T0	00S0	00R0	00Q0	00P0	00O0	00N0	00M0	00L0	00K0	00J0	00I0
9	00°~10°S	90Z0	90Y0	90X0	90W0	90V0	90U0	90T0	90S0	90R0	90Q0	90P0	90O0	90N0	90M0	90L0	90K0	90J0	90I0
A	10°~20°S	A0Z0	A0Y0	A0X0	A0W0	A0V0	A0U0	A0T0	A0S0	A0R0	A0Q0	A0P0	A0O0	A0N0	A0M0	A0L0	A0K0	A0J0	A0I0
B	20°~30°S	B0Z0	B0Y0	B0X0	B0W0	B0V0	B0U0	B0T0	B0S0	B0R0	B0Q0	B0P0	B0O0	B0N0	B0M0	B0L0	B0K0	B0J0	B0I0
C	30°~40°S	C0Z0	C0Y0	C0X0	C0W0	C0V0	C0U0	C0T0	C0S0	C0R0	C0Q0	C0P0	C0O0	C0N0	C0M0	C0L0	C0K0	C0J0	C0I0
D	40°~50°S	D0Z0	D0Y0	D0X0	D0W0	D0V0	D0U0	D0T0	D0S0	D0R0	D0Q0	D0P0	D0O0	D0N0	D0M0	D0L0	D0K0	D0J0	D0I0
E	50°~60°S	E0Z0	E0Y0	E0X0	E0W0	E0V0	E0U0	E0T0	E0S0	E0R0	E0Q0	E0P0	E0O0	E0N0	E0M0	E0L0	E0K0	E0J0	E0I0
F	60°~70°S	F0Z0	F0Y0	F0X0	F0W0	F0V0	F0U0	F0T0	F0S0	F0R0	F0Q0	F0P0	F0O0	F0N0	F0M0	F0L0	F0K0	F0J0	F0I0
G	70°~80°S	G0Z0	G0Y0	G0X0	G0W0	G0V0	G0U0	G0T0	G0S0	G0R0	G0Q0	G0P0	G0O0	G0N0	G0M0	G0L0	G0K0	G0J0	G0I0
H	80°~90°S	H0Z0	H0Y0	H0X0	H0W0	H0V0	H0U0	H0T0	H0S0	H0R0	H0Q0	H0P0	H0O0	H0N0	H0M0	H0L0	H0K0	H0J0	H0I0

表 7.2-6　**Hammer 投影全球 1000km×1000km 分块数据纵向位置代码**

纵向位置代码	距起始点纵向点数 （1000M 分辨率）	纵向位置代码	距起始点纵向点数 （1000M 分辨率）
00～09	0～900	90～99	9000～9900
10～19	1000～1900	A0～A9	10000～10900
20～29	2000～2900	B0～B9	11000～11900
30～39	3000～3900	C0～C9	12000～12900
40～49	4000～4900	D0～D9	13000～13900
50～59	5000～5900	E0～E9	14000～14900
60～69	6000～6900	F0～F9	15000～15900
70～79	7000～7900	G0～G9	16000～16900
80～89	8000～8900	H0～H9	17000～17900

表 7.2-7　**Hammer 投影全球 1000km×1000km 分块数据横向位置代码**

横向位置代码	距起始点横向距离 （1000M 分辨率）	横向位置代码	距起始点横向距离 （1000M 分辨率）
00～09	0～900	I0～I9	18000～18900
10～19	1000～1900	J0～J9	19000～19900
20～29	2000～2900	K0～K9	20000～20900
30～39	3000～3900	L0～L9	21000～21900
40～49	4000～4900	M0～M9	22000～22900
50～59	5000～5900	N0～N9	23000～23900
60～69	6000～6900	O0～O9	24000～24900
70～79	7000～7900	P0～P9	25000～25900
80～89	8000～8900	Q0～Q9	26000～26900
90～99	9000～9900	R0～R9	27000～27900
A0～A9	10000～10900	S0～S9	28000～28900
B0～B9	11000～11900	T0～T9	29000～29900
C0～C9	12000～12900	U0～U9	30000～30900
D0～D9	13000～13900	V0～V9	31000～31900
E0～E9	14000～14900	W0～W9	32000～32900
F0～F9	15000～15900	X0～X9	33000～33900
G0～G9	16000～16900	Y0～Y9	34000～34900
H0～H9	17000～17900	Z0～Z9	35000～35900

4. 数据名称

数据名称信息字段是观测、处理的数据或产品名缩写，取值如表 7.2-8 所示。

表 7.2-8　数据名称取值

缩略语	英文名	中文名
AIP	**A**tmospheric **I**RAS Sounding **P**rofile	大气 IRAS 温湿度廓线
AHP	**A**tmospheric **H**umidity **P**rofile	湿度廓线
ASL	**A**ero**s**ol over **l**and	陆上气溶胶
ASO	**A**ero**s**ol over **O**cean	海上气溶胶
ATP	**A**tmospheric **T**emperature **P**rofile	大气温度廓线
AVP	**A**tmospheric **V**ASS Sounding **P**roduct	大气垂直探测
CAT	**C**loud **A**mount and Cloud **T**ype	云量/云相态/云分类/高云量
CLA	**C**l**o**ud **A**mount	云量
CLM	**C**loud **M**ask	云检测
CPP	**C**loud **P**hysical **P**arameters	云顶温度/云高/云光学厚度
CRM	**C**hannels **R**esolution **M**atch	通道分辨率匹配
CSM	**C**loud **S**patial **M**atch	云检测匹配
DST	**D**u**s**t Storm Detection	沙尘监测
DFI	**D**rought and **F**lood **I**ndex	干旱和洪涝指数
EBT	**E**quivalent **B**rightness **T**emperature	等效晴空辐射亮温
EPP	**E**nergetic **P**article **P**roduct	高能粒子产品
FOG	**Fog** Detection	大雾监测
FTN	**F**lux at at **T**OA from ERM **n**on scanner	非扫描视场大气顶辐射
FTS	**F**lux at at **T**OA from ERM **s**canner	扫描视场大气顶辐射
IWP	**I**ce **W**ater **P**aths	冰水厚度指数
GFR	**G**lobal **F**i**r**e Deteclion	全球火点监测
GMI	**G**lobal **M**oasic **I**mage	全球拼图
LCV	**L**and **C**o**v**er	土地覆盖
LSR	**L**and **S**urface **R**eflectivity	陆表反射比
LST	**L**and **S**urface **T**emperature	陆表温度
LTH	**L**and **S**urface **T**emperature and **H**umidity	陆表温湿特征
MRR	**M**icrowave **R**ain **R**ate and Cloud Liquid Water	降水和云水含量
NVI	**N**ormalized Derived **V**egetation **I**ndex	归一化植被指数
OCC	**O**cean **C**olor/**C**hlorophyll	海洋水色
OLR	**O**utgoing **L**ong wave **R**adiation	出射长波辐射
OZP	**O****z**one **P**rofile	臭氧垂直廓线
PAD	**P**rojected **A**rea **D**ataset	投影区域数据集
PWV	**P**recipitation **W**ater **V**apor	陆上大气可降水量
RDP	**R**adiation **D**ose **P**roduct	辐射剂量产品
RDT	**R**ain **D**etection	降水检测
SIC	**S**ea-**I**ce **C**over	海冰覆盖
SNC	**Sn**ow **C**over	积雪覆盖
SNF	**SN**ow cover **F**raction	积雪覆盖率
SPE	**S**ingle **P**article **E**vent Product	单粒子产品
SPP	**S**urface **P**otential **P**roduct	表面电位产品
SST	**S**ea **S**urface **T**emperature	海表温度
TOZ	**T**otal **O****z**one	臭氧总量
TPW	**T**otal **P**recipitable **W**ater	大气可降水量

5. 仪器通道名称

仪器通道名称信息字段是数据包含的星载仪器通道的缩写，取值如表 7.2-9 所示。

表 7.2-9 仪器通道名称缩略语定义表

取　值	英文名	中文名
Cnn	**C**hannel nn。其中 nn＝0～99	通道 nn
MLT	**M**u**l**tiple	多通道合成
SNG	**S**i**ng**le	单通道数值产品

6. 投影方式

投影方式信息字段是数据处理中所使用投影方法的缩写，取值如表 7.2-10 所示。

表 7.2-10 投影方式取值

取　值	英文名	中文名
AEA	**A**lbers **E**qual **A**rea	Albers 等面积投影（等面积正割圆锥投影）
EDC	**E**qui**D**istance **C**ylindrical	等距圆柱投影
ESG	**EASE**-**G**rid	等积割圆柱投影
HAM	**Ham**mer	Hammer 等面积投影
LBT	**L**am**b**er**t** Conformal Conic	Lambert 等角圆锥投影（等角正割圆锥投影）
MCT	**M**er**c**a**t**or	Mercator 投影（等角正轴圆柱投影）
NOM	**N**or**m**alized	标称投影
OTG	**O**r**t**ho**g**raphic	正射投影（平行投影）
PSG	**P**olar **S**tereo**g**raphic	极射赤面投影
MCW	**M**iller **C**ylindrical **W**orld	Miller 圆柱投影
GAK	**Ga**uss-**K**ruger	高斯—克吕格投影（等角横切椭圆柱投影）
UTM	**U**niversal **T**ransverse **M**ercator	UTM 投影（通用横轴墨卡托投影）

7. 观测日期

观测日期信息字段指数据观测的起始日期，包括年（4 字节）、月（2 字节）、日（2 字节）。

8. 观测起始时间

观测起始时间信息字段包括两个含义，当该字段为数字时，表示数据观测的时间（UTC），包括小时（2 字节）、分钟（2 字节）；当第一个字符为字母时表示 3 级产品种类，取值如表 7.2-11 所示，3 级产品种类缩略语见表 7.2-12。

表 7.2-11　观测起始时间取值

信息字段	HHMM	可选值
观测起始时间/3 级数据产品计时段种类 4 字节	当数据区域类型取值为 GRAN 且本信息字段取值为数字时表示数据观测时间	HHMM（UTC）
	当数据级别为 3 级且第一个字符取值为字母时表示 3 级产品的统计时段种类。	AOAD、AOFD、AOTD、AOAM、AOAQ、AOAY、ADTD、ANTD POAD、POAM、PDAY、PNIG

表 7.2-12　3 级产品种类缩略语定义表

缩略语	英文名称	注　释
ANTD	Averag Nighttime product of Ten Days	夜间旬平均产品
AOAD	Average of a Day	日平均产品
AOFD	Average of Five Day	候平均产品
AOTD	Average of Ten Day	旬平均产品
AOAM	Average of a Month	月平均产品
AOAQ	Average of a Quarter	季平均产品
AOAY	Average of a Year	年平均产品
POAD	Product of a Day	日累积产品
POAM	Product of a Month	月累积产品
PDAY	Product Daytime	白天产品
PNIG	Product Night	夜间产品

9. 空间分辨率

空间分辨率信息字段是数据分辨率的缩写，表达式为分辨率数值加上分辨率的单位，取值举例如表 7.2-13 所示。

表 7.2-13　分辨率取值

信息字段	取值	信息字段	取值
分辨率 5 字节	0250M	分辨率 5 字节	020KM
	0500M		025KM
	1000M		050KM
	5000M		100KM
	010KM		00000（表示无分辨率）
	015KM		OBCXX（ON BOARD CALIBRATION，星上定标文件）

10. 接收站名

接收站名信息字段是数据接收站名的缩写，取值如表 7.2-14 所示。

表 7.2-14　接收站名可选值

缩略语	英文名称	注　释	缩略语	英文名称	注　释
BJ	**Bei**Jing	北　京	KS	**K**a**S**hi	喀什
GZ	**G**uang**Z**hou	广　州	SW	**Sw**eden	瑞典基律纳
XJ	**X**in**J**iang	新　疆	MB	**M**el**b**ourne	墨尔本
XZ	**X**i**Z**ang	西　藏	MS	**M**ulti-**S**tation	多站接收资料
JM	**J**ia**M**usi	佳木斯			

11. 数据格式

数据格式信息字段是气象卫星数据产品所使用格式的缩写,作为数据产品文件名的后缀,取值如表 7.2-15 所示。

表 7.2-15　数据格式取值

信息字段	取　值	信息字段	取　值
数据格式 3 字节	RAW	数据格式 3 字节	JPG
	DAT		BMP
	AWX		BUF
	HDF		GRB
	TXT		TIF
	GIF		XML

7.3
1 级产品格式

风云三号 A 卫星 1 级产品是经过对 0 级数据预处理生成的包含了定标、定位信息,能够用于定量产品计算的标准 HDF5 格式的科学数据,数据文件大小有三种规格:一种是以卫星绕地球运行一圈的观测数据量为单位按轨道记录保存,生成一个 HDF5 数据文件,以这种规格记录存档数据的包括红外分光计、微波温度计、微波湿度计、紫外臭氧垂直探测仪、紫外臭氧总量探测仪、地球辐射探测仪和太阳辐射监测仪等 7 种遥感仪器的 1 级数据。第二种是以极地为数据起讫点,分升降轨记录保存,生成一个 HDF5 数据文件,以这种规格记录存档数据的只有微波成像仪。第三种是按 5 分钟时间段切分形成数据段,其中工程参数和遥感数据分别记录保存,以这种规格记录保存数据的包括可见光红外扫描辐射计和中分辨率成像光谱仪两种遥感仪器的 1 级数据,其中可见光红外扫描辐射计 1 级数据由工程参数和遥感数据两个数据文件组成,中分辨率成像光谱仪的一级数据由工程参数、250m 分辨率遥感数据和 1km 分辨率遥感数据三个文件组成。

风云三号 A 星各遥感仪器 1 级数据产品结构上具有共性，主要由全局文件属性、私有文件属性和科学数据集构成。风云三号 A 星各遥感仪器 1 级数据的全局文件属性给出了各遥感仪器的共性基本属性信息，主要包括卫星名称、仪器名称、传感器代码、数据集名称、产品生成地、定标系数版本号、定标系数更新日期、数据观测开始时间、数据观测结束时间、数据创建时间、轨道号、数据质量标记、总扫描线数、轨道 4 个角点经纬度和与定位有关的一些静态参数等。风云三号 A 星各遥感仪器 1 级数据的私有文件属性给出了各遥感仪器特有的属性信息，其中主要包括遥感仪器数据预处理过程中的质量控制信息、辐射定标静态基础数据、数据集辐射定标结果的统计信息、遥感仪器各通道的光谱信息等。风云三号 A 星各遥感仪器 1 级数据的科学数据主要包括逐像元的地理经纬度、卫星天顶角、卫星方位角、太阳天顶角、太阳方位角、地表高程、海陆掩码、地表分类和通道原始观测计数值，以及每个扫描周期的定标系数、日计数、时间码、定标观测基础数据和定位计算基础数据等。风云三号 A 星 1 级产品数据结构见表 7.3-1；风云三号 A 星 1 级产品全局文件属性的主要内容见表 7.3-2；风云三号 A 星 1 级产品基本内容和文件名结构见表 7.3-3。具体格式和详细内容见附录 3。

表 7.3-1　风云三号 A 卫星 1 级产品结构

FY-3A/L1 数据全局文件属性
FY-3A/L1 数据私有文件属性
FY-3A/L1 数据科学数据集

表 7.3-2　风云三号 A 卫星 1 级产品全局属性内容

序　号	描　　述	属性名称
1	卫星名称	Satellite Name
2	仪器名称	Sensor Name
3	传感器代码	Sensor Identification Code
4	数据集名称	Dataset Name
5	文件名称	File Name
6	文件别名	File Alias Name
7	产品生成地	Responser
8	处理软件版本号	Version Of Software
9	处理软件更新日期	Software Revision Date
10	定标系数版本号	Version Of Coefficient Index
11	定标系数更新日期	Coefficient Index Revision Date
12	数据观测开始日期（包括年月日）	Observing Beginning Date
13	数据观测开始时间（包括时分秒毫秒）	Observing Beginning Time
14	数据观测结束日期（包括年月日）	Observing Ending Date
15	数据观测结束时间（包括时分秒毫秒）	Observing Ending Time

续表

序 号	描 述	属性名称
16	数据创建日期（包括年月日）	Data Creating Date
17	数据创建时间（包括时分秒毫秒）	Data Creating Time
18	白天夜间标志	Day Or Night Flag
19	轨道号	Orbit Number
20	轨道周期	Orbit Period
21	轨道方向	Orbit Direction
22	数据质量标记（1~5级）	Data Quality
23	总扫描数	Number Of Scans
24	白天模式扫描数	Number Of Day mode scans
25	晚上模式扫描数	Number of Night mode scans
26	不完整的扫描数	Incomplete Scans
27	扫描线质量检验码	QA _ Scan _ Flag
28	像元质量检验码	QA _ Pixel _ Flag
29	起始行号	Begin Line Number
30	结束行号	End Line Number
31	起始像元号	Begin Pixel Number
32	结束像元号	End Pixel Number
33	地球椭球参考坐标系 ID（WGS84）	Reference Ellipsoid Model ID
34	日地距离比	Earth/Sun Distance Ratio
35	地球长半轴	WGS-84 a
36	地球短半轴	WGS-84 b
37	地球扁平率	WGS-84 Oblateness
38	星标	Satid
39	历元轨道号	Orbit
40	平近点角	MeanAnomaly
41	轨道周期	MeanMotion
42	衰减	Decay
43	偏心率	Eccentricity
44	近地点俯角	PerigeeArgument
45	升交点赤经	AscendingNodeLongitude
46	轨道倾角	OrbitalInclination
47	历元时间	EpochTime
48	轨道 4 个角点纬度	Orbit Point Latitude
49	轨道 4 个角点经度	Orbit Point Longitude
50	文件的附加说明	AdditionalAnotation

表 7.3-3　风云三号 A 卫星 1 级产品列表

遥感仪器名称	数据内容	1级数据文件名	序号
VIRR	工程参数	FY3A_VIRRX_GBAL_L1_YYYYMMDD_HHmm_OBCXX_MS.HDF	1
VIRR	遥感数据	FY3A_VIRRX_GBAL_L1_YYYYMMDD_HHmm_1000M_MS.HDF	2
MERSI	工程参数	FY3A_MERSI_GBAL_L1_YYYYMMDD_HHmm_OBCXX_MS.HDF	3
MERSI	250m 分辨率遥感数据	FY3A_MERSI_GBAL_L1_YYYYMMDD_HHmm_0250M_MS.HDF	4
MERSI	1km 分辨率遥感数据	FY3A_MERSI_GBAL_L1_YYYYMMDD_HHmm_1000M_MS.HDF	5
IRAS	工程参数,遥感数据	FY3A_IRASX_GBAL_L1_YYYYMMDD_HHmm_017KM_MS.HDF	6
MWTS	工程参数,遥感数据	FY3A_MWTSX_GBAL_L1_YYYYMMDD_HHmm_060KM_MS.HDF	7
MWHS	工程参数,遥感数据	FY3A_MWHSX_GBAL_L1_YYYYMMDD_HHmm_015KM_MS.HDF	8
MWRI	工程参数,遥感数据	FY3A_MWRIX_GBAL_L1_YYYYMMDD_HHmm_010KM_MS.HDF	9
SBUS	工程参数,遥感数据	FY3A_SBUSX_GBAL_L1_YYYYMMDD_HHmm_200KM_MS.HDF	10
TOU	工程参数,遥感数据	FY3A_TOUXX_GBAL_L1_YYYYMMDD_HHmm_050KM_MS.HDF	11
ERM	工程参数,遥感数据	FY3A_ERMXX_GBAL_L1_YYYYMMDD_HHmm_028KM_MS.HDF	12
SIM	工程参数,遥感数据	FY3A_SIMXX_GBAL_L1_YYYYMMDD_HHmm_XXXXX_MS.HDF	13

7.4
2、3 级产品格式

　　风云三号 A 卫星 2、3 级产品是地面应用系统将经过数据预处理生成的 1 级数据，通过反演计算得到的各类地球物理参数。数据文件有两种规格：一种是按照全球投影拼接后形成一个完整的数据文件，每日生成一个 HDF5 数据文件存档；第二种是全球投影拼接后切割成 $10°×10°$ 固定的地理位置分幅形成数据文件，每日生成 648 个 HDF5 数据文件存档。其中，数据投影方式主要有等经纬度投影、极射赤面投影、HAMMER 投影；分辨率从 250m 到几十公里不等。

　　风云三号 A 卫星 2、3 级均采用了规范的数据格式，数据文件主要由全局文件属性和科学数据集构成，风云三号 A 卫星 2、3 级产品数据结构见表 7.4-1。全局文件属性给出了各类数据产品的共性基本属性信息，主要包括卫星名称、数据集名称、传感器名称、数据集区域、数据级别、处理软件版本信息、数据时间、地理位置信息、数据大小以及产品制作人员信息等，风云三号 A 卫星 2、3 级产品全局文件属性见表 7.4-2。风云三号 A 卫星 2、3 级产品的科学数据集主要包括该类产品的定量反演结果以及相关辅助数据等。风云三号 A 卫星 2、3 级产品清单和具体格式内容详见附录 4。

表 7.4-1　风云三号 A 卫星 2、3 级产品结构

FY-3A/L2、3 数据全局文件属性
FY-3A/L2、3 数据科学数据集

表 7.4-2　风云三号 A 卫星 2、3 级产品全局文件属性

序　号	描　述	属性名称	数据类型
1	卫星名称（如 FY-3A 等）	Satellite Name	8-bit signed char
2	数据集名称（如 SST 日产品）	Dataset Name	8-bit signed char
3	文件名称	File Name	8-bit signed char
4	文件别名	File Alias Name	8-bit signed char
5	仪器名称	Sensor Name	8-bit signed char
6	数据集区域（如 China、Local 等）	Dataset Area	8-bit signed char
7	数据级别（如 Level _ 2）	Data Level	8-bit signed char
8	处理软件版本号（如 V1. 0. 0）	Version Of Software	8-bit signed char
9	处理软件更新日期	Software Revision Date	8-bit signed char
10	数据观测开始日期（包括年月日）	Observing Beginning Date	8-bit signed char
11	数据观测开始时间（包括时分秒毫秒）	Observing Beginning Time	8-bit signed char
12	数据观测结束日期（包括年月日）	Observing Ending Date	8-bit signed char
13	数据观测结束时间（包括时分秒毫秒）	Observing Ending Time	8-bit signed char

续表

序 号	描 述	属性名称	数据类型
14	数据创建日期（包括年月日）	Data Creating Date	8-bit signed char
15	数据创建时间（包括时分秒毫秒）	Data Creating Time	8-bit signed char
16	按照时、日、侯、旬、月合成的标志（如 Hour、Day 等）	Time Of Data Composed	8-bit signed char
17	数据层数（表示数据有几个通道或几块等）	Number Of Data Level	16-bit unsigned Integer
18	投影类型（如 Lambert）	Projection Type	8-bit signed char
19	西南角纬度	South-West Latitude	32-bit floating point
20	西南角经度	South-West Longitude	32-bit floating point
21	东南角纬度	South-East Latitude	32-bit floating point
22	东南角经度	South-East Longitude	32-bit floating point
23	西北角纬度	North-West Latitude	32-bit floating point
24	西北角经度	North-West Longitude	32-bit floating point
25	东北角纬度	North-East Latitude	32-bit floating point
26	东北角经度	North-East Longitude	32-bit floating point
27	投影中心纬度	Projection Center Latitude	32-bit floating point
28	投影中心经度	Projection Center Longitude	32-bit floating point
29	标准投影纬度1	Standard Projection Latitude1	32-bit floating point
30	标准投影纬度2	Standard Projection Latitude2	32-bit floating point
31	标准投影经度	Standard Projection Longitude	32-bit floating point
32	分辨率单位（如 meter，degree）	Unit Of Resolution	8-bit signed char
33	投影经向分辨率	Longitude Resolution	32-bit floating point
34	投影纬向分辨率	Latitude Resolution	32-bit floating point
35	数据行数	Data Lines	32-bit unsigned Integer
36	数据列数	Data Pixels	32-bit unsigned Integer
37	产品责任人	Product Creator	8-bit signed char
38	程序编制者	Programmer	8-bit signed char
39	文件的附加说明（可以对文件的使用、创建人等说明）	Additional Anotation	8-bit signed char

参 考 文 献

HDF5 User's Guide Release 1.8.4，2009. The HDF Group.

缩略语列表

缩略语	英　文	中　文
AMSU-A	Advanced Microwave Sounding Unit-A	先进微波探测器-A 机（测大气温度，NO-AA）
AMSU-B	Advanced Microwave Sounding Unit-B	先进微波探测器-B 机（测大气湿度，NO-AA）
AOT	Aerosol Optical Thickness	气溶胶光学厚度
APAR	Absorbed Photosynthetically Active Radiation	植物吸收的光合有效辐射
APT	Automatic Picture Transmission	自动图像传输（NOAA）
ARS2	Archival & Retrieval Service System	数据存档与检索服务系统
ARVI	Atmospherically Resistant Vegetation Index	抗大气植被指数
ATOVS	Advanced TIROS Operational Vertical Sounder	先进的泰罗斯业务垂直探测器（NOAA）
AVHRR	Advanced Very High Resolution Radiometer	先进的高分辨率辐射计（NOAA）
BRDF	Bidirectional Reflectance Distribution Function	双向反射分布函数
CARSNET	China Aerosol Remote Sensing Network	中国气溶胶遥感观测网
CART	Classification and Regression Trees	分类与回归树
CCD	Charged Coupled Device	电荷耦合器件
CCSDS	Consultative Committee for Space Data System	空间数据传输协议
CLAVR	Cloud from AVHRR	AVHRR 云检测
CLM	Cloud Mask	云检测
CNS	Computer & Network System	计算机及网络系统
COSS	CNS Operation Software System	CNS 业务软件系统
CSR	Clear Sky Radiance	晴空辐射
DAS	Data Acquisition System	数据接收系统
DEM	Digital Elevation Model	全球数字高程模型
DP2S	Data PreProcessing System	数据预处理系统
DPT	Delayed Picture Transmission	存储回放图像传输（延时传输）
DTCM	Dynamic Threshold Cloud Mask	动态阈值云识别
ECMWF	European Centre for Medium-Range Weather Forecasts	欧洲中期天气预报中心
ECR	Earth Central Rotating	地心旋转坐标系
EOS	Earth Observing System	地球观测系统（美国卫星）
ERBE	Earth Radiation Budget Experiment	地球辐射平衡试验
ERM	Earth Radiation Measurement	地球辐射探测仪
ESSA	Environmental Sciences and Service Administration	环境科学与服务局（现国家海洋大气管理局—美国）
ESST	ERM/SIM/SBUS/TOU	臭氧、辐射收支类仪器组

缩略语	英　文	中　文
FTP	File Transfer Protocol	数据文件传输协议
FY-1	Feng Yun—1	风云一号（卫星）
FY-3	Feng Yun—3	风云三号（卫星）
GIS	Geographical Information System	地理信息系统
GMT	Greenwich Mean Time	格林威治时间
GPS/MET	Global Position System/Meteorology	全球定位系统/大气探测
HCRF	Hemisphere Conical Reflectance Factor	半球立体反射比因子
HDF	Hierarchical Data Format	分级数据格式
HDRF	Hemisphere Direction Reflectance Factor	半球方向反射比因子
HIRS	High Resolution Infrared Radiation Sounder	高分辨率红外辐射探测仪（NOAA）
HRPT	High Resolution Picture Transmission	高分辨率图像传输（实时传输）
IFOV	Instantaneous Field Of View	瞬时视场
IGBP	International Geosphere-Biosphere Programme	国际地球生物圈计划
IRAS	InfraRed Atmospheric Sounder	红外分光计
ISCCP	International Satellite Cloud Climatology Project	国际卫星云气候计划
ITOS	Improved TIROS Operational Satellite	改进型泰罗斯业务卫星（NOAA）
JPSS	Joint Polar-orbiting Satellite System	（美欧）联合极轨卫星系统
LAI	Leaf Area Index	叶面积指数
LCV	Land Cover-based Vegetation	陆地植被覆盖
LWIR	Long Wave Infrared	长波红外
MAS	Monitoring and Analysis & Service System	监测分析服务系统
MCSST	MultiChannel Sea Surface Temperature	海表温度多通道算法
MERSI	Medium Resolution Spectral Imager	中分辨率光谱成像仪
METOP	METeorology Operational Satellite	欧洲极轨业务气象卫星
MODIS	Moderate-Resolution Imaging Spectrometer	中分辨率成像光谱仪（NOAA）
MPT	Medium _ resolution Picture Transmission	中分辨率图像传输（实时传输）
MSU	Microwave Sounding Unit	微波探测器（测大气温度，NOAA）
MVC	Maximum Value Composite	最大值合成方法
MWHS	MicroWave Humidity Sounder	微波湿度计
MWRI	MicroWave Radiation Imager	微波成像仪
MWTS	MicroWave Temperature Sounder	微波温度计
NDSI	Normalised Difference Snow Index	归一化差分积雪指数
NDVI	Normalised Difference Vegetation Index	归一化植被指数
NWP	Numerical Weather Prediction	数值天气预报
EVI	Enhanced Vegetation Index	增强型植被指数

缩略语	英 文	中 文
NIMBUS	NASA Meteorological R & D Satellite	国家宇航局气象研发卫星，亦称雨云卫星（美国）
NLSST	Non-Linear Sea Surface Temperature	海表温度非线性算法
NOAA	National Oceanic and Atmospheric Administration	国家海洋大气管理局（原环境科学与服务局）
NPOESS	National Polar-orbiting Operational Environmental Satellite System	新一代极轨业务环境卫星系统（美国）
NPP	NPOESS Preparatory Project	NPOESS 预备项目
OBC	On Board Calibration	星上定标
OCC	Ocean Color	海洋水色
OCS	Operation & Control System	运行控制系统
ORB	Orbital Elements	轨道根数（参数）
PDS	Products Distribution System	产品分发系统
PGS	Products Generation System	产品生成系统
PMOS	Positive-Channel Metal-Oxide Semiconductor	P 通道加强型金属氧化物半导体
PRT	Platinum Resistance Thermometers	铂电阻温度计
PWV	Precipitation Water Vapor	大气可降水
QCS	Quality Control System	质量检验系统
SAVI	Soil Adjusted Vegetation Index	土壤调节植被指数
SBUS	Solar Backscatter Ultraviolet Sounder	紫外臭氧垂直探测仪
SBUV	Solar Backscatter Ultraviolet Instrument	太阳后向散射紫外测量仪（NOAA）
SEM	Space Environment Monitor	空间环境监测器
SIM	Solar Irradiation Monitor	太阳辐射监测仪
SNO	Simultaneous Nadir Observation	同时刻星下点观测
SR	Scanning Radiometer	扫描辐射仪（NOAA）
SSM/I	Special Sensor Microwave/Imager	特种微波成像仪
SSU	Stratospheric Sounding Unit	平流层探测器（NOAA）
STS2	Simulation & Technique Support System	仿真与技术支持系统
STK	Satellite Tool Kit	卫星工具软件包
TIROS-1	Television Infrared Observation Satellite	电视红外观测卫星一号（美国）
TIROS-N/NOAA	The Third Generation of Environmental Satellites	第三代环境卫星（美国）
TLE	Two-Line Elements	两行卫星轨道报
TMI	TRMM Microwave Imager	TRMM 微波成像仪
TOU	Total Ozone Unit	紫外臭氧总量探测仪

缩略语	英　文	中　文
TOVS	TIROS Operational Vertical Sounder	TIROS 业务垂直探测器（美国）
TSM	Total Suspend Matters	悬浮物质浓度
UDS	Users Demonstration System	应用示范系统
UTC	Coordinated Universal Time	世界时
VASS	Vertical Atmospheric Sounding System	红外分光计、微波温度计和微波湿度计组成的大气垂直探测综合仪器组
VCID	Virtual Channels Identification	虚拟通道标识
VHRR	Very High Resolution Radiometer	先进高分辨率辐射仪（美国）
VIRR	Visible and Infrared Radiometer	可见光红外扫描辐射计
VTPR	Vertical Temperature Profile Radiometer	垂直温度廓线仪（美国）